AF356066

GUIDE

DU CAPITAINE

ET DU

MÉCANICIEN DE LA MARINE A VAPEUR DU COMMERCE

A L'USAGE DES

CANDIDATS AUX GRADES DE CAPITAINE AU LONG COURS ET DE MAITRE AU CABOTAGE

AINSI QUE DES MÉCANICIENS DU COMMERCE

Par A. LEDIEU, O. ☀, O. ☀, ☀

ANCIEN OFFICIER DE VAISSEAU, EXAMINATEUR DE LA MARINE

PRIX EXTRAORDINAIRE DE L'ACADÉMIE DES SCIENCES POUR L'APPLICATION DE LA VAPEUR A LA FLOTTE

CORRESPONDANT DE L'INSTITUT

DEUXIÈME ÉDITION REVUE

DE L'EXTRAIT DES APPAREILS A VAPEUR DE NAVIGATION

Par H. HUBAC, ☀, ☀

MÉCANICIEN PRINCIPAL DE PREMIÈRE CLASSE

PROFESSEUR DE MACHINES A VAPEUR SUR LE VAISSEAU ÉCOLE

AVEC LE CONCOURS DE

M. GILBERT, ☀

MÉCANICIEN PRINCIPAL DE DEUXIÈME CLASSE

ADJOINT A L'ENSEIGNEMENT DES MACHINES A VAPEUR SUR LE VAISSEAU ÉCOLE

Conformément aux derniers programmes officiels

AVEC ATLAS

CONTENANT CINQ BELLES PLANCHES SUR CUIVRE.

PARIS

DUNOD, ÉDITEUR

LIBRAIRE DES CORPS DES PONTS ET CHAUSSÉES, DES MINES ET DES TÉLÉGRAPHES

49, QUAI DES AUGUSTINS, 49

1880

PRÉFACE

Le *Guide du Capitaine et du Mécanicien du commerce*, n'est, en réalité, qu'une seconde édition de l'*Extrait du Traité élémentaire des appareils à vapeur de navigation*, dont la première édition est épuisée.

Ce *Guide* a été rédigé conformément aux derniers programmes officiels des candidats aux grades de capitaine au long cours et de maître au cabotage.

Les mécaniciens qui désirent passer, devant les commissions de surveillance des bâtiments à vapeur, l'examen prescrit pour être autorisés à conduire les machines des navires du commerce, trouveront dans ce *Guide* tout ce qui leur est nécessaire.

En faisant cette nouvelle édition, nous avons élagué tout ce qui n'était pas rigoureusement nécessaire à l'intelligence des matières que comportent les programmes. Les chapitres de *conduite* et de *réparations* ont été spécialement rédigés pour cet ouvrage, que nous nous sommes efforcé de réduire le plus possible.

GUIDE
DU CAPITAINE
ET DU MÉCANICIEN
DE LA MARINE A VAPEUR DU COMMERCE

CHAPITRE PREMIER

NOTIONS SUCCINCTES DE MÉCANIQUE ET DE PHYSIQUE

Chap. Ier, § 1er. — Notions succinctes de mécanique.

N° 1. — **1.** De la matière; des corps; du vide. — **2.** Atomes; constitution des corps; molécules. — **3.** Divers états des corps. — **4.** Caractères distinctifs de ces états.

N° 1₁ De la matière. — *On nomme* matière *ou substance tout ce qui tombe immédiatement sous nos sens.*

Des corps. — *Toute portion limitée de matière est un* corps.

Du vide. — *Toute portion de l'espace privée de matière se nomme le* vide.

N° 1₂ Atomes. — *On nomme* atomes *les particules de matière infiniment petites, qui ne peuvent plus être divisées.*

Constitution des corps. — Tout corps est une réunion d'atomes simplement juxtaposés sans se toucher, et se comportant comme s'ils étaient liés les uns aux autres par de petits ressorts parfaitement élastiques.

Molécules. — *L'expression* de MOLÉCULE *s'emploie pour désigner un groupe d'atomes formant une partie très-petite d'un corps.*

Nᵒ 1₃ Divers états des corps. — *On distingue trois* ÉTATS *des* corps :

1ᵒ L'ÉTAT SOLIDE, *qui s'observe dans les bois, les pierres et beaucoup de métaux* ;

2ᵒ L'ÉTAT LIQUIDE, *que présentent l'eau, l'alcool, l'huile, etc.* ;

3ᵒ L'ÉTAT GAZEUX, *qui se rencontre dans l'air, la vapeur d'eau et dans un grand nombre d'autres corps qu'on appelle gaz ou vapeurs.*

Les liquides et les gaz se désignent souvent sous le nom commun de *fluides*.

Nᵒ 1₄ Caractères distinctifs de ces états. — Le *caractère distinctif* des corps solides consiste dans l'adhérence mutuelle de toutes leurs parties. *Celui* des liquides réside dans la mobilité des molécules, qui glissent avec une extrême facilité les unes sur les autres. Enfin le *caractère propre* des gaz est l'expansibilité, c'est-à-dire leur tendance constante à augmenter de volume, et à exercer ainsi une pression dans tous les sens contre les parois des vases qui les renferment.

La plupart des corps peuvent successivement se présenter à l'état solide, liquide ou gazeux. Telle est l'eau, que nous rencontrons habituellement à l'état *liquide* ; elle passe à l'état *solide* lorsqu'elle se change en glace, et elle devient *gaz* quand elle se transforme en vapeur.

L'analogie conduit à penser que tout les corps pourraient être obtenus sous les trois états, si l'on employait des moyens suffisamment énergiques.

Nᵒ 2. — 1. Mouvement et repos. — 2. Mouvement uniforme ; vitesse. —
3. Mouvement varié ; vitesse moyenne.

Nᵒ 2₁ Mouvement et repos . — *Le* MOUVEMENT *est l'état d'un corps qui passe d'un endroit dans un autre.*

Le REPOS, *au contraire, est l'état d'un corps qui ne change pas de place.*

Nᵒ 2₂ Mouvement uniforme. — *Le* MOUVEMENT *d'un corps est* UNIFORME, *lorsque ce corps parcourt des chemins égaux dans des temps égaux, quelle que soit la durée de ces temps.*

Vitesse. — *La* VITESSE *dans le mouvement uniforme, est le chemin* parcouru dans *l'unité de temps*, une seconde par exemple. La vitesse du mouvement uniforme est *constante*.

N° 2₅ Mouvement varié. — *Le* MOUVEMENT *d'un corps est* VARIÉ, *lorsque ce corps parcourt des chemins inégaux dans des temps égaux.*

Il est *accéléré* ou *retardé*, suivant que ces chemins sont de plus en plus grands ou de plus en plus petits.

Vitesse moyenne. — *La* VITESSE MOYENNE *d'un mouvement varié, est la vitesse constante qu'aurait dû avoir le corps pour parcourir le même chemin dans le même temps.* La vitesse moyenne s'obtient en divisant le chemin parcouru par le temps employé à le parcourir.

N° 3. — 1. Définition de l'inertie; définition de la vitesse acquise. — 2. Force; diverses dénominations des forces.

N° 3₁ Définition de l'inertie. — *L'*INERTIE *consiste dans l'impossibilité pour un corps : 1° de passer de lui-même de l'état de repos à l'état de mouvement : 2° de modifier de lui-même le mouvement dont il est animé.*

Définition de la vitesse acquise. — On appelle *vitesse acquise* la vitesse avec laquelle, en vertu de l'inertie, un corps tend à continuer son mouvement, lorsque les causes qui ont engendré ce mouvement cessent complétement d'agir sur lui.

N° 3₂ Force. — *Une* FORCE *est une cause quelconque de production ou de modification de mouvement.*

Diverses dénominations des forces. — *On appelle* FORCES MOTRICES *celles qui favorisent ou accélèrent le mouvement des corps auxquels elles sont appliquées.*

On désigne, au contraire, sous le nom de FORCES RÉSISTANTES *celles qui retardent le mouvement ou tendent à l'anéantir.*

L'ensemble des forces motrices s'appelle souvent *la puissance ;* et l'ensemble des forces résistantes, *la résistance.*

On emploie encore les mots de *traction*, de *pression*, d'*impulsion*, de *poussée*, de *percussion*, de *répulsion*, d'*attraction*, etc., pour désigner les forces qui agissent suivant un de ces modes d'action.

Enfin, dans l'industrie, la puissance qui met en mouvement une machine s'appelle un *moteur*.

N° 4$_1$ Poids d'un corps. — *On appelle* POIDS *d'un corps l'action particulière de la pesanteur sur ce corps.* Cette action est telle que la vitesse de tout corps qui tombe dans le vide s'accroît de 9^m,81 à chaque seconde de sa chute.

Gramme et kilogramme. — L'unité de poids adoptée en France est le *gramme*.

Le GRAMME *équivaut au poids d'un centimètre cube d'eau distillée à la température de quatre degrés centigrades.*

Le gramme a plusieurs multiples et sous-multiples. Celui que l'on emploie le plus habituellement est le *kilogramme*, qui représente une valeur de mille grammes. *Le* KILOGRAMME *équivaut évidemment au poids d'un décimètre cube ou d'un litre d'eau distillée à quatre degrés de température.*

N° 4$_2$ Densité. — *On nomme* DENSITÉ *ou* PESANTEUR SPÉCIFIQUE *d'un corps, le rapport du poids d'un certain volume de ce corps au poids du même volume d'eau.* En d'autres termes, la *densité* indique combien de fois, à volume égal, un corps pèse plus que l'eau.

Quand il s'agit d'un *gaz*, la *densité* est le plus souvent rapportée à l'air. *Cela veut dire qu'elle représente alors le rapport du poids d'un certain volume de ce gaz à celui d'un même volume d'air*, le gaz et l'air étant d'ailleurs considérés tous les deux dans les mêmes circonstances de pression et de température.

Les densités de tous les corps se déduisent de l'expérience. On en trouvera à la fin de ce volume un tableau complet. Nous nous contenterons d'indiquer ici celles de quelques matières qu'on rencontre dans les machines à vapeur, savoir :

Eau.	1,0	Cuivre rouge. . . .	8,8
Eau de mer . . .	1,026	Laiton.	8,5
Huile et suif. . .	0,94	Acier	7,8
Mercure.	13,6	Fer forgé	7,8
Plomb	11,3	Fonte de fer	7,7

RÈGLES RELATIVES A LA DENSITÉ. — 1re *Règle. Pour trouver le poids d'un corps dont on connaît le volume et la densité, on cherche d'abord le poids d'un égal volume d'eau. Ce poids est précisément égal à* autant de kilogrammes ou de grammes qu'il y a de décimètres cubes ou de centimètres cubes dans le volume du corps. On multiplie ensuite par la densité le nombre ainsi obtenu.

2ᵉ Règle. *Réciproquement, pour trouver le volume d'un corps dont le poids et la densité sont connus, on cherche d'abord le volume d'un égal poids d'eau. Ce volume est précisément égal à autant de décimètres cubes qu'il y a de kilogrammes dans le poids du corps. On divise ensuite par la densité le nombre ainsi obtenu.*

**N° 5. — I. Égalité de deux forces. — 2. Éléments d'une force. —
3. De la mesure des forces; unité de force.**

N° 5₁ Égalité de deux forces. — *On dit que* DEUX FORCES *sont* ÉGALES *lorsqu'elles produisent le même effet dans les mêmes circonstances.*

N° 5₂ Éléments d'une force. — *Une force quelconque est déterminée par trois éléments :*

1° SON POINT D'APPLICATION, *c'est-à-dire le point du corps où elle agit immédiatement ;*

2° SA DIRECTION, *c'est-à-dire la ligne droite suivant laquelle elle tend à entraîner son point d'application ;*

3° SON INTENSITÉ, *c'est-à-dire sa valeur par rapport à une autre force prise pour unité.*

N° 5₃ De la mesure des forces; unité de force. — MESURER UNE FORCE, *c'est chercher son* INTENSITÉ. *Autrement dit, c'est trouver combien de fois elle contient une autre force prise pour unité.*

On a adopté pour *unité de force* le *kilogramme.*

Une force est dite de 1ᵏᵍ, 10ᵏᵍ, 50ᵏᵍ, etc., lorsque, dans des circonstances identiques, elle produit le même effet que le poids qui en mesure l'intensité.

Exemple. Un homme, H, *fig.* 1, communique à un corps A, qu'il

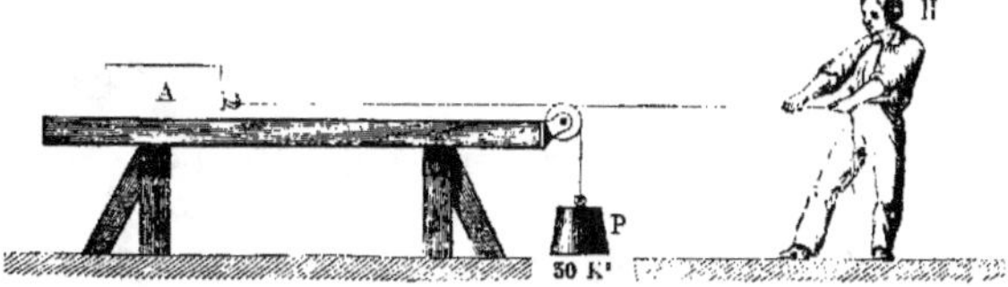

Fig. 1, relative à l'expression de la mesure des forces.

traîne horizontalement, le même mouvement qu'un poids P de 50^{kg}, qui agirait sur ce corps par l'intermédiaire d'une poulie de renvoi. L'*effort de traction* développé par cet homme possédera nécessairement une *intensité* de 50^{kg}.

N° 6. — 1. Des dynamomètres. — 2. Manière de s'en servir.

N° 6₁ Des dynamomètres. — Pour évaluer l'intensité des forces, on se sert d'instruments nommés *dynamomètres*. Un des plus usités de ces appareils est représenté en *fig.* 2 ; il se compose des pièces suivantes :

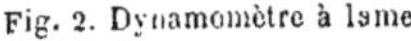

Fig. 2. Dynamomètre à lame

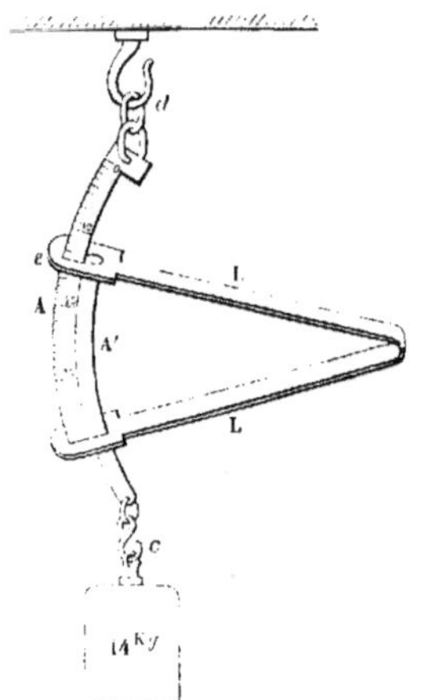

L   *Ressort* du dynamomètre : lame d'acier recourbée en son milieu, et possédant un certain degré de flexibilité.

A   Arc en fer gradué, fixé à la branche inférieure du ressort L, et traversant librement une ouverture pratiquée dans la branche supérieure.

d   Anneau terminant l'arc A, et servant à accrocher l'instrument ou à l'attacher à une corde.

A'   Second arc en fer rivé à la branche supérieure du ressort L, et passant librement dans un trou ménagé dans la branche inférieure.

c   Crochet terminant l'arc A', et auquel on peut suspendre un corps ou fixer une corde.

N° 6₂ Manière de se servir des dynamomètres. — Pour mesurer une force avec un dynamomètre, un effort de traction, par exemple, exercé sur un corps B, *fig.* 3, à l'aide d'une corde, on coupe la corde en un point de sa longueur. Puis, les deux bouts ainsi séparés sont attachés l'un à l'anneau d, l'autre au crochet c de l'instrument.

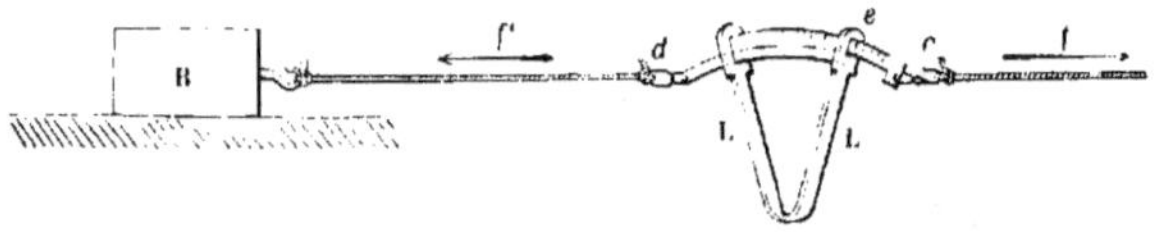

Fig. 3. Manière de mesurer une force avec un dynamomètre.

L'effort de traction, exercé à l'extrémité libre de la corde, se transmet alors à l'extrémité fixée au corps à mouvoir par l'intermédiaire du ressort L. Ce ressort s'infléchit jusqu'à ce que son extrémité e s'arrête à une division de l'arc extérieur. Le numéro de cette division représente le nombre de kilogrammes qui produiraient la même flexion sur le ressort, c'est-à-dire le même effet dans des circonstances identiques, que l'effort considéré. Il exprime donc *l'intensité de cet effort* en kilogrammes.

N° 7. — **I. Définition du travail; travail moteur; travail résistant.** — **2. Kilogrammètre; cheval-vapeur; cheval nominal.** — **3. Conversion réciproque des kilogrammètres en chevaux-vapeur.**

N° 7₁ Définition du travail. — *On appelle* TRAVAIL D'UNE FORCE *le produit de l'intensité de la force par le déplacement de son point d'application, estimé suivant sa direction.* La force s'exprime en *kilogrammes,* le chemin en *mètres,* et le travail en *kilogrammètres.*

Travail moteur; travail résistant. Le travail d'une force motrice est dit *travail moteur ;* et celui d'une force résistante, *travail résistant.*

N° 7₂ Kilogrammètre. — *L'unité de travail* adoptée en France se nomme le *kilogrammètre.*

Le KILOGRAMMÈTRE *est le travail correspondant à l'élévation d'un poids de 1 kilogramme à 1 mètre de hauteur.*

Cheval-vapeur. — LE CHEVAL-VAPEUR *représente un travail de* 75 KILOGRAMMÈTRES PAR SECONDE. *En d'autres termes, c'est le travail correspondant à 75 kilogrammes élevés à un mètre de hauteur en une seconde.* On appelle aussi ce travail *cheval indiqué,* ou *effectif.*

Cheval nominal. — La puissance des machines marines s'exprime en *chevaux nominaux.* Le cheval nominal vaut 500ᵏᵐ, c'est-à-dire 4 fois plus que le cheval indiqué.

N° 7₃ Conversion réciproque des kilogrammètres en chevaux-vapeur.. — 1ʳᵉ RÈGLE. *Pour trouver en chevaux indiqués le travail équivalent au nombre de kilogrammètres que produit une machine par seconde, on divise ce nombre par 75.*

Exemple. On demande la force en chevaux indiqués d'une machine qui développe un travail de 86.715 kilogrammètres par seconde.—

Le nombre des chevaux demandé $= \dfrac{86715}{75} = 1156^{ch},2$ indiqués ou

effectifs. Ceci correspond à $\dfrac{1156.2}{4} = 289^{ch},05$ nominaux.

2 RÈGLE. *Réciproquement, pour exprimer en kilogrammètres par*

seconde le travail correspondant à la force d'un appareil donnée en chevaux indiqués, on multiplie le nombre de chevaux par 75.

Exemple. Une machine possède une force de 1156^{ch},2 indiqués ; on demande combien elle produit de kilogrammètres par seconde. — Le nombre de kilogrammètres cherché $= 1156,2 \times 75 = 86.715^{km}$.

Si le temps correspondant au nombre donné ou cherché de kilogrammètres n'était plus *une* seconde, il suffirait, dans les deux règles précédentes, de remplacer 75, par $75 \times$ *le temps exprimé en secondes.*

N° 8. — 1. Du levier : trois genres de levier. — 2. Bras de levier et moment d'une force. — 3. Relation entre la puissance et la résistance dans le levier.

N° 8₁ Du levier. —*On nomme* LEVIER *une barre de forme droite, brisée ou courbe, libre de tourner autour d'un point fixe, qu'on appelle point d'appui.*

Un levier est ordinairement sollicité par deux forces situées dans le même plan. Celle de ces forces qui tend à produire le mouvement s'appelle *la puissance.* Celle qui, au contraire, s'oppose au mouvement se nomme *la résistance.*

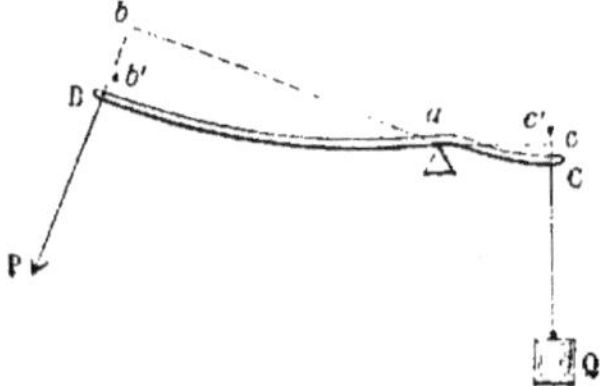

Fig. 4. Levier du 1er genre.

Des trois genres de levier. — On distingue trois genres de leviers :

Dans *le levier du premier genre,* *fig.* 4, le point d'appui *a* est situé entre la puissance P et la résistance Q. Les balanciers de machines à vapeur ; les renvois de mouvement d'un grand nombre de tiroirs, pompes, etc. ; les balances ordinaires et romaines ; les barres d'anspects et pinces employées à soulever des poids considérables, etc., sont des leviers de cette espèce.

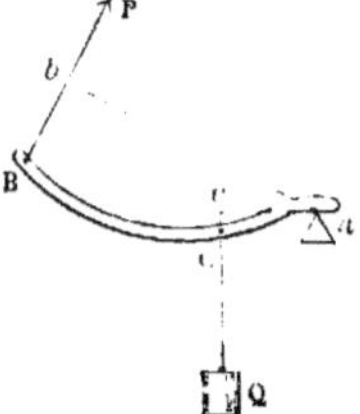

Fig. 5. Levier du 2e genre.

Dans *le levier du second genre, fig.* 5, la résistance Q est placée entre la puissance P et le point d'appui *a.* Le casse-noix et l'aviron en sont des exemples. — Il faut toutefois bien se rendre compte pour l'*aviron,* que la résistance se trouve au portage de la *dame,* la puissance à la *poignée,* et le point d'appui à la *pelle.* Il est vrai d'ajouter que, par suite de la mobilité de l'eau, ce dernier point ne présente plus une fixité absolue.

Dans *le levier du troisième genre, fig. 6,* la puissance P est située entre le point d'appui *a* et la résistance Q. Tel est le cas des leviers de soupapes de sûreté de chaudière, de la pédale du tourneur, et de la plupart des membres des animaux. — Le levier du troisième genre s'emploie surtout quand il s'agit de faire équilibre à la puissance avec

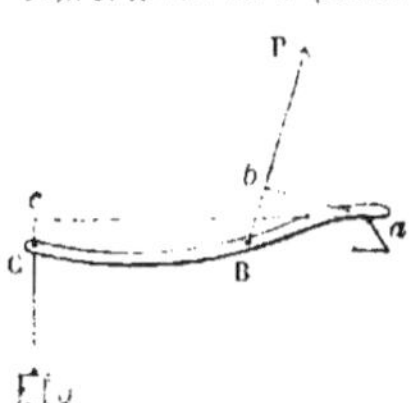
Fig. 6. Levier du 3ᵉ genre.

une faible résistance agissant dans le même sens. On se sert encore de ce levier quand on se propose, à l'aide d'un mouvement restreint, d'en obtenir un plus étendu.

N° 8_2 Bras de levier et moment d'une force. — *On appelle* BRAS DE LEVIER *d'une force par rapport à un point, la longueur de la perpendiculaire abaissée de ce point sur la direction de la force ou sur son prolongement.*

Le MOMENT D'UNE FORCE *par rapport à un point, est le produit de l'intensité de cette force par son bras de levier.*

D'après ces définitions, les lignes *ab* et *ac*, dans les trois figures ci-dessus, représentent respectivement les bras de levier des forces P et Q, par rapport au point d'appui *a*. D'autre part, les produits P $\times$ *ab* et Q $\times$ *ac*, sont les moments de ces forces par rapport au même point *a*.

N° 8_3 Relation entre la puissance et la résistance dans le levier. — *Pour que la puissance P et la résistance Q, supposées dans le même plan et de direction constante par rapport à un levier, soient en équilibre sur ce levier, il faut et il suffit que les moments de ces forces par rapport au point d'appui soient égaux entre eux.*

Cette relation traduite en langage algébrique, s'écrit :

$$\frac{P}{Q}=\frac{ac}{ab}; \text{ ou } P\times ab = Q\times ac.$$

N° 9. — 1. Bielle et manivelle. — 2. Points morts. — 3. Second usage de ce mécanisme. — 4. Rapport entre la course du pied de bielle et le rayon de manivelle.

N° 9_1 Bielle et manivelle. — En jetant les yeux sur la *fig.* 7, dont la *vue* 1° représente l'élévation de face, et la *vue* 2° la projection horizontale d'un même mécanisme, on y trouve les pièces suivantes :

A,A'   axe ou essieu matériel, appelé *arbre de couche.*
H,H'   supports, nommés *paliers*, faisant corps avec une charpente fixe.
M,M'   pièces implantées perpendiculairement à l'arbre de couche, et appelées *manivelles.*
mm'   *bouton de manivelle :* pièce cylindrique incrustée à l'extrémité des deux manivelles, et servant à assembler celles-ci entre elles et à y articuler la bielle B. — Souvent, ce bouton, les deux manivelles et l'arbre *viennent de forge ensemble,*

Fig. 7. Bielle et manivelle.

 Vue 1ᵉ

 Vue 2ᵉ

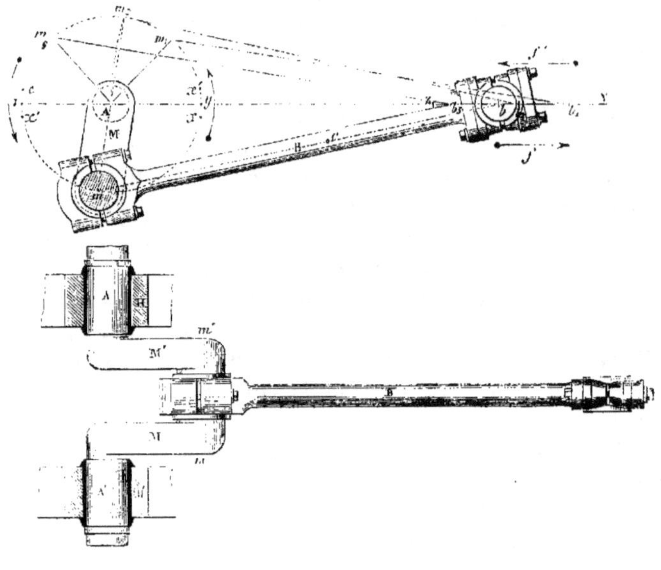

c'est-à-dire ne forment qu'un seul et même morceau. Ces pièces constituent alors ce qu'on appelle un *vilebrequin.* Dans le cas contraire, nous nommerons *double manivelle* ou tout bonnement *manivelle,* l'ensemble des deux manivelles simples et du bouton qui les réunit.

B   *bielle :* on donne en général ce nom à toute tige rigide dont les deux extrémités *s'articulent* à d'autres pièces mobiles, qu'elle sert à relier. — L'extrémité de la bielle articulée au bouton de la manivelle, se désigne sous le nom de *tête de bielle* ; et l'extrémité opposée, sous celui de *pied de bielle.*

LA RÉUNION DE LÀ BIELLE ET DE LA MANIVELLE *constitue un mécanisme que l'on emploie généralement pour transformer un* MOUVEMENT DE VA-ET-VIENT, *communiqué au pied de bielle, en une* ROTATION CONTINUE *de l'arbre de couche.*

Jeu de la bielle et de la manivelle. — Considérons la bielle B, *fig.* 7, à partir de la position *bm*, et supposons que son pied *b* soit tiré le long de YZ dans le sens de la flèche *f*. Cette tige faisant alors un angle avec la manivelle, entraîne nécessairement celle-ci, et force en même temps l'arbre de couche à tourner. Mais, lorsque la manivelle, parvenue en A*y*, se trouve en alignement avec la bielle, l'impulsion de cette dernière pièce ne fait plus que presser l'arbre contre ses paliers H.H'. Cependant, la rotation étant bien en train, la manivelle n'en continue pas moins à se mouvoir dans le sens qu'elle possède déjà, grâce à la vitesse acquise (n° 3_1) de tout le système.

A partir de ce moment, le pied de bielle *b*, qui est arrivé en Y, revient sur ses pas dans le sens de la flèche *f'*. La bielle fait de nouveau un angle avec la manivelle. Son impulsion, qui se traduisait tout à l'heure par une traction, se change en une poussée ; et redevient efficace pour la rotation de l'arbre de couche. De son côté, la manivelle continue à tourner dans le même sens, passe successivement ainsi en A*m₁*, A*m₂*, A*m₃*, et arrive enfin à la position A*z*. Là, de même qu'en A*y*, elle se retrouve en ligne droite avec la bielle, dont le pied a atteint alors le point Z. L'action de la bielle à cet instant, devient encore nulle pour la rotation. Mais la manivelle, en vertu de la vitesse acquise (n° 3_1) de tout le système tournant, franchit, comme précédemment, cette position.

Dès lors, le pied de bielle a derechef son mouvement renversé, et reprend son parcours primitif dans le sens de la flèche *f*. Cela oblige la manivelle à continuer de décrire sa circonférence. Et ainsi de suite, les allées et venues du pied de bielle entretiennent la rotation continue de l'arbre de couche.

N° 9_2 Points morts. — *On appelle* POINTS MORTS *les points y et z, fig.* 7, *de la circonférence décrite par le bouton de la manivelle, où cette dernière pièce se trouve en ligne droite avec la bielle.*

Il est évident qu'aux points morts, le pied de bielle a sa vitesse réduite à zéro. Il possède d'ailleurs son maximum de rapidité vers le milieu de sa course.

— Si, au moment de la mise en marche, la manivelle se trouvait à un de ses points morts, l'appareil ne pourrait partir. Pour les machines à vapeur de navigation, on prévient d'ordinaire ce grave inconvénient en accouplant, sur le même arbre, deux machines ayant leurs manivelles calées à angle droit.

N° 9_3 Second usage de la bielle et de la manivelle. —

Réciproquement, le MOUVEMENT CIRCULAIRE CONTINU *de la manivelle peut se transformer en un* MOUVEMENT DE VA-ET-VIENT *du pied de bielle.*

En effet, dans l'hypothèse d'une rotation communiquée directement à la manivelle, le bouton m. *fig.* 17, est entraîné le long de la circonférence $zmym_1$. Il pousse alors la bielle B ; et force son pied b à glisser le long de la ligne YZ suivant la flèche f, jusqu'à ce qu'il atteigne le point Y. Cela a lieu au moment où la bielle et la manivelle sont en alignement. Cette dernière pièce continuant sa rotation, tire actuellement la bielle dans le sens de la flèche f', à l'opposé de la première flèche. Elle l'entraîne dans ce nouveau sens jusqu'à ce que le point m parvienne au point z, où les deux pièces se retrouvent en ligne droite. À partir de cette position, la rotation continue de la manivelle fait encore rebrousser chemin à la bielle. Celle-ci reprend donc son premier trajet dans le sens de la flèche f. Et ainsi de suite, le *mouvement circulaire continu* de la manivelle engendre un *mouvement de va-et-vient* du pied de bielle.

N⁰ 9₄ Rapport entre la course du pied de bielle et le rayon de manivelle. — D'ordinaire, le chemin parcouru par le pied de bielle est, comme sur notre figure, une ligne droite passant par le centre de la manivelle. La longueur totale YZ, *fig.* 7, de ce chemin se trouve alors évidemment égale au diamètre yz de la circonférence décrite par le bouton de la manivelle.

Or, on appelle COURSE DU PIED DE BIELLE *la longueur d'une des allées ou venues de ce pied ; et* RAYON DE MANIVELLE *la distance* Am *du centre de l'arbre* A *à celui du bouton* m.

On exprimera donc la relation précédente en disant que *la* COURSE DU PIED DE BIELLE *est égale au* DOUBLE *du* RAYON DE MANIVELLE.

N° 10. — 1. Excentrique ordinaire. — 2. Son usage, son inconvénient, son avantage. — 3. Cames; leur inconvénient.

N⁰ 10₁ Excentrique ordinaire — On obtient une transformation de mouvement entièrement analogue à celle *de la bielle et de la manivelle* à l'aide du mécanisme connu sous le nom d'*excentrique.*

La *fig.* 8 représente un excentrique ramené à sa plus simple expression, et qu'on a eu soin d'orienter dans le même sens que les excentriques de la MACHINE DÉMONSTRATIVE, *fig.* 51 *du texte.* On y trouve les pièces que voici :

e   *chariot d'excentrique ou excentrique proprement dit :* cercle plein, claveté sur
l'arbre A de façon à ce que son centre *m* soit *excentré* par rapport à cet arbre,
c'est-à-dire ne coïncide pas avec le centre de ce dernier. — La distance A*m*
du centre de l'arbre A au centre *m* du chariot, se nomme *rayon d'excentricité.*
ono'n' *collier d'excentrique :* pièce en métal embrassant à frottement doux le chariot

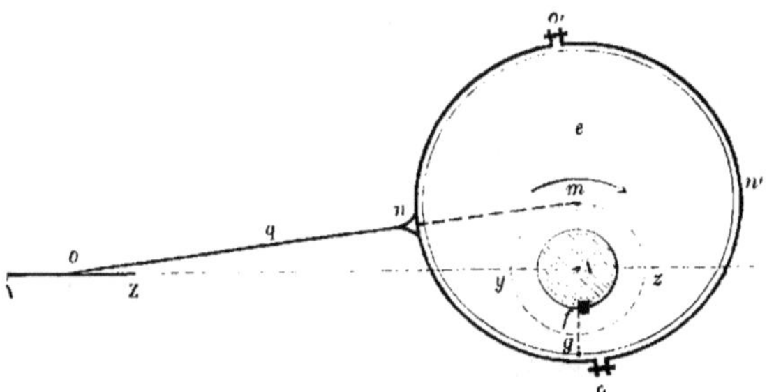

Fig. 8. Excentrique.

d'excentrique, et composée de deux morceaux, que des oreilles *o* et *o'* réunissent à l'aide de boulons.
q   *tige ou bielle d'excentrique :* tringle implantée, en *n*, perpendiculairement au
collier précédent, et ayant son pied *b* articulé avec une autre pièce astreinte à
se mouvoir le long de YZ. — La distance *mb* du centre du chariot au pied *b* de
la bielle, s'appelle *la longueur théorique de la bielle d'excentrique.*

Jeu de l'excentrique. — Supposons que la rotation de l'arbre
A s'effectue dans le sens de la flèche marquée sur la figure. Le chariot d'excentrique *e* tourne alors dans le même sens, à l'intérieur de
son collier. De la sorte, il ne fait que tirer ce dernier, en lui communiquant du reste une légère oscillation. En même temps, le centre *m*
du chariot décrit la circonférence *ymzg;* et à chaque instant, la tige
q prolongée passe par ce même centre.

L'excentrique équivaut donc absolument à *une bielle et une manivelle* où le rayon de manivelle serait égal à l'excentricité A*m*; et la
longueur de la bielle, à la distance *mb* du centre *m* du chariot à
l'extrémité *b* de la tige, c'est-à-dire à la ligne que nous avons appelée
la longueur théorique de la bielle d'excentrique.

Tout ce qui a été dit au sujet *de la bielle et de la manivelle* s'applique par conséquent à l'excentrique. Ainsi, ce dernier mécanisme a
deux *points morts* en *z* et *y*. Le pied de la tige d'excentrique a sa
course égale au *double du rayon d'excentricité.*

**N° 10₂ Usage de l'excentrique; son inconvénient; son
avantage.** — L'*excentrique* est applicable aux deux mêmes usages

que *la bielle et la manivelle*. Cependant il n'est employé que pour transformer *un mouvement de rotation continue* en *un mouvement de va-et-vient*.

De plus, on ne s'en sert que pour la transmission de faibles efforts, à cause du travail consommé par le frottement du collier sur le chariot. Ce travail devient, en effet, considérable par l'amplitude du mouvement de ces deux pièces l'une par rapport à l'autre, dans le cours de chaque révolution.

Sous ce dernier rapport, l'*excentrique* est inférieur à *la bielle et à la manivelle*. Mais, en revanche, il offre le grand avantage de ne pas exiger qu'on brise l'arbre en deux ou qu'on le coude. Aussi a-t-on la facilité de le monter en un point quelconque de cette pièce.

N° 10₅ Cames. — *Pour transformer un* MOUVEMENT DE ROTATION CONTINUE *en un* MOUVEMENT RECTILIGNE ALTERNATIF *mais d'une* FAÇON INTERMITTENTE ET BRUSQUE, *on emploie le mécanisme connu sous le nom* DE CAMES. Ce mécanisme est généralement composé des pièces suivantes, *fig.* 9 :

Fig. 6. Cames.

c,c' *cames :* espèces de dents ou saillies montées sur l'arbre de couche A, à l'opposé l'une de l'autre.

j *cadre* ou châssis, entourant l'arbre et les cames. Le cadre est disposé de façon à ne brider ces dernières pièces en aucun sens, dans toutes les positions qu'elles peuvent prendre par rapport à lui pendant la rotation.

g *galet :* roulette mobile autour d'un axe implanté perpendiculairement au cadre.

J *tige,* faisant corps avec le cadre.

G *guide :* espèce de douille destinée à maintenir en ligne droite la tige précédente.

Jeu des cames. — Supposons, que l'arbre A tourne dans le sens de la flèche et considérons le système à partir de la position qu'il y occupe. On voit que la came c tient alors suspendus en l'air le cadre j et sa tige J. Cet état de choses persiste jusqu'à ce qu'elle abandonne le galet g. A cet instant, les pièces j et J retombent brusquement par leur propre poids, et la roulette g vient porter sur l'arbre. Tout le système reste dans cette situation jusqu'à ce que, par l'effet de la rotation, la seconde came c' arrive à toucher le galet. Celui-ci se soulève alors brusquement, et il fait reprendre au châssis ainsi qu'à sa tige leur première position en l'air. Et ainsi de suite, les montées et les descentes *brusques* de ces deux dernières pièces se succèdent avec *intermittence*.

Inconvénient des cames. — On reproche à cette sorte de mécanisme de produire des chocs fatiguants par leur bruit. Aussi, dans les appareils à rotation rapide, a-t-on en général renoncé à son emploi.

CHAP. Iᵉʳ, § 2. — NOTIONS SUCCINCTES DE PHYSIQUE.

N° 11. — 1. Principe d'Archimède. — 2. Différents cas d'un corps plongé dans un liquide.

N° 11₁ Principe d'Archimède. — *Le principe d'Archimède* s'énonce en ces termes :

Tout corps plongé dans un fluide y perd une partie de son poids égale au poids du fluide qu'il déplace. Autrement dit, il éprouve, de la part de ce dernier, une poussée de bas en haut équivalente au poids du volume de fluide qu'il occupe.

N° 11₂ Différents cas d'un corps plongé dans un liquide. — 1° Si un corps C, *fig.* 10, d'un volume de 2 litres et d'un poids de 1ᵏᵍ, par exemple, plonge au milieu d'un vase rempli d'eau douce, il s'enfoncera dans le liquide jusqu'à ce que la partie immergée de son volume devienne égale à 1 litre. — En effet, à cet instant le poids du corps, c'està-dire la force verticale P qui l'entraîne vers le fond du vase, et qui vaut 1ᵏᵍ, sera contre-balancée par la poussée P'; car celle-ci est égale au poids du litre d'eau déplacé, c'est-à-dire à 1ᵏᵍ.

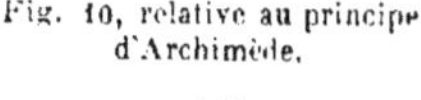

Fig. 10, relative au principe d'Archimède.

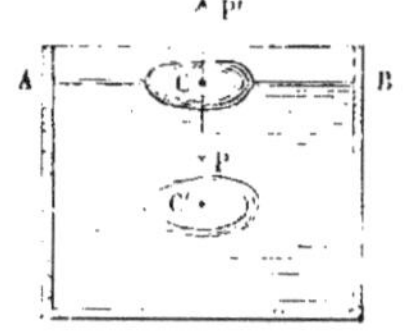

Le corps sera donc nécessairement en équilibre, tout en ayant un litre de son volume hors de la surface libre AB du liquide. En un mot, il *flottera*.

2° Si un corps C, toujours sous un volume de 2 litres, pèse 2ᵏᵍ, au lieu de 1ᵏᵍ comme précédemment, il s'enfoncera en entier dans l'eau. — Car, à ce moment, le volume du liquide déplacé sera de 2 litres, et pèsera 2ᵏᵍ. Par conséquent, la poussée de l'eau aura seulement alors cette valeur, et sera capable de détruire le poids du corps. Au surplus, dans ce cas, le corps mis en un endroit quelconque C' de la masse liquide, y demeurera évidemment en équilibre. En d'autres termes, il *flottera entre deux eaux*.

3° Enfin, si un corps C ne possède qu'un volume de deux litres pour un poids de 5^{kg}, il coulera jusqu'au fond de l'eau. — En effet, lorsque l'immersion sera complète, la poussée du liquide, qui se trouvera alors maximum, ne vaudra cependant que 2^{kg}. Cette poussée sera donc inférieure au poids total du corps ; et celui-ci sera entraîné au fond du vase par une force de $5^{kg} - 2^{kg} = 1^{kg}$. Seulement, il descendra bien moins rapidement que si, abandonné à lui-même hors de l'eau, il était sollicité par son poids total de 5^{kg}.

N° 12. — 1. De l'atmosphère. — 2. De l'air. — 3. Pesanteur de l'air.

N° 12₁ De l'atmosphère. — L'ATMOSPHÈRE *est la masse gazeuse au milieu de laquelle nous vivons. Elle a la forme d'une couche sphérique enveloppant la terre jusqu'à une hauteur d'environ 48 kilomètres*. Au delà se trouvent les espaces célestes, qui sont vides de matière pondérable.

N° 12₂ De l'air. — *Le gaz dont est formée l'atmosphère se nomme l'*AIR.

L'AIR *est un gaz incolore sans odeur ni saveur. C'est un mélange de deux gaz qui font partie des corps simples, et que l'on désigne sous les noms d'*OXYGÈNE *et d'*AZOTE. Il contient ces deux fluides dans le rapport :

en volume, de $20^{lit},8$ d'oxygène à $79^{lit},2$ d'azote sur 100^{lit},
et en poids, de 23^{gr} — à 77^{gr} — sur 100^{gr}.

Outre ces deux gaz, l'air renferme encore de 5 à 6 centilitres, sur 100 litres, de gaz *acide carbonique*, gaz qui résulte de la combinaison de l'*oxygène* avec un autre corps simple appelé *carbone*.

Au surplus, l'air n'est jamais pur dans l'atmosphère. Il contient toujours une certaine quantité de vapeur d'eau. Cette vapeur ne devient visible que lorsque, en se condensant plus ou moins, elle se manifeste à nous sous la forme de *brouillard*, de *nuage* ou de *pluie*.

N° 12₃ Pesanteur de l'air. — L'AIR, comme tous les gaz du reste, partage avec les autres corps de la nature la propriété d'être pesant.

Pour le constater, on fait le *vide* dans un ballon de verre B, *fig.* 11, muni d'un robinet R, et possédant 5 à 4 litres de capacité. Puis on suspend ce ballon, au moyen d'un bout de ficelle et du crochet C du bouton Ca, à l'une des extrémités du fléau d'une balance très-sensible.

On l'équilibre alors par une tare placée dans le bassin qui est attaché à l'autre extrémité. Cela fait, on ouvre le robinet R. On entend aussitôt le sifflement de l'air qui rentre. En même temps, on voit la balance s'incliner du côté du ballon : ce qui ne peut manifestement provenir que du *poids de l'air introduit*.

Le poids d'un litre d'air pur, à la température de 15° et sous la pression atmosphérique de 76^{cm}. est de 1^{kg},25.

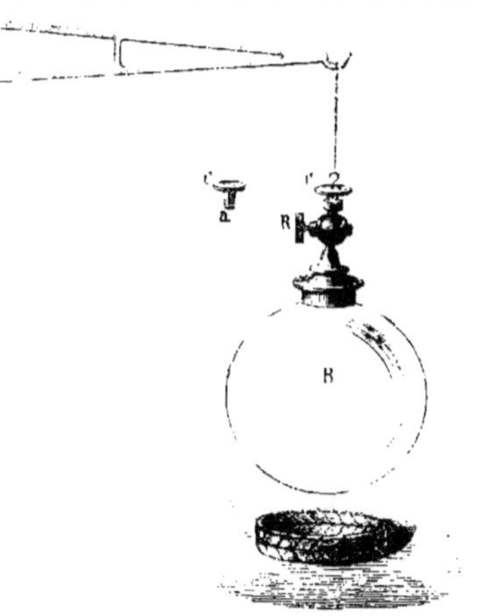

Fig. 11. Moyen de constater la pesanteur de l'air.

N° 13. – 1. Pression atmosphérique. — 2. Sa mesure par la hauteur d'une colonne de mercure, et en kilogrammes. — 3. Hauteur de la colonne d'eau faisant équilibre à la pression atmosphérique.

N° 13₁ **Pression atmosphérique.** — *On appelle* PRESSION ATMOSPHÉRIQUE, *la pression que l'air qui nous enveloppe exerce normalement à la surface de tous les corps avec lesquels il se trouve en contact.*

La pression exercée par l'atmosphère sur une surface plane en un point de sa masse, provient du poids d'une colonne d'air ayant pour base la surface pressée, et s'étendant en hauteur depuis le point considéré jusqu'aux dernières limites de l'atmosphère. Cette pression est d'ailleurs la même dans tous les sens autour de chaque point.

N° 13₂ **Mesure de la pression atmosphérique par la hauteur d'une colonne de mercure, et en kilogrammes.** —

Pour mesurer la pression atmosphérique on a recours à l'expérience suivante :

On prend un tube de verre droit CD, *fig.* 12, fermé par un bout, et ayant une longueur de 80 à 85 centimètres. On le remplit de mercure. Puis, après avoir posé le pouce sur son extrémité C, on le renverse dans une cuvette pleine du même liquide, en le maintenan bien verticalement. On voit aussitôt le mercure descendre jusqu'en E. à une certaine hauteur à laquelle il s'arrête; et une colonne de 76 centimètres environ, reste suspendue dans le tube au-dessus du niveau AB de la cuvette.

A ce moment, d'après un principe d'hydrostatique, les surfaces libres AB et E sont horizontales. De plus, la pression rapportée à l'unité de surface est la même en tous les points du niveau AB, tant au dehors qu'au dedans du tube. Or, à l'extérieur de ce dernier, la pression f n'est autre que la pression atmosphérique. A l'intérieur, la pression f' ne peut provenir que du poids de la colonne de mercure; puisque le liquide, en s'abaissant dans le tube jusqu'en E, a nécessairement laissé le vide au-dessus de lui. Par conséquent, la pression atmosphérique sur chaque centimètre carré, par exemple, équivaut au poids d'une colonne de mercure ayant pour base 1 centimètre carré, et pour hauteur 76 centimètres. Mais cette colonne possède un volume de $1^{cm.c} \times 76^{cm} = 76$ centimètres cubes; et, comme la densité du mercure est 13,6, elle pèse $76^g \times 13,6 = 1033^g$. — Donc, en résumé, à la surface de la terre, *la pression exercée par l'atmosphère sur 1 centimètre carré est environ de 1033 grammes, ou de $1^{kg},033$.*

L'expérience que nous venons de décrire est désignée sous le nom d'*expérience du vide*. Elle a été faite pour la première fois en 1643, par *Torricelli*.

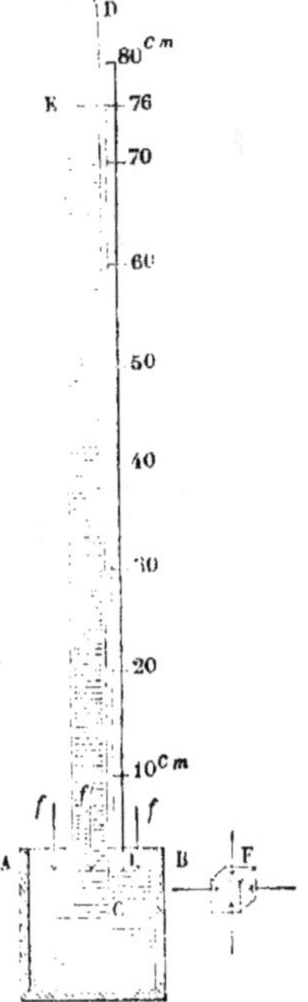

Nᵒ 13₅ Hauteur de la colonne d'eau faisant équilibre à la pression atmosphérique. — Dans une expérience analogue à la précédente, supposons qu'on remplace le mercure par de l'eau. Le poids du cylindre d'eau compris entre les deux niveaux du liquide dans le tube et dans la cuvette, mesurera encore la pression atmosphérique. Seulement, la hauteur du cylindre sera cette fois de $10^m,33$.

Nᵒ 14. — 1. **Définition du baromètre.** — 2. **Variations de la pression atmosphérique.** — 3. **Sa valeur moyenne,**

Nᵒ 14₁ Définition du baromètre. — L'appareil représenté *fig.* 12, et qui nous a servi à faire l'expérience du vide, se nomme un *baromètre*. Ce mot signifie *instrument propre à mesurer la pression atmosphérique*.

Et en effet, plaçons le long du tube CD, *fig.* 12, une échelle verticale graduée de millimètre en millimètre. On aura, à un instant et dans un lieu quelconque, la *hauteur de la colonne mercurielle* faisant équilibre à la *pression atmosphérique*, en lisant la différence des niveaux du mercure dans le tube et dans la cuvette. *Cette différence s'appelle la hauteur du baromètre.*

N° 14₂ Variations de la pression atmosphérique. — À mesure que l'on s'élève au-dessus de la surface de la terre, la pression atmosphérique doit nécessairement décroître. Car, d'abord, la hauteur de la colonne d'air diminue progressivement. En second lieu, les différentes couches de l'atmosphère étant de moins en moins pressées vers les régions supérieures, leur densité devient de plus en plus faible.

On reconnaît en outre que la pression atmosphérique n'est pas constante pour une même élévation. Bien plus, elle varie d'un moment à un autre dans le même endroit.

N° 14₃ Valeur moyenne de la pression atmosphérique. — Pour les lieux situés aux environs du niveau de la mer, la colonne mercurielle oscille dans des limites assez restreintes autour de la hauteur de $0^m.76$, dont nous avons parlé au n° 15₂. Par conséquent, la *pression atmosphérique moyenne* à ce niveau est égale à $1^{kg}.033$ par centimètre carré.

N° 15. — **1. Diverses manières d'évaluer les pressions. — 2. Conversions réciproques de ces évaluations.**

N° 15₁ Diverses manières d'évaluer les pressions. — *En mécanique industrielle, le mot* ATMOSPHÈRE *est employé pour désigner une pression égale à la pression atmosphérique moyenne sur la surface de la terre, c'est-à-dire égale à* $1^{kg}.033$ *par centimètre carré, et correspondant par suite à une colonne de mercure de 76 centimètres.*

On évalue de trois manières la pression d'un fluide, et en particulier la pression de la vapeur :

1° EN KILOGRAMMES PAR CENTIMÈTRE CARRÉ,

2° EN ATMOSPHÈRES,

3° EN CENTIMÈTRES DE MERCURE.

Les deux derniers modes d'évaluation offrent, sur le premier, l'avantage d'indiquer la pression indépendamment de toute énonciation de surface.

Nᵒ 15₂ Conversions réciproques des diverses manières d'évaluer les pressions. — *Pour convertir l'évaluation d'une pression suivant un mode en l'évaluation suivant un autre mode, il faut établir une proportion directe entre l'évaluation cherchée, l'évaluation donnée et les deux nombres, respectivement de même nom que ces évaluations, compris dans la ligne ci-dessous :*

1 AT. *correspond à* 1ᵏᵍ,033 PAR CENTIMÈTRE CARRÉ, *et à* 76 CENTIMÈTRES DE MERCURE

Exemple I. Quel est le nombre x d'atmosphères équivalant à une pression de 1ᵏᵍ,40 par centimètre carré?

On obtient par la règle précédente :

$$\frac{x}{1^{kg},40} = \frac{1^{at}}{1^{kg},033}; \text{ d'où } x = \frac{1^{at} \times 1,40}{1,033} = 1^{at},355.$$

Exemple II. Quel est le nombre x de kilogrammes par centimètre carré correspondant à une pression de 1ᵃᵗ,355?

On a :

$$\frac{x}{1^{at},355} = \frac{1^{kg},033}{1^{at}}; \text{ d'où } x = \frac{1^{kg},033 \times 1.355}{1} = 1^{kg},40.$$

Exemple III. Quel est le nombre x de centimètres de mercure équivalant à 1ᵃᵗ,355?

La règle ci-dessus donne :

$$\frac{x}{1^{at},355} = \frac{76^{cm}}{1^{at}}; \text{ d'où } x = \frac{76^{cm} \times 1,355}{1} = 103^{cm}.$$

Exemple IV. Quel est le nombre x de kilogrammes par centimètre carré représentant une pression de 103ᶜᵐ?

On a :

$$\frac{x}{103^{cm}} = \frac{1^{kg},033}{76^{cm}}; \text{ d'où } x = \frac{1^{kg},033 \times 103}{76} = 1^{kg},40.$$

Nᵒ 16. — **1. Du vide.** — **2. Moyen de le constater.** — **3. Extension donnée au sens du mot vide.**

Nᵒ 16₁ Du vide. — *On nomme* VIDE *tout espace qui ne contient ni air, ni aucune autre matière.*

N° 16₂ Moyen de constater le vide. — Le *vide* se constate par l'expérience de Torricelli (n° 15₂). En effet, au moment où, dans cette expérience, on renverse le tube, le mercure s'abaisse tout d'une pièce jusqu'en E, *fig.* 12. Il est alors impossible, si l'on a pris toutes les précautions nécessaires, qu'aucune matière aille se loger au-dessus du niveau E, sauf un peu de vapeur de mercure. Donc, à cela près, le *vide* existe dans l'espace compris entre le sommet de la colonne de liquide et la partie supérieure du tube. Cet espace s'appelle la *chambre barométrique*; et le vide ainsi obtenu se nomme le *vide barométrique*.

Le *vide barométrique* est le vide le plus parfait qu'on puisse obtenir dans la nature.

N° 16₃ Extension donnée au sens du mot vide. — *Dans les machines à vapeur, on donne par extension le nom de* VIDE *à la différence qui existe entre la pression atmosphérique et la pression du condenseur. Cette différence est accusée par l'indicateur du vide* (n° 26₇).

N° 17. — 1. Calorique, chaleur. — 2. Principaux effets de la chaleur.

N° 17₁ Calorique, chaleur. — *On donne le nom de* CALORIQUE *à l'agent invisible qui fait naître en nous les sensations de chaud et de froid.*

La CHALEUR *est l'effet même de cette cause.*

Le plus souvent, les mots *calorique* et *chaleur* sont pris l'un pour l'autre, surtout en style pratique, où la seconde de ces deux expressions est presque exclusivement employée.

N° 17₂ Principaux effets de la chaleur. — *La chaleur donne naissance à deux grandes classes de phénomènes dans les corps qui lui sont soumis :* 1° LE CHANGEMENT DE VOLUME; 2° LE CHANGEMENT D'ÉTAT.

Changement de volume des corps par la chaleur. — *Tous les corps s'agrandissent, se* DILATENT, *par l'accroissement de la chaleur; et se* CONTRACTENT, *c'est-à-dire diminuent de volume, par le refroidissement.*

Pour se convaincre de la dilatation des corps solides, il suffit de prendre une barre de métal A, *vue* 1°, *fig.* 13, qui s'ajuste très-exactement entre deux talons métalliques *t* et *t'*, dressés à angle droit sur une même plaque. Si l'on fait chauffer cette barre, elle devient trop longue pour être mise en place, comme on le voit en *vue 2°*. Mais elle finit par reprendre sa première longueur, *vue 1°*, quand elle ne possède plus que la chaleur qu'elle avait primitivement. Par cette expérience, la dilatation de la barre n'est rendue manifeste que sur sa longueur ; mais il faut bien concevoir qu'elle a lieu dans tous les sens.

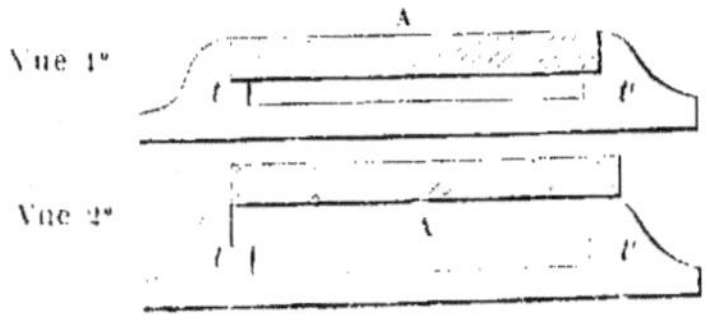

Fig. 13, relative aux effets de la chaleur sur les solides.

Pour démontrer la dilatabilité des liquides, on prend un long tube en verre, *fig. 14*, d'un diamètre intérieur très-petit, et terminé à une de ses extrémités par un gros réservoir B. On remplit en partie cet appareil d'un liquide quelconque ; et l'on en plonge la boule dans de l'eau chaude. On voit alors le liquide dilaté par la chaleur monter de *m'* en *m*, parce que le liquide se dilate plus que le vase qui le renferme. Quand on replace l'appareil en plein air, comme il l'était d'abord, le niveau du liquide retombe et reprend bientôt sa position primitive.

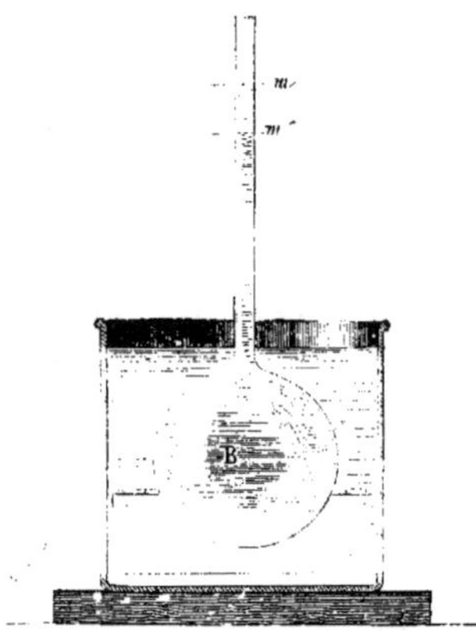

Fig. 14, relative aux effets de la chaleur sur les liquides.

Enfin, pour se convaincre de la dilatabilité des gaz, on se sert encore d'un ballon en verre muni d'un tube étroit, *fig. 15*. On remplit en partie l'instrument d'air ou d'un autre gaz. Puis, on introduit, par-dessus ce fluide, un petit cylindre de mercure *a* de 2 à 5 centimètres de hauteur. Ce petit cylindre est destiné à servir d'index et à intercepter la communication entre le gaz intérieur et l'air extérieur. Cela fait, il suffit d'approcher la main près de la boule pour que la petite colonne mercurielle se mette en mouvement d'une manière rapide vers l'ouverture du tube. Or, cet effet ne peut être attribué qu'à la dilatation produite par la chaleur

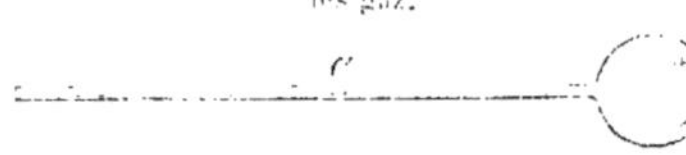

Fig. 15, relative aux effets de la chaleur sur les gaz.

du *corps* sur le gaz contenu dans l'appareil. D'ailleurs, en retirant la main, on voit le petit cylindre de mercure reprendre assez promptement sa première position. — Cette expérience prouve en même temps que la dilatation des gaz est très-sensible pour une faible variation de chaleur. Par conséquent, leur dilatabilité est de beaucoup supérieure à celle des liquides, et, à plus forte raison, à celle des solides.

Changement d'état des corps par la chaleur. — *Par une augmentation suffisante de chaleur, beaucoup de corps* SE FONDENT *s'ils sont solides, ou* SE VAPORISENT *s'ils sont liquides.* — *Réciproquement, par un refroidissement convenable, ces corps* SE SOLIDIFIENT *s'ils sont liquides, ou* SE CONDENSENT, *c'est-à-dire se liquéfient, s'ils sont à l'état de vapeurs.*

La *glace*, qui est une matière *solide, se fond*, c'est-à-dire passe à l'état liquide, lorsqu'elle est exposée à la *chaleur*. Elle donne ainsi naissance à *l'eau*. Celle-ci, à son tour, quand on la *chauffe*, se convertit en gaz sous le nom de *vapeur d'eau*. — *Réciproquement*, cette *vapeur* étant refroidie, se condense. Puis, *l'eau* qui résulte de ce changement d'état, se transforme en *glace* par un *refroidissement suffisant*.

N° 18. — 1. Température. — 2. Thermomètre à mercure. —
3. Thermomètre à alcool.

N° 18₁ Température. — *On appelle* TEMPÉRATURE *d'un corps le degré de chaleur* SENSIBLE *que possède ce corps.*

On donne le nom de THERMOMÈTRES *à tous les appareils qui servent à mesurer les températures.*

N° 18₂ Thermomètre à mercure. — Le thermomètre le plus répandu est le *thermomètre à mercure*. Il se compose d'un tube en verre A, *fig.* 16, d'un très-petit diamètre et terminé inférieurement par un réservoir sphérique ou cylindrique B beaucoup plus large. Le tube et le réservoir, entièrement purgés d'air, sont remplis de mercure jusqu'à une certaine hauteur; et l'extrémité de la tige est hermétiquement fermée.

Le jeu de cet instrument repose essentiellement sur les dilatations et les contractions du mercure sous l'influence des variations de chaleur. Car il résulte de ces dilatations ou contractions que le niveau du liquide monte ou baisse dans le tube.

C'est pour rendre plus sensible le thermomètre, qu'on termine sa tige par un réservoir d'une grande capacité.

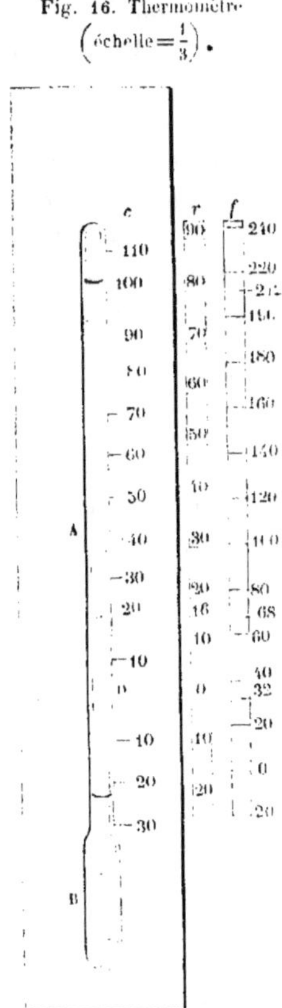

Fig. 16. Thermomètre $\left(\text{échelle} = \frac{1}{3}\right)$.

Pour graduer le thermomètre, on plonge d'abord le réservoir de l'instrument dans la *glace fondante*. Le sommet de la colonne de mercure s'arrête alors à un certain point, où il demeure stationnaire pendant tout le temps de la fusion de la glace. On fait une *marque* sur ce point. — On expose ensuite le thermomètre au milieu de la vapeur d'eau bouillante. Le niveau du mercure, après s'être élevé le long du tube, atteint une position où il persiste tant qu'il y a ébullition. On prend ce nouveau point fixe comme deuxième point de repère, et on y fait aussi un *trait*.

Ces deux termes obtenus, on marque *zéro* au premier, 100 au second. Puis, on divise l'intervalle qui les sépare en 100 parties d'égale capacité, qu'on nomme *degrés du thermomètre*. Pour prolonger la graduation, on porte la longueur d'un degré, bout à bout, au-dessus du point 100 et au-dessous du point *zéro*.

L'ensemble des divisions ainsi déterminées constitue ce qu'on appelle l'*échelle thermométrique*[*]. D'ordinaire, on considère les températures au-dessus de *zéro* comme *positives* et celles *au-dessous* comme *négatives*. Ajoutons qu'on appelle vulgairement ces dernières les *degrés de froid*.

Les indications du thermomètre à mercure ne dépassent jamais 40 degrés au-dessous de zéro. Car ce liquide se congèle à cette température. — D'autre part, les indications supérieures à zéro peuvent aller jusqu'à 360 ou 400 degrés.

---

[*]. Les deux échelles placées à droite de la fig. 16, représentent les graduations *Réaumur* et *Fahrenheit*. Elles ne sont pas usitées en France. La table III de la fin du volume, donne la concordance des trois échelles du thermomètre.

N° 18₅ Thermomètre à alcool. — Quoique le thermomètre à mercure soit de beaucoup le plus répandu, on se sert encore, pour les besoins ordinaires, du thermomètre à alcool.

Cet instrument ne diffère du thermomètre à mercure que parce qu'il est rempli d'alcool coloré en rouge. Il est surtout employé pour mesurer les très-basses températures, attendu que l'alcool ne se congèle point par les plus grands froids connus.

N° 19. — 1. Des quantités de chaleur; de leur égalité; de leur mesure : calorie. — 2. Capacité calorifique des corps : règle relative à cette capacité. — 3. Lois calorifiques du changement d'état des corps. — 4. Calorique latent.

N° 19₁ Des quantités de chaleur, et de leur égalité. — *On dit que deux* QUANTITÉS DE CHALEUR *sont égales lorsque, appliquées sur un même corps, elles produisent le même effet dans des circonstances identiques.*

Mesure des quantités de chaleur : calorie. — *Mesurer une quantité de chaleur, c'est trouver combien de fois elle en contient une autre prise pour unité.*

L'unité de chaleur adoptée en France se nomme calorie.

La CALORIE *est la quantité de chaleur nécessaire pour élever de* 1° *centigrade la température de* 1 *kilogramme d'eau pure.*

N° 19₂ Capacité calorifique des corps. — Les *quantités* ABSOLUES *de chaleur* que possèdent les corps ne sauraient être mesurées. On sait seulement qu'elles ne sont pas les mêmes pour toutes les substances dans des circonstances identiques.

Du reste, au point de vue industriel, il est seulement utile de connaître les *quantités de chaleur* que les corps absorbent ou cèdent lorsqu'ils subissent un changement de température, d'état, ou de volume.

On appelle CAPACITÉ CALORIFIQUE *ou* CHALEUR SPÉCIFIQUE *d'un corps, le nombre de calories nécessaires pour élever de* 1° *la température de* 1 *kilogramme de ce corps.*

Voici le tableau des capacités calorifiques de quelques substances usuelles dans les machines à vapeur.

NOMS DES SUBSTANCES.	Capacités calorifiques.	NOMS DES SUBSTANCES.	Capacités calorifiques.
	calor.		calor.
Eau pure.	1,0000	Vapeur d'eau.	0,8470
Eau salée.	0,8187	Charbon.	0,2411
Acide carbonique . . .	0,2210	Coke.	0,2009
Oxyde de carbone. . .	0,2884	Fer	0,1137
Air.	0,2377	Cuivre.	0,1043
Hydrogène.	3,2936	Laiton.	0,0950
Oxygène.	0,2361	Zinc	0,1000
Azote..	0,2754	Plomb.	0,0310

Règle relative à la capacité calorifique des corps. — *Lorsqu'un corps se réchauffe ou se refroidit d'un certain nombre de degrés, il gagne ou il perd une quantité de chaleur égale à sa capacité calorifique multipliée par son poids en kilog. et par ce nombre de degrés.*

Réciproquement, lorsqu'on applique ou qu'on enlève à un corps une quantité déterminée de calorique, le changement de température qu'il subit, varie en raison inverse de son poids et de sa capacité calorifique.

N° 19₅ Lois calorifiques du changement d'état des corps. — 1° *Tout corps se* FOND *s'il est à l'état solide, et réciproquement se* SOLIDIFIE, *s'il est à l'état liquide, à une* TEMPÉRATURE DÉTERMINÉE. *Celle-ci reste* CONSTANTE *jusqu'à ce que le changement d'état soit complet, quelle que soit l'intensité de la source de chaleur ou de froid qui le détermine. Cette intensité ne fait dès lors qu'accélérer plus ou moins le phénomène.*

M. Silbermann a établi, en 1858, le tableau ci-dessous :

Points de fusion de différents corps, exprimés en degrés centigrades.

La glace	0°	Le bismuth.	266°
Le suif.	33°	Le plomb du commerce.	326°
La cire.	60°	Le zinc.	436°
Le soufre et l'iode. . . .	109°	L'antimoine.	690°
Les alliages de plomb, d'étain et de bismuth, où celui-ci prédomine.	100° à 120°	L'argent	1100°
		Le cuivre du commerce.	1020° à 1200°
		L'acier.	1300° à 1500°
Les mêmes alliages lorsque l'étain prédomine .	170° à 200°	Le fer forgé.	1500° à 1700°
		Les fontes grises . . .	1100° à 1250°
L'étain.	230°	Les fontes blanches. .	1050° à 1100°

2° *La* TEMPÉRATURE *d'un fluide qui se change en* VAPEUR, *ou qui se* CONDENSE, *ne subit qu'une variation bien inférieure à celle que don-*

nerait le calcul, d'après la capacité calorifique du fluide et l'intensité de la source de *chaleur* ou de *froid* à laquelle il est soumis. — Bien plus, lorsqu'il y a *vaporisation* d'un liquide avec échappement libre de toute la vapeur qui se forme à chaque instant, *la température du liquide demeure constante, quelle que soit l'ardeur du foyer*. De cette ardeur dépend seulement le plus ou moins de rapidité de l'accomplissement du phénomène.

N° 19₄ Calorique latent. — Il résulte nécessairement des lois précédentes que :

1° *Il y a* ABSORPTION DE CHALEUR *lors de la* LIQUÉFACTION *d'un solide et de la* VAPORISATION *d'un liquide.*

2° *Il y a, au contraire,* ÉMISSION DE CHALEUR *lors de la* SOLIDIFICATION *d'un liquide et de la* CONDENSATION *d'une vapeur.*

3° *Les* QUANTITÉS DE CHALEUR *ainsi* ABSORBÉES OU ÉMISES *sont* INSENSIBLES AU THERMOMÈTRE : *elles se trouvent employées, sinon en entier dans tous les cas, au moins en grande partie, à produire le changement d'état.*

On démontre en physique, que des faits analogues se passent même dans la simple dilatation ou la simple contraction d'un corps.

On appelle CALORIQUE LATENT *toute quantité de chaleur, insensible au thermomètre, qu'un corps absorbe ou dégage en changeant d'état ou même simplement de volume.* — On considère trois espèces de *caloriques latents.*

1° *Le* CALORIQUE LATENT DE FUSION. *C'est la chaleur latente qui correspond à la fusion ou à la solidification d'un corps.*

2° *Le* CALORIQUE LATENT DE VAPORISATION OU D'ÉLASTICITÉ. *C'est la chaleur latente absorbée lors de la vaporisation d'un corps ou dégagée lors de sa condensation.*

3° *Le* CALORIQUE LATENT DE DILATATION. *C'est la chaleur latente consommée lors de la dilatation d'un corps ou restituée lors de sa contraction.*

Le calorique latent de fusion de la glace à 0°, est de 79^{cal}. Le calorique latent de vaporisation de l'eau à la température de $t°$, vaut 606, 5 — 0.695 t ; soit 537^{cal} à 100°.

N° 20. — 1. Des gaz. — 2. Loi de Mariotte. — 3. Loi de Gay-Lussac.

N° 20₁ Des gaz. — On appelle GAZ (n° 1₄) ou FLUIDES ÉLASTIQUES, *des corps dont les molécules douées d'une mobilité parfaite sont dans un état constant de répulsion mutuelle, qu'on désigne sous le nom* D'EXPANSIBILITÉ.

On divise les fluides élastiques en deux classes : les *gaz permanents* ou *gaz proprement dits*, et les gaz *non permanents* ou *vapeurs*.
Les premiers sont ceux qui ne peuvent se liquéfier à quelque pression
ou à quelque abaissement de température qu'on les soumette ; tels
sont : l'oxygène, l'hydrogène, l'azote, l'air, etc. Les seconds, au contraire, possèdent la propriété de passer à l'état liquide par une compression ou un refroidissement plus ou moins grand : telle est la
vapeur d'eau, d'éther, de chloroforme, etc.

On appelle TENSION, FORCE ÉLASTIQUE *ou* PRESSION D'UN GAZ, *la force
avec laquelle ce gaz, en vertu de son expansibilité, agit sur les parois
du vase qui le renferme.*

N° 20₂ Loi de Mariotte. — La loi de *Mariotte* s'énonce en ces
termes :

*Lorsque la température d'une masse donnée de gaz ne change pas,
sa pression et son volume sont liés
par cette relation que le produit du
volume par la pression correspondante est un nombre constant.*

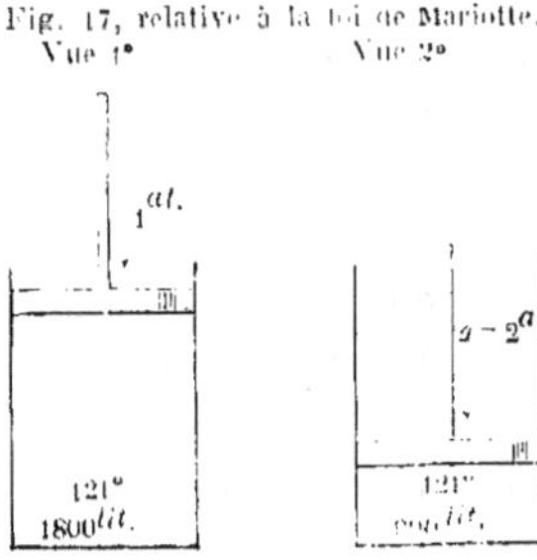

Exemple. Soient, sous une pression de 1^at et à la température de
121°, 1.800 litres de gaz renfermés
dans un vase, *vue 1°*, *fig.* 17, à couvercle mobile. On demande, dans la
supposition que la température reste
constante, ce que devient la pression lorsqu'on réduit le volume du
gaz à 900 litres, en enfonçant le couvercle du vase, comme le montre
la *vue 2°*.

D'après la loi de Mariotte, on a :

$$x^{at} \times 900 = 1^{at} \times 1800 ; \quad \text{d'où } x = 1^{at} \times \frac{1800}{900} = 2^{at}.$$

N° 20₃ Loi de Gay-Lussac. — La loi de *Gay-Lussac* s'exprime
ainsi :

*La pression demeurant constante, tous les gaz, pour chaque degré
d'augmentation ou de diminution dans leur température, se dilatent
ou se contractent de la même quantité. Cette quantité est égale à la
0.00366° partie de leur volume à 0°.*

De la loi de Gay-Lussac, on déduit aisément la formule suivante :

$$V' = V \frac{(1 + 0.00366 t')}{(1 + 0.00366 t)},$$

dans laquelle :

V   indique le volume d'une masse gazeuse à la température t ;
V' le volume de cette masse sous la même pression, mais à la température t'.

Exemple. Soit, sous une pression de 1^{at} et à la température $t = 121°$, un volume $V = 1.800^{lit}$ de gaz, renfermé dans un vase, *vue* 1°. *fig.* 18, à couvercle mobile. On demande, en admettant que la pression reste constante, le volume V', *vue* 2°. que prend le gaz, lorsque la température devient $t' = 100°$?

En appliquant la formule précédente. on trouve :

$$V' = 1800^{lit} \frac{(1 + 0,00366 \times 100)}{(1 + 0,00366 \times 121)} = 1800^{lit} \frac{1,366}{1,443} = 1700^{lit} \text{ en nombre rond.}$$

N° 21. — **1**. Formation de la vapeur d'eau. — **2**. De la vapeur saturée. — **3**. Principales propriétés de la vapeur saturée. — **4**. Relations entre la tension, la température et la densité de la vapeur saturée.

N° 21₁ Formation de la vapeur d'eau. — La transformation de l'eau en vapeur se produit *par évaporation et par vaporisation ou ébullition*.

On dit qu'il y a ÉVAPORATION *quand la vapeur se produit lentement, et seulement à la surface du liquide :* c'est par le fait d'une évaporation que de l'eau jetée par terre ne tarde pas à sécher.

La VAPORISATION *s'entend de toute production rapide de vapeur dans la masse même du liquide.*

*L'*ÉBULLITION *est le phénomène qui accompagne toujours la vaporisation; celle-ci étant plus ou moins tumultueuse.*

— Quand on chauffe de l'eau, on la réduit en vapeur par vaporisation ou ébullition.

N° 21₂ De la vapeur saturée. — Imaginons un vase quelconque, un cylindre par exemple, *fig.* 19, fermé par un couvercle mobile ou piston, et contenant une certaine quantité d'eau. Si on laisse entre le piston et le niveau du liquide un espace libre *abcd*. que cet espace contienne de l'air ou non, que l'on chauffe le liquide au feu d'un foyer ou qu'on l'abandonne à la température ambiante, l'eau se convertira en vapeur. Mais, en outre, d'après l'expérience, si l'on maintient la température à un degré déterminé, cette conversion finit toujours, au bout d'un certain temps et à un point variable d'ailleurs avec ce degré, par cesser d'avoir lieu, bien que le liquide ne soit pas passé en entier à l'état gazeux.

À cet instant, l'espace considéré renferme donc autant de vapeur qu'il en peut contenir. C'est ce qu'on exprime en disant que cet espace est *saturé*, et que la vapeur a atteint *sa saturation* ou se trouve *saturée à tant* de degrés de température.

Fig. 19, relative aux lois de la vapeur saturée.

La vapeur saturée possède une densité et une force élastique déterminées pour chaque température. Mais ces éléments sont indépendants de la quantité de liquide qui existe au-dessous de la vapeur, de l'espace que celle-ci occupe, ainsi que des gaz qui s'y trouvent mélangés. En outre, ils possèdent des valeurs d'autant plus grandes que la température est plus élevée. Mais, quelque basse que soit cette dernière, ils ne sont jamais nuls.

N° 21₅ Principales propriétés de la vapeur saturée. — Voici les propriétés dont jouit la vapeur saturée :

1° Toute vapeur en contact avec son liquide générateur finit toujours par se saturer.

2° Si l'on diminue le volume *abcd*, *fig.* 19, occupé par de la vapeur en contact avec son liquide générateur, en enfonçant, par exemple, le piston dans son cylindre, une portion de la vapeur repasse à l'état liquide. *Mais la tension et la densité de la partie de ce fluide qui ne se condense pas demeurent constantes*, pourvu que la température ne change pas.

3° Si, au contraire, on augmente la capacité occupée par de la vapeur en présence de son liquide générateur, soit avec le vase, *fig.* 19, en soulevant le piston, soit avec une chaudière, en la mettant en communication avec le cylindre de la machine, le liquide se vaporise pour remplir l'espace libre créé au-dessus de lui. Mais la vapeur se maintient toujours à l'état de saturation, *en conservant la même pression et la même densité*, tant qu'il reste de l'eau et que la température ne change pas.

4° Si l'on refroidit, d'ailleurs aussi peu que l'on voudra, le vase *fig.* 19 en conservant à la vapeur le même volume libre au-dessus de l'eau, la tension et la densité de la vapeur diminueront avec la température, et une certaine quantité de vapeur sera condensée. La vapeur restant dans le vase se comportera à sa nouvelle température, comme il est dit en 2° et 5° ci-dessus.

5° Si l'on chauffe le vase *fig.* 19 en conservant à la vapeur le même volume libre au-dessus de l'eau, la tension et la densité de la vapeur augmenteront; mais une certaine quantité de liquide se réduira en vapeur. La vapeur renfermée dans le vase se comportera à sa nouvelle température, comme il est dit en 2° et 5° ci-dessus.

En résumé, *la vapeur saturée possède une tension maximum pour une température donnée, et une température minimum pour une tension donnée.*

N° 21₄ Relations entre la tension, la température et la densité de la vapeur saturée. — L'expérience seule a pu jusqu'ici faire connaître la *pression* et la *densité* de la vapeur saturée correspondantes à une *température* donnée ou réciproquement. La table IV à la fin de ce volume renferme un grand nombre des valeurs successives de ces quantités. — Nous avons réuni dans le petit tableau ci-dessous les valeurs correspondantes, en nombres ronds, des températures, tensions, densités et volumes de la vapeur pour les cas qui se présentent le plus fréquemment en marine.

VAPEUR D'EAU.			
Températures.	Pressions.	Densités.	Volumes correspondant à 1ᵏ.
degrés.			litres.
40	5ᶜᵐ,3	»	»
100	1ᵃᵗ = 76ᶜᵐ	$\frac{1}{1700}$	1700
121	2ᵃᵗ	$\frac{1}{900}$	900
135	3ᵃᵗ	$\frac{1}{620}$	620
145	4ᵃᵗ	$\frac{1}{480}$	480
152	5ᵃᵗ	$\frac{1}{380}$	380

N° 22₁ Nature de la vapeur d'eau. — La vapeur d'eau est un fluide sans odeur ni saveur. Elle se compose, comme l'eau pure, de 89 parties. en poids, d'oxygène et de 11 parties d'hydrogène. Elle renferme en outre l'air contenu en dissolution dans le liquide qui l'a fournie.

La vapeur qui se dégage de l'eau de mer, et en général des eaux contenant des matières solides en dissolution ou en suspension, est toujours de même nature que celle qui provient de l'eau pure, car ces matières ne se volatilisent pas.

N° 22₂ Vapeur sèche et vapeur aqueuse. — La vapeur d'eau parfaitement pure est invisible et transparente comme l'air, et on l'appelle vapeur *sèche*. Mais il est rare de la rencontrer à cet état. Le plus souvent. elle se trouve mélangée de particules liquides et elle apparaît sous la forme de nuages blancs. Elle prend alors le nom de *vapeur aqueuse.* — Presque toujours la vapeur est à l'état *aqueux* dans l'intérieur des machines.

N° 22₃ De la vapeur désaturée. — Si l'on soulève de plus en plus le piston de la *fig.* 19. nous avons vu (n° 21₃) que l'eau fournira.

Fig. 20, relative aux lois de la vapeur désaturée.

au fur et à mesure, de nouvelle vapeur, de façon que l'espace compris entre ce piston et le liquide sera constamment saturé. Cependant il arrivera évidemment un moment où toute l'eau se sera vaporisée, *fig.* 20. Si. à partir de ce moment, on augmente l'espace qui renferme la vapeur. celle-ci s'y répand, et le remplit toujours exactement. Sa densité doit donc nécessairement diminuer. Par conséquent, d'après la subordination réciproque qui existe entre les éléments de ce fluide à l'état de saturation, l'espace en question ne contient plus autant de vapeur qu'il le pourrait relativement à sa température : en un mot, il *cesse d'être saturé.* On dit alors de cet espace ainsi que de la vapeur, qu'ils sont *désaturés.*

N° 22₄ Propriétés de la vapeur désaturée. — L'expérience démontre que la vapeur désaturée jouit des mêmes propriétés que les gaz permanents. En d'autres termes, dans cette dernière hypothèse, elle est soumise aux lois de Mariotte et de Gay-Lussac.

Ces lois lui sont d'ailleurs indéfiniment applicables, tant qu'il y a accroissement de volume ou de température, ou de ces deux éléments à la fois.

N° 22₅ Vapeur surchauffée. — *On appelle vapeur* SURCHAUFFÉE *toute vapeur portée à une température supérieure à celle qui correspond à sa saturation.*

La vapeur surchauffée peut être refroidie jusqu'à sa température de saturation sans qu'elle se condense. Elle suit d'ailleurs les lois de Mariotte et de Gay-Lussac.

La vapeur surchauffée et la vapeur désaturée sont dans le même état ; elles possèdent l'une et l'autre une température supérieure à celle qui correspond à leur tension de saturation. La seule différence consiste en ce qu'on *désature* la vapeur par augmentation de volume, tandis qu'on la *surchauffe* par augmentation de température.

N° 23. — **1. Définition de la pression absolue et de la pression effective dans les chaudières. — 2. Des appareils pour mesurer la tension de la vapeur dans les chaudières. — 3. Manomètre métallique Bourdon : type pour la marine ; précautions qui lui sont spéciales. — 4. Disposition de la graduation des manomètres en général.**

N° 23₁ Définition de la pression absolue et de la pression effective dans les chaudières. — Dans les chaudières à vapeur, on distingue deux sortes de pression :

1° La PRESSION ABSOLUE : *c'est la tension qui s'exerce réellement sur les faces intérieures des parois de la chaudière ;*

2° La PRESSION EFFECTIVE, *qui est égale à la pression absolue diminuée de la pression atmosphérique : c'est par conséquent la force qui tend à rompre les parois du générateur de dedans en dehors, en d'autres termes à le faire éclater.*

Ces deux espèces de pression sont également employées en pratique. Il est donc important, quand on énonce une tension, d'indiquer si elle est *absolue* ou *effective*.

N° 23₂ Des appareils pour mesurer la tension de la vapeur dans les chaudières. — On mesure la tension absolue ou effective de la vapeur dans les chaudières à l'aide de divers appareils, tous connus sous le nom générique de *manomètres*.

Aujourd'hui, la marine de l'État et la marine marchande se servent presque exclusivement du *manomètre métallique Bourdon.*

Il existe d'ordinaire un manomètre par corps de chaudière.

N° 23₃ Manomètre métallique Bourdon : type pour la marine. — Le *manomètre Bourdon,* adopté par la marine, est représenté par la *fig.* 21 : en voici la légende :

t   tuyau mettant le manomètre en communication avec la chaudière.

R   robinet destiné à interrompre à volonté cette communication.

T   tube creux en laiton, ployé circulairement de manière à former presque un anneau.

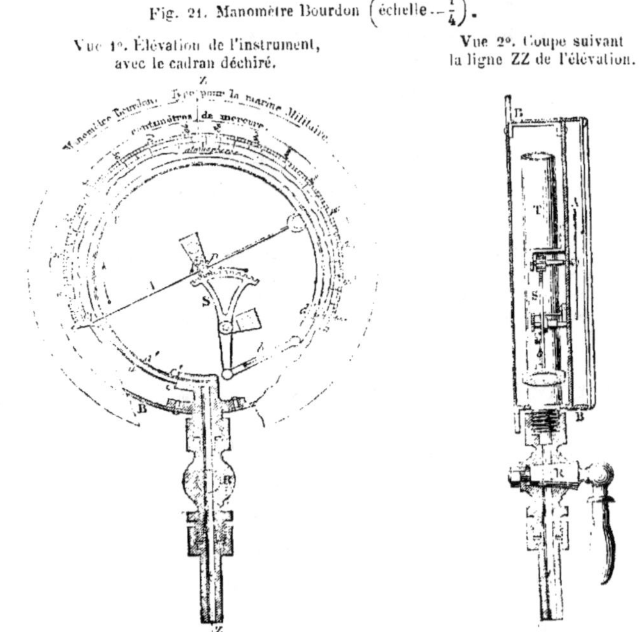

Fig. 21. Manomètre Bourdon $\left(\text{échelle} - \frac{1}{4}\right)$.

Vue 1°. Élévation de l'instrument, avec le cadran déchiré.

Vue 2°. Coupe suivant la ligne ZZ de l'élévation.

complet. Ce tube a ses parois flexibles et légèrement aplaties dans le sens *aa'* du rayon de l'anneau. Il est ouvert à celle de ses extrémités qui forme le prolongement du tuyau *t* ; et, au contraire, il a son autre extrémité fermée. — Enfin, il jouit de la propriété de se dérouler en se gonflant, lorsque la différence entre la pression intérieure et la pression extérieure qu'il supporte vient à augmenter ; et, par contre, de s'enrouler en s'aplatissant, lorsque cette différence diminue.

b   petite bielle destinée à transmettre au secteur S le mouvement que prend la queue du tube T, lorsque ce tube se déroule ou s'enroule.

S   secteur denté oscillant autour de son centre, sous l'impulsion de la bielle *b*, et servant de pièce de transmission de mouvement entre la queue du tube T et le pignon *p*.

p pignon denté mû par le secteur précédent. Il a pour objet d'amplifier notablement les oscillations de ce secteur, et par suite les déplacements de la queue du tube.

A aiguille montée sur le même axe que le pignon *p*, et parcourant un cadran gradué en centimètres de mercure et en atmosphères.

B boîte en cuivre sur la paroi centrale de laquelle sont fixés les axes du secteur S et du pignon *p*. Cette boîte forme deux chambres, comme le montre la *vue 2*. L'une de ces chambres renferme le tube métallique et le mécanisme qui met en mouvement l'aiguille. L'autre contient cette dernière pièce elle-même avec son cadran, et se trouve fermée par un grand verre de montre, à travers lequel on lit les divisions de l'instrument.

Pour les manomètres destinés à indiquer des pressions effectives supérieures à 4ᵃᵗ, le secteur S et le pignon *p* sont supprimés; la bielle *b* s'articule à l'extrémité d'un petit levier qui manœuvre l'aiguille.

— Pour bien faire comprendre la forme du tube Bourdon, nous en avons représenté à grande échelle, *fig.* 22, une portion considérée du côté de sa concavité. Les *vues* 1° et 2°, *fig.* 23, montrent en outre les deux espèces de sections, ovale ou lenticulaire, qu'il présente lorsqu'on le coupe perpendiculairement à sa longueur suivant la droite *yy*. Dans l'une et l'autre de ces sections, le petit axe *aa'* correspond à la ligne de la *fig.* 22 légendée par les mêmes lettres.

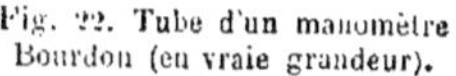

Fig. 22. Tube d'un manomètre Bourdon (en vraie grandeur).

Fig. 23. Coupe suivant *yy* de la *fig.* précédente.

Ce tube est d'ailleurs confectionné en tôle de laiton n'ayant que 1/5 de millimètre d'épaisseur. D'autre part, au moment où il se trouve également pressé en dedans et en dehors, le petit axe de sa section est de 4 millimètres, et le grand axe de 11 millimètres.

Précautions spéciales au manomètre Bourdon. — Le manomètre doit avoir sa prise de vapeur placée le plus près possible du corps auquel il appartient; car plus cette prise en est éloignée, plus les indications manométriques diffèrent en moins de la véritable pression au générateur. Ainsi, la différence s'élève jusqu'à 7 et 8 centimètres avec un instrument embranché sur le tuyau de vapeur à 4 ou 5 mètres de l'appareil évaporatoire.

Pour ménager le manomètre Bourdon, il est bon de le mettre un peu en contre-bas de sa prise sur la chaudière. De cette façon, son tube est toujours rempli d'eau provenant de vapeur condensée. Il reçoit ainsi par l'intermédiaire de ce liquide l'effort de la pression à évaluer. Il ne se trouve donc pas en contact immédiat avec la vapeur elle-même, et on n'a pas à craindre que la haute température de celle-ci n'altère à la longue l'élasticité du métal.

Quelle que soit la pression de la vapeur, on ne doit jamais établir ou intercepter brusquement la communication du manomètre avec le générateur ; car, sans cette précaution, il pourrait être dérangé et même brisé par suite du changement brusque de tension.

Nᵒ 23₁ Disposition de la graduation des manomètres en général. — Les manomètres indiquent tantôt la pression effective, tantôt la pression absolue.

En principe, tout manomètre dont *la division de départ* est *zéro*, donne les *pressions effectives*. — Dans tout autre cas, l'instrument accuse les tensions absolues.

Le premier mode de graduation que nous venons d'indiquer, et qui est précisément celui de la *fig.* 21, s'emploie toujours quand les divisions représentent des centimètres de mercure ; car on évite ainsi de prendre pour point de départ le nombre 76, ce qui paraîtrait singulier. — Mais, lorsque les divisions correspondent à des atmosphères seulement, la première est en général marquée 1ᵃᵗ, comme on le voit sur la *fig.* 24. — Enfin, lorsque le cadran se trouve à la fois gradué en atmosphères et en centimètres de mercure, tel que cela existe sur la *fig.* 21, on prend *zéro* pour la division de départ tant des premières que des secondes de ces unités.

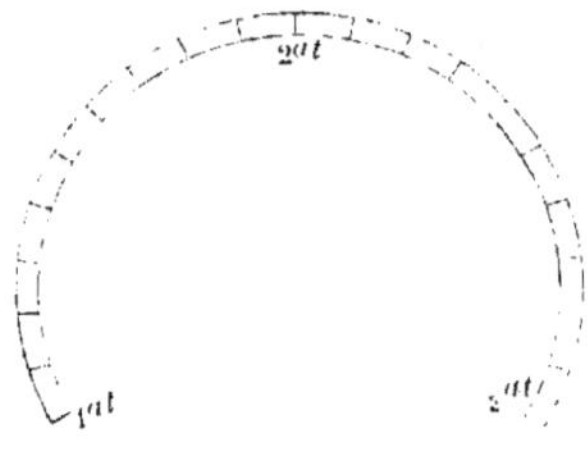
Fig. 24. Autre disposition de graduation du manomètre Bourdon.

Sur un grand nombre de manomètres actuels à haute pression, la graduation est faite en kilogrammes et accuse la *pression effective;* c'est-à-dire qu'il y a zéro au point de départ de l'aiguille.

Nᵒ 24. — 1. De la condensation de la vapeur : différentes manières de l'opérer. — 2. Principe du condenseur. — 3. Présence forcée de l'air dans tout condenseur.

Nᵒ 24₁ De la condensation de la vapeur : différentes manières de l'opérer. — *On entend par* condensation *de la vapeur son retour de l'état gazeux à l'état liquide.*

On peut condenser la vapeur de trois manières différentes : par *compression*, par *détente* et par *refroidissement*.

— 1° *La condensation par* COMPRESSION *a lieu lorsque l'on diminue le volume occupé par de la vapeur en contact avec son liquide générateur* (n° 21₅).

C'est cette espèce de condensation qui s'observe lorsque de la vapeur circulant dans un tuyau rencontre des coudes, des étranglements brusques, ou en général, des obstacles contre lesquels elle vient se comprimer.

— 2° *La condensation par* DÉTENTE *se produit quand on laisse de la vapeur à une certaine pression s'échapper du récipient qui la renferme dans un milieu beaucoup plus vaste, et possédant une tension moindre.*

On a un exemple du phénomène qui nous occupe dans l'échappement de la vapeur par les soupapes de sûreté des chaudières. Cet échappement se manifeste par une abondante masse nuageuse, qui n'est autre que de la vapeur en partie condensée ou *aqueuse* (n° 22₂).

— 3° *La condensation par* REFROIDISSEMENT *a lieu lorsqu'on introduit de la vapeur dans un milieu plus froid qu'elle.*

On emploie deux procédés distincts pour obtenir le refroidissement du vase où afflue la vapeur à condenser.

Le premier de ces procédés se réduit à faire arriver dans l'intérieur même du récipient, un jet d'eau froide qui vient se mélanger avec la vapeur. Il se désigne sous le nom de condensation *par injection ou par mélange.*

Le deuxième procédé consiste à entourer le vase, d'eau froide qui absorbe le calorique de la vapeur à travers ses parois. Il prend le nom de condensation *par contact.*

C'est la condensation par REFROIDISSEMENT qu'on emploie exclusivement dans les machines à vapeur.

N° 24₂ Principe du condenseur. — *Dans les machines à vapeur, on appelle* CONDENSEUR *un récipient spécial dans lequel va se liquéfier la vapeur après avoir produit son effet dans le cylindre.*

— Ce récipient prend le nom de *condenseur ordinaire*, si la condensation s'y opère par injection; et de *condenseur à surface*, si la condensation s'y effectue par contact.

Soient deux vases : l'un C, *fig.* 25, qu'on a rempli, par le robinet *r*, de vapeur à 100°, que nous supposerons saturée, mais qui pourrait ne pas l'être; l'autre C₀, contenant de l'eau à 40°, et par conséquent

plein, au-dessus de la surface libre de son liquide, de vapeur saturée
à 40°, ou même renfermant seulement de ce fluide. Tant que les deux

Fig. 25, relative au principe du condenseur.

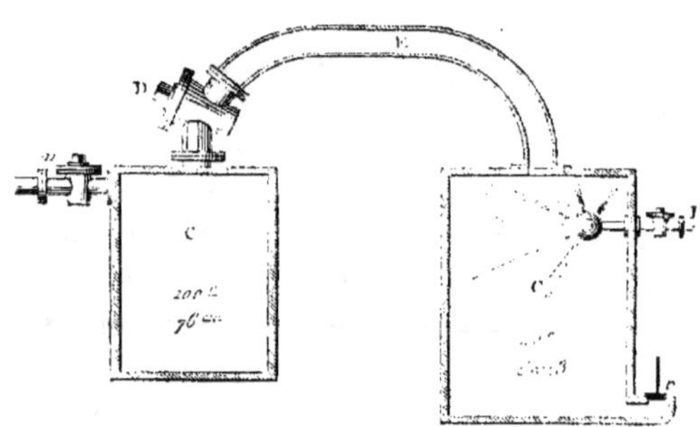

vases ne communiquent pas, il existe dans le premier 76^{cm} de pression, et dans le second $5^{cm},5$. Car, d'après le tableau du n° 21₄, ces
deux chiffres représentent les tensions de la vapeur saturée à 100° et
à 40°. Mais, aussitôt qu'on ouvre le robinet D, la vapeur du vase C se
précipite, à travers le tuyau E, dans le vase C_0, où elle vient se condenser. Si l'on maintient la température du vase C_0 constante, soit au
moyen de l'injection I, soit au moyen d'un refroidissement extérieur,
on voit *la tension de ce vase demeurer au même point*, $5^{cm},5$. Au
contraire, *la pression du récipient C tombe rapidement, et devient,
presque immédiatement, peu différente de cette même tension.* Elle
finirait même par l'atteindre tout-à-fait, si la communication des deux
vases était d'une durée suffisante.

N° 24₃ Présence forcée de l'air dans tout condenseur. —
L'une des hypothèses faites dans l'exposé du principe précédent est
entièrement théorique. Car nous avons supposé que les vases C et C_0
ne contenaient d'autre gaz que de la vapeur. Mais l'eau prise à ciel
découvert contient en dissolution $1/20^e$ de son volume d'air à 76^{cm} de
pression; et la tension au condenseur est bien inférieure à cette pression. La vapeur condensée et l'eau d'injection laissent alors dégager
de leur masse presque tout ce gaz à leur arrivée dans le condenseur.
Donc, en admettant même qu'avant de faire l'expérience ci-dessus, on
ait expulsé de ce dernier récipient l'air qu'il renferme au repos, il ne
tarderait pas à en contenir une nouvelle quantité.

D'ailleurs, les joints de l'appareil de condensation ainsi que ceux des vases qui communiquent avec lui, et surtout les presse-étoupe qui se trouvent sur ces derniers, n'étant jamais parfaitement étanches, il en résulte de nombreuses rentrées d'air. Cet air se dilate dans le condenseur à cause de la faible pression de ce vase et de sa température plus élevée que celle de l'air ; mais sa tension n'est jamais nulle. *La tension de l'air dilaté s'ajoutant à celle de la vapeur forme la tension réelle au condenseur.*

N° 25. — 1. Des pompes à air en général. — 2. Jeu des pompes à air à double effet. — 3. Jeu des pompes à air à simple effet. — 4. Conséquences de la suppression du clapet de pied ou de tête dans ces dernières pompes. — 5. Fonction de la bâche.

N° 25₁ Des pompes à air en général. — Dans les machines à vapeur, les deux extrémités du cylindre sont alternativement en communication avec le condenseur : il y a par suite dans ce dernier récipient, affluence incessante de vapeur ; il faut donc qu'il y ait aussi affluence incessante d'eau froide, et par conséquent formation continuelle d'eau de condensation. Or cette eau et l'air qui s'en dégage ne tarderaient pas, la première à engorger le condenseur, et la seconde à en accroître la tension, si l'on ne vidait continuellement ce vase à l'aide de pompes spéciales, appelées *pompes à air.* — Les pompes à air employées dans les machines de navigation peuvent se classer, au point de vue de leur mode d'action, en trois espèces, savoir :

1° *Les pompes à air à* DOUBLE EFFET ASPIRANTES ET FOULANTES ; 2° *les pompes à air à* SIMPLE EFFET ASPIRANTES ET FOULANTES ; 3° *les pompes à air à* SIMPLE EFFET ASPIRANTES ET ÉLÉVATOIRES.

N° 25₂ Jeu des pompes à air à double effet. — Toute pompe à air à double effet aspirante et foulante, comporte les pièces suivantes, *fig.* 26 :

P₀   *corps de pompe :* cylindre en fonte recouvert intérieurement d'une chemise de bronze parfaitement alésée,

p   *piston de pompe à air :* disque plein en bronze ayant une certaine hauteur sur son pourtour, et glissant à frottement doux dans le corps de pompe.

t   *tige de piston.*

1,3 *clapets de pied* } Cloisons mobiles en caoutchouc, rectangulaires ou circulaires,
2,4 *clapets de tête* } fixées tout le long de leur ligne milieu ou en leur centre, et pouvant se ployer autour de cette ligne ou de ce centre. Elles sont destinés à ouvrir ou à boucher alternativement les orifices au-dessus desquels elles se trouvent placées.

1′,3′,2′,4′, *butoirs* des clapets précédents : pièces métalliques ayant pour objet de limiter le soulèvement de ces clapets.

On remarque en outre, tout autour de la pompe, les pièces et tuyaux suivants, qui sont soumis ou concourent à son action :

C₂   *condenseur* (nº 24₂).

E   *tuyau dit d'évacuation*, par lequel afflue continuellement au condenseur la vapeur qui s'échappe du cylindre correspondant de la machine.

I   *appareil d'injection*, composé d'un robinet et d'un tuyau qui amène l'eau refroidis-

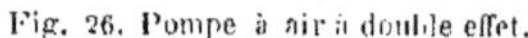

Fig. 26. Pompe à air à double effet.

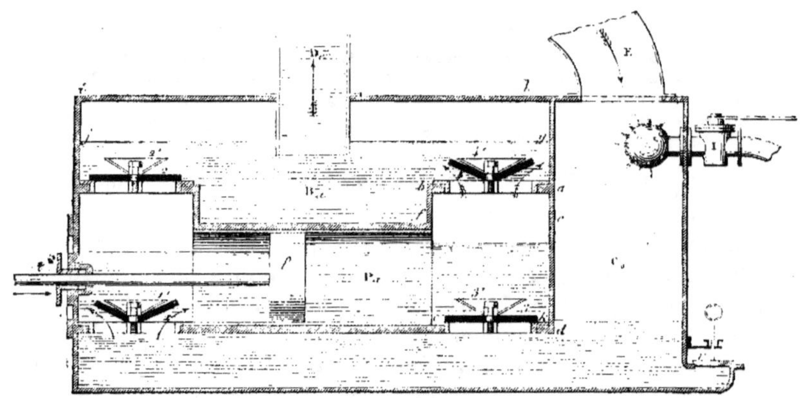

sante prise à la mer. Le tuyau est terminé en dedans du condenseur par une pomme d'arrosoir, pour diviser l'eau et augmenter sa surface de contact avec la vapeur.

r   *reniflard :* soupape s'ouvrant de dedans au dehors et chargée seulement par son poids et par la pression atmosphérique. Elle est destinée à laisser échapper l'eau et l'air que renferme le condenseur, quand on purge ce dernier en y introduisant directement la vapeur des chaudières, au moyen d'une soupape à ce destinée (nᵒˢ 45₄ et 76₂).

B₂   *bâche :* grande caisse de forme quelconque servant de réservoir pour les fluides extraits du condenseur par la pompe à air.

D₂   *tuyau de décharge*, par lequel ces fluides s'écoulent à la mer.'

Lorsque le piston p est poussé dans le sens indiqué par la flèche placée le long de sa tige, il agrandit la capacité située du côté de sa face de gauche. Il en résulte d'abord que, tout le temps que le piston marche dans le même sens, il se forme un vide au-dessous du clapet de tête 2. De plus, ce clapet étant appuyé sur son siége par la pression qui existe dans la bâche, reste fermé pendant ce même temps. D'un autre côté, l'eau qui est dans le condenseur se trouve poussée par les fluides élastiques qui existent au-dessus de sa surface. Elle soulève ainsi le clapet de pied 1, et se précipite dans l'espace engendré par le déplacement du piston. Mais, comme nous supposons le régime de marche établi au condenseur, le liquide à enlever de ce vase à chaque instant ne se compose que de l'eau de condensation. Or cette eau est une faible fraction du volume engendré par le piston p pendant le même temps. Aussi le niveau du liquide au condenseur ne tarde-t-il pas à baisser jusqu'en d. A partir de ce moment, l'air de ce récipient, grâce à sa tension, pénètre dans le corps de pompe, ainsi, du reste, que la quantité d'eau, relativement petite. incessamment fournie par la condensation. Puis, ce gaz traverse le liquide qui se trouve déjà dans la pompe, et va se loger au-dessus de lui. Les choses se continuent ensuite de la même manière tant que le piston marche dans le même sens.

L'action de la pompe que nous venons de décrire, et qui détermine l'entraînement, à la suite du piston, des fluides contenus dans le condenseur, s'appelle *aspiration*.

En même temps que le piston *aspire* à gauche, il *refoule* à droite l'eau et les gaz qui avaient été aspirés dans la course précédente. Pendant ce refoulement, la pression qui se produit dans le corps de pompe oblige nécessairement le clapet de pied 5 à rester fermé. Au contraire, le clapet de tête 4 se soulève, et livre ainsi passage dans la bâche B_a d'abord au gaz, puis à l'eau. Seulement le gaz commence par se comprimer, et il ne s'échappe que lorsque sa tension a atteint celle qui presse au-dessus du clapet de tête. Il en résulte donc une certaine intermittence dans le rejet à la bâche des fluides extraits du condenseur.

Lorsque le piston p est arrivé au bout de sa course, et qu'il renverse son mouvement. il se produit de chaque côté de cet organe des effets inverses à ceux que nous venons d'analyser. L'aspiration a lieu actuellement dans la partie postérieure du corps de pompe, tandis que le refoulement s'opère dans la partie antérieure.

— Les pompes à air que nous venons d'étudier cessent de fonctionner dès que l'un de leurs quatre clapets vient à manquer.

Leur dénomination de « *à double effet*, » provient de ce que chacune des faces du piston agit indépendamment de l'autre, comme si elle fonctionnait dans un corps de pompe différent. D'un autre côté, le nom de « *aspirantes et foulantes* » est dû naturellement aux deux modes d'action de chacune de ces faces.

N° 25. Jeu des pompes à air à simple effet. — Les pompes à air *à simple effet* peuvent être *aspirantes* et *foulantes,* ou *aspirantes* et *élévatoires.*

Les premières de ces pompes ressemblent en tous points aux précédentes, sauf qu'elles ne fonctionnent que par un bout. On a une idée très-exacte de leur disposition en imaginant que, dans la *fig.* 26, les clapets 1 et 2 sont condamnés.

— Le type des pompes à air à simple effet aspirantes et élévatoires est représenté par la *fig.* 27, dont voici la légende :

P_a *corps de pompe.*
p *piston.*
t *tige de piston.*

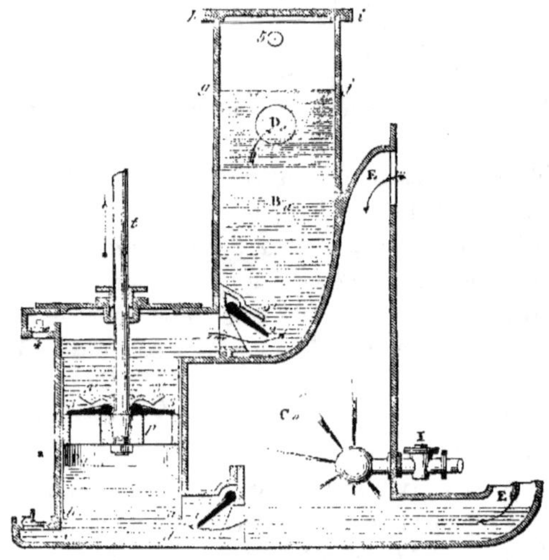

Fig. 27. Pompe à air à simple effet.

1	*clapet de pied.*
2	*clapet de tête.*
3,3	*clapets de piston.*

Ces clapets sont généralement des plaques métalliques munies d'une charnière sur un de leurs côtés, et fonctionnant comme de véritables battants de porte, pour fermer ou ouvrir l'orifice placé derrière ou au-dessous d'eux. Mais, dans les machines à mouvements rapides, ils sont en caoutchouc, et alors ils se ploient et se déploient autour de leur centre.

$2',2'$ *butoirs* des clapets précédents : pièces métalliques destinées à limiter le soulèvement de ces clapets, de façon qu'ils puissent toujours retomber par leur propre poids.

4   *soupape atmosphérique* laissant rentrer l'air extérieur quand le piston baisse, et empêchant ainsi le clapet de tête de se fermer trop brutalement. Toutefois, cette soupape ne se rencontre qu'exceptionnellement.

C_a *condenseur.*

E.E   *tuyaux dits d'évacuation,* par lesquels afflue au condenseur la vapeur qui s'échappe
        de l'une ou l'autre des extrémités du cylindre correspondant de la machine.
I   *appareil d'injection.*
r   *reniflard* dont la fonction a été expliquée dans la légende de la *fig*. 26.
Bₙ   *bâche,*   } déjà définis dans la légende de l'article précédent.
Dₑ   *tuyau de décharge,*   }
5   petit tuyau par lequel s'échappe à l'extérieur, l'air de la bâche quand il est trop
        comprimé. L'orifice 5 n'existe pas quand le tuyau de décharge Dₑ débouche
        au-dessous de laflottaison.

Lorsque le piston *p* monte, ses clapets demeurent fermés par leur
propre poids et par la pression des fluides venus se loger au-dessus
d'eux pendant la descente précédente. Le vide tend par conséquent à
se former au-dessous de cet organe. Or, au premier instant de la
montée que nous considérons, l'eau, qui s'est accumulée dans le condenseur durant la période d'ascension immédiatement antérieure de *p*,
est pressée par les gaz que renferme ce récipient. Elle force donc le
clapet de pied 1 à se soulever et à lui livrer passage. Mais, dès que
son niveau au condenseur a baissé jusqu'à l'arète supérieure du clapet,
l'air amassé dans ce vase se répand à son tour dans le cylindre de la
pompe, et va se loger au-dessous du piston. En même temps, la petite
quantité de fluide que la condensation ne cesse de produire, file aussi
dans ce cylindre.

Pendant que tout cela se passe dans la partie inférieure du corps
de pompe, le piston *p* refoule à la bâche d'abord l'air, puis l'eau qui
se trouvent au-dessus de sa face supérieure. Seulement, ainsi qu'avec
les autres pompes, le gaz commence encore par se comprimer ; et il
ne s'échappe que lorsque sa tension devient égale à celle qui presse
sur le clapet de tête. Il en résulte que, même durant les montées du
piston, il se produit une intermittence dans le rejet à la bâche des
fluides du condenseur.

Lorsque le piston *p* descend, le vide tend à se produire au-dessus
de lui. Le clapet de tête 2 se referme ainsi que le clapet de pied 1.
Au contraire, les clapets 5,5 se soulèvent par l'effort de compression
que le piston, en descendant, exerce sur les fluides qui sont venus se
loger entre lui et le fond du corps de pompe pendant l'aspiration
précédente. Ces fluides se trouvent donc obligés de passer de dessous
en dessus de *p*. Toutefois le soulèvement des clapets 5,5 n'a pas lieu
au premier instant de la descente ; car le piston n'agit d'abord que sur
des gaz, qui commencent encore par se comprimer avant de produire
ce soulèvement.

Le nom de « *aspirantes et élévatoires* » donné à ces pompes est dû à ce que le piston, après avoir *aspiré* l'air et l'eau, les *élève* sur sa face supérieure, en même temps qu'il les rejette à la bâche.

N° 25₄ Conséquences de la suppression du clapet de pied ou de tête dans les pompes à air à simple effet aspirantes et élévatoires. — La suppression non simultanée soit du clapet de pied, soit du clapet de tête, n'empêche pas, à la rigueur, une pompe aspirante élévatoire de fonctionner.

Si c'est le clapet de pied seul qui manque, il se forme, comme d'habitude, pendant les descentes, une espèce de vide au-dessus du piston. La pression au condenseur augmente jusqu'à ce qu'elle soit suffisante pour forcer les fluides précédemment aspirés dans le corps de pompe à passer à travers les orifices des clapets du piston. La soupape 4 doit être maintenue sur son siège.

Si c'est, au contraire, le clapet de tête seul qui est supprimé, le piston supporte constamment, sur sa face supérieure, tout le poids tant de l'atmosphère que de l'eau de la bâche. Mais, lorsqu'il approche de son bout de course inférieur, les fluides emprisonnés au-dessous de lui n'en sont pas moins contraints de passer, à travers ses clapets, au-dessus de cette même face. Mais le fond de la pompe à air fatigue davantage.

Quant aux clapets du piston, ils sont toujours indispensables.

N° 25₅ Fonction de la bâche. — *La bâche a pour fonction de servir de réservoir intermédiaire entre la pompe à air et le tuyau de décharge, aux fluides extraits du condenseur par cette pompe.*

Elle permet ainsi de réduire le diamètre du tuyau de décharge à des dimensions modérées, sans crainte de voir s'y produire des étranglements et des chocs à chaque période de refoulement.

La bâche n'existerait pas sans le réservoir d'air *ghij*, *fig.* 26 et 27, car, dès que cette capacité se trouverait remplie, la totalité de l'eau refoulée à chaque coup de piston de la pompe, devrait sortir par le tuyau de décharge pendant le temps du refoulement.

Il existe un grand nombre de dispositions pour ce réservoir. Ainsi, sur la *fig.* 26, il est obtenu en faisant plonger le tuyau de décharge dans la bâche; tandis que sur la *fig.* 27, il se trouve formé par une chambre ménagée au-dessus de la prise de ce tuyau. — Avec l'une ou l'autre de ces dispositions, l'air refoulé, qui, en vertu de sa légèreté, se porte toujours à la surface de l'eau, cesse de s'échapper par le tuyau de décharge, chaque fois que le niveau du liquide en recouvre l'ouverture. Il se trouve alors emprisonné entre ce niveau et le dessus de la bâche; et, si l'eau continuant à affluer éprouve de la difficulté pour s'écouler à la mer, il cède devant elle comme un matelas élastique, et amortit tout choc qui tendrait à se produire. Quand le refoulement a cessé, l'air réagit comme un ressort qui se débande et entretient l'écoulement. Bientôt le liquide découvre l'orifice de sortie; et aussitôt une partie de l'air du réservoir s'échappe à son tour. L'échappement dure jusqu'à ce que, par suite d'une nouvelle affluence d'eau à la bâche, l'orifice soit de nouveau noyé, et que la même série de phénomènes recommence pour se reproduire indéfiniment.

N° 26. — Du vide dans le condenseur. — 2. Manière de mesurer la condensation. — 3. Indicateur métallique du vide de Bourdon. — Précautions spéciales à cet instrument. — 4. Disposition de la graduation des indicateurs du vide.

N° 26₁ Du vide dans le condenseur. — Le vide *est égal à la pression atmosphérique* actuelle *diminuée de la pression du condenseur.* C'est la force qui tend à rompre les parois du condenseur de dehors en dedans, c'est-à-dire à écraser ce récipient.

Il va de soi que le vide est d'autant plus avantageux qu'il approche davantage de la pression atmosphérique actuelle. ou, en moyenne, de 76^{cm}. — Avec les condenseurs ordinaires comme avec les condenseurs par surface, le vide se tient entre 60^{cm} et 65^{cm}; et, conséquemment, la pression du condenseur vaut de 16^{cm} à 11^{cm}.

N° 26₂ Manière de mesurer la condensation. — La température au condenseur fait connaître la pression due à la vapeur (n° 21₄): or, l'expérience a montré que la valeur la plus avantageuse de cette température est de 40°, ce qui est à peu près la température du corps humain. On voit donc déjà que, pour savoir si la condensation s'opère dans des conditions avantageuses en ce qui concerne la pression due à la vapeur, il suffit de toucher les parois du condenseur.

Mais cela ne suffit pas, car la pression du condenseur est égale à la pression de la vapeur augmentée de la pression de l'air que ce condenseur renferme. Cette pression totale se mesure au moyen d'un instrument appelé *indicateur du vide.*

La connaissance de la température et de la pression totale du condenseur permet dès lors. d'apprécier la part de tension due à la vapeur et la part afférente à l'air. En un mot, elle donne le moyen de mesurer exactement tout ce qui concerne la condensation.

N° 26₃ Indicateur métallique du vide de Bourdon. — Cet

instrument, représenté par la *fig.* 28. comporte les pièces suivantes :

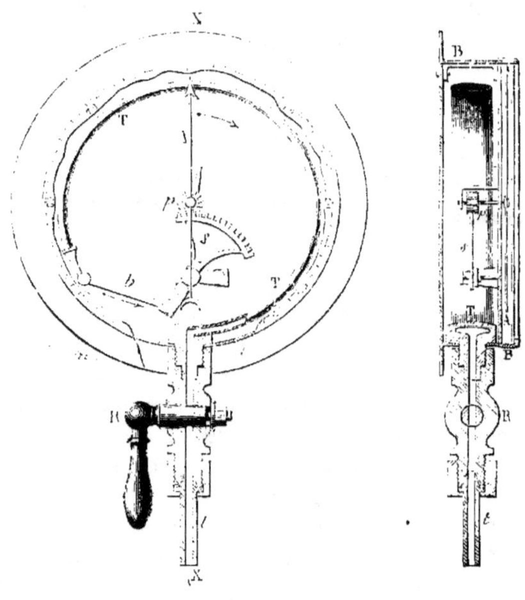

Fig. 28. Indicateur métallique du vide de **M.** Bourdon. — Échelle $\frac{1}{4}$.

t tuyau qui met l'instrument en communication avec le condenseur.

R robinet destiné à interrompre à volonté cette communication.

T tube creux en laiton, dont les propriétés ont été détaillées au n° 23₅.

b petite bielle destinée à transmettre au secteur S le mouvement de la queue du tube T.

s secteur denté oscillant autour de son centre, sous l'impulsion de la bielle *b*, et servant de pièce de transmission de mouvement entre la queue du tube T et le pignon *p*.

p pignon servant à amplifier le mouvement de la queue du tube T.

A aiguille montée sur l'axe du pignon *p*, et parcourant, sous l'action du jeu du tube T, un cadran dont les divisions représentent des centimètres de mercure.

B boite en cuivre renfermant tout le mécanisme de l'instrument, et fermée du côté du cadran par un grand verre de montre.

Le jeu de l'indicateur du vide de M. *Bourdon* est en tous points semblable à celui de ses manomètres.

Seulement ici, à mesure que le vide se fait au condenseur, c'est la tension intérieure du tube qui diminue de plus en plus ; et comme d'ailleurs la pression extérieure demeure constante, cette pièce tend à s'aplatir, et par conséquent à s'enrouler.

Précautions spéciales à l'indicateur du vide de Bourdon. — L'indicateur du vide est généralement fixé sur le condenseur même, de manière que son tuyau de communication soit très-court. Avec les condenseurs à surface, qui sont très-élevés, l'indicateur du vide a deux tuyaux de communication : l'un aboutit à la partie supérieure et l'autre à la partie inférieure du condenseur.

Il ne faut jamais ouvrir brusquement la communication de l'indicateur du vide avec le condenseur, pour ne pas fatiguer le tube. D'autre part, lorsqu'on purge le condenseur en y introduisant directement de la vapeur (n°ˢ 45₄ et 76₂), il faut tenir fermé le robinet de l'instrument.

N° 26₄ Disposition de la graduation des indicateurs du vide. — Tous les instruments qui servent à mesurer le vide sont gradués en centimètres de mercure.

D'après le principe même du jeu des instruments dont il s'agit, l'index ne se meut qu'en vertu de la différence entre la pression atmosphérique *actuelle* et la tension absolue à l'intérieur du condenseur, c'est-à-dire qu'en vertu du vide dans ce récipient. Par conséquent, chaque fois que ce vide est nul, ce qui a lieu lors du repos, l'index revient au même point de son échelle, quelle que soit d'ailleurs la valeur de la pression atmosphérique. C'est donc ce point qui doit servir de départ ; et il doit être marqué zéro.

Pour passer d'un vide accusé par un indicateur à la pression correspondante du condenseur, on doit faire la différence entre le nombre lu et la pression atmosphérique obtenue au même instant avec un baromètre ordinaire. Mais, le plus habituellement, on se contente de prendre pour cette dernière pression sa valeur moyenne, c'est-à-dire 76^{cm}. — Ainsi, un indicateur du vide accuse 62^{cm} : la pression absolue au condenseur est donc égale à $76^{cm} - 62^{cm} = 14^{cm}$.

CHAPITRE II.

Chap. II, § 1er. — Emploi de la vapeur comme force motrice.

N° 27. — 1. Principe fondamental des machines à vapeur. — 2. Définition des machines à double effet; principe des machines atmosphériques.

N° 27. Principe fondamental des machines à vapeur. —
Tout appareil à vapeur comporte :

1° Une chaudière où l'eau se vaporise ;

2° Un cylindre où la vapeur obtenue produit son travail ;

3° Le plus souvent, à bord des navires, un condenseur où ce fluide élastique se liquéfie dès que son action est terminée.

Pour comprendre de quelle façon la vapeur s'emploie pour faire mouvoir un appareil, reportons-nous à la *fig.* 29, qui comporte les pièces suivantes :

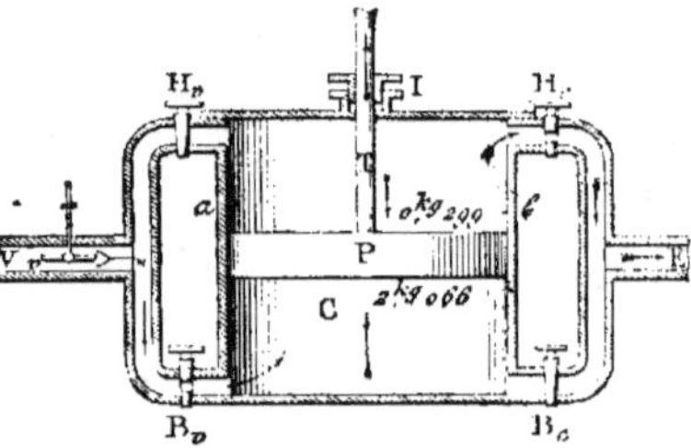

Fig. 29, relative au principe fondamental des machines à vapeur.

C   *cylindre à vapeur :* vase creux en fonte de fer, fermé à ses extrémités par un couvercle et par un fond. Ce vase possède à peu près à l'extérieur, et très-exactement à l'intérieur, la forme du solide géométrique dont il porte le nom.

P   *piston à vapeur :* disque métallique creux intérieurement et pouvant glisser à frottement doux dans le cylindre. Ce disque est d'ailleurs rendu étanche sur son pourtour à l'aide de garnitures.

T   *tige du piston* : barre ronde en fer forgé, implantée perpendiculairement au piston, et traversant le couvercle du cylindre dans un presse-étoupe I.

I   *presse-étoupe* : boîte contenant une garniture en étoupe. Cette sorte de boîte sert, en général, à fermer hermétiquement toute issue autour d'une pièce mobile qui sort d'un vase clos destiné à n'avoir aucune communication avec l'extérieur.

V   *tuyau de vapeur*, communiquant avec la chaudière d'une part, et, d'autre part, avec chacune des extrémités du cylindre.

v   *registre ou valve de prise de vapeur :* espèce de clef de poêle ayant pour but d'intercepter plus ou moins le passage du fluide qui arrive de la chaudière.

E   *tuyau dit d'évacuation,* débouchant dans un condenseur ou en plein air par un bout, et aboutissant par ses deux autres bouts aux extrémités du cylindre C.

Hv,Bv   robinets que nous appellerons le premier *haut vapeur,* et le second *bas vapeur.* Ils permettent d'établir ou d'interrompre l'arrivée de la vapeur dans le cylindre *au-dessus* ou *au-dessous* du piston.

Hc,Bc   robinets que nous désignerons sous le nom de *haut condenseur* et de *bas condenseur.* Ils ont pour objet de faire communiquer le *haut* ou le *bas* du cylindre avec le condenseur.

Considérons le moment où, après que le cylindre a été chauffé et purgé de l'air qu'il renferme au repos, le piston est déjà en train d'aller et venir. Nous supposerons, d'ailleurs, que ce sont les robinets Bv et Hc, *placés en diagonale,* qui sont ouverts, tandis que les robinets Hv et Bc, *situés pareillement en diagonale,* se trouvent fermés. Dans une pareille hypothèse, voici ce qui se passe : la partie du cylindre en dessous du piston se trouve en communication avec le générateur. Elle se remplit donc, en vertu des lois de la vapeur saturée (n° 21$_3$), de fluide élastique à une pression peu différente de celle de la chaudière, valant, par exemple, $2^{at} = 2^{kg},066$ par centimètre carré. Cette force qui pousse le piston, se nomme *pression absolue.* En même temps, la vapeur introduite précédemment au-dessus du piston a une libre issue vers le condenseur. Par conséquent, elle s'évacue *presque en entier* dans ce récipient, où elle se liquéfie. Le peu de vapeur qui reste dans le cylindre a une tension très-faible, mais qui n'en constitue pas moins une résistance au mouvement du piston, ce qui lui fait donner le nom de *contre-pression.* Nous la supposerons ici de $22^{cm} = \dfrac{22 \times 1^{kg},033}{76} = 0^{kg},299$ par centimètre carré (n° 15$_2$). —

Dès lors, dans notre exemple, le piston monte sous un effort de $2^{kg},066 - 0^{kg},299 = 1^{kg},767$ par centimètre carré, que l'on nomme *pression effective.* Il parvient ainsi jusqu'au haut du cylindre, en transmettant cet effort, par l'intermédiaire de sa tige, à la résistance qu'il s'agit de vaincre.

Admettons qu'on ferme à cet instant les robinets Bv et Hc, et qu'on ouvre les robinets Hv et Bc. La vapeur de la chaudière se rendra au-dessus du piston par le robinet Hv. en conservant, comme plus haut, la même pression à quelques centimètres près. D'un autre côté, la vapeur qui occupe la partie inférieure du cylindre se précipitera dans le condenseur par le robinet Bc. Donc le piston sera poussé de haut en bas avec la même force que celle qui le poussait tout à l'heure de bas en haut. Il descendra par conséquent jusqu'au bas du cylindre. Après quoi, on pourra le faire remonter de nouveau, et ainsi de suite.

On voit donc que, par la manœuvre convenable des quatre robinets, on est à même de communiquer au piston un mouvement de va-et-vient. Puis, ce mouvement se transforme facilement en une rotation continue de l'arbre de couche, à l'aide d'une bielle et d'une manivelle (n° 9₁). Tel est le principe fondamental des machines à vapeur. En pratique, on substitue aux quatre robinets précédents un seul et même organe nommé *tiroir*, dont le jeu (n° 51₅) remplace celui des robinets avec un grand avantage de simplicité.

— Si, au lieu de faire évacuer la vapeur dans un condenseur, on la laissait échapper en plein air, les raisonnements précédents seraient encore applicables. Mais la *contre-pression* serait toujours supérieure à 1ᵃᵗ.

N° 27₂ Définition des machines à double effet. — Les machines dans lesquelles la vapeur agit alternativement sur les deux faces du piston, sont appelées *machines à double effet*.

Principe des machines atmosphériques. — Dans les machines atmosphériques, la vapeur n'est introduite que dans un bout du cylindre, l'autre bout étant ouvert à l'air libre ; et à l'évacuation, cette vapeur se rend dans un condenseur.

Imaginons que, dans la *fig.* 29, l'on fasse communiquer librement avec l'atmosphère la partie supérieure du cylindre, en enlevant son couvercle. Supposons, en outre, qu'on condamne les robinets Hv et Hc, sans rien changer à la manœuvre des deux autres. Dès lors, quand la vapeur s'introduira sous la face inférieure du piston, elle le fera monter jusqu'au haut du cylindre. A ce moment, la communication s'établira, comme à l'article précédent, entre la partie inférieure du cylindre et le condenseur. La vapeur ira donc encore se liquéfier dans ce dernier récipient. Puis, le piston refoulé sur sa face supérieure par la pression atmosphérique, redescendra ; et ainsi de suite.

N° 28. — 1. De la détente. — 2. De la pression de la vapeur pendant la détente. 3. Avantages de la détente. — 4. Ses inconvénients.

N° 28₁ De la détente. — Dans ce qui a été dit au n° 27₁, nous avons supposé implicitement que le cylindre communiquait avec la chaudière pendant toute la durée de chaque course du piston. Mais admettons qu'à l'aide du robinet Bv ou du registre r. *fig.* 29, on supprime l'introduction de la vapeur dans le premier de ces récipients, lorsque la face supérieure du piston est parvenue en *ab*, aux 0,6 de sa course par exemple. Cet organe n'en continuera pas moins à être poussé par la vapeur jusqu'au bout de son parcours. grâce à l'expansibilité de ce fluide, qui agira pendant cette période, comme un ressort qui, préalablement comprimé, se débanderait. C'est ce qu'on exprime en disant qu'elle *se détend*, ou qu'elle agit *avec détente ou expansion*. — Par contre, elle est dite travailler *à pleine pression* tant que la communication du cylindre avec la chaudière n'est pas interceptée.

En résumé, *on peut définir* LA DÉTENTE DE LA VAPEUR. *l'augmentation de volume que prend ce fluide, lorsque, isolé de son liquide générateur et abandonné à lui-même dans le cylindre, il continue à pousser le piston en vertu de son expansibilité.*

Le régime d'un cylindre qui fonctionne avec détente, est toujours indiqué par le nombre des dixièmes ou centièmes de la course du piston pendant lesquels a lieu l'*introduction* de la vapeur. On dira, par exemple. qu'une machine marche à 0,6 d'*introduction ;* cela signifie que la communication de la chaudière avec le cylindre est interrompue dès que le piston a parcouru les 0,6 de sa course.

N° 28₂ De la pression de la vapeur pendant la détente. — A mesure que le volume de la vapeur qui se détend augmente. la pression de cette vapeur diminue, et il en est d'ailleurs de même de la température. On admet généralement que. quand les cylindres sont munis d'une chemise de vapeur, la pression varie suivant la loi de Mariotte (n° 20₂).

Pression moyenne. — La pression moyenne de la vapeur pendant la détente est la pression *constante* qui aurait dû pousser le piston pour faire le même travail que la pression variable de la vapeur. — La *table* V de la fin du volume, donne la pression moyenne pour divers degrés d'expansion de la vapeur qui se détend ; cette table montre que la pression moyenne est d'autant plus faible que la détente est plus prolongée.

N° 28$_3$ Avantages de la détente. — La détente offre une série d'avantages notables, qui en ont rendu l'usage universel dans les machines à vapeur, et qui se résument ainsi :

1° *L'avantage fondamental de la détente est de faire obtenir, à égalité de puissance développée, une économie considérable de vapeur, et conséquemment une réduction tant dans la dépense du combustible que dans les proportions de l'appareil évaporatoire.*

Supposons, entre autres, que l'introduction soit arrêtée aux 6 dixièmes de la course du piston. Pendant les 4 derniers dixièmes de son parcours, cet organe n'en continuera pas moins, sous l'effort du fluide élastique qui se détend, à être poussé et à avancer. Il y a donc durant cette période, une production de puissance qui ne demande absolument aucune dépense de vapeur, et par conséquent de combustible.

2° *Le second avantage de la détente est son* UTILITÉ RELATIVE *au jeu même du piston.*

Elle tend, en effet, à faire parvenir cet organe à chaque bout du cylindre sous une impulsion moindre que si la vapeur agissait à pleine pression pendant toute la course. Or, cela est avantageux, puisqu'il faut que le piston s'arrête à fin de course pour renverser sa marche.

3° *Le troisième avantage de la détente réside en ce qu'elle favorise le travail* EFFECTIF *de la vapeur dans le cylindre, c'est-à-dire le travail de la poussée diminué de celui de la contre-pression.*

Et, en effet, afin d'éviter une trop grande et une trop longue contre-pression, il faut qu'on fasse commencer l'évacuation à un certain point avant le bout de course. Dès lors, il est certainement inutile d'introduire la vapeur au delà d'un pareil point. Car, sans cela, on gaspillerait de ce fluide non-seulement en pure perte, mais même en nuisant au travail effectif de la machine.

Le maximum de puissance pour un coup de piston dans un cylindre donné, correspond au cas où la détente commence entre les 0,80 et les 0,85 de la course.

N° 28$_4$ Inconvénients de la détente. — La détente présente les inconvénients suivants, qui en limitent l'emploi au delà d'une certaine étendue.

1° *Le premier de ces inconvénients est de refroidir le cylindre.*

En effet, la vapeur, comme tous les gaz en général, absorbe de la chaleur en augmentant de volume (19₄). Elle est par conséquent obligée, pendant la période de détente, d'emprunter à elle-même et surtout aux parois du cylindre le calorique nécessaire à sa dilatation. Il y a donc bien refroidissement à l'intérieur de ce vase.

Au surplus, la période de détente ne doit jamais être assez prolongée pour que la force élastique de la vapeur tombe dans le cylindre, au-dessous de la tension au condenseur, ou de celle de l'atmosphère pour les machines avec évacuation en plein air. Sans cela, il y aurait une portion de la fin de course du piston pendant laquelle le travail effectif de la vapeur deviendrait négatif. La limite extrême à laquelle il y a moyen de pousser la détente, est d'autant plus reculée qu'on emploie la vapeur à une pression plus élevée.

2° Le second inconvénient de la détente poussée trop loin, est de nuire à la régularité de la rotation de l'arbre de couche, même avec plusieurs machines conjuguées ensemble.

Cela résulte des variations de la poussée sur le piston dues à la détente, et par suite des variations de la puissance qui fait tourner l'arbre.

3° Le troisième inconvénient de la détente provient de ce que, à égalité de pression initiale et de travail par coup de piston, elle rend la machine proprement dite plus lourde et plus volumineuse.

Cela résulte de ce que le cylindre qui fonctionne avec détente doit avoir, pour le même travail à produire, un volume plus grand que celui qui fonctionne sans détente et à la même pression initiale. En construction, toutes les pièces sont proportionnées aux volumes des cylindres; par suite les machines sont d'autant plus lourdes que la détente est plus prolongée.

N° 29. — **1. Détente fixe ou naturelle et détente variable. — 2. Emploi de ces deux espèces de détente. — 3. Effets produits par l'étranglement de la vapeur à l'aide du registre. — 4. Cas où l'on doit préférer la fermeture partielle du registre à la détente variable. — 5. De la détente par le système Woolf.**

N° 29₁ Détente fixe ou naturelle et détente variable. — On distingue dans les machines à vapeur deux sortes de détente : *la détente naturelle ou fixe* et *la détente variable;* et par conséquent deux sortes d'introduction : *l'introduction naturelle ou fixe* et *l'introduction variable.*

La détente et l'introduction naturelles *sont celles qu'on obtient à l'aide du tiroir* (n° 55₃). Une fois déterminée, lorsqu'on établit la machine, cette espèce de détente ou d'introduction est désormais immuable. Il y a toutefois exception quand on emploie un secteur Stephenson (n° 54₃). Car ce mécanisme permet de modifier entre certaines limites, l'introduction obtenue avec le tiroir. Dans ce cas, la *détente naturelle* doit s'entendre spécialement de celle qui correspond à la suspension du secteur relative *au régime normal* à toute puissance.

— La détente et l'introduction variables *sont en général celles qui sont produites à l'aide d'un organe spécial, tel que le registre* v, fig. 29, *placé dans le tuyau de vapeur, ou par le tiroir lui-même quand il est conduit par un secteur Stephenson, et qu'on suspend ce dernier à d'autres points que celui relatif au régime normal à toute puissance.* — Lorsqu'on emploie un organe spécial, cet organe est mû, bien entendu, par la machine. Mais, de plus, il possède habituellement une disposition particulière qui permet de faire varier le degré d'expansion de dixième en dixième, par exemple.

N° 29₂ Emploi de la détente naturelle et de la détente variable. — Dans la navigation, la détente naturelle fonctionne seule quand on marche à toute puissance; mais si les chaudières ne fournissent pas assez de vapeur, il faut employer la détente variable.

— Cependant la détente variable est plus spécialement destinée à économiser le combustible. C'est ainsi qu'on s'en sert dans le cours de la navigation pour ralentir la vitesse, lorsque la rapidité n'est pas indispensable, ou que la traversée doit être longue par rapport au nombre de jours d'approvisionnement de charbon. On restreint la production de vapeur au point voulu par la diminution du nombre ou de l'intensité des feux. Puis, on règle la détente de façon à maintenir la pression dans les chaudières aux environs de sa limite supérieure.

N° 29₃ Effets produits par l'étranglement de la vapeur à l'aide du registre. — On parvient encore, soit à maintenir la pression élevée aux chaudières, soit à ralentir la marche et en même temps à économiser le combustible, en étranglant la vapeur. Cet étranglement s'obtient en réduisant la section du tuyau d'arrivée du fluide par la fermeture partielle du registre. Mais un pareil procédé n'est pas aussi économique que la détente.

N° 29₄ Cas où l'on doit préférer la fermeture partielle du

registre à la détente variable. — On doit préférer l'étranglement de la vapeur à l'emploi de la détente variable, lorsqu'on veut ralentir la marche pour peu de temps. Car il est toujours beaucoup plus prompt de manœuvrer le registre que de mettre la détente variable à même de fonctionner au degré voulu.

Il est indispensable, par gros temps, d'étrangler la vapeur avec le registre, lorsque l'effet des lames, joint aux changements d'immersion causés par le roulis pour les roues, et par le tangage pour l'hélice, donne lieu à de grandes alternatives dans la résistance que l'eau oppose à la rotation du propulseur ; car dans ces conditions, l'action de la vapeur sur les pistons varie en même temps et dans le même sens que les alternatives de la résistance. L'organe de détente ne saurait produire le même effet, puisqu'il fermerait toujours au même point de la course du piston, et laisserait librement entrer la vapeur dans le cylindre jusqu'à ce point.

N° 29₃ De la détente par le système Woolf. — Les machines Woolf produisent la détente dans des cylindres séparés. — La vapeur est admise dans un premier cylindre *c*, *fig.* 30, que l'on nomme cylindre *admetteur* ; puis, au lieu que cette vapeur soit évacuée au condenseur, elle passe dans un deuxième cylindre C, d'un volume plus grand que le premier, et que l'on nomme cylindre *détendeur*. A l'évacuation de ce dernier cylindre, la vapeur se rend généralement dans un condenseur.

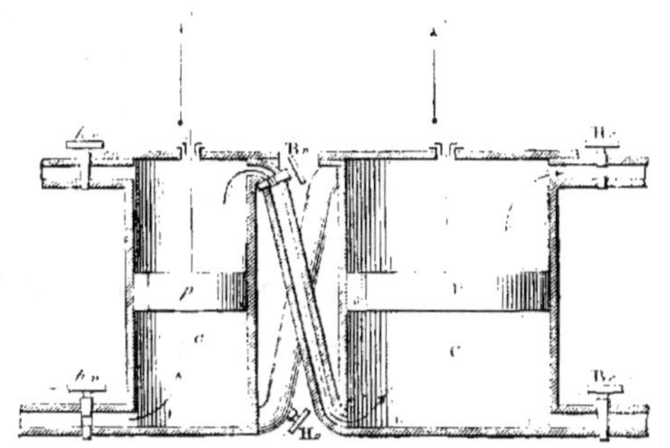

Fig. 30, relative au principe des machines du système Woolf.

Avec les communications des deux cylindres établies comme l'indique la *fig.* 30, les deux pistons agissent sur la même traverse ; voici comment fonctionne ce genre de machine. Supposons qu'on ouvre les trois robinets *br*, Br et Hc de notre figure, et qu'on ferme au contraire les trois autres *hv*, Hv et Bc. D'une part, le fluide élastique de la chaudière vient pousser le piston *p* de bas en haut. D'autre part, la vapeur qui s'était introduite précédemment sur cet organe se répand dans le grand cylindre, et en pousse le piston P pareillement de bas en haut. Il est vrai qu'elle s'oppose ainsi à la montée du petit piston ;

mais, comme ce dernier est moins large que l'autre, la résistance qui se manifeste de cette façon sur sa face supérieure est bien moindre que la poussée qui agit sur la face inférieure du piston P. La différence de cette poussée à cette résistance s'ajoute donc à la pression de la chaudière sous le piston p, pour faire monter tout le système. Il ne reste plus dès lors à agir en sens inverse de cette montée, que la faible tension résultant de la vapeur qui, après avoir actionné au coup précédent le grand piston, s'échappe actuellement au condenseur par le robinet Hc. — Quand les pistons sont arrivés au haut des cylindres, on ferme les robinets bv, Bv et Hc, et l'on ouvre les robinets hv, Hr et Bc. Aussitôt, les pistons redescendent avec la même force que celle qui les a fait monter précédemment, et ainsi de suite.

Dans le système qui nous occupe, il y a détente de la vapeur quand elle se répand dans le grand cylindre. Car, à bout de course, le fluide primitivement enfermé dans le petit cylindre se trouve occuper la capacité du grand. Il a par conséquent augmenté de volume. Bien plus, l'introduction dans le petit cylindre ne s'effectue d'ordinaire que pendant un certain nombre de dixièmes de la course. L'expansion commence donc avant la communication des deux récipients.

On appelle *introduction effective*, le produit de l'introduction du cylindre admetteur par le volume de ce cylindre et divisé par le volume du cylindre détendeur. La *détente effective* est le rapport inverse. *Ex.* : l'introduction au cylindre admetteur vaut 0,6 et le cylindre détendeur est trois fois plus grand que le cylindre admetteur, on a :

$$\text{Introduction effective} = \frac{0,6 \times 1}{3} = 0,2.$$

$$\text{Détente effective} = \frac{3}{0,6 \times 1} = 5.$$

On trouvera au numéro 55₂, les trois principales combinaisons des cylindres dans les machines Woolf.

N° 50. — 1. Description complète d'une machine marine démonstrative. — 2. Son mouvement général. — 3. Manœuvre de la machine démonstrative : préparatifs de départ, balancer; mettre en marche, stopper et renverser la marche avec cette machine. — 4. Liberté du cylindre. — 5. Définitions relatives aux mots haut et bas par rapport au cylindre.

N° 30₁ Description complète d'une machine marine démonstrative. — Les *machines à vapeur marines ou appareils à va-*

peur de navigation, sont, en dernière analyse, composés de pièces fondamentales ayant généralement les mêmes appellations et les mêmes fonctions. Ces pièces peuvent occuper les unes par rapport aux autres un nombre considérable de positions différentes; néanmoins, l'étude du nom et de l'objet de chacune d'elles sur une machine déterminée, suffit pour permettre ensuite de se retrouver rapidement dans n'importe quel appareil. Nous avons imaginé, pour cette étude, une machine à vapeur que nous appelons *démonstrative*, sur laquelle nous avons groupé d'une manière bien visible toutes les pièces qui composent un appareil de navigation. Cette machine est représentée par la *fig.* 51 ci-après ; sa légende en donne une description complète.

Nous ajouterons, pour parfaire cette description, que tout appareil de navigation comporte en général une deuxième machine complète, dont la manivelle est perpendiculaire à celle de la première. De cette façon, quand le piston de l'un des cylindres arrive à une des extrémités de sa course, l'autre piston est au milieu de la sienne. Une semblable conjugaison assure aux deux machines la possibilité de franchir successivement leurs points morts. Elle régularise en outre leur rotation.

N° 30₂ Mouvement général de la machine démonstrative. — Afin de faciliter l'intelligence à première vue du mouvement général de la machine démonstrative, nous avons adopté ici, de même, du reste, que pour tous les autres appareils à vapeur dessinés dans le texte et dans l'*Atlas*, les trois flèches conventionnelles suivantes :

— ➤ Cette première flèche, qui est *simple*, concerne le mouvement des fluides, vapeur ou eau, en train de s'introduire dans un vase.

➤ Cette seconde flèche, qui est munie de *barbes*, convient au mouvement des fluides qui évacuent un récipient.

➤ Cette troisième flèche, qui se distingue par *un point sur la queue*, a été réservée pour les mouvements des organes de transmission.

Cela entendu, si on considère les positions respectives qu'occupent les diverses pièces de la machine démonstrative sur la *fig.* 51, il est aisé de comprendre que :

1° La vapeur arrivant de la chaudière à travers le tuyau V, parvient contre la face postérieure du piston par le canal de gauche du cylindre que le tiroir démasque en ce moment. D'autre part, la vapeur qui agissait précédemment sur la face antérieure du piston, s'évacue

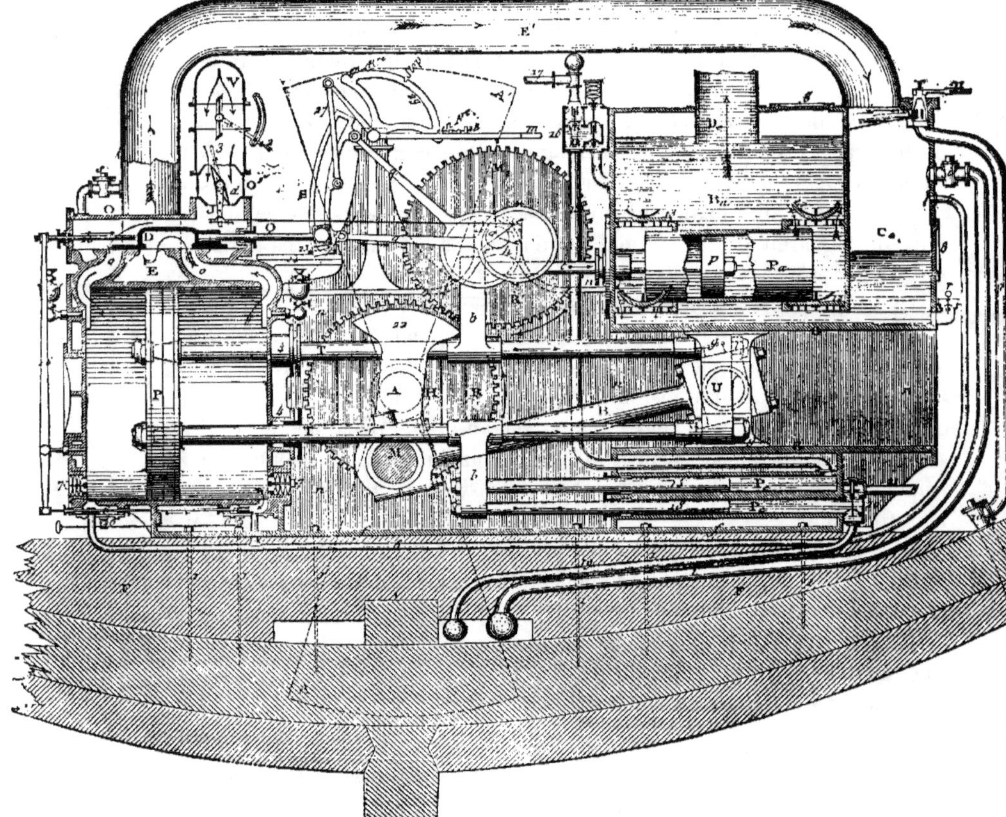

Fig. 31. *Machine marine démonstrative* $\left(\text{échelle} = \frac{1}{64}\right.$ pour 800 chx de force nominale, à 40 tours par minute et avec deux cylindr

LÉGENDE PAR ORDRE DIDACTIQUE DE LA MACHINE DÉMONSTRATIVE.

Les notations de cette légende ont été formées en général, de la première ou des deux premières lettres du nom des pièces qu'elles représentent. Mais, pour les organes secondaires on a eu recours aux chiffres ordinaires.

PIÈCES FIXES, PIÈCES SERVANT A L'ACTION DE LA VAPEUR, ET POMPES.

F   *Carlingues de la machine :* Pièces de bois fortement chevillées au navire, et sur lesquelles repose l'appareil.

f   *Plaque de fondation :* Grande pièce d'un seul jet de fonte vissée aux carlingues, et servant d'assise aux parties fixes de la machine.

1   Vis à bois fixant la plaque de fondation aux carlingues.

n   *Bâti :* Charpente en fonte reliant au-dessus de la plaque de fondation, les pièces immobiles de la machine, soit entre elles, soit avec cette plaque.

H   *Grand palier* ou palier de l'arbre de couche, incrusté dans le bâti.

h   *Palier de l'arbre du tiroir* reposant sur l'extrémité supérieure du bâti.

G   *Guides ou glissières :* Plans métalliques parfaitement rabotés à l'aide desquels glissent en ligne droite les coulisseaux de la traverse U, et par suite les tiges T,T du piston à vapeur.

V   *Tuyau de vapeur* amenant le fluide élastique de la chaudière dans la boîte à tiroir O.

v   *Valve ou registre de prise de vapeur* placé sur le tuyau V (n° 541).

2 — *Poignée* pour manœuvrer le registre de prise de vapeur *v*.

O' — *Boîte à détente* : Caisse renfermant l'organe de détente variable.

d — *Organe de détente variable*, consistant ici en un papillon ou en une clef de poêle, qui s'ouvre et se referme en roulant dans la boîte O'.

3 — *Poignée* servant à mouvoir à la main la détente *d* et à en suspendre l'action.

O — *Boîte à tiroir* : Enveloppe métallique dans laquelle se meut le tiroir, et où débouche la vapeur qui arrive du générateur pour être distribuée dans le cylindre.

D — *Tiroir* : Distributeur de vapeur servant à introduire le fluide élastique de la chaudière sur une des faces du piston, tout en permettant à celui qui vient d'agir sur l'autre face de s'échapper au condenseur (nᵒˢ 31_2 et 3).

C — *Cylindre à vapeur* dans lequel la vapeur travaille.

o,o — *Canaux, conduits* ou *lumières du cylindre* : Trous venus de fonte avec ce récipient, et à travers lesquels la vapeur s'y introduit ou s'en échappe. Les débouchés de ces canaux du côté de la boîte à tiroir s'appellent *orifices du cylindre*. Ce dernier nom s'emploie souvent d'ailleurs pour désigner les canaux eux-mêmes.

P — *Piston à vapeur* ou *grand piston* (nᵒ 41_4).

E,E' — *Conduit* et *tuyau d'évacuation*, par lesquels la vapeur se rend au condenseur dès qu'elle s'échappe du cylindre. Le conduit E vient toujours de fonte avec ce dernier récipient. Sur notre figure, il débouche en arrière du plan du tableau dans le tuyau d'évacuation E', qui forme précisément son prolongement.

s — *Robinet* ou *soupape de purge*, servant à expulser l'air et l'eau du condenseur au départ (nᵒ 45_1).

4 — *Presse-étoupe* de tige de grand piston.

5 — *Godets graisseurs* : Coupes munies de robinets dont la manœuvre permet de projeter du suif dans le cylindre pour lubrifier le piston.

6 — *Purgeur continu et son tuyau*. Ce mécanisme est formé de deux petites plaques qui glissent devant des trous percés à chaque extrémité de la partie inférieure du cylindre. Elles mettent ainsi ce récipient en communication avec le condenseur, pendant la période d'évacuation. — Ce système est aujourd'hui abandonné.

6' — *Robinets purgeurs* à la main; on les ouvre pour faire évacuer l'eau des cylindres au départ, ou bien en route quand il y a des projections d'eau.

7 — *Soupapes de sûreté du cylindre* : Petites cloisons mobiles maintenues contre leur siège par un ressort. Elles ont pour objet de laisser échapper dans la cale l'eau contenue dans le cylindre, lorsque cette eau venant s'accumuler en grande quantité, est refoulée par le piston contre le couvercle ou le fond, qu'elle briserait sans cette disposition.

C_o — *Condenseur* par mélange (nᵒ 25_2).

8 — *Trou d'homme du condenseur et porte de visite des clapets de pompe à air.*

I — *Régulateur de l'injection à la mer* : robinet à lanterne appelé à régler la quantité d'eau extérieure qu'il est nécessaire d'injecter au condenseur.

i — *Injection de cale*, composée d'un fort robinet accolé au condenseur et d'un tuyau terminé par une crépine plongeant au fond du navire. Cet appareil est destiné, en cas d'une forte voie d'eau, à utiliser le vide du condenseur pour extraire l'eau de la cale.

r — *Reniflard* : Soupape laissant écouler dans la cale l'eau et l'air du condenseur lorsqu'on purge directement cet organe (nᵒ 45_4).

9 — *Tuyau d'injection* amenant l'eau de la mer au condenseur.

10 — *Prise d'eau et robinet de sûreté* du tuyau d'injection. Ce robinet sert à prévenir toute irruption de l'eau extérieure en cas de rupture du tuyau d'injection.

11 — *Poignée* pour manœuvrer le régulateur d'injection.

P_a — *Pompe à air à double effet* (nᵒ 25_2) : Une déchirure a été pratiquée dans le corps de cette pompe de façon à en laisser apercevoir le piston.

12 — *Clapets de pied*)
13 — *Clapets de tête*) avec leurs butoirs.

p — *Piston de la pompe à air.*

B_a — *Bâche* (nᵒ 25_6).

D_e — *Tuyau de décharge* (nᵒ 58_2) muni d'un robinet obturateur placé près de la muraille du bâtiment.

P_e — *Pompe alimentaire*, aspirant de l'eau chaude à la bâche, et la refoulant à la chaudière, afin d'y remplacer le liquide dépensé continuellement sous forme de vapeur, ainsi que celui qui sort par l'extraction.

14 — *Piston plongeur de la pompe alimentaire.* Cet organe est ici un long cylindre en bronze, creux intérieurement.

15 — *Tuyau de communication* de la pompe alimentaire avec la boîte 16.

15' — *Tuyau d'aspiration* de la pompe alimentaire.

16 — *Boîte alimentaire* : Caisse renfermant les clapets d'aspiration et de refoulement de la pompe alimentaire, ainsi qu'un clapet de trop-plein. C'est dans cette boîte que se produisent tous les effets du jeu de la pompe alimentaire (nᵒ 64_4).

17 — *Tuyau de refoulement* à la chaudière de la pompe alimentaire.

P_c — *Pompe de cale*, servant à vider, au moyen de la machine, l'eau qui s'accumule continuellement au fond du navire (nᵒ 64_2).

18 — *Piston plongeur de la pompe de cale.*

19 — *Tuyau d'aspiration* de la pompe de cale terminé par une crépine.

20 — *Boîte à clapets* de la pompe de cale.

21 — *Tuyau de refoulement* à la mer de la pompe de cale.

ORGANES DE TRANSMISSION DU MOUVEMENT.

T,T — *Tiges du piston à vapeur.* Ces tiges sont placées en diagonale par rapport au diamètre vertical du cylindre. De cette façon, elles peuvent comprendre dans leur intervalle l'arbre de couche, son vilebrequin et la grande bielle.

U — *Traverse, té ou joug du grand piston* : Pièce en fer forgé ayant à peu près la forme d'un Z horizontal. Les deux traits parallèles du Z représentent les directions des deux parties recourbées, nommées *crosses* ou *oreilles*, où s'emmanchent les extrémités des tiges T.T.

g — *Glissoirs* ou *coulisseaux* : Espèces de savates en fonte fixées à la traverse U. Les faces horizontales et extérieures de ces savates sont parfaitement planes et polies, et glissent entre les guides G,G.

B	*Grande bielle*, s'articulant par son pied au milieu de la traverse C, qui lui sert de tourillon, et par sa tête au bouton de la grande manivelle	23	*Traverse de la tige du tiroir*, destinée à guider cette tige en glissant dans une rainure de la la console 24.
M	*Grande manivelle* ou *manivelle de l'arbre de couche*, faisant partie d'un vilebrequin venu de forge avec cette dernière pièce.	24	Console venue de fonte avec la partie supérieure du cylindre, et servant de glissière à la traverse 23.
22	Contre-poids monté à l'opposé de la grande manivelle. Il sert à balancer les différentes pièces mobiles de la machine, afin de régulariser sa rotation. Ce système est aujourd'hui abandonné.	25	Petite tige fixée en arrière du tiroir, et ayant pour objet d'entraîner le levier 26.
M₁	Ligne auxiliaire de démonstration appelée *manivelle fictive* (n° 32a).	26	Levier mettant en mouvement le purgeur continu 6 lorsque la machine fonctionne.
A	*Arbre de couche à vilebrequin*, sur le prolongement duquel se trouve la ligne d'arbres qui entraîne l'hélice.	m	*Levier de mise en marche*. Cette pièce fait partie d'une espèce de mouvement de sonnette, à l'aide duquel on peut suspendre le secteur à différentes hauteurs, suivant qu'on se propose de marcher *en avant*, de *stopper* ou de fonctionner *en arrière*.
A'	Hélice propulsive représentée en pointillé. Elle est placée sur l'arrière, en dehors du bâtiment, sur un arbre qui reçoit son mouvement de l'arbre de couche A.	27	Bielle de relevage du secteur S.
t	Tige du piston de la pompe à air.	28	Verrou servant à fixer le levier *m*, et, par conséquent, le secteur S dans une de ses trois positions principales.
b,b	Bras conduisant l'un la tige précédente, l'autre celles des petites pompes.	29	Arc fixe, le long auquel glisse et se verrouille le levier *m*.
R	Roue dentée clavetée sur l'arbre de couche, et commandant la roue R'.	c	*Excentrique* claveté sur l'arbre du tiroir pour mouvoir la détente variable : il n'est représenté sur la figure que par son rayon d'excentricité.
R'	Roue dentée fixée sur l'arbre *a* du tiroir, et entraînée par la roue précédente.	j	*Bielle de l'excentrique de détente :* on peut déclancher cette bielle d'avec le levier J, en ouvrant le petit verrou qui ferme l'encoche située à son extrémité.
a	*Arbre du tiroir*, servant à faire mouvoir le distributeur par la machine elle-même.		
e,e'	*Excentriques du tiroir* (n° 10₁1,		
q,q'	*Bielles des excentriques du tiroir.*		
S	*Secteur Stephenson :* Coulisse réunissant les extrémités des deux bielles précédentes et conduisant le tiroir.	J	*Levier de la détente variable.* Les trois boutons qui forment saillie en divers endroits de sa longueur, permettent de changer le point d'enclanchement de la bielle *j*, et, par suite, de fonctionner à trois degrés différents d'expansion variable.
Q	*Tige du tiroir*, clavetée par l'une de ses extrémités dans le distributeur lui-même, et reliée par l'autre au secteur Stephenson à l'aide		

au condenseur par le canal de droite, alors en communication avec le conduit d'évacuation E. Or, elle rencontre à son arrivée dans ce récipient, la pluie d'eau qui s'échappe du régulateur d'injection I, et elle se liquéfie aussitôt. Le piston se trouve donc beaucoup plus poussé à gauche qu'à droite, et naturellement il s'avance dans ce dernier sens. — Pendant que tout cela se passe, le liquide provenant de la vapeur condensée et de l'eau d'injection, ainsi que l'air qui s'en dégage, sont envoyés dans la bâche B$_a$ au moyen de la pompe à air P$_a$, dont le piston *p* est ici en train d'aspirer par sa face antérieure et de refouler par son autre face. Quant aux fluides précédemment rejetés à la bâche, ils s'écoulent à la mer à travers le tuyau de décharge D$_c$. — De son côté, la pompe alimentaire P$_c$ refoule aux chaudières pour les alimenter, l'eau chaude qu'elle prend à la bâche. Enfin, la pompe de cale expulse à la mer l'eau qui se trouve au fond du navire.

2° Le piston à vapeur P poussé de gauche à droite conduit, par l'intermédiaire de ses tiges T.T, la traverse C. Cette pièce entraîne la grande bielle B, laquelle, à son tour, fait tourner la manivelle M, et par conséquent l'arbre de couche A. Les tiges T.T commandent d'ailleurs la pompe à air ainsi que les pompes alimentaires et de cale.

— En même temps, la roue R, qui est clavetée sur l'arbre de couche A, communique une rotation en sens contraire de la sienne à la roue R'. Cette dernière roue entraîne l'arbre a, auquel elle se trouve fixée à demeure. Cet arbre fait ainsi mouvoir la détente variable d au moyen de l'excentrique c et de la bielle j. Mais, surtout, il commande le tiroir D, à l'aide d'un des excentriques e, e', d'une des bielles $q.q'$, et du secteur S.

— On voit d'après cela que le distributeur est mû par la machine elle-même. Il s'ensuit qu'une fois l'appareil mis en marche, cet organe est animé d'un mouvement rectiligne alternatif, qui lui permet d'ouvrir et de refermer les orifices du cylindre, de façon à distribuer convenablement la vapeur pour qu'elle produise indéfiniment les allées et venues du piston, et conséquemment la rotation continue de l'arbre de couche. La machine entretient donc d'elle-même son mouvement.

N° 30₅ Manœuvre de la machine démonstrative. — La manœuvre de la machine consiste à mettre en marche, accélérer ou ralentir la marche, arrêter ou renverser son mouvement.

Préparatifs de départ avec la machine démonstrative. — On commence par chauffer l'eau des chaudières jusqu'à ce que la pression soit arrivée au point voulu. On fixe alors le levier m de mise en marche, par son verrou 28, à l'encoche de l'arc 29 marquée *stop*; et l'on a soin de déclancher la détente d d'avec sa bielle j, et de la mettre verticale au moyen de la poignée 5. On ouvre alors le robinet 10 de prise d'eau d'injection, ainsi que l'obturateur qui est placé sur le tuyau de décharge D$_e$, près de la muraille du bâtiment. *Puis, on ouvre légèrement le registre v de prise de vapeur, ainsi que les robinets de purge 6' des cylindres; et cela fait, on manœuvre le levier m à la main*, en le poussant successivement à droite et à gauche de l'encoche *stop*. De la sorte, le tiroir découvre alternativement les deux orifices de distribution o,o. La vapeur s'introduit donc sur les deux faces du piston, échauffe les cylindres, et expulse dans la cale, par les robinets 6', l'eau qu'ils renferment. Lorsque la vapeur sort avec abondance par les robinets 6', les cylindres sont suffisamment échauffés pour qu'on puisse balancer.

Balancer. — On balance la machine en lui faisant faire alternativement quelques tours en avant et quelques tours en arrière. On s'assure ainsi que son fonctionnement est libre. — Pour balancer, les robinets de purge 6' restent ouverts; on ouvre le registre v, et on met en marche, alternativement en avant et en arrière, comme il est dit ci-après. Une fois la machine balancée, *on ferme le registre* v *et l'injection* I. On fixe le levier *m* dans l'encoche *stop*, et l'on est prêt à fonctionner.

Mettre en marche avec la machine démonstrative. — Suivant le sens dans lequel il s'agit de fonctionner, *on pousse le levier* m *de mise en marche jusqu'à l'encoche marquée* en avant *ou* en arrière, et l'on tient ouverts les robinets 6′ de purge à la main des cylindres. *Puis, on ouvre en douceur le registre de vapeur* v, *et largement l'injection* I, parce que le vide n'étant pas établi, l'eau entre difficilement dans le condenseur. — La machine se met lentement en marche, et dès qu'il ne sort plus d'eau par les robinets de purge 6′, ces robinets sont fermés ; en même temps, on réduit l'ouverture du registre v et de l'injection I pour que la machine ne s'emporte pas à mesure que le vide s'établit.

On accélère la marche en ouvrant de plus en plus le registre de vapeur v *et l'injection* I, jusqu'à ce que le régime normal qu'on désire conserver soit atteint. Quant à l'organe de détente, il n'est enclanché et réglé pour le degré d'introduction jugé convenable, que lorsque le navire est en route libre, et qu'on n'a plus à craindre de manœuvres précipitées.

— Pour ralentir la marche, il suffit de fermer partiellement le registre de vapeur v *et l'injection* I, jusqu'à ce qu'on soit parvenu à la nouvelle allure désirée.

Stopper avec la machine démonstrative. — *Pour stopper, on ferme le registre de vapeur* v *et l'injection* I; puis l'on ouvre les purges 6′ des cylindres. En même temps, on met le levier *m* sur l'encoche *stop*, afin d'être prêt à repartir dans un sens ou dans l'autre. Immédiatement aussi, on déclanche l'organe de détente, et on l'ouvre en grand avec la poignée 5 qui sert à le manœuvrer à la main, afin que les orifices ne se trouvent pas fermés au moment de remettre en route.

Pour repartir après avoir stoppé pendant un certain temps, il faut manœuvrer comme lors d'une première mise en marche.

Renverser la marche avec la machine démonstrative. *— Pour renverser la marche, on commence par stopper.* Puis, quand toutes les pièces ont perdu leur vitesse acquise, on *repart* dans la direction opposée à celle qu'on vient de quitter. On suit à cet effet les indications données ci-dessus à propos de la mise en route.

A la rigueur, on pourrait renverser la marche sans stopper. Mais c'est là une manœuvre dangereuse pour la solidité de la machine. Aussi ne doit-on jamais s'y résoudre que dans des circonstances majeures.

N° 30₄ Liberté du cylindre. — Le parcours du pied de la grande bielle vaut le double du rayon de la manivelle (n° 9₄). Il en est de même de la course du piston à vapeur, qui possède absolument le même mouvement que le pied de bielle. Afin que le piston ne vienne pas heurter contre le fond ou le couvercle du cylindre au moindre jeu qui se produirait dans les articulations, la distance des faces en regard de ce fond et de ce couvercle est toujours un peu plus grande que la course du piston augmentée de l'épaisseur de cet organe. Il en résulte qu'il reste à chaque bout de course, un certain intervalle *ih, fig.* 55, entre le piston et le couvercle ou le fond du cylindre. C'est cet intervalle qu'on nomme la *liberté du cylindre* ou le *jeu du piston.*

Espaces neutres. — Les volumes correspondant au jeu du piston, joints à la capacité des conduits de vapeur *o.o', fig.* 55, forment ce qu'on appelle les *espaces neutres ou nuisibles.* Ce nom leur vient de ce que la vapeur qu'ils renferment à chaque introduction n'est pas complétement utilisée. Cette vapeur ne travaille, en effet, que pendant la période de détente ; et elle serait complétement perdue si la machine fonctionnait à pleine introduction.

N° 30₅ Définitions relatives aux mots haut et bas par rapport au cylindre. — Quelle que soit la position de l'axe du cylindre par rapport à l'horizontale, on est convenu d'appeler *haut* le côté du cylindre par lequel sort la tige du piston. Le *bas* est le côté opposé. Le piston fait sa course montante quand il passe du *bas* au *haut* du cylindre, et il fait sa course descendante quand il passe du *haut* au *bas.*

C'est dans le même sens qu'on doit entendre les mots *haut et bas de* course, *dessus et dessous* du piston, *orifice inférieur ou supérieur; orifice haut ou bas vapeur; orifice haut ou bas condenseur; orifice à l'introduction ou à l'évacuation haut ou bas.*

Les fins de course du piston ayant lieu à l'instant où la manivelle arrive à ses points morts, s'appellent par analogie les *points morts* du piston, et prennent aussi les noms de *haut* ou de *bas.*

N° 31₁ Du tiroir. — Le *distributeur* de vapeur désigné sous le nom de *tiroir*, et qui est destiné à remplacer le jeu des quatre robinets du n° 27₁, peut affecter différentes dispositions. Au point de vue de la manière dont ils opèrent la distribution de la vapeur dans le cylindre, toutes les espèces de tiroirs se réduisent à deux genres :

1° Les tiroirs, tels que ceux en coquille ordinaire, à double orifice, à dos percé (n° 41₂, ₃ ₋ ₄), avec lesquels l'introduction a lieu du côté des arêtes extérieures des orifices ;

2° Les tiroirs, tels que ceux en D proprement dits (n° 41₆) et cylindriques, où l'introduction s'effectue du côté des arêtes intérieures.

Les premiers de ces distributeurs se nomment *tiroirs en coquille*, et les seconds *tiroirs en D*, du nom de leur agencement le plus usité dans chacun des deux genres que nous venons d'énoncer.

N° 31₂ Description théorique des tiroirs en coquille. — Le *tiroir en coquille, fig.* 32, n'est autre qu'une sorte de boîte ou coquille en fonte, dont deux des côtés portent de larges rebords *vz, v'z'*, nommés *barrettes*.

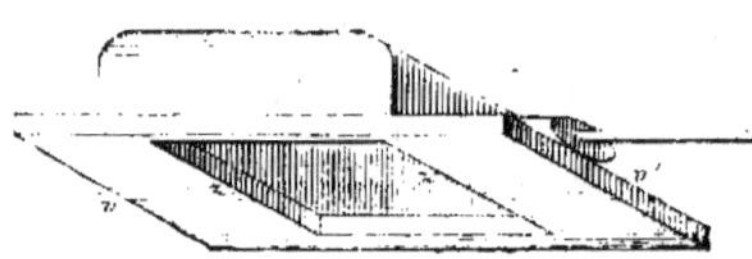

Fig. 32. Perspective parallèle d'un tiroir en coquille $\left(\text{échelle} = \frac{1}{31} \text{ par rapport à celle de la machine démonstrative}\right)$.

Ces barrettes sont parfaitement planées sur leur face inférieure. Elles viennent se poser en partie sur les orifices *o, o', fig.* 33, et en partie sur les surfaces planes *mn, m'n'*. Ces surfaces, nommées *bandes du cylindre*, sont ménagées sur ce récipient tout autour de chaque lumière. Les orifices et les barrettes sont suffisamment espacés pour que le conduit d'évacuation E débouche toujours à l'intérieur de la coquille.

Les dimensions, telles que *vz, v'z'* et *ut, u't', fig.* 32 et 33, situées dans le sens de la tige du tiroir, s'appellent les *hauteurs* des barrettes et des orifices. Les dimensions perpendiculaires aux précédentes se nomment au contraire leurs *largeurs*. — D'autre part, les arêtes *u, u'* des orifices et v, v' des barrettes sont appelées *arêtes d'introduction*. De

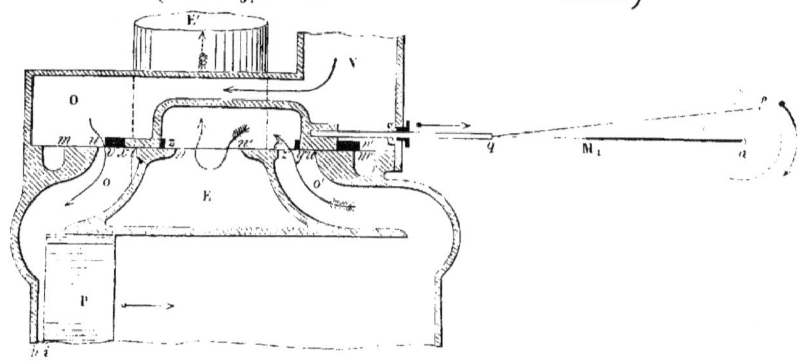

Fig. 33, relative à l'explication élémentaire du jeu des tiroirs en coquille
(échelle $= \frac{1}{31}$ par rapport à celle de la machine démonstrative).

même, les arêtes t, t' et z, z' prennent le nom d'*arêtes d'évacuation*.

N° 31₃ Explication élémentaire du jeu des tiroirs en coquille. — Supposons le piston P, *fig.* 33, au bas de sa course, et le tiroir dans la position indiquée sur la même figure. La vapeur de la chaudière arrivera contre la face bas du piston par l'orifice o. En même temps, le fluide élastique qui a été introduit pendant la course précédente s'échappera par l'orifice o'; puis il se rendra dans l'intérieur de la coquille, et de là au condenseur par le conduit E, qui débouche

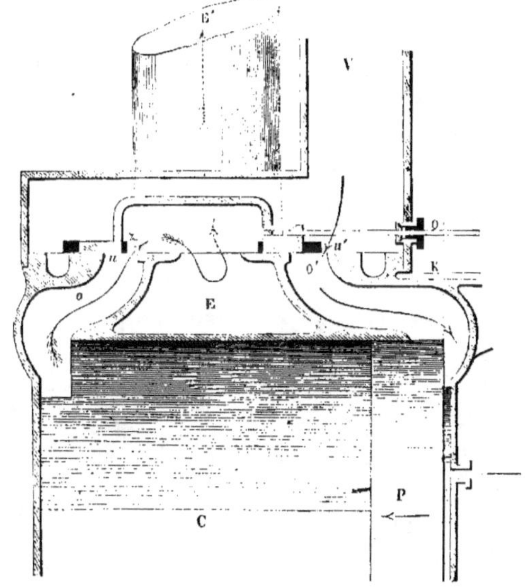

Fig. 34, relative à l'explication élémentaire du jeu des tiroirs en coquille
(échelle $= \frac{1}{31}$ par rapport à celle de la machine démonstrative).

en arrière du plan du tableau dans le tuyau d'évacuation E'. Le piston montera donc jusqu'à l'extrémité supérieure de sa course.

A cet instant, imaginons qu'on pousse le tiroir sur la droite, *fig.* 54, de façon qu'il mette l'orifice *o'* en communication avec la boîte à tiroir O, et l'orifice *o* avec l'intérieur de la coquille. Le piston redescendra de la même manière qu'il était monté, et reviendra au fond du cylindre. Si l'on ramène alors le tiroir à sa première position, le piston montera derechef. En continuant ainsi de suite, on pourra faire exécuter à cet organe une série indéfinie de *va-et-vient*.

En pratique, le tiroir est conduit par une manivelle ou le plus souvent par un excentrique *ae*, *fig.* 55, supposé réduit ici à son rayon d'excentricité. Cette pièce reçoit elle-même un mouvement continu de l'arbre de couche, soit directement, soit, comme su notre machine démonstrative, par l'intermédiaire de roues dentées. Le système est réglé afin que lorsque le piston arrive à chacun de ses points morts, le tiroir démasque convenablement les orifices pour que le piston puisse recommencer une nouvelle course.

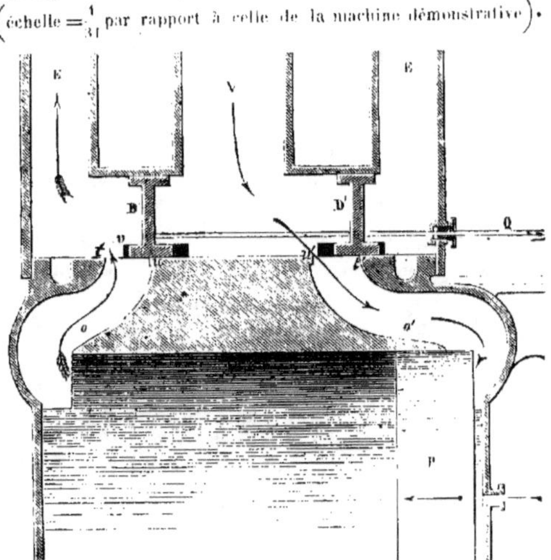

Fig. 35, relative à l'explication élémentaire du jeu des tiroirs en D.

$\left(\text{échelle} = \frac{1}{31} \text{ par rapport à celle de la machine démonstrative}\right).$

N° 31. Description théorique des tiroirs en D, et explication élémentaire de leur jeu. — Au point de vue théorique de leur jeu, les tiroirs du genre en D reviennent en dernière analyse à deux blocs, qu'on voit en D et D', *fig.* 35 *ci-dessus.*

Ces blocs sont réunis par une même tige Q. De plus, leur configuration est telle, qu'en coupant chacun d'eux par un plan perpendiculaire à cette tige, on obtient un D majuscule. C'est précisément de là que ce tiroir tire son nom.

Les parties inférieures des blocs D, D', forment ici les barrettes, et glissent devant les orifices *o, o'* du cylindre. De plus, leurs parties supérieures frottent d'une manière étanche, contre le dos de la boîte à tiroir. La vapeur qui arrive de la chaudière débouche alors par le tuyau V entre ces blocs, du côté des arêtes intérieures u, u' des orifices. D'autre part, le fluide qui s'échappe du cylindre passe du côté des arêtes extérieures t, t' des orifices, et se rend au condenseur par les deux conduits d'évacuation E, E. Avec une distribution identique de la vapeur dans le cylindre, le jeu des tiroirs en D ne diffère de celui des tiroirs en coquille que par les points suivants : 1° les mouvements de ces organes sont toujours de sens contraires; 2° les barrettes, telles que v, *fig.* 35, et z, *fig.* 34, qui correspondent au même orifice o, occupent, par rapport à cet orifice, des positions *symétriques*.

Dans la même hypothèse d'une distribution identique, le rayon d'excentrique d'un tiroir en D se trouve, par rapport à la grande manivelle ou à la manivelle fictive (n° 32₃), à l'opposé de celui d'un tiroir en coquille.

Les explications que nous allons donner sur le tiroir en coquille, parce que son tracé est plus facile, conviennent au tiroir en D, en tenant compte de ce qui vient d'être dit.

N° 32. — 1. Recouvrements. — 2. Longueur de la course du tiroir. — 3. Définition de la manivelle fictive. — 4. Angles de calage et d'avance.

N° 32₁ Recouvrements. — On remarque que tous les tiroirs en usage placés à mi-course, débordent d'une certaine quantité les arêtes des orifices.

On appelle alors RECOUVREMENT A L'INTRODUCTION, *la quantité* vx *ou* $v'x'$, *fig.* 36 *et* 37, *dont, au moment du tiroir à mi-course, chaque barrette déborde son orifice du côté de l'arête d'introduction.* Afin de mieux faire ressortir ce recouvrement, on l'a *noirci* sur toutes les figures relatives au jeu du tiroir.

Semblablement, on appelle RECOUVREMENT A L'ÉVACUATION, *la quantité* yz *ou* $y'z'$, *fig.* 36, *dont, au moment du tiroir à mi-course, chaque barrette déborde son orifice du côté de l'arête d'évacuation.*

Souvent, les barrettes présentent, du côté de l'évacuation, un *découvrement* yz, $y'z'$, *fig.* 37, au lieu d'un *recouvrement*. On dit alors que le *recouvrement est négatif*.

Par opposition, un recouvrement véritable s'appelle un *recouvrement positif*.

Quelquefois, enfin, le recouvrement à l'évacuation est négatif pour

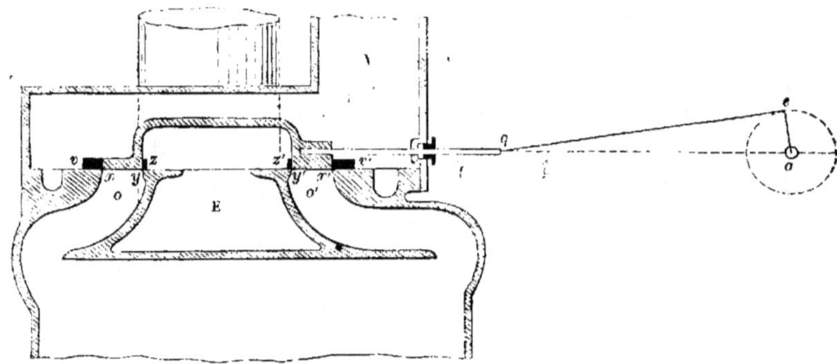

Fig. 36. Tiroir à mi-course avec recouvrements positifs à l'évacuation.

une des barrettes, et positif pour l'autre. Dans tous les cas, il est toujours *extrêmement* faible, et souvent même il est nul. *On l'a beaucoup*

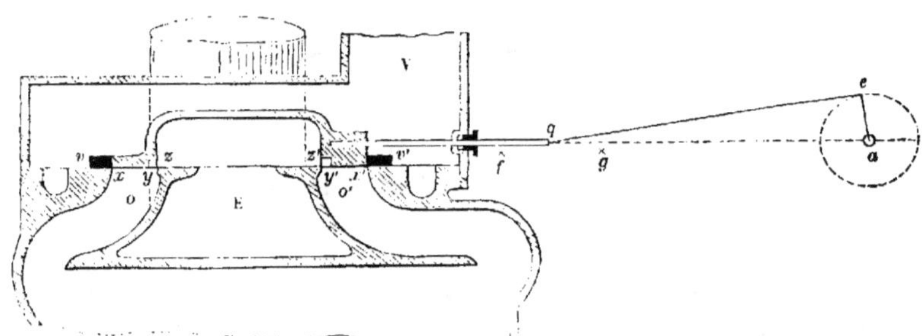

Fig. 37. Tiroir à mi-course avec recouvrements négatifs à l'évacuation.

exagéré sur les figures ci-dessus et sur les suivantes, afin qu'on puisse bien l'apercevoir.

N° 32, Longueur de la course du tiroir. — La longueur de la course du tiroir est égale au double du rayon d'excentricité, toutes les fois que le pied de bielle s'articule sur la tige du tiroir. Avec un secteur, la course du tiroir peut être plus grande ou plus petite que le double du rayon d'excentricité, suivant la position du bouton d'entraînement du tiroir dans la coulisse. La course du tiroir est d'autant plus petite, pour un secteur donné, que le bouton d'entraînement est plus près du milieu de l'arc du secteur.

N° 32₃ Définition de la manivelle fictive. — *On dit que le tiroir est conduit directement*, lorsque l'excentrique se trouve monté sur l'arbre de couche, et que le prolongement de la tige du distributeur passe par l'axe de cet arbre.

Pour les appareils où une telle disposition n'existe pas, nous conviendrons, afin de rendre générales les explications qui concernent la distribution et le changement de marche, d'employer une *ligne conventionnelle auxiliaire*, que nous appellerons *manivelle fictive*.

Cette ligne devra être choisie de façon à occuper à chaque instant par rapport au rayon de l'excentrique du tiroir, la position que la grande manivelle occuperait elle-même, si le distributeur était conduit directement.

LA MANIVELLE FICTIVE *est la droite, telle que* aM_1, *fig. 45 ou 47, menée par le centre de l'arbre portant l'excentrique du tiroir de manière à occuper, au moment où le piston à vapeur est au point mort haut, par exemple, la position du rayon d'excentricité qui correspond elle-même au point mort haut du distributeur.*

Sur notre machine démonstrative, la manivelle fictive se trouve être parallèle à la grande manivelle à chaque point mort du piston, ainsi qu'on le voit sur les *fig.* 45 et 47. En tout autre point de la rotation, elle fait avec sa position au point mort du piston, un angle égal à celui que fait la grande manivelle avec sa position à ce même point mort.

N° 32₄ Angle de calage. — On appelle ANGLE DE CALAGE, *l'angle, tel que* M_1ac, *fig. 58, que fait le rayon* ac *de l'excentrique du tiroir avec la grande manivelle, ou avec la manivelle fictive* aM_1 *si le tiroir n'est pas conduit directement.*

Avec les tiroirs en coquille et une introduction naturelle de 0,65 à 0,70, l'angle de calage vaut en moyenne 125° portés à partir de la grande manivelle ou de la manivelle fictive, et en avant du sens du mouvement.

Avec les tiroirs en D et pour la même introduction de 0,65 à 0,70, il est de 180° — 125° = 55°, mais comptés en arrière de ce sens.

Angle d'avance. — On nomme ANGLE D'AVANCE *ou* AVANCE ANGULAIRE, le complément de l'angle de calage, c'est-à-dire l'angle *c*a*c* *fig.* 58. Ce nom lui vient de ce que primitivement l'angle de calage valait tout juste 90°, et qu'ayant été augmenté de la quantité *cac*, l'excentrique a été mis en *avance* de cette même quantité par rapport à la manivelle du piston.

N° 55. — 1. Relations qui existent entre le mouvement du tiroir et celui du piston : avance à l'introduction. — 2. Avance à l'évacuation. — 3. Moment des ouvertures maximum des orifices. — 4. Positions respectives quelconques du piston et du tiroir. — 5. Production de la détente naturelle. — 6. Compression ou refoulement. — 7. Positions du tiroir aux derniers instants de la course du piston. — 8. Résumé des opérations et des fonctions du tiroir.

N° 33₁ Relations qui existent entre le mouvement du tiroir et celui du piston : avance à l'introduction. — Pour nous rendre compte du jeu du tiroir, nous allons suivre pas à pas, sur les figures suivantes, les mouvements simultanés du tiroir et du piston.

Et d'abord la *fig.* 58, qui correspond au point mort bas du pis-

Fig. 38. Production par le tiroir de l'avance à l'introduction *bas* et de l'avance à l'évacuation *haut* $\left(\text{échelle} = \frac{1}{31} \text{ par rapport à celle de la machine démonstrative}\right)$.

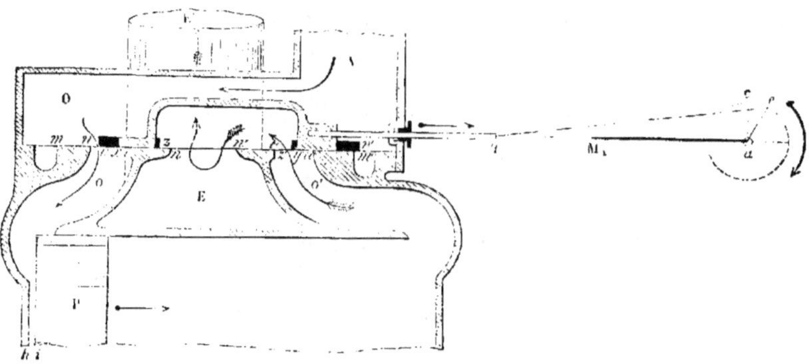

ton, fait voir que le tiroir découvre déjà un peu l'orifice *o* du côté de l'arête d'introduction. Ceci prouve que la vapeur commence à entrer dans le cylindre quelques instants avant que le piston ait achevé sa course.

*La quantité dont le commencement de l'ouverture à l'introduction précède l'arrivée du piston à son point mort, constitue l'*AVANCE A L'INTRODUCTION. On adjoint à l'avance dont il s'agit le mot *bas* ou *haut*, suivant qu'elle se rapporte à l'orifice *inférieur* ou *supérieur*, et en même temps, du reste, au point mort *bas* ou *haut*. Ainsi c'est l'avance à l'introduction *bas* qui se trouve indiquée sur la *fig.* 58.

L'avance à l'introduction augmente avec l'angle d'avance, et diminue au contraire avec le recouvrement à l'introduction.

— L'avance à l'introduction a pour objet de prévenir les chocs au moment de l'arrivée du piston à son point mort. Car elle prépare un matelas de fluide élastique contre lequel vient s'amortir l'impulsion qui anime cet organe. — Sa valeur moyenne est de 0.01 de la course du piston ; c'est-à-dire que l'orifice d'introduction commence à s'ouvrir quand le piston est aux 0,99 de sa course.

N° 33₂ Avance à l'évacuation. — La *fig.* 58 montre encore qu'aux points morts de la machine, le tiroir découvre déjà notablement l'orifice *o'*, situé à l'extrémité du cylindre opposée à celle où se trouve le piston. Ceci indique nécessairement que l'ouverture à l'évacuation commence avant que cet organe soit parvenu au terme de sa course.

La quantité dont le commencement de l'ouverture à l'évacuation précède l'arrivée du piston à son point mort, constitue L'AVANCE A L'ÉVACUATION. On ajoute à l'avance dont il s'agit le mot *bas* ou *haut* pour indiquer auquel des deux orifices elle se rapporte. Ainsi, sur notre figure, c'est l'avance à l'évacuation *haut* qui est indiquée. Il est utile de remarquer qu'elle correspond au point mort de nom contraire à celui de l'orifice considéré.

— L'avance à l'évacuation augmente avec l'angle d'avance et diminue avec le recouvrement à l'évacuation.

— Elle a pour objet principal de laisser la vapeur s'échapper du cylindre avant que le piston renverse sa marche, afin de faire diminuer rapidement la contre-pression qui tend à s'opposer au retour de cet organe.

L'avance à l'évacuation est encore avantageuse par le fait même de la réduction qu'elle détermine dans la poussée de la vapeur aux approches du point mort. Cette poussée devient, en effet, alors complétement inutile et même nuisible puisque le piston doit être arrêté à fin de course.

La valeur moyenne de l'avance à l'évacuation est de 0,1, c'est-à-dire que le piston est aux 0,90 de sa course au moment où l'orifice d'évacuation s'ouvre.

N° 33₃ Moment des ouvertures maximum des orifices. —

A partir du point mort du piston, le tiroir marche dans le même sens que cet organe, jusqu'à ce qu'il parvienne lui-même à son bout de course, comme on le voit sur la *fig.* 59. A ce moment, les orifices

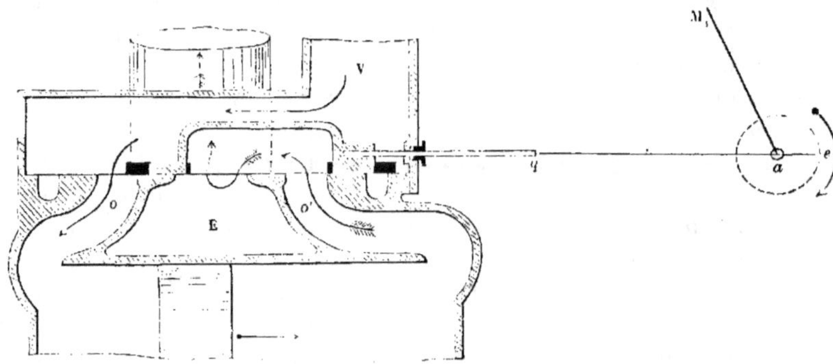

Fig. 39. Ouvertures maximum des orifices par le tiroir $\left(\text{échelle} = \frac{1}{31}\text{ par rapport}\right.$ à celle de la machine démonstrative $\left.\right)$.

sont aussi ouverts que possible, l'un *o* à l'introduction, l'autre *o′* à l'évacuation. Néanmoins, le piston n'a encore parcouru que le tiers

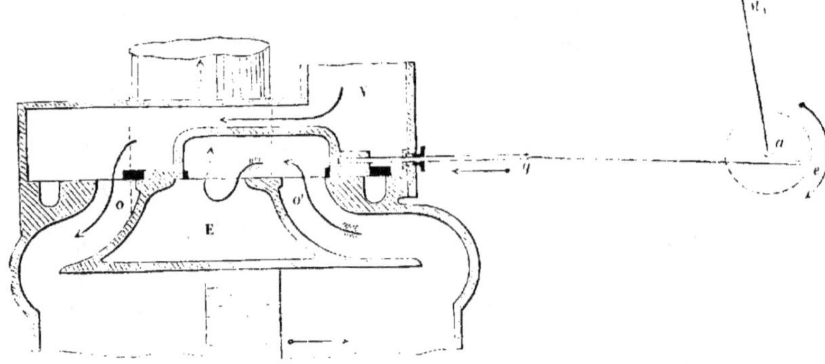

Fig. 40. Positions respectives quelconques du tiroir et du piston $\left(\text{échelle} = \frac{1}{31}\text{ par}\right.$ rapport à celle de la machine démonstrative $\left.\right)$.

environ de son trajet ; cela résulte de ce que le rayon d'excentricité du tiroir fait en avant du sens du mouvement un angle de calage de 125° environ avec la grande manivelle, ou avec la *manivelle fictive*.

N° 33₄ Positions respectives quelconques du piston et du tiroir. — Une fois le tiroir parvenu à son bout de course, il commence à marcher en sens contraire du piston, en refermant petit à petit les orifices.

C'est ainsi que, tout en descendant, tandis que le piston continue à monter, il parvient au point de sa course rétrograde qu'on aperçoit sur la *fig. 40, ci-contre*. Ce point correspond à des positions respectives quelconques des deux organes considérés. En d'autres termes, ces positions n'offrent rien de particulier. Seulement, elles sont préci-

Fig. 41. Production par le tiroir de la détente naturelle *bas* $\left(\text{échelle} = \frac{1}{31}\right.$ par rapport à celle de la machine démonstrative $\left.\right)$.

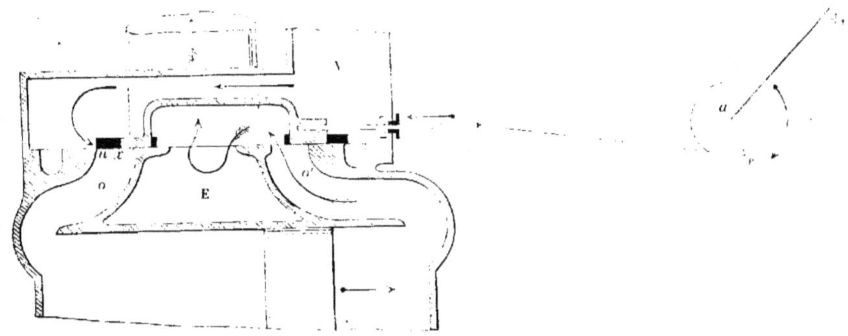

sément ici celles qu'on voit représentées sur la machine démonstrative. Elles concordent à peu près avec la mi-course du piston.

N° 33₅ Production de la détente naturelle. — Le tiroir continuant à avancer à l'opposé du piston, arrive bientôt à fermer totalement l'orifice à l'introduction *o*, ainsi que le montre la *fig. 41, ci-dessus*. A ce moment, qui a lieu aux 0,65 de la course du piston dans les machines ordinaires, la vapeur cesse de s'introduire derrière cet organe. Il y a donc nécessairement détente. Cette *détente* est appelée *naturelle* ou *fixe*, conformément à la définition du n° 29₁. On lui ajoute le mot *bas* ou *haut*, suivant qu'elle est produite par la fermeture de l'orifice inférieur ou supérieur. — Au surplus, à l'instant où commence l'expansion naturelle, l'orifice *o'* se trouve encore démasqué pour l'évacuation.

— La détente naturelle provient de l'angle d'avance ainsi que du recouvrement à l'introduction, et varie dans le même sens que ces deux éléments. La détente naturelle ne dépasse jamais 0,5, à cause des étranglements que produirait le tiroir dont le mouvement serait alors très-avancé, et surtout à cause des difficultés qui résulteraient d'une aussi faible introduction pour la mise en marche.

N° 33₆ Compression ou refoulement. — Tandis que, grâce au recouvrement à l'introduction, l'orifice en arrière du piston se maintient bouché, et que, conséquemment la détente naturelle continue, il arrive bientôt un instant, *fig. 42*, où l'orifice à l'évacuation o' est fermé à son tour par le tiroir. A partir de ce moment, le peu

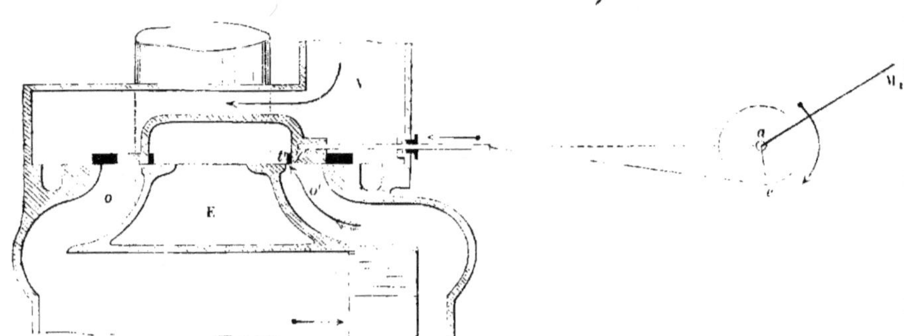

Fig. 42. Production par le tiroir de la compression *haut* $\left(\text{échelle} = \frac{1}{31}\text{ par rapport}\right.$ à celle de la machine démonstrative $\left.\right)$.

de vapeur qui reste dans le bas du cylindre n'a plus d'issue, et ce fluide se comprime de plus en plus. C'est cet effet qu'on appelle la *compression* ou le *refoulement*.

La compression, de même que les avances, est dite *haut* ou *bas*, suivant qu'elle se rapporte à l'orifice supérieur ou à l'orifice inférieur. Ainsi, sur notre figure, c'est la compression *haut* qui est en train de se produire. Elle correspond en même temps au point mort supérieur, c'est-à-dire au point mort du même nom que l'orifice considéré.

— La compression est due principalement à l'avance angulaire, et un peu aussi au recouvrement à l'évacuation ; elle varie dans le même sens que ces deux éléments.

La compression a pour but d'amortir l'impulsion qui anime le piston lorsqu'il approche du terme de son parcours. Elle a d'ailleurs le grand avantage de faire changer peu à peu et sans chocs, le portage des articulations avant que l'avance à l'introduction se produise.

Fig. 43. Position du tiroir au commencement de l'avance à l'évacuation *bas* $\left(\text{échelle} = \frac{1}{31} \text{ par rapport à celle de la machine démonstrative}\right)$.

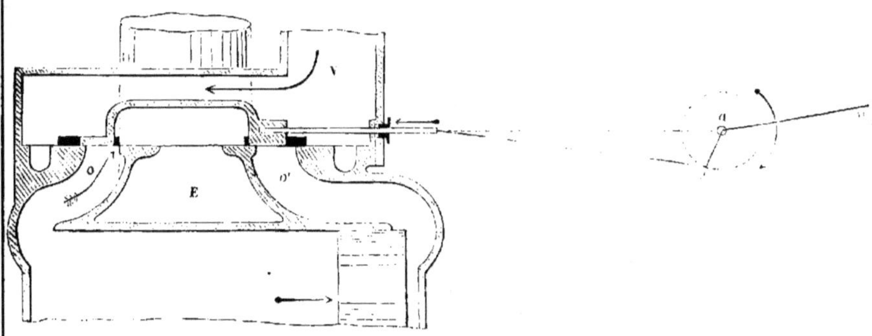

La valeur moyenne de la compression est de 0,1 de la course du

Fig. 44. Position du tiroir au commencement de l'avance à l'introduction *haut* $\left(\text{échelle} = \frac{1}{31} \text{ par rapport à celle de la machine démonstrative}\right)$.

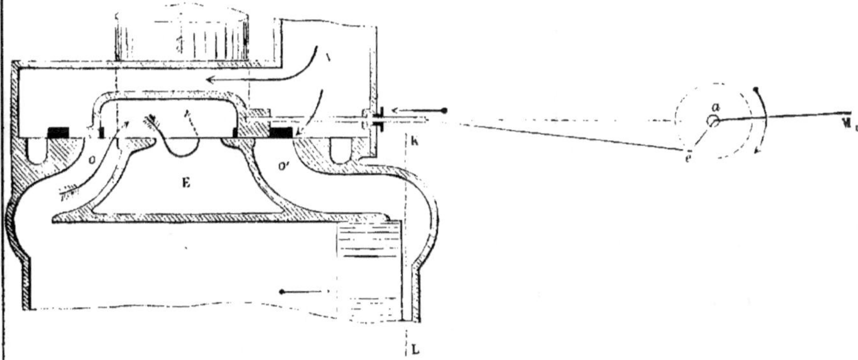

piston ; elle a par suite la même valeur moyenne que l'avance à l'évacuation.

N° 33, Positions du tiroir aux derniers intants de la course du piston. — Le piston et le tiroir continuant à avancer simultanément, parviennent aux positions respectives représentées sur la *fig.* 43 *ci-dessus*, qui correspondent à *l'avance à l'évacuation du bas*.

Lorsque les recouvrements à l'évacuation sont positifs, le tiroir atteint sa mi-course (*fig.* 36) entre le commencement de la compression *haut* (*fig.* 42) et celui de l'avance à l'évacuation *bas* (*fig.* 43). Si les recouvrement sont nuls, les trois circonstances qui nous occupent arrivent au même instant. Si, au contraire, les recouvrements sont négatifs, l'avance à l'évacuation d'un côté précéde la compression de l'autre côté ; mais le passage du tiroir à sa mi-course arrive encore entre les commencements de ces deux phénomènes.

Quoi qu'il en soit, le piston approchant de plus en plus du terme KL de son parcours, *fig.* 44. *ci-dessus*, le tiroir ne tarde pas à occuper la position indiquée sur cette *figure*, qui correspond à *l'avance à l'introduction du haut*. Au même moment, l'orifice d'évacuation du *bas* se trouve déjà notablement ouvert.

— Enfin, le piston arrive à son bout de course montante (*fig.* 45). Le tiroir occupe relativement aux orifices *o'* et *o* une position symétrique de celle qu'il avait au commencement de la course considérée, par rapport aux orifices *o* et *o'*. *fig.* 38. Le piston repart donc en sens inverse. Dès lors, pendant la course descendante de cet organe, le distributeur détermine exactement la même série de phénomènes que lors de sa course montante ; et les choses se continuent ainsi de suite.

N° 33₈ Résumé des opérations et des fonctions du tiroir. — En examinant ce qui se passe sur *une seule et même face du piston*, la face du bas. par exemple, pendant une double course, on constate que le tiroir effectue, du côté de cette face, quatre opérations fondamentales. qui déterminent elles-mêmes quatre périodes distinctes, savoir :

1° *L'ouverture à l'introduction*, d'où résulte la *période d'introduction*. Cette période a lieu à gauche du piston depuis la *fig.* 38 jusqu'à la *fig.* 41.

2° La *fermeture à l'introduction*, d'où résulte la *période de détente naturelle*. Cette période a lieu à gauche du piston depuis la *fig.* 41 jusqu'à la *fig.* 43.

3° *L'ouverture à l'évacuation*, d'où résulte la *période d'évacuation*. Cette période a lieu à gauche du piston depuis la *fig.* 43 jusqu'à la *figure* qui serait, par rapport au *piston bas*, la symétrique de la *fig.* 42, relative au *piston haut*.

4° *La fermeture à l'évacuation* d'où résulte la *période de compression*. Cette période a lieu à gauche du piston depuis la *figure* correspondante au *piston bas* qui serait, venons-nous de dire, la symétrique de la *fig.* 42 jusqu'à la *figure*, pareillement relative au *piston bas*, qui serait la symétrique de la *fig.* 44.

N° 34. — 1. Principe du renversement de marche, angle des deux excentriques ou du toc. — 2. Des deux systèmes et variétés de système avec lesquels on satisfait à ce principe. — 3. Premier système : deux excentriques fixes, avec secteur Stephenson ou avec bielles indépendantes. — 4. Deuxième système : une seule manivelle ou excentrique à calage variable, sans ou avec déclanche. — 5. Définition précise du renvoi de mouvement du tiroir et de la mise en marche.

N° 34₁ Principe du renversement de marche. — Les bâtiments sont appelés à marcher en avant et en arrière. Il faut donc que les machines de navigation puissent tourner dans un sens comme dans l'autre. Or, afin que le tiroir accomplisse le plus avantageusement toutes ses fonctions, son rayon d'excentrique doit faire (n° 32₄), avec la grande manivelle, ou avec la manivelle fictive si le distributeur n'est pas conduit directement, un angle déterminé M_1ac, *fig.* 45, 46 ou 47. Cet angle, que nous avons désigné sous le nom d'*angle de calage*, vaut en moyenne, 125° en avant du mouvement, ou 55° en arrière, suivant l'espèce de tiroir; et il est absolument indépendant du sens de la rotation. Enfin, la condition de calage est la seule que le tiroir ait à remplir par rapport à la grande manivelle. — On peut, par suite, énoncer comme suit le *principe du renversement de marche* :

Pour passer d'une rotation dans un sens, celui de la flèche f, *par exemple,* fig. 45, 46 *ou* 47, *à la rotation en sens opposé, il suffit de remplacer par un autre ou simplement de déplacer le rayon* ae *de l'excentrique. Ce remplacement ou déplacement doit d'ailleurs être tel qu'on obtienne, avec la grande manivelle ou la manivelle fictive, et de l'autre côté de cette manivelle, un nouvel angle de calage* M_1ae' *absolument égal à celui* M_1ae *relatif à la première rotation.*

Angle des deux excentriques ou du toc. — L'angle eac' formé par les deux rayons ou les deux positions du rayon d'excentrique du tiroir propre à la marche dans les deux sens, s'appelle *angle des deux excentriques*, ou *angle du toc*.

Avec les tiroirs en coquille, l'angle eac' des deux excentriques ou du toc, *fig.* 45 ou 46, est égal à 360° moins 2 fois *l'angle de calage*, et par suite à 180° moins 2 fois *l'angle d'avance*. Pour les tiroirs en D, l'angle *eae'* du toc, *fig.* 47, vaut deux fois l'angle de calage lui-même, et aussi 180° moins 2 fois l'angle d'avance.

N° 34₂ Des deux systèmes et variétés de système avec lesquels on satisfait au principe du renversement de marche. — On satisfait au principe du renversement de marche de deux manières. Ces manières constituent deux systèmes fondamentaux ; et chacun de ces systèmes se subdivise lui-même en deux variétés, savoir :

Premier système : deux excentriques clavetés sur l'arbre qui les porte. . . . .
- 1ʳᵉ *variété :* les deux bielles d'excentrique sont réunies par un secteur Stephenson.
- 2ᵉ *variété :* les deux bielles d'excentrique sont indépendantes.

Deuxième système : une seule manivelle ou excentrique à calage variable . . . .
- 1ʳᵉ *variété :* sans déclanche.
- 2ᵉ *variété :* avec déclanche.

N° 34₃ Premier système de renversement de marche. — Dans le premier système de renversement de marche, les deux excentriques *e* et *e'*, *fig.* 45, sont clavetés sur leur arbre et symétriquement placés par rapport à la grande manivelle ou à la manivelle fictive. D'autre part, leurs rayons font nécessairement entre eux un angle *eae'* égal à l'angle des deux excentriques. De plus, l'une, *e*, de ces pièces sert pour la marche en avant ; et l'autre, *e'*, pour la marche en arrière. Il est bien entendu d'ailleurs, que chaque excentrique a une bielle particulière, *q* ou *q'*.

Avec ce système, pour renverser le mouvement en sens contraire de la flèche *f*, il suffit évidemment de remplacer la bielle *q* par *q'*.

Système à deux excentriques fixes, avec secteur Stephenson. — La manœuvre précédente s'exécute le plus souvent à l'aide du mécanisme représenté sur la *fig.* 45, et qui constitue *la première variété du premier système de renversement de marche*.

Dans cette variété, les deux bielles d'excentrique sont toujours reliées entre elles et à la tige Q du tiroir par la coulisse circulaire S, appelée *secteur Stephenson*. La légende de la machine démonstrative renferme la description de ce mécanisme.

Les deux bielles *q,q'* d'excentrique sont attachées au secteur S par de simples articulations. Mais la tige du tiroir lui est reliée par un coulisseau *c*. Ce coulisseau se trouve enfilé sur le bouton d'entraînement *x*, qui fait lui-même corps avec la traverse 23 de la tige précédente. Il porte du reste, deux joues latérales qui le maintiennent dans la coulisse. Enfin, il laisse cette pièce libre de glisser le long de ces joues. D'autre part, le secteur est soutenu en l'air par la bielle de suspen-

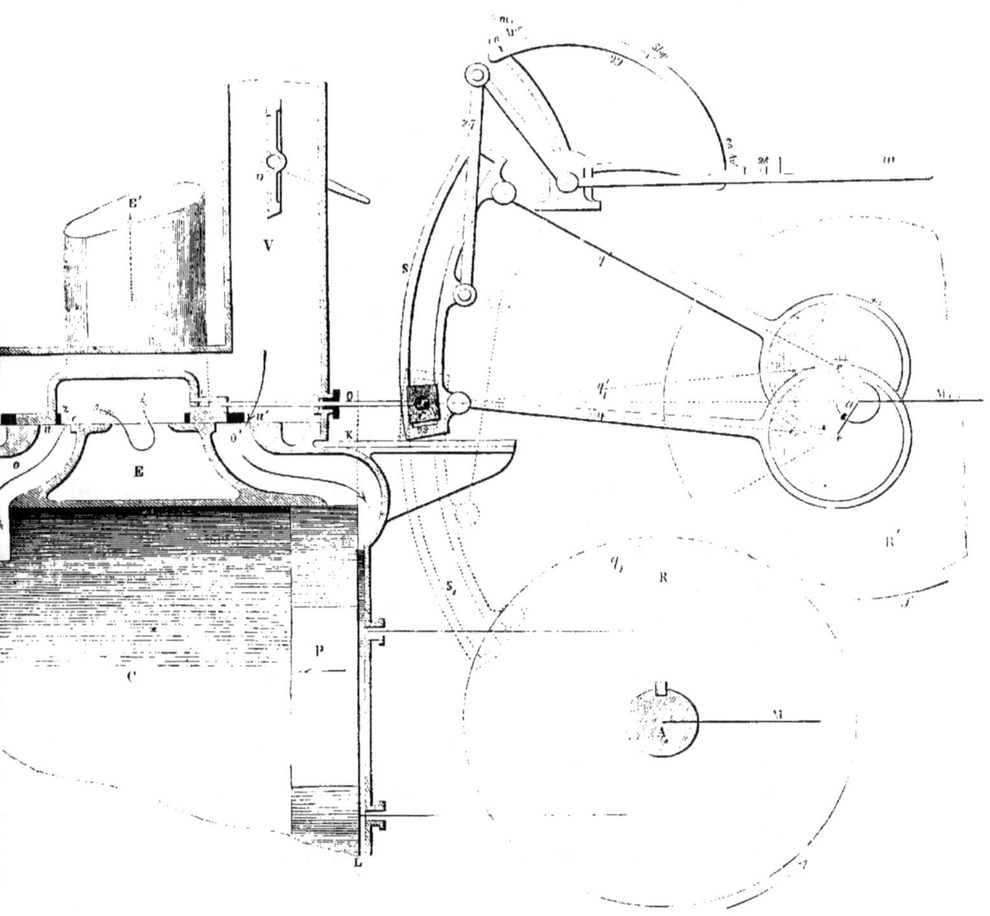

Fig. 45. Première variété du 1er système de renversement de marche : deux excentriques fixes avec secteur Stephenson $\left(\text{échelle} = \frac{1}{31} \text{ par rapport à celle de la machine démonstrative}\right)$.

sion 27. Cette dernière pièce se trouve, de son côté, articulée avec le levier coudé *m*, dit de *mise en marche*. Enfin, le verrou 28 permet de fixer ce levier en divers points de l'arc fixe 29.

Cela posé, imaginons qu'on pousse le levier *m* du point marqué *en Av¹* sur l'arc 29, au point marqué *en Arre*, en faisant d'ailleurs attention à la manœuvre du verrou 28. Il est visible que les deux rayons d'excentrique *ae* et *ae′* resteront fixes. Mais le secteur glissera le long du coulisseau *c*; et les deux bielles *q* et *q′* tourneront avec leurs colliers autour des points *e* et *e′*. Ces pièces et le levier de mise en train viendront ainsi occuper en S_1, q_1, $q_1′$ et m_1, une nouvelle position, que nous avons exprès dessinée en traits pointillés sur notre figure. À ce moment, la bielle *q′* sera venue en $q_1′$ remplacer la bielle *q* par rapport à la tige du tiroir; et, conformément au principe du n° 34₁, la machine sera disposée pour partir en arrière.

— Lorsque le levier *m* correspond à l'encoche *stop*, le secteur est dit à *mi-suspension;* et son milieu se trouve à cet instant par le travers du coulisseau *c*. Dans cette position du secteur la course du tiroir est considérablement réduite, et le tiroir est conduit comme si l'angle d'avance valait 90°. Le tiroir démasque très-peu les orifices, et les avances à l'introduction sont alors tellement fortes que la machine ne peut pas tourner, parce que le piston ne peut pas franchir ses points morts [*].

Ce mécanisme est aujourd'hui très-répandu à bord des navires de guerre et du commerce.

Système à deux excentriques fixes, avec bielles indépendantes. — *Dans la seconde variété du premier système de renversement de marche,* les deux bielles sont indépendantes l'une de l'autre. Elles sont de plus terminées par des encoches, et supendues séparément par de petites tringles. Dès lors, pour changer le sens du mouvement, on déclanche la bielle de la marche avant en la soulevant. Puis, comme dans la seconde variété du système ci-après, on manœuvre le tiroir à bras jusqu'à ce qu'on soit à même d'enclancher la bielle de la marche arrière. Au surplus, il faut, dans cette manœuvre, fermer préalablement la valve de prise de vapeur.

La disposition que nous venons de décrire succinctement n'est plus employée.

N° 34₄ Deuxième système de renversement de marche.

---

[*] Les personnes qui ont entre les mains notre machine démonstrative *mécanisée*, pourront se *convaincre de visu* des assertions précédentes. Il leur suffira à cet effet, de faire tourner l'appareil dans un sens ou dans l'autre, après avoir placé la coulisse à mi-hauteur.

— Dans le deuxième système de renversement de marche, la manivelle ou l'excentrique du tiroir porte une pièce *t*, *fig.* 46 et 47, qui lui est fixée à demeure, et qu'on appelle *toc*. Une seconde pièce *bb'*, nommée *butoir*, est de son côté reliée invariablement avec l'arbre de couche. Elle

Fig. 46. Première variété du deuxième système de renversement de marche : une seule manivelle à calage variable et sans déclanche $\left(\text{échelle} = \frac{1}{31} \text{ par rapport à celle de la machine démonstrative}\right)$.

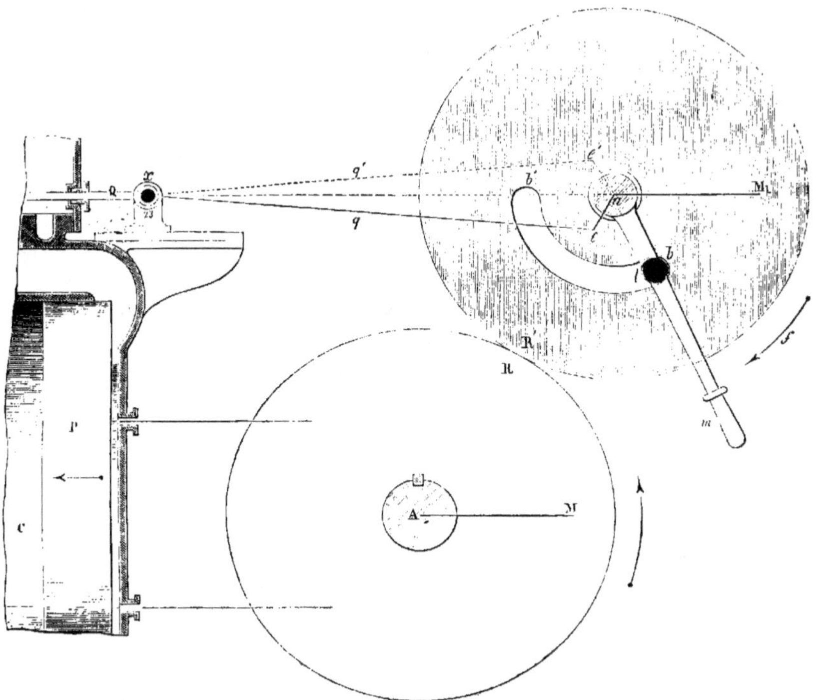

est agencée de manière que le *toc t* puisse prendre par rapport à elle deux positions distinctes *b, b'*, et distantes entre elles de *l'angle du toc*.

Dans chacune de ces positions, le *butoir* entraîne la manivelle ou l'excentrique du tiroir par l'intermédiaire du *toc*. D'après cela, la première de ces pièces doit être reliée invariablement avec l'arbre de couche. Elle doit de plus l'être de façon que, dans l'une et dans l'autre des positions dont il s'agit, la manivelle ou l'excentrique du tiroir fasse avec la manivelle fictive l'angle de calage voulu.

Système à une seule manivelle ou excentrique à calage variable, sans déclanche. — *Dans la première variété du deuxième système de renversement de marche*, fig. 46, ci-dessus, la bielle *q* est articulée d'une manière *invariable* avec le bouton d'entraînement *x* qui fait partie de la traverse 23 de la tige Q du distributeur. D'autre part, le toc *t* y consiste généralement en une forte cheville incrustée en saillie dans le levier *m*. De son côté, ce levier fait corps avec l'arbre *a* du tiroir. En outre, le butoir *bb′* a la forme d'une rainure courbe creusée dans la roue dentée R′. Celle-ci est montée folle sur l'arbre précédent, et engrène d'ailleurs, comme dans la *fig.* 45, avec la roue R, clavetée elle-même sur l'arbre de couche. Enfin, ladite rainure *bb′* a son étendue en degrés, égale à *l'angle du toc plus l'angle formé au centre de l'arbre a par deux tangentes au toc*. — La disposition que nous venons de décrire forme la base de la mise en marche Mazeline (n° 45$_3$).

Revenons à notre disposition *fig.* 46; et supposons d'abord que le toc *t* se trouve à toucher le butoir en *b*. Le tiroir sera convenablement placé pour la marche relative au sens de la flèche *f*. Il y aura donc rotation de la machine dans le sens correspondant, et par suite entraînement de la manivelle du distributeur par la roue R′. — Si l'on veut alors renverser la marche, il suffira de pousser le toc *t* de *b* en *b′*, à l'aide du levier *m*. Car, par une semblable manœuvre, on amènera en même temps l'arbre *a*, la manivelle *ae*, la bielle *q* et le tiroir, dans la nouvelle position *ae′*. *q′*, qui leur convient pour la rotation à l'opposé de la flèche *f*.

Cette disposition de renversement de marche ne permet de stopper qu'avec la valve de prise de vapeur, parce que le levier *m* se trouve entraîné par la roue R′ pendant le fonctionnement de la machine. Lors du stoppage, on place le levier *m* au milieu de la coulisse *bb′*, afin d'être également prêt à partir en avant ou en arrière.

Système à un seul excentrique à calage variable, avec déclanche. — *La seconde variété du deuxième système de renversement de marche est représentée sur la fig.* 47, qui comporte du reste un tiroir en D. Le toc *t* se compose ici d'un petit arc boulonné contre le chariot d'excentrique. D'autre part, le *butoir bb′* est un arc en fer vissé autour de l'arbre *a*. Ses deux extrémités comprennent. du côté de son ouverture, un nombre de degrés égal à *l'angle du toc plus l'angle qui, avec son sommet en a, correspond à la longueur, au reste arbitraire, du toc lui-même.* — Mais le caractère fondamental de la présente variété consiste en ce que la bielle d'excentrique q est terminée par une *encoche*, qui peut *se déclancher* à volonté de la tige du tiroir.

Pour renverser la marche avec un pareil système, on déclanche

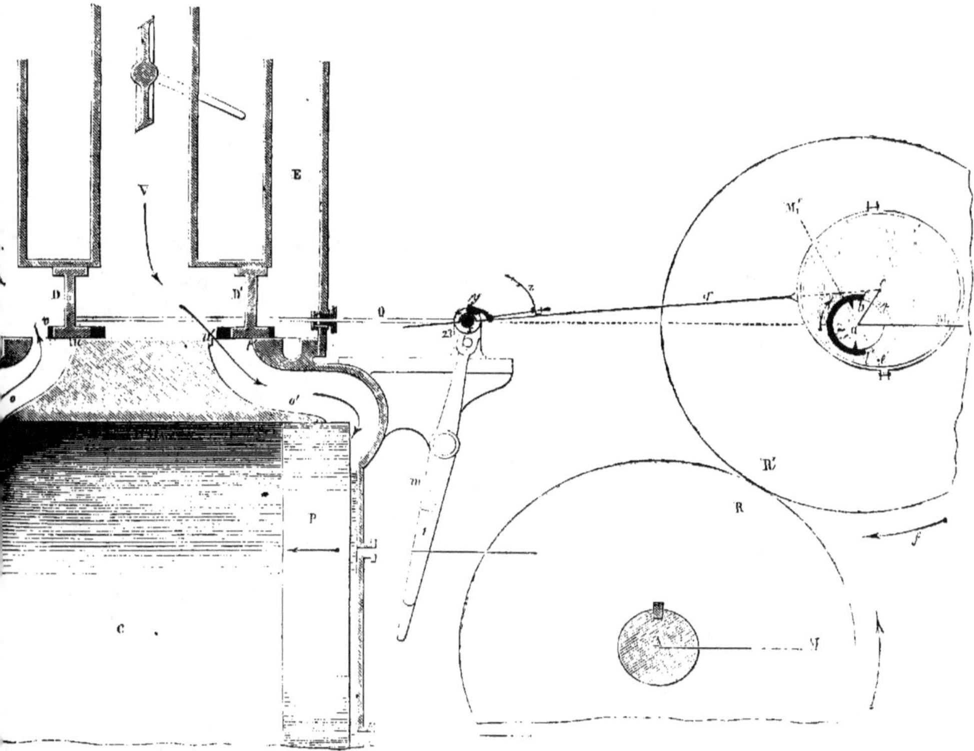

Fig. 47. Seconde variété du deuxième système de renversement de marche : un seul excentrique à calage variable et avec déclanche $\left(\text{échelle} = \frac{1}{31}\ \text{par rapport à celle de la machine démonstrative}\right)$.

d'abord la bielle q. A cet effet, on soulève la queue du *couteau de déclanche y* (mécanisme représenté à grande échelle sur la *fig. 84 du texte*). Cela fait, on conduit le tiroir à bras à l'aide du levier m. Puis, on le pousse de manière que l'introduction de la vapeur détermine la rotation de la machine dans le sens opposé à celui qu'elle vient de quitter, (c'est le deuxième cylindre dont le piston est à demi-course qui détermine ce mouvement). — Dans cette manœuvre, l'excentrique e ne bouge pas. Mais c'est au contraire le butoir bb', qui, entraîné par l'arbre a, vient rencontrer le toc t par son extrémité b'. Cette rencontre a du reste lieu à l'instant où la manivelle parvient en aM'_1, après avoir tourné d'une quantité $M_1aM'_1$ égale à l'angle du toc. A cet instant, l'excentrique se trouve calé convenablement pour la marche en sens contraire de la flèche f. Par conséquent, si l'on réenclanche la bielle q avec le bouton x le mouvement se continuera de lui-même dans le nouveau sens.

Cette seconde variété du deuxième système de renversement de marche, formait la base des mises en marche de presque tous les appareils de bateaux à roues : machines à balanciers, oscillantes, etc.

Il est utile de remarquer que pour stopper on n'a besoin ici que de déclancher. Car dès lors le tiroir est rendu immobile, et la machine peut tout au plus achever le tour qu'elle était en train d'effectuer au premier moment de cette opération.

N° 34₅ Définition précise du renvoi de mouvement du tiroir et de la mise en marche. — *Le* RENVOI DE MOUVEMENT DU TIROIR *est l'ensemble des pièces qui communiquent à cet organe le mouvement de l'arbre de couche.*

Pour toutes espèces de machines, il se compose invariablement de l'excentrique ou de la manivelle de tiroir avec sa bielle, et de la tige du distributeur. Mais il comprend encore d'autres pièces qui varient dans chaque type d'appareil. Tels sont, sur les *fig.* 45, 46 et 47, les roues R et R', l'arbre a ; puis en plus, sur la *fig.* 45, le secteur S, son système de suspension ainsi que le second excentrique e' avec sa bielle ; enfin, sur les *fig.* 46 et 47, le butoir bb' et le toc t.

— On appelle MISE EN TRAIN *ou* MISE EN MARCHE *ou encore* MÉCANISME DE RENVERSEMENT DE MARCHE, *l'ensemble des pièces qui forment le mécanisme à l'aide duquel on manœuvre le tiroir à bras pour renverser le sens du mouvement.*

N° 35. — **1. Différents points de vue sous lesquels on peut établir la division générale des appareils à vapeur de navigation. — 2. Classification d'après le mode de travail de la vapeur : machines à basse, à moyenne ou à haute pression, avec ou sans condenseur, avec détente simple ou avec détente au Woolf. — 3. Disposition des cylindres dans les machines Woolf.**

N° 35₁ Différents points de vue sous lesquels on peut établir la division générale des appareils à vapeur de

navigation. — Les appareils à vapeur de navigation peuvent se classer sous trois points de vue principaux :

1° *D'après le mode de travail de la vapeur ;*

2° *D'après le mode de transmission de mouvement du piston à l'arbre de couche ;*

3° *D'après l'espèce du propulseur*, et, incidemment, avec les hélices, *d'après la manière dont l'arbre de couche communique sa rotation à la ligne d'arbres.*

N° 35₂ Classification d'après le mode de travail de la vapeur : machines à basse, à moyenne et à haute pression, avec ou sans condenseur, avec détente simple ou avec détente au Woolf. — Au point de vue du mode de travail de la vapeur, les appareils à vapeur en général se distinguent en *machines à basse, à moyenne ou à haute pression, avec ou sans condenseur, avec détente simple ou avec détente au Woolf.*

Les machines à basse pression sont celles où la tension absolue de la vapeur dans les chaudières ne dépasse pas $1^{at},5$. — *Les machines à moyenne pression* s'entendent de celles où cette tension est de $1^{at},5$ à $3^{at},25$. — Enfin les appareils où elle s'élève jusqu'à 4^{at} et au-dessus, sont dits à *haute pression.*

— Les machines à *haute pression* sont susceptibles de fonctionner : soit en laissant la vapeur qui vient d'agir sur le piston s'évacuer dans un condenseur, soit en la laissant s'échapper en plein air. De là résulte la distinction *en machines avec ou sans condenseur.*

A la rigueur, il en pourrait être de même des machines à *moyenne pression.* Mais, eu égard au trop peu de différence qui existe entre leur tension et celle de l'atmosphère, elles ne fonctionnent jamais sans condensation qu'accidentellement (n° 85₅).

— Enfin, quelle que soit la tension de la vapeur, qu'il y ait condensation ou non, un appareil fonctionne avec détente simple (n° 28₁) ou bien au Woolf (n° 29₅).

N° 35₅ Disposition des cylindres dans les machines Woolf. — Au point de vue de la conjugaison des cylindres, il existe un grand nombre de variétés de machines Woolf. Voici les trois dispositions principales usitées en marine.

1° Machines Woolf à cylindres bout à bout points morts communs. — La *fig.* 48 représente la disposition dont il s'agit. La vapeur qui vient de la chaudière par le tuyau V, franchit la valve *v.* pénètre dans la boîte à tiroir d'un premier cylindre C_1, et est distribuée dans ce cylindre par un tiroir ordinaire. — Le cylindre C_1 qui reçoit directement la vapeur de la chaudière, se nomme cylindre *admetteur*; il peut être muni d'un organe de détente variable.

A l'évacuation du cylindre admetteur, la vapeur passe dans le canal E_1, puis dans le tuyau E'_1 qui prolonge ce canal, et vient déboucher dans la boîte à tiroir d'un deuxième cylindre C, plus grand que le premier, et que l'on nomme cylindre *détendeur*.

A l'évacuation du cylindre détendeur, la vapeur passe par le canal E, et le tuyau E' la conduit au condenseur.

Les deux pistons sont montés sur une tige commune et actionnent la même manivelle. La machine comporte deux paires de cylindres comme ceux de la *fig.* 48, et les vilebrequins sont calés à 90°. Pour faciliter la mise en marche,

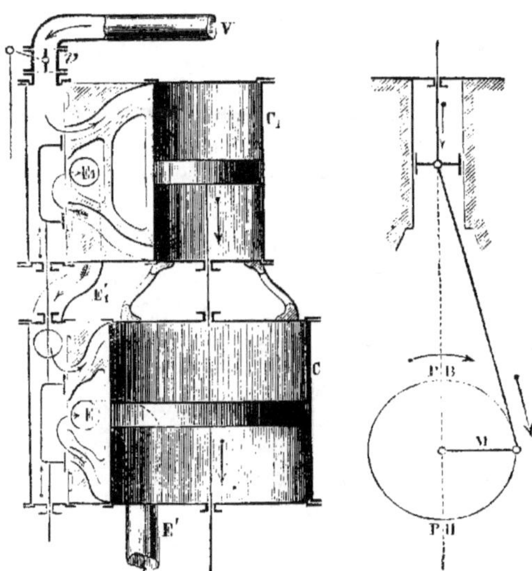
Fig. 48. Machine Woolf à cylindres bout à bout.

il existe toujours des tuyaux munis de valves ou de robinets, qui permettent de mettre directement en communication les boîtes à tiroir des cylindres détendeurs avec le tuyau de vapeur V. Quelquefois, on introduit même directement la vapeur dans les orifices des cylindres détendeurs, au moyen de petits tiroirs supplémentaires qui se manœuvrent à la main.

La détente de la vapeur se produit par son passage du cylindre admetteur C_1 au cylindre détendeur C. Les deux tiroirs sont montés sur une même tige: un secteur unique les actionne tous les deux ; ces tiroirs peuvent être réglés comme dans les machines ordinaires. — Pendant que le tiroir du cylindre détendeur C, tient les orifices fermés pour l'introduction, la vapeur qui sort du cylindre admetteur C_1 est comprimée dans le canal E_1, le tuyau E'_1 et la boîte à tiroir du cylindre détendeur C. Cette vapeur sert pour l'introduction suivante du cylindre détendeur, en même temps que la nouvelle vapeur évacuée par le cylindre admetteur.

2° Machines Woolf à deux cylindres côte à côte points morts à 90°. —

La *fig.* 49 représente la disposition dont il s'agit. La vapeur vient de la chaudière par le tuyau V, sur lequel se trouve la valve *v*. Cette vapeur pénètre dans la boîte à tiroir du cylindre admetteur C_1; puis elle est distribuée dans ce cylindre par un tiroir ordinaire. Le cylindre admetteur C_1 peut d'ailleurs être muni d'un organe de détente variable.

À l'évacuation du cylindre admetteur, la vapeur se rend dans la boîte à tiroir du cylindre *détendeur* C, par le canal

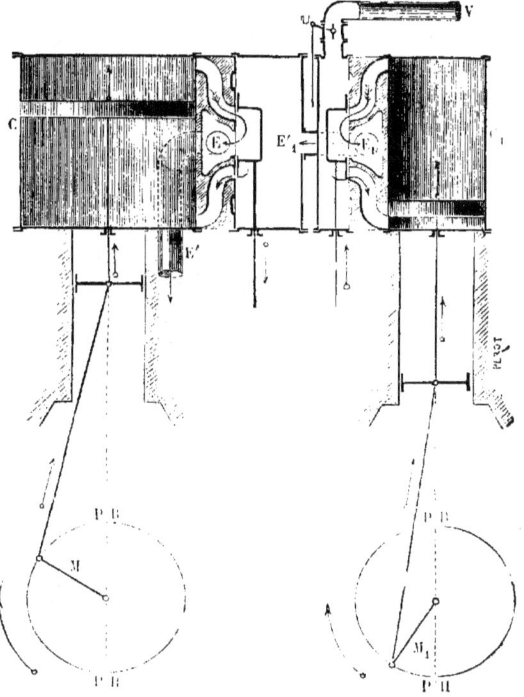

Fig. 49. Machine Woolf à deux cylindres côte à côte.

E_1 et le conduit E'_1, ce dernier aboutissant à la boîte à tiroir du cylindre détendeur et lui servant de tuyau de vapeur. — La vapeur est distribuée dans le cylindre détendeur par un tiroir ordinaire, puis elle est évacuée au condenseur par le canal E et le conduit E'.

La machine ne comporte que deux cylindres. La manivelle M_1 du cylindre admetteur et la manivelle M du cylindre détendeur sont montées sur le même arbre, et chaque piston a sa transmission de mouvement distincte. Ces manivelles sont calées à 90°, ce qui facilite le passage des points morts.

La vapeur introduite dans le cylindre admetteur C_1, y subit généralement un premier degré de détente naturelle. Puis la détente au *Woolf* se produit par le passage de la vapeur du cylindre admetteur dans le cylindre détendeur. — Pendant que le tiroir du cylindre détendeur ferme les orifices d'introduction, la détente naturelle a lieu dans le cylindre détendeur, et la vapeur qui sort encore du cylindre admetteur est refoulée par le piston de ce cylindre dans le canal E_1

Fig. 50. Machine Woolf à trois cylindres.

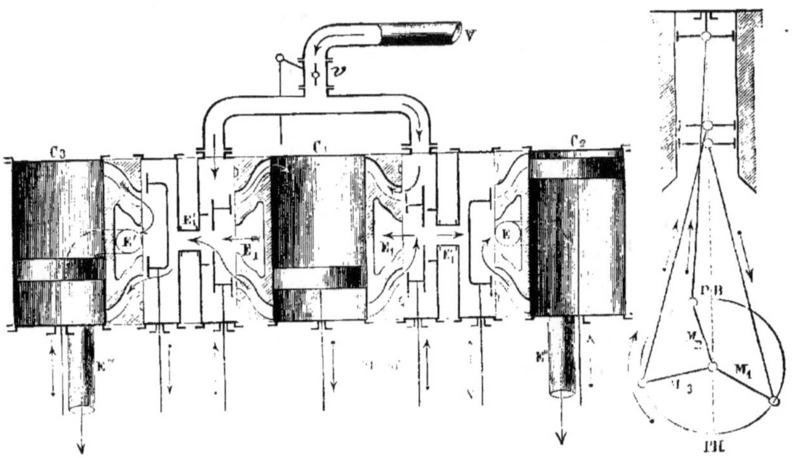

et la boîte à tiroir du cylindre détendeur. Cette vapeur sert pour l'introduction suivante du cylindre détendeur, en même temps que la nouvelle vapeur que donne le cylindre admetteur.

Le genre de machine qui nous occupe se désigne plus spécialement sous le nom de machine *Compound*.

Ajoutons que pour faciliter la mise en marche, il existe toujours un tuyau muni d'une valve ou d'un robinet, qui permet de mettre en communication le tuyau V avec la boîte à tiroir du cylindre détendeur. Quelquefois, on introduit même directement la vapeur dans les orifices du cylindre détendeur, au moyen d'un tiroir supplémentaire qui se manœuvre à la main.

3° Machines Woolf à trois cylindres points morts à 90°

et 135°. — La *fig.* 50, *ci-dessus*, représente la disposition dont il s'agit. Les trois cylindres sont placés côte à côte, et leurs pistons agissent sur des manivelles distinctes d'un même arbre de couche. Les manivelles M_2, M_3 des cylindres *détendeurs* C_2 et C_3 sont calées à 90°, et la manivelle M_1 du cylindre admetteur C_1 est à l'opposé de la bissectrice de cet angle.

La vapeur vient de la chaudière par le tuyau V, franchit la valve v et pénètre dans la boîte à tiroir du cylindre admetteur C_1*, d'où elle est distribuée dans ce cylindre.

A l'évacuation du cylindre admetteur C_1, la vapeur passe dans les canaux E_1, puis dans les tuyaux E'_1 qui la conduisent dans les boîtes à tiroir des cylindres détendeurs C_2, C_3, d'où elle est distribuée dans ces cylindres par des tiroirs.

A l'évacuation des cylindres détendeurs, la vapeur passe par le canal E ou E', puis par le tuyau E″ ou E‴ qui la conduit au condenseur correspondant.

La détente de la vapeur se produit par son passage du cylindre admetteur dans les cylindres détendeurs. — Dans toutes les machines à moyenne pression ($2^{at},75$ ou $3^{at},25$), les trois cylindres sont égaux; par suite la vapeur qui sort du cylindre admetteur double son volume. Le cylindre admetteur n'a pas d'organe de détente. — Dans les machines à haute pression, le cylindre admetteur est plus petit que chacun des autres, et il est généralement muni d'un organe de détente variable.

Pour faciliter la mise en marche, on met directement en communication le tuyau de vapeur V avec les boîtes à tiroir des cylindres détendeurs, au moyen d'un tuyau muni d'une soupape ou d'un robinet, et qui vient déboucher dans le canal d'évacuation E_1 du cylindre admetteur.

---

* Sur notre figure, le cylindre admetteur est desservi par deux tiroirs; on trouve cette disposition sur quelques machines à pilon. Mais sur les machines horizontales, il n'existe qu'un seul tiroir placé sur le dos du cylindre.

N° 36. — 1. **Classification des appareils de navigation, d'après le mode de transmission de mouvement du piston à l'arbre de couche, en cinq systèmes principaux, en variétés de système et en types. — 2. Machines à balanciers. — 3. Machines oscillantes. — 4. Machines à bielle directe. — 5. Machines à bielle en retour. — 6. Machines à fourreau.**

N° 36₁ Classification des appareils de navigation, d'après le mode de transmission de mouvement du piston à l'arbre de couche, en cinq systèmes principaux, en variétés de système et en types. — Au point de vue de la transmission de mouvement du piston à l'arbre de couche, les appareils de navigation se classent en cinq systèmes principaux, savoir :

1° *Les machines à balanciers,* — 2° *Les machines oscillantes,* — 3° *Les machines à bielle directe,* — 4° *Les machines à bielle en retour,* — 5° *Les machines à fourreau.*

Chacun de ces systèmes se subdivise à son tour en *variétés* et ces dernières en *types.*

N° 36₂ Machines à balanciers. — Les *machines à balanciers, fig.* 51. sont caractérisées par une ou deux pièces principales de transmission de mouvement du piston à l'arbre de couche. Ces pièces sont d'épaisses plaques K. en fonte ou en tôle, qui oscillent autour d'un des points de leur longueur. et qu'on nomme *balanciers.*

La *fig.* 51 fait voir l'ensemble des organes fondamentaux de ce système de machine; et la légende suivante en complète la description :

f	plaque de fondation.
h	colonnes formant bâtis.
h'	*châssis triangulaires* complétant les bâtis.
C	cylindre à vapeur.
P	piston à vapeur.
T	tige du piston,
U	*traverse* du piston à vapeur ou *grand té :* barre de fer méplate emmanchée perpendiculairement à la tige T.
L.L.	*bielles pendantes,* articulées d'une part aux extrémités du té U, et, d'autre part, à l'un des bouts de chacun des balanciers K,K.
K.K	*balanciers.* Il y en a deux, placés symétriquement de chaque côté du cylindre. Ils sont d'ailleurs libres d'osciller autour d'un axe ou tourillon A′, qui fait corps avec le condenseur C₀. Enfin le piston leur communique son mouvement alternatif par l'intermédiaire de sa tige, de son té et des bielles pendantes.
g	bielle verticale de parallélogramme.
h	bielle horizontale de parallélogramme.
G	bras de rappel de parallélogramme.

Ces trois pièces forment, avec leurs balanciers et les bielles pendantes, de chaque côté de la machine, un *parallélogramme* de Watt, destiné à diriger en ligne droite l'extrémité supérieure de la tige du piston.

l,l **bielles courtes** ou *latérales*. Ces pièces ont leurs extrémités inférieures articulées avec les seconds bouts des deux balanciers; et leurs extrémités supérieures se trouvent emmanchées à demeure dans la traverse U'.

U' *traverse de grande bielle*. Cette pièce forme avec les deux bielles précédentes ce qu'on appelle le *té renversé*.

Fig. 51. *Machine à balanciers ordinaires.*

Vue 2°.
Grand té vu de face,
et bielles pendantes.

Vue 1°.
Élévation longitudinale de la machine,
avec déchirure dans le cylindre.

Vue 3°.
Té renversé vu de face,
et grande bielle.

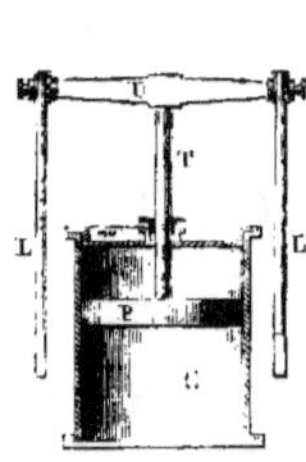
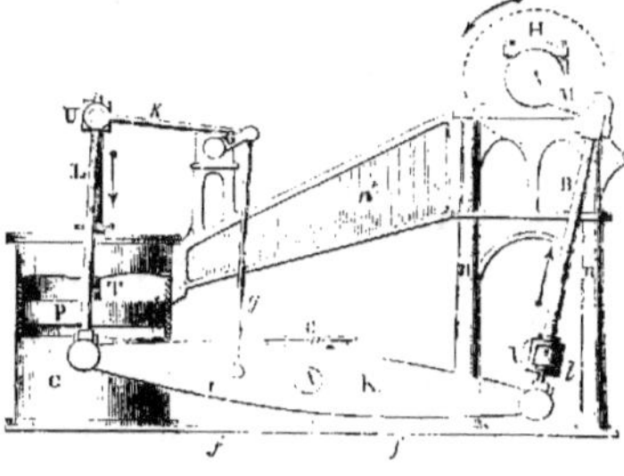
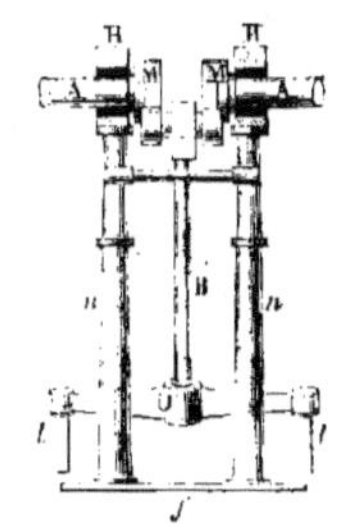

K *grande bielle :* son pied est claveté dans la traverse U', et il reçoit un mouvement de va-et-vient des deux balanciers K,K, par l'intermédiaire du té renversé.

M grande manivelle.

A arbre de couche.

II,II grands paliers.

— On distingue deux variétés principales de machines à balanciers :

1° *Les machines à balanciers inférieurs, fig.* 51. Les balanciers sont placés en contre-bas du cylindre. Leur point d'oscillation est situé au milieu de leur longueur.

— Cette variété a été très-usitée pour les bâtiments à roues ; mais elle est aujourd'hui abandonnée.

2° *Les machines à balancier supérieur, fig. 52.* Il n'y a ici qu'un balancier. Il se trouve, comme dans les appareils ordinaires de terre, placé au-dessus du cylindre. Il oscille, en outre, autour d'un point situé tantôt au milieu de sa longueur, tantôt un peu en avant de ce milieu, du côté opposé

Fig. 52. *Machine à balancier supérieur.*

Vue 1°. Coupe verticale menée par l'axe du cylindre perpendiculairement à l'arbre de couche.

Vue 2°. Grand té vu de face avec ses coulisseaux g.g et les bielles d'entraîne-ment L,L.

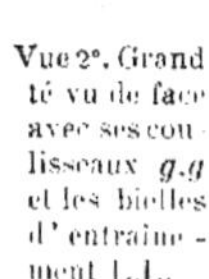
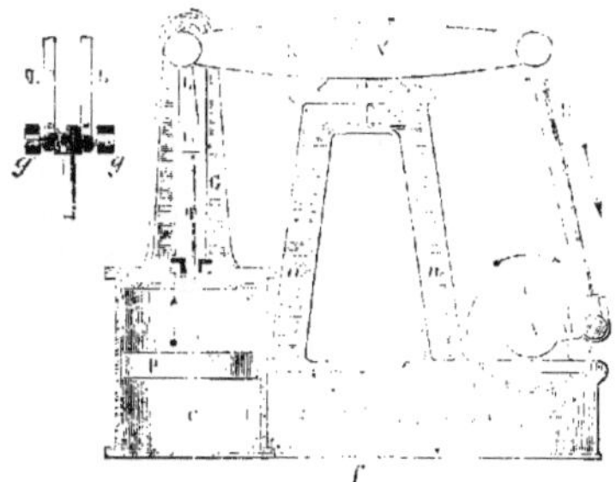

lindre. Il oscille, en outre, autour d'un point situé tantôt au milieu de sa longueur, tantôt un peu en avant de ce milieu, du côté opposé à l'arbre de couche. — Cette variété est employée à bord d'un grand nombre de bateaux à roues américains.

— La légende ci-dessus, relative à la *fig.* 51, convient à la *fig.* 52 sous les restrictions suivantes :

Les balanciers K,K, au lieu d'osciller autour d'un axe fixe, portent au contraire un tourillon A′ qui fait corps avec eux. Ce tourillon tourne alors dans des paliers boulonnés aux bâtis.

En outre, la tige du piston n'est pas guidée par un parallélogramme. Elle est maintenue en ligne droite à l'aide de coulisseaux *g*, *g*, enfilés à chaque extrémité du grand té, et glissant dans deux coulisses G, G.

N° 36₃ Machines oscillantes. — Les *machines oscillantes* sont caractérisées par la disposition du cylindre. Ce récipient, C, *fig.* 53, au lieu d'être fixe, est supporté, comme un canon, par deux tourillons *k*, *k*. Ces tourillons sont placés au milieu de sa hauteur, à l'opposé l'un de l'autre ; et il oscille autour d'eux.

Afin de donner une idée suffisante des machines oscillantes, et en particulier de la distribution de la vapeur, qui y comporte une disposition toute spéciale. nous avons représenté sur les trois vues de la *fig.* 53 l'ensemble des pièces fondamentales de ce système. La légende suivante, disposée par ordre didactique, en complète d'ailleurs la description :

f	plaque de fondation.
n,n	bâtis formés de colonnettes.
N	*entablement :* grand cadre en fonte emmanché sur les colonnettes *n*, et dont font partie les paliers H.H de l'arbre de couche.
K.K	paliers fixés à la plaque de fondation, et supportant le cylindre par ses tourillons.
C	cylindre à vapeur.
k,k	*tourillons* creux venus de fonte avec le cylindre et oscillant dans les paliers **K,K**.
T	tige du piston faisant en même temps fonction de grande bielle. Il résulte d'une pareille combinaison qu'elle est contrainte de se prêter aux obliquités que la grande manivelle l'oblige à prendre à droite et à gauche de la ligne *yy*, *vue* 2°. Il faut donc bien que le cylindre soit à même d'être entraîné par cette tige, en oscillant de part et d'autre de la droite précédente.
I	longue douille ménagée au centre du couvercle du cylindre et que termine le presse-étoupe habituel. Cette douille a pour but de soutenir la tige du piston contre les efforts latéraux qui résultent à chaque instant de l'oscillation qu'elle imprime au cylindre.
M	grande manivelle.
A	arbre de couche.
H,H	grands paliers.
V	tuyau d'arrivée de vapeur s'emboîtant. à travers un presse-étoupe, dans le tourillon de gauche. De la sorte, ce tourillon peut osciller autour du tuyau qui nous occupe et qui est fixe, sans que sa jonction avec lui cesse d'être étanche.
2	canal venu de fonte avec le cylindre et débouchant dans le creux du tourillon de

gauche d'une part, et dans la boîte de distribution O d'autre part. Ce canal forme le prolongement du tuyau V, et amène la vapeur dans la boîte en question.

O   boîte de distribution.

D   tiroir en coquille.

E.   conduit d'évacuation dans lequel, par le fait du jeu du tiroir, afflue, comme de cou tume, la vapeur qui vient de produire son effet dans le cylindre.

Fig. 53. *Machine oscillante verticale droite.*

Vue 1°. Coupe verticale menée par l'axe de l'arbre de couche et par celui des tourillons.

Vue 2°. Coupe verticale menée perpendiculairement à l'arbre de couche par l'axe du cylindre.

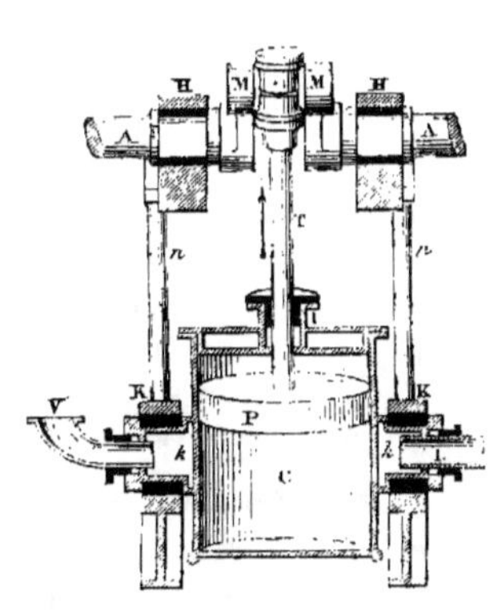

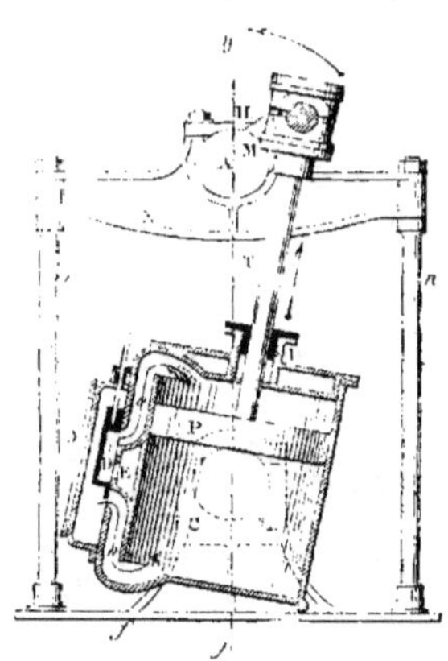

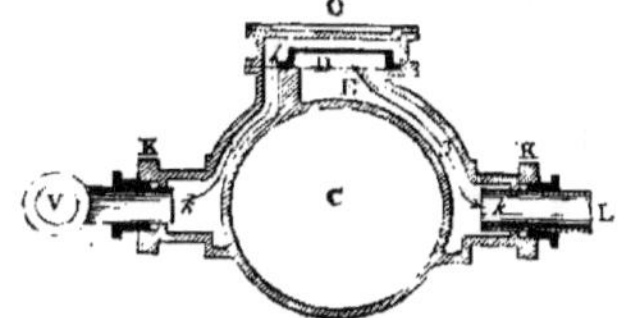

Vue 3°. Coupe menée perpendiculairement à l'axe du cylindre par celui des tourillons.

J   canal venu de fonte avec le cylindre et aboutissant dans le creux du tourillon de droite d'un bout, et de l'autre bout au tuyau L. qui lui sert de continuation.

L.   tuyau d'évacuation, fixe comme le tuyau V, et s'emboîtant aussi à travers un presséétoupe dans le tourillon correspondant pour se rendre de là au condenseur.

— On rencontre trois variétés principales de machines oscillantes, savoir :

1° *Les machines oscillantes verticales droites, fig. 53.* La tige de piston se trouve ici verticale lors de sa position moyenne d'oscillation en $y\,y$ (position qui correspond du reste à l'instant des points morts). De plus, cette tige sort par le dessus du cylindre. — La variété qui nous occupe a été très-employée pour les bâtiments à roues, tant en France qu'en Angleterre.

2° *Les machines oscillantes inclinées droites*, *fig.* 54. La tige de piston occupe ici, lors de sa position moyenne d'oscillation, une direction *yy* inclinée d'ordinaire de 45° par rapport à l'horizon. Elle sort d'ailleurs par le dessus du cylindre. Cette variété est assez usitée sur les paquebots à roues anglais et américains.

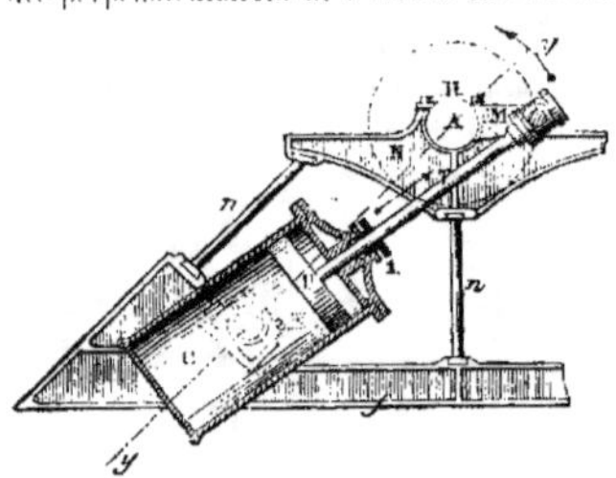

Fig. 54. *Machine oscillante inclinée droite.* — Coupe verticale menée par l'axe du cylindre perpendiculairement à l'arbre de couche.

Fig. 55. *Machine oscillante horizontale.* — Coupe verticale menée par l'axe du cylindre perpendiculairement à l'arbre de couche.

3° *Les machines oscillantes horizontales*, *fig.* 55. La tige de piston est actuellement horizontale lors de sa position moyenne d'oscillation en *yy*. — Cette variété a été employée sur quelques bâtiments de guerre à hélice avec ou sans engrenage. Mais elle n'est plus reproduite.

La légende de la *fig.* 55 convient aux *fig.* 54 et 55.

N° 36₄ Machines à bielle directe. — *Les machines à bielle directe* sont les appareils où la grande bielle B, *fig.* 56, est articulée directement à l'extrémité de la tige T du piston, et va se relier à la grande manivelle en se dirigeant du côté du prolongement de cette tige. — Voici, d'ailleurs, la description des pièces fondamentales du système qui nous occupe :

f   plaque de fondation.
n   bâtis.
C   cylindre à vapeur.
P   piston à vapeur.
T   tige du piston à vapeur.

Fig. 56. *Machine horizontale à bielle directe.*

Vue 1°. Coupe verticale menée par l'axe du cylindre perpendiculairement à l'arbre de couche.

Vue 2°. Coupe horizontale passant par l'axe du cylindre et celui de l'arbre de couche.

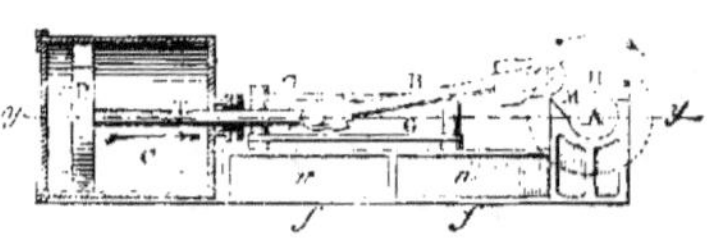

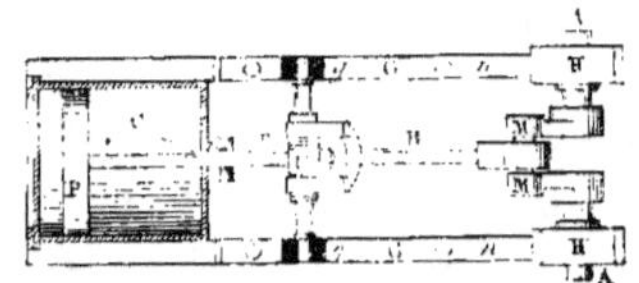

U   *traverse du piston à vapeur* ou *grand té*, barre en fer forgé implantée perpendiculairement à la tige précédente.

g,g *glissoirs ou coulisseaux* : espèces de blocs de forme quadrangulaire en fonte ou en bronze enfilés à chacune des extrémités de la traverse U, et glissant entre les guides G,G.

G,G *glissières ou guides* composés de chaque côté de la tige du piston, de deux grandes règles plates formant coulisse. Les guides inférieurs font d'ordinaire partie des bâtis. Mais chaque guide supérieur est quelquefois un morceau détaché qu'on relie solidement à ces derniers. Les pièces qui nous occupent ont pour objet de maintenir en ligne droite la tête de la tige du piston, en la soutenant contre la réaction oblique de la grande bielle, par l'intermédiaire de la traverse U et des coulisseaux g,g.

B grande bielle : son pied a ici la forme d'une fourche dont les deux branches s'articulent à la traverse U.

M grande manivelle.

A arbre de couche.

H,H grands paliers.

— On rencontre trois variétés principales de machines à *bielle* directe, savoir :

1° *Les machines horizontales à bielle directe, fig.* 56, dans lesquelles l'axe yy du cylindre est horizontal. — Cette variété a été employée à bord de beaucoup de bâtiments de guerre à hélice sans ou avec engrenage.

2° *Les machines verticales renversées à bielle directe*, vulgairement appelées *machines à pilon, fig.* 57. Dans ces machines, l'axe yy du

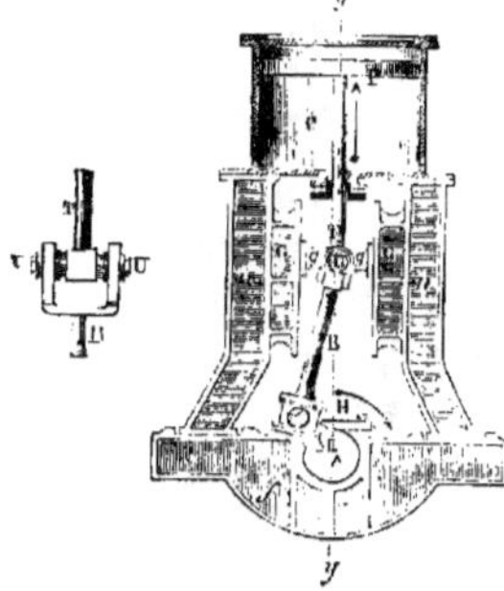

Fig. 57. *Machine verticale renversée à bielle directe.* vulgairement nommée *machine à pilon.*

Vue 1°. Coupe verticale menée par l'axe du cylindre perpendiculairement à l'arbre de couche.

Vue 2°. Grand té vu de face.

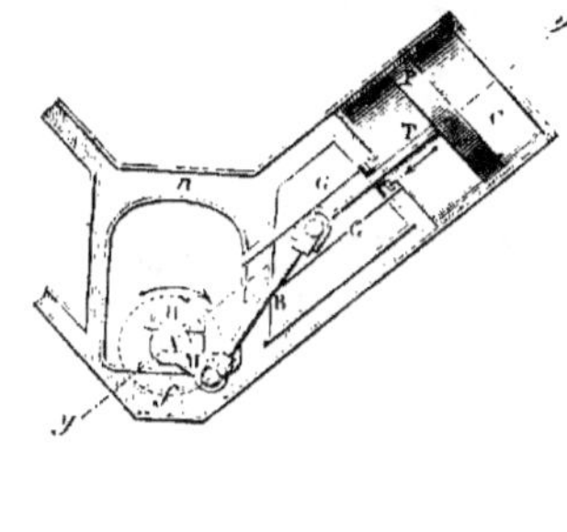

Fig. 58. *Machine inclinée renversée à bielle directe.* — Coupe verticale menée par l'axe du cylindre perpendiculairement à l'arbre de couche.

cylindre est vertical, et la tige de piston sort par le dessous de ce récipient. — Cette variété est extrêmement répandue aujourd'hui sur les transports, les canonnières et les navires du commerce à hélice sans engrenage.

3° *Les machines inclinées renversées à bielle directe, fig.* 58. Dans ces machine, l'axe *yy* du cylindre est incliné de 45° par rapport à l'horizon. La tige de piston sort par le dessous du cylindre. — Cette variété est assez usitée pour les bâtiments de commerce à hélice sans engrenage. — La légende ci-dessus, relative à la *fig.* 56, convient encore aux *fig.* 57 et 58.

N° 36₅ Machines à bielle en retour. — *Les machines à bielle en retour ou renversée, fig.* 59, sont caractérisées par l'emploi de deux ou quatre tiges de piston T,T, comprenant entre elles l'arbre en hauteur et son vilebrequin en largeur. Ces tiges sont d'ailleurs reliées à une traverse U. Enfin, de cette dernière pièce part la grande biell pour aller s'articuler à la grande manivelle, en *retournant* du côté du cylindre, ou, autrement dit, *en se renversant* par rapport aux tiges.

C'est ce système que nous avons adopté pour notre machine démonstrative, *fig.* 31. Mais on n'aperçoit sur celle-ci qu'une vue de l'ensemble des renvois de mouvement du piston à l'arbre de couche. Aussi, afin de donner une idée complète de ces renvois de mouvement, avons-nous représenté sur les différentes vues de la *fig.* 59, les organes fondamentaux de toute machine à bielle en retour. — Voici d'ailleurs la légende de cette figure donnée par ordre didactique :

f   plaque de fondation.
n   bâtis.
C   cylindre à vapeur.
P   piston à vapeur.
T,T   tiges du piston à vapeur.
U   *traverse du piston à vapeur* ou *grande traverse* : cette pièce possède à peu près la

Fig. 59. *Machine horizontale à bielle en retour.*

Vue 1°. Coupe verticale menée par l'axe du cylindre perpendiculairement à l'arbre de couche.

Vue 3°. Grande traverse vue de face.

Vue 2°. Coupe horizontale passant par l'axe du cylindre et celui de l'arbre de couche.

Vue 4°. Couvercle du cylindre.

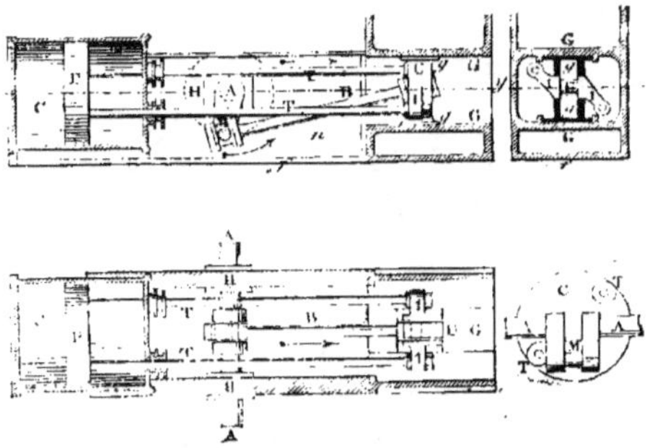

forme d'un Z placé horizontalement. Ses bras forment deux oreilles ou crosses 1,1, où viennent s'emmancher les tiges de piston.

g,g *coulisseaux* : ils ont ici la forme de savates boulonnées avec la traverse précédente
et glissant entre les deux pièces G,G.

G,G *glissières* formées de parties planes venues de fonte avec les bâtis. Elles servent,
comme toujours, à diriger en ligne droite les têtes de tige de piston, en les soutenant contre la réaction oblique de la grande bielle, par l'intermédiaire de la traverse U et des coulisseaux *g,g.*

B grande bielle.

A arbre de couche.

M grande manivelle.

H,H grands paliers.

— Géométriquement parlant, les machines à bielle en retour, de même que celles à bielle directe, pourraient présenter cinq variétés. Cependant on ne rencontre actuellement à bord des navires que la variété ci-dessus à axe horizontal.

N° 36₆ Machines à fourreau.

— *Les machines à fourreau* sont des appareils où la grande bielle B, *fig.* 60, est directement articulée au centre du piston, et oscille dans un grand tuyau ou *fourreau* F, fixé à ce

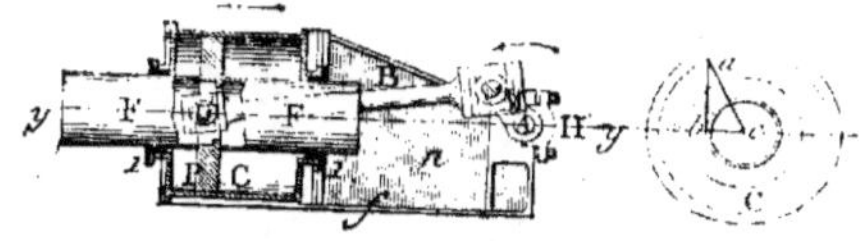

Fig. 60 *Machine horizontale à fourreau.*

Vue 1°. Coupe verticale menée par l'axe du cylindre perpendiculairement à l'arbre de couche, avec déchirure dans le fourreau.

Vue 2°. Couvercle du cylindre vu de face.

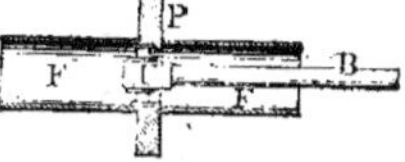

Vue 3°. Coupe horizontale passant par l'axe du fourreau et celui de l'arbre de couche.

dernier. Le fourreau traverse, du reste, comme une tige de piston ordinaire, le couvercle et généralement aussi le fond du cylindre, à travers de vastes presse-étoupe. — Voici, au surplus, la légende des pièces fondamentales du système dont il s'agit :

f brides de fixation tenant lieu de plaque de fondation.

n bâtis.

C cylindre à vapeur.

P piston à vapeur, ayant la forme d'une couronne.

F *fourreau,* faisant corps avec le piston. La vapeur circule dans le cylindre tout autour et à l'extérieur du fourreau, soit à droite, soit à gauche du piston. Mais l'intérieur de F, qui est complètement à jour, communique continuellement avec l'air extérieur.

U *tourillon* ou *soie* : cette pièce est fixée au centre évidé du piston parallèlement à l'arbre de couche, et sert d'axe d'articulation à la grande bielle.

1,1 vastes presse-étoupe, qui rendent étanche le passage du fourreau à travers le fond et le couvercle du cylindre.

B grande bielle, dont le pied s'articule au tourillon U.

A arbre de couche.

M   grande manivelle.}
H,H   grands paliers.

— On rencontre deux variétés principales de machines à fourreau, savoir :

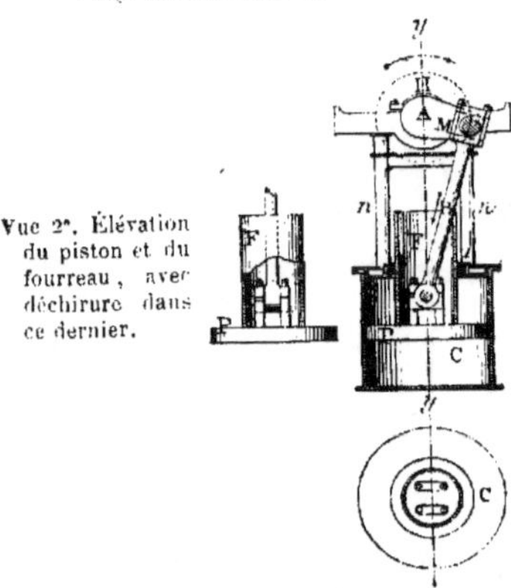

Fig. 61. *Machine verticale droite à fourreau.*

1° *Les machines horizontales à fourreau*, fig. 60, dans lesquelles l'axe yy du cylindre est horizontal. — Cette variété a été employée sur beaucoup de navires à hélice sans engrenage.

2° *Les machines verticales droites à fourreau*, fig. 61. L'axe yy du cylindre est ici vertical. En outre, la grande bielle sort du fourreau du côté du dessus du cylindre. — Cette variété a été employée sur plusieurs bateaux à roues de l'État et du commerce, et sur quelques paquebots à hélice avec engrenage.

La légende de la *fig.* 60 convient aussi à la *fig.* 61.

N° 37. — 1. Classification des appareils à vapeur de navigation d'après l'espèce du propulseur ; machines à roues. — 2. Machines à hélice avec ou sans engrenage. — 3. Nécessité de plusieurs cylindres.

N° 37₁ Classification des appareils à vapeur de navigation d'après l'espèce du propulseur. — Au point de vue du propulseur, les appareils à vapeur de navigation se classent en *machines à roues* et en *machines à hélice*.

Machines à roues . — *Avec les roues*, on est évidemment libre d'employer *un système* quelconque de machine. Le cylindre est en général *vertical droit* ou *incliné droit*. Cette dernière position devient même indispensable quand le navire n'a pas beaucoup de creux.

D'autre part, les machines à roues, à cause du grand diamètre du propulseur, fonctionnent à des vitesses de rotation modérées, comprises entre 15 et 25 tours à la minute.

N° 37₂ Machines à hélice avec ou sans engrenage. — L'hélice est forcée d'avoir son arbre placé à une petite distance de la quille, et d'ailleurs à peu près parallèlement à cette pièce. De plus, elle réclame une rotation rapide à cause de ses dimensions restreintes. Par conséquent, ou ce propulseur exige des machines agissant sur son propre arbre à l'aide d'un *engrenage* ; et alors l'arbre de couche est placé à une certaine distance du précédent, et possède une vitesse de rotation modérée. Ou il faut des appareils conduisant directement l'arbre de l'hélice ; et, dans ce cas, l'arbre de couche doit former le prolongement du précédent et tourner avec rapidité.

De là, résulte la division des machines à hélice en *machines à engrenage*, et en *machines sans engrenage* ou *à connexion directe*.

La vitesse de rotation des appareils à hélice avec engrenage est toujours supérieure à celle des machines à roues. Ils font, en moyenne lors de la marche à toute puissance, de 25 à 50 tours à la minute, et exceptionnellement 50 tours.

Les machines à connexion directe font de 50 à 90 tours à la minute pour les grands bâtiments, et jusqu'à 200 tours pour les petits navires à faible tirant d'eau.

N° 37₅ Nécessité de plusieurs cylindres. — Les appareils à vapeur de navigation comportent d'ordinaire plusieurs cylindres conjugués ou accouplés sur le même arbre de couche. Cela est nécessaire pour que les manivelles puissent franchir dans tous les cas leurs points morts, et commencer à tourner au départ quelles que soient leurs positions. Les deux cylindres sont d'ailleurs très-utiles pour régulariser la rotation. — Enfin, lors d'une avarie de cylindre, on peut continuer de marcher avec le cylindre intact.

CHAPITRE III.

DÉTAILS DE CONSTRUCTION DES DIVERSES PIÈCES DES MACHINES A VAPEUR
DE NAVIGATION.

CHAP. III, § 1er. — DES MATÉRIAUX EN USAGE DANS LES MACHINES.

N° 38. — **1. Des métaux en général et de leurs propriétés. — 2. Oxydation des métaux et effet galvanique; moyens de préserver les métaux contre l'oxydation. — 3. Noms des métaux qui entrent dans la composition des machines. — 4. Du fer dans ses divers états : fer forgé, fonte de fer, acier, étoffe et tôle. — 5. Cuivre, plomb, étain, zinc, antimoine et nickel. — 6. Alliages des métaux précédents entre eux : bronze, laiton, maillechort et antifriction. — 7. De quelques espèces de bois employées dans les machines : cormier, charme, gaïac. — 8. Autres matières dont on fait encore usage dans les machines : feutre, caoutchouc, minium, céruse.**

N° 38, Des métaux en général et de leurs propriétés. — Les métaux sont des substances minérales simples, bons conducteurs de la chaleur et de l'électricité, et douées de cet éclat particulier qu'on nomme *éclat métallique*. Ils sont généralement opaques, pesants et tous solides, à l'exception du mercure.

L'industrie n'emploie guère que quelques métaux à l'état de pureté. Le plus souvent, elle se sert de ces matières sous forme d'*alliages*, c'est-à-dire après qu'elles ont été fondues et brassées ensemble dans des proportions déterminées, de manière à donner naissance en quelque sorte à de nouveaux métaux.

— Les métaux et leurs alliages possèdent, à divers degrés, plusieurs propriétés générales et entre autres : la *ductilité* ou *malléabilité* et la *ténacité*.

La *ductilité* ou *malléabilité* consiste dans la faculté que possèdent certains métaux de s'étirer en fils, ou de s'aplatir en lames.

La *ténacité* est la propriété dont jouissent les métaux de résister à des efforts assez considérables sans se rompre.

N° 38₂ Oxydation des métaux et effet galvanique. — Les métaux sont combinables avec l'*oxygène* et forment avec lui de nombreux composés appelés *oxydes*. Exemple, les oxydes de fer et de cuivre, connus sous les noms vulgaires de *rouille* et de *vert-de-gris*.

L'*oxydation* ronge les métaux et tend à diminuer la résistance des pièces qu'elle attaque. — Dans les machines, on a surtout à craindre le développement de l'oxydation sous l'influence de l'humidité ou de l'électricité.

L'expérience de chaque jour nous prouve que l'oxydation est bien activée par l'humidité. Quant au développement de l'oxydation par l'électricité, il se désigne d'ordinaire sous le nom d'*effet galvanique*. On l'observe lorsque deux métaux de natures différentes, le fer et le cuivre, par exemple, sont en contact, ou même à petite distance, au milieu d'un air humide et surtout dans l'eau de mer.

Moyens de préserver les métaux contre l'oxydation. — Pour rendre les objets en fer moins altérables au contact de l'air humide ou dans l'eau de mer, on les recouvre d'une couche très-mince de zinc, ce qui constitue le fer *galvanisé;* ou bien on les étame, parce que le zinc et l'étain s'oxydent moins facilement que le fer. Quand on ne peut pas employer ces moyens, on isole le métal du milieu ambiant par une couche de suif, de goudron, d'huile épaisse ou de peinture au minium ou au blanc de céruse. Toutefois, les substances grasses activant l'oxydation sur le cuivre et ses alliages, il n'y a moyen de prémunir ces derniers corps contre un semblable effet destructeur qu'en les tenant bien secs.

N° 38₃ Noms des métaux qui entrent dans la composition des machines. — Les principaux métaux dont on se sert dans la composition des machines à vapeur marines, sont :

1° *Le fer forgé, l'acier, l'étoffe et la fonte ;*

2° *Le cuivre rouge ;*

3° *Le zinc, l'étain, l'antimoine et le bismuth;*

4° *Le bronze, le laiton, l'antifriction et diverses soudures,* qui ne sont autres que des alliages.

N° 38₄ Du fer dans ses divers états. — Le *fer* s'emploie sous trois états : 1° à l'état de *fer doux;* 2° à l'état de *fonte;* 3° à l'état d'*acier*.

Fer doux ou forgé. — Le *fer doux, forgé, battu* ou *malléable,* est à peu près pur. Il possède une couleur gris bleuâtre; il est tantôt grenu, tantôt lamelleux, et jouit toujours d'une grande malléabilité. C'est d'ailleurs le métal le plus tenace. Sa densité est de 7,8. Il se fond à la température de 1500 degrés. Porté à une chaleur rouge-blanche, il se ramollit et se laisse souder à lui-même.

Fonte de fer. — La *fonte*, dite aussi *fer cru*, est le premier produit de la fusion des minerais de fer. Sa densité moyenne est de 7,7. On en distingue quatre sortes : la *fonte noire*, la *fonte grise*, la *fonte blanche* et la *fonte truitée*.

1° La *fonte noire* s'obtient dans les hauts fourneaux quand on a employé plus de charbon que de minerai. Cette fonte cède sous le marteau, et sa couleur est foncée.

2° La *fonte grise* provient de bons minerais et d'une fusion bien conduite. Elle est d'un gris bleu plus ou moins foncé, et possède une solidité et une ténacité remarquables. On s'en sert pour couler les cylindres, les condenseurs, les bâtis, etc.

3° La *fonte blanche* a une couleur blanc argentin. Elle est fibreuse, très-cassante et très-dure. On s'en sert pour la fabrication du fer et de l'acier.

4° La *fonte truitée* est un mélange de fonte blanche et de fonte grise.

— La fonte s'oxyde beaucoup moins que le fer. Mais, après un long séjour dans l'eau de mer, surtout en contact avec du bronze ou du cuivre, elle se change en plombagine très-molle.

Acier. — Le fer pur uni à une très-petite quantité de carbone et d'azote produit l'*acier*.

L'acier sert principalement pour faire des outils, des ressorts, etc. ; il acquiert de la dureté par la trempe.

Étoffe. — En *corroyant*, c'est-à-dire en forgeant ensemble des barres d'acier et de fer, on obtient ce qu'on appelle *de l'étoffe* ou *fer étoffé*.

L'étoffe est plus dure et plus tenace que l'acier et en même temps plus souple. On l'emploie pour confectionner les tiges de piston à vapeur.

Tôle. — *On donne le nom de tôle au fer réduit en feuilles*. — L'opération s'effectue soit au marteau pilon, soit au laminoir.

— On distingue les tôles sous les deux points de vue de leur mode de fabrication et de leur épaisseur. Au premier de ces points de vue, elles sont dites *tôles au marteau* ou *tôles laminées;* et, au second, elles sont classées en *tôles fortes*, en *tôles minces* et en *tôles fines*, dites aussi *fer noir*.

Les *tôles fortes* sont les tôles dont l'épaisseur est de 6 mill. et au-dessus. — Les *tôles minces* sont celles dont l'épaisseur varie entre 1 mil. et 5 mil. — Les *tôles fines* s'entendent de celles dont l'épaisseur varie entre 1 mil. et 1/4 de mil.

N° 38₅ Cuivre. — Le *cuivre* est un métal malléable, facile à travailler au marteau, mais qui ne présente pas une grande dureté. Sa densité est de 8,9 environ. Il fond à une forte chaleur rouge. Il se couvre à l'air d'une légère couche verte, connue sous le nom de *vert-de-gris*.

Le cuivre est employé pour un grand nombre de pièces de machines et particulièrement pour les tuyaux et pour les boulons.

Uni à d'autres métaux, le cuivre forme, entre autres alliages, le bronze et le laiton ou cuivre jaune.

Plomb. — Le plomb présente à l'œil une couleur blanc-bleuâtre, et il apparaît très-brillant quand il est récemment coupé. Il est si mou qu'on peut le rayer avec l'ongle. Sa densité égale 11,4. Il fond à la température de 520 degrés. Enfin, il se ternit rapidement à l'air, en s'oxydant à sa surface.

Le plomb est d'une grande malléabilité; mais, d'un autre côté, il possède une ductilité médiocre, et sa ténacité est extrêmement faible. On ne l'emploie guère dans les machines que pour certains joints (n° 59₅).

Étain. — L'étain a une couleur bleu grisâtre. Il fait entendre un craquement particulier quand on coude une petite barre de ce métal. Il est mou et très-malléable. Sa densité est de 7,5. Il commence à fondre à 230 degrés.

Dans les machines à vapeur, on ne rencontre guère l'étain qu'allié avec d'autres matières, dont il est destiné à augmenter la fusibilité et la ténacité.

Zinc. — Ce métal a une couleur blanc-bleuâtre très-brillante. Il est mou et d'une texture granuleuse. Il devient ductile et malléable à la température de 100 à 150 degrés. Il fond à 456 degrés et se volatilise bien au-dessous de cette température. Sa densité est 7.2. Il est très-peu oxydable. — Dans les machines, on ne rencontre guère le zinc qu'allié au cuivre, avec lequel il forme le *laiton*.

Antimoine. — Ce métal est d'un blanc-bleuâtre, brillant, lamelleux, et se fond à environ 440 degrés. Il se volatilise au rouge-blanc. Sa densité est d'environ 6,7. On l'emploie surtout dans les alliages pour donner aux métaux de la dureté et les rendre cassants.

Nickel. — Le nickel est un métal blanc, légèrement grisâtre. Il se laisse laminer et étirer en fil assez fin. Sa densité est 8,8.

N° 38₆ Alliages des métaux précédents entre eux. Bronze. — Le bronze est un alliage de cuivre et d'étain. Sa densité est de 8,5.

Le bronze est beaucoup plus dur et plus fusible que le cuivre, et bien moins oxydable et susceptible de se piquer que le fer et la fonte. Il se travaille d'ailleurs très-aisément au tour et à la lime. Enfin, le frottement en est très-doux. — Il s'emploie pour la fabrication des chemises et des corps de pompes, pour les clapets, robinets, tuyaux, coussinets.

— Les proportions d'alliage qui constituent le bronze varient entre 90 parties de cuivre avec 10 d'étain, et 80 parties de cuivre avec 20 d'étain, suivant qu'il s'agit de pièces pour mouvements à moyenne ou à grande vitesse.

Laiton. — Le *laiton* ou *cuivre jaune* est un alliage de cuivre et de zinc. Il se compose, terme moyen, de 65 parties de cuivre et de 55 de zinc. Il se martelle et se lamine mieux que le bronze, et il résiste plus que lui aux chocs, à la chaleur et à la flexion. Il jouit, en outre, de la propriété de se redresser par le battage à froid avec une masse en bois.

Dans les machines, on emploie le laiton pour les presse-étoupe, les godets, les tubes de chaudières et les robinets.

Maillechort. — Le *maillechort*, nommé aussi *cuivre blanc*, contient 50 parties de cuivre, 31 d'argent et 19 de nickel. Il imite l'argent. Dans les machines, on ne l'emploie que pour les pèse-sels.

Remarque. — Tous les alliages à base de cuivre, comme ce dernier métal lui-même, ne doivent être soumis, autant que possible, qu'à des feux de charbon de bois.

Antifriction. — L'*antifriction*, se compose en moyenne de 96 parties d'étain pur, 8 d'antimoine, 4 de cuivre.

Ce métal s'emploie pour garnir les coussinets, les bagues des pistons et les barrettes des tiroirs. — il donne peu de frottement, se prête très-bien aux dénivellements des axes, en s'écrasant sans trop s'échauffer ; enfin, il se laisse pénétrer très-facilement par le sable, la limaille, etc., de telle sorte que ces matières se noient dans son épaisseur. Mais il a l'inconvénient de se fondre très-facilement et de boucher les lumières de graissage.

L'usage de l'antifriction est avantageux dans les mouvements de rotation. Mais il est trop mou pour les mouvements d'oscillation, tels que ceux des pieds de bielle.

N° 38₇ De quelques espèces de bois employées dans les machines. — On fait usage dans les machines, de quelques espèces de bois ; tels sont le *cormier*, le *charme* et le *gaïac*.

Cormier. — Le *cormier* ou *sorbier domestique* est dur, compacte et rougeàtre. Il est par conséquent très-propre à former les dents en bois des engrenages de fortes dimensions.

Charme. — Le bois de *charme* est dur, compacte et blanc. De même que le cormier, il est très-propre à confectionner des dents d'engrenage.

Gaïac. — Cette sorte de bois possède une grande dureté et donne lieu à un frottement très-doux. Aussi l'emploie-t-on avantageusement pour portages de pièces frottantes à rotation rapide. Il exige toutefois qu'il soit continuellement mouillé.

N° 38₈ Autres matières dont on fait encore usage dans les machines. — On fait encore usage dans les machines des matières secondaires suivantes : le *feutre*, le *caoutchouc*, le *minium*, la *céruse*.

Feutre. — Le *feutre* est une étoffe grossière non tissée, et obtenue par le foulage de laines ou de poils de certains animaux. Il peut avoir jusqu'à 5 centimètres d'épaisseur. Il est alors très-mou et très-poreux, ce qui le rend mauvais conducteur du calorique. — On l'emploie pour recouvrir les chaudières, les tuyaux de vapeur et les cylindres.

Caoutchouc. — Le *caoutchouc* a une couleur ordinairement brunâtre. Il ne possède ni odeur ni saveur. Sa densité = 0,95 environ. Il est inaltérable à l'air, mou, flexible, imperméable et extrèmement élastique, mais non compressible.

On n'emploie aujourd'hui que le caoutchouc *vulcanisé*, que l'on obtient par l'immersion du caoutchouc naturel dans un bain de soufre dont la température ne doit pas dépasser 150°. — Le caoutchouc ainsi préparé, ne se durcit pas au froid et ne coule pas à la chaleur.

On emploie surtout le caoutchouc pour clapets de pompe, et pour joints de brides d'assemblage des tuyaux froids ou chauds. Mais, dans ce dernier cas, il est associé à un tissu qui le recouvre complétement.

Enfin, comme il est peu sonore, on en forme encore des tubes destinés à transmettre les ordres.

Le caoutchouc de bonne qualité est gris clair et sans roideur. — Il faut essentiellement préserver cette matière du contact de la graisse et de l'huile, qui la font gonfler à la longue.

Minium. — Le *minium* est un composé de plomb et d'oxygène. Il est d'un rouge très-vif.

On en fait usage dans les joints des machines, à l'état de mastic rouge. On l'emploie encore à l'état de peinture, en le délayant avec de l'huile de lin.

Céruse. — La *céruse* est une combinaison de carbone, de plomb et d'oxygène. Elle est blanche et très-friable.

On emploie cette matière, comme le minium, pour faire des joints. Elle sert aussi pour peindre un grand nombre de pièces des machines que l'on veut préserver de l'oxydation.

N° 59. — **1. Objets d'assemblage des pièces fixes des machines : boulons, goupilles, vis, prisonniers, goujons, queues d'aronde, frettes. — 2. Fabrication des mastics · — 3. Confection des joints. — 4. Confection des différentes tresses employées dans les garnitures.**

N° 39₁ Objets d'assemblage des pièces fixes des machines. — Pour assembler les parties fixes des machines, on emploie des *boulons*, des *prisonniers*, des *goujons*, et exceptionnellement des *queues d'aronde*.

Boulons. — Les *boulons* sont de longs cylindres b. *fig.* 62, en fer, et quelquefois en cuivre ou en bronze, et dans lesquels on remarque les quatre parties suivantes :

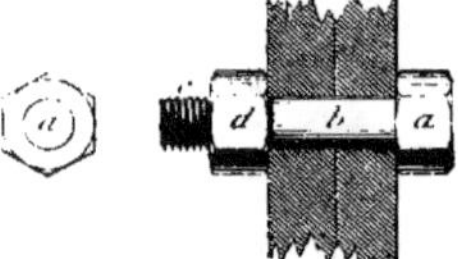

Fig. 62. Boulon.

1° La *tête a* de forme carrée ou hexagonale ;
2° Le *corps* ou la *tige b* venue de forge avec la tête ;
3° La *vis c*, partie filetée à l'extrémité du corps b opposée à la tête a ;
4° L'*écrou d*.

Goupilles. — Les *goupilles* sont de petites chevilles traversant une pièce pour la maintenir comme le ferait une clavette.

Souvent la goupille est fendue du côté opposé à sa tête : on ouvre alors la fente une fois qu'elle est enfilée, afin de l'empêcher de sortir de son trou.

Vis. — Les *vis* sont des tiges cylindriques *b*, *fig.* 63 et 64, filetées à un de leurs bouts, et portant à l'autre bout une tête polygonale et saillante *a*, *fig.* 63, à base circulaire, ou une tête conique *a*, *fig.* 64. Dans ce dernier cas, la tête se noie dans l'épaisseur de la plus en dehors des pièces qu'elle pénètre, et porte une fente pour le tournevis.

Quand on emploie une vis pour assembler deux pièces, l'une de celles-ci est taraudée et sert en quelque sorte d'écrou à la vis.

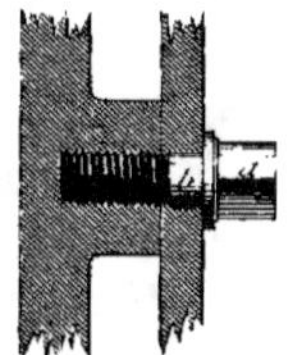

Fig. 63. Vis à tête saillante.

Prisonniers. — Le *prisonnier* est une espèce de boulon, *fig.* 65, fileté à ses deux extrémités. L'une *a* de celle-ci se visse à demeure dans une des pièces à assembler, et fait de la sorte fonction de tête ; mais l'autre extrémité porte, comme d'habitude, un écrou *d*. Le prisonnier, de même que la vis, s'emploie pour relier deux pièces adjacentes, il présente parfois la disposition vue en *fig.* 66. Dans cette disposition, les deux pièces assemblées laissent entre elles un certain jour *eg*, et ne portent l'une contre l'autre que par une baguette *ef* parfaitement ment planée. Le jour ainsi ménagé est destiné à être rempli de mastic.

Fig. 64. Vis à tête noyée.

Fig. 65. Prisonnier.

Fig. 66. Autre disposition de prisonnier.

Goujons. — Le *goujon* est un tenon ou cheville cylindrique tout unie, en fer ou en acier, et qui s'incruste entre deux pièces que l'on veut empêcher de glisser l'une sur l'autre. Quelquefois le goujon est employé pour servir de repère. Il se fixe alors par un de ses bouts dans la partie qu'il doit repérer.

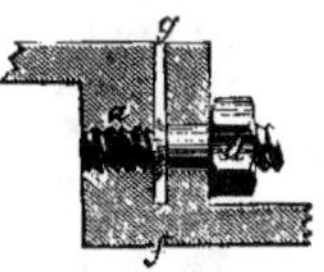

Queues d'aronde. — Lorsqu'on veut relier ensemble deux pièces bout à bout sans les doubler, on fait usage de la *queue d'aronde*. C'est un morceau hexagonal *a*, *fig.* 67, dont deux des angles opposés sont rentrants. Une entaille semblable au morceau *a* est découpée par moitié dans les deux parties A et B à réunir. Pour empêcher la queue d'aronde de décapeler, on rabat

Fig. 67. Assemblage à queue d'aronde.

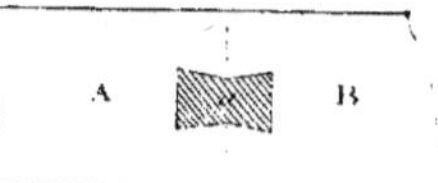

légèrement sur son pourtour le métal des pièces où elle est in-crustée.

Fig. 41,
Pl. V.**Frettes**. — Ce sont des bandes de fer ou de cuivre, de forme circulaire ou même polygonale, le plus souvent en un seul morceau, qui se capellent autour des pièces à assembler, de façon à former en quelque sorte une *rousture* métallique, ainsi qu'on le voit sur la *fig.* 41, *pl.* V.

N° 39₂ Fabrication des mastics. — On appelle en général *mastics*, des matières molles destinées à être placées entre deux objets de façon à en boucher l'intervalle en se durcissant, et capables en outre de résister aux pressions et à la chaleur.

Les principaux mastics employés dans les appareils à vapeur de navigation sont: le *mastic rouge au minium*, les *mastics de fer et de fonte*, les *mastics au blanc de zinc et au blanc de céruse*, le *mastic réfractaire*, les *mastic au blanc d'Espagne et au blanc de chaux*.

1° Le *mastic rouge au minium* se compose de 1 partie de minium et 1 partie de céruse. Ses matières intégrantes sont d'abord mélangées ensemble. Puis, on les imbibe d'une petite quantité de bonne *huile de lin* ou *de chènevis*, en les battant sur une planche avec un marteau jusqu'à ce que la pâte soit devenue bien ferme et bien liée. On s'assure de ce résultat quand on parvient à former de petits rouleaux avec la pâte sans la casser. — Le plus souvent le blanc de céruse est déjà en pâte, et il n'y a pas lieu d'ajouter de l'huile de lin.

Le mastic qui nous occupe sert pour la jonction de toutes les pièces qui ne se trouvent pas exposées à l'action directe du feu, et qui d'ailleurs sont appelées à se démonter: telles que les portes de regard et de trou d'homme, les autoclaves, les assemblages de bouts de tuyaux, etc.

2° Le *mastic de fer ou de fonte* se compose de:

Tournure de fonte, ou, au besoin, limaille de fer. .	40	parties en poids.
Fleur de soufre en poudre.	2	d°
Sel ammoniac en poudre.	1	d°
Humecter avec de l'eau de mer ou de l'urine.		

Quelquefois, on mélange aux matières précédentes de la poussière ramassée dans les auges des meules à aiguiser, et dont l'effet est de déterminer une prompte action chimique entre la limaille et le soufre.

En principe, le mastic de fer sert pour les joints des pièces en fer ou en fonte dont les parties à assembler ne sont pas parfaitement planées, et qui d'ailleurs ne doivent pas être démontées. Il va de soi qu'à cause de l'action corrosive de l'ammoniaque sur le bronze et le cuivre, on ne saurait faire usage du mastic considéré pour la jonction des pièces formées de ces métaux.

3° Les *mastics au blanc de zinc* et *au blanc de céruse* se préparent absolument comme le mastic rouge, en remplaçant le minium par du blanc de zinc ou de céruse.

Ils se prêtent aux mêmes usages que ledit mastic. Ils lui sont même préférés pour les joints qui se confectionnent à l'aide de tresses, et qui sont appelés à être fréquemment démontés.

4° Le *mastic réfractaire* se compose de limaille de fonte non oxydée, tamisée et pétrie avec de l'argile et du poussier de meule à aiguiser. On mélange ces substances en les battant et en les humectant de vinaigre ou d'eau ammoniacale.

On préfère le mastic réfractaire au mastic de fonte pour les parties exposées aux flammes.

5° Les *mastics au blanc d'Espagne et au blanc de chaux* se préparent en amalgamant ensemble du blanc d'Espagne ou du blanc de chaux, de l'huile de lin et du chanvre haché menu.

Ils s'emploient dans les mêmes circonstances que le mastic au minium, sauf le cas où ils devraient se trouver en contact avec de la vapeur.

N° 39₃ Confection des joints. — On entend en général par *joint*, toute disposition servant à rendre étanche la réunion de deux pièces juxtaposées. On met du mastic dans tous les joints. Ce mastic s'applique avec ou sans garniture, suivant son espèce et le degré de dressage et de rapprochement des parties à assembler.

On fait des joints aux brides d'assemblage de tous les récipients, tels que cylindres, condenseurs, pompes, bâches, boîtes à tiroir, ainsi qu'aux couvercles et portes de trou d'homme de ces récipients, les siéges de clapet, etc., enfin aux brides des tuyaux. Avant de faire les joints, on doit laver à l'huile de lin les surfaces à jonctionner, afin d'accroître l'adhérence du mastic contre les parties métalliques. Puis, après la pose du mastic, il faut serrer partout à la fois les boulons d'assemblage. — Pour le mastic de fer, le vinaigre remplace l'huile de lin.

Quand les pièces ne sont pas parfaitement planées, on opère les joints au moyen de mastic de fer, ou bien on interpose, soit une rondelle ou une lame de plomb, soit une tresse, soit encore dans certains cas, une rondelle ou une lame de caoutchouc.

Les tresses enduites de mastic s'adaptent aux pièces démontables, telles que les couvercles de cylindre, de pompe et de boîte à tiroir, les portes de trou d'homme, etc. Elles comportent d'habitude une large tresse frottée de mastic à la céruse, mise à plat sur un des collets d'assemblage, et ayant ses deux bouts surliés et cousus ensemble. Ces tresses sont d'ailleurs comprimées par les boulons de jonction. Au lieu de tresses, on emploie aussi, pour le genre de joints dont il s'agit, de la toile métallique fine, qu'on recouvre toujours, du reste, de mastic, et qui retenant ce mastic dans ses mailles, empêche les fuites de se produire.

Le caoutchouc n'est employé que pour les joints des récipients qui contiennent de l'eau, et dont la température ne dépasse pas 60°. Tels sont les condenseurs et les bâches.

Les trous d'homme et les trous de sel des chaudières ont généralement leur joint établi avec une tresse ou un toron enduit de blanc de céruse.

Les joints des boulons s'opèrent en plaçant une bague en chanvre recouverte de minium tant sous leur tête que sous la rondelle de leur écrou.

Les joints de tuyaux comportent, en général, une rondelle de plomb enduite de mastic. Cette rondelle se loge entre les collets qui terminent les deux bouts de tuyau à assembler. — Aux rondelles de plomb on est libre de substituer des rondelles de toile métallique, et même de carton ou de caoutchouc. Toutefois, ces deux dernières substances ne sont adaptables qu'aux conduits d'eau et non à ceux qui sont soumis à une chaleur sèche.

N° 39₄ Confection des différentes tresses employées dans les garnitures. — Les tresses employées dans les garnitures de presse-étoupe et de tiroirs, se font en coton pour les petites garnitures et en chanvre pour les grandes. Comme forme, elles sont plates ou carrées. — On confectionne encore des tresses plates en chanvre pour les joints de divers trous d'homme ou de trous de sel.

Les tresses plates se confectionnent avec trois ou avec cinq torons, suivant la largeur que l'on veut leur donner. La grosseur du toron à employer, dépend de l'épaisseur que doit avoir la tresse, et varie depuis un fil de carret, jusqu'au toron complet.

Pour faire une tresse plate *en trois*, on attache ensemble les extrémités des trois torons, puis après avoir mis ces torons à plat dans la main, on passe alternativement celui de droite et celui de gauche sur

le toron du milieu, de manière à ce que ce dernier prenne dans la main
la place de celui qui vient de passer, et que celui-ci se mette au milieu.

Pour faire une tresse plate *en cinq*, on attache ensemble les extrémités des cinq torons ; on prend deux torons dans la main gauche et
trois dans la main droite, puis, en tenant toujours les torons de la main
gauche, on ne garde dans la main droite que le toron le plus éloigné
et on passe ce toron sur les deux autres, pour le poser dans la main
gauche, à côté et en dedans des deux qui y sont déjà. On reprend dans
la main droite les deux torons de droite, puis on fait passer le toron
extrème de gauche par dessus ses deux voisins, et on le place à côté
et en dedans des deux torons de droite. On recommence alors sur le
toron extrème de droite que l'on porte à gauche en le faisant passer
sur ses deux voisins, et ainsi de suite.

Pour faire une tresse carrée, on emploie huit torons de grosseur en
rapport avec les dimensions de la tresse. On attache ensemble les
extrémités de ces huit torons, puis on confectionne la tresse de la
manière suivante.

Prendre quatre torons dans chaque main, saisir le toron extrème
de droite, le passer *sur* tous les autres de la même main, et le placer
dans la main gauche, en dedans. Prendre le toron extrème de gauche,
le passer *derrière* les autres de la même main, et le placer dans la
main droite, en dedans. Prendre le nouveau toron extrème de gauche,
le passer *sur* les autres de la même main et le placer dans la main
droite en dedans. Prendre le toron extrème de droite, le passer *derrière* les autres de la même main, et le placer dans la main gauche en
dedans. — Et ainsi de suite.

Chap. III, § 2. — Cylindres et pistons a vapeur. — Distributeurs
et mises en marche. — Valves de prise de vapeur et organes
de détente variable.

**N° 40. — 1. Détails de construction des cylindres à vapeur. — 2. Orifices, conduits
d'évacuation et bandes des cylindres. — 3. Fonds et couvercles des cylindres.
— 4. Soupapes de sûreté des cylindres. — 5. Purgeurs, chemises et enveloppes
des cylindres.**

N° 40₁ Détails de construction des cylindres à vapeur. —
Le cylindre à vapeur C, *fig.* 68, est toujours formé d'un seul jet de
fonte grise, saine, dure et en même temps liante. L'intérieur est alésé

avec le plus grand soin, de façon à présenter un poli parfait sur
toute son étendue. L'extérieur est encadré, en plusieurs points de son
contour, par divers morceaux ou appendices venus de fonte avec lui.

Une des extrémités du cylindre est quelquefois bouchée, au moins
en partie, par une portion de fond ou de couvercle venue de fonte
avec le reste de la pièce. Enfin de nombreux trous existent en divers
points des parois.

La *fig.* 68 représente les diverses vues et coupes d'un cylindre à

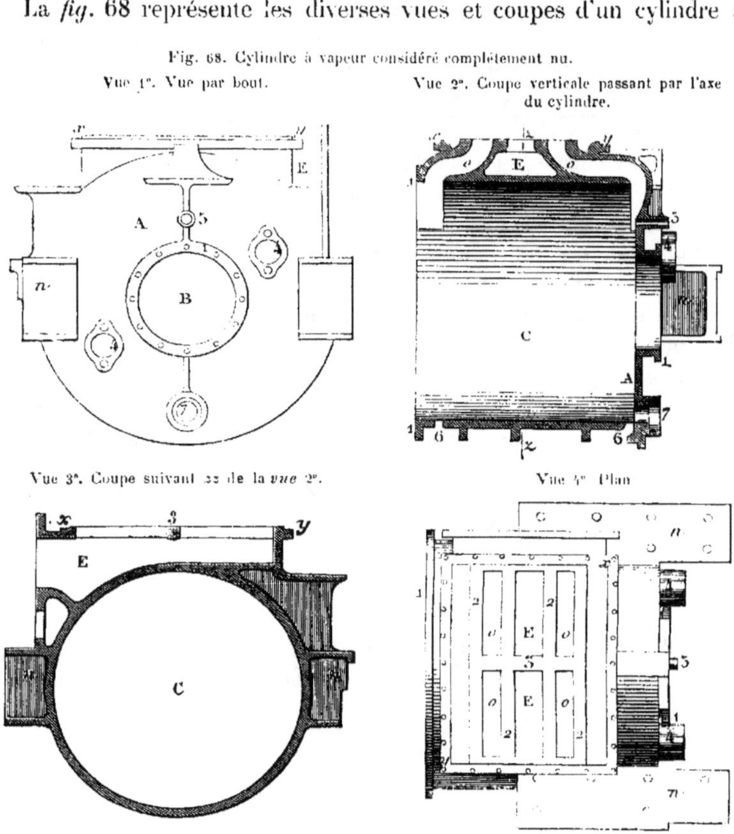

vapeur complétement nu, c'est-à-dire tel qu'on le voit au moment du
montage à bord. Voici la légende succincte de cette figure :

C   corps du cylindre ;
n,n   *pattes de jonction,* servant à relier les cylindres à la plaque de fondation et aux bâtis ;

1,1   *collets ou brides* parfaitement rabotées, et sur lesquelles viennent se boulonner les couvercles et bouchons de cylindre.

o,o   *canaux lumières ou orifices du cylindre ou de distribution.*

E   *conduit d'évacuation.*

xy   *plaque du cylindre :* plan exactement parallèle à l'axe de ce récipient et où viennent déboucher les canaux *o, o* et le conduit d'évacuation E. C'est sur le pourtour de cette plaque que se boulonne la boîte à tiroir.

2,2   *bandes du cylindre :* parties de la plaque précédente encadrant les orifices *o, o* et le conduit E. Ces bandes ont seules besoin d'être exactement planées, afin d'avoir un contact parfait avec les barrettes du tiroir qui frottent constamment contre elles.

3   cloison partageant en deux les orifices. Elle n'existe pas sur les cylindres de petites dimensions.

A   *couvercle du cylindre,* venu de fonte avec le corps même de ce récipient.

B   *trou d'homme,* percé au milieu du couvercle précédent, et permettant d'entrer dans le cylindre afin d'en visiter le piston.

4,4   Bossages troués pour le passage des tiges de piston, et formant les boîtes des presse-étoupe de ces tiges.

5   trou de graisseur de cylindre.

6,6   trous des purgeurs de cylindre.

7   trou et emplacement d'une des soupapes de sûreté.

Les nombreux petits ronds qu'on aperçoit sur les *vues* 1° et 4° autour des *pattes,* des *collets* et de la *plaque* du cylindre, figurent les trous de passage de boulons ou de prisonniers de liaison.

— Tous les cylindres présentent, à peu de chose près, des détails identiques à ceux que nous venons de décrire. Seulement, ceux qui sont oscillants portent, en outre, venus de fonte avec leur corps, deux tourillons creux et des canaux circulaires les entourant comme une ceinture au milieu de leur longueur. Ces canaux forment le prolongement contourné des tourillons, et aboutissent à la plaque du cylindre. La disposition qui en résulte est représentée sur la *fig.* 55 *du texte*, et, à plus grande échelle, sur les *fig.* 2, 5 et 6, *pl.* 1.

N° 40₂ Orifices et conduits d'évacuation des cylindres.— Les orifices des cylindres sont les débouchés des canaux *o, o, fig.* 68. *vue* 4°, sur la plaque du cylindre. Les canaux de distribution viennent toujours aboutir le plus près possible des extrémités du cylindre. et sont même entaillés en partie dans le fond et dans le couvercle.

—Avec les tiroirs en coquille à double orifice (n° 42₅), chaque canal est divisé en deux par une cloison, mais du côté seulement de la plaque du cylindre. Il forme alors sur celle-ci deux orifices distincts *o* et *o'*. *fig.* 79 *du texte*. Cette plaque présente ainsi cinq ouvertures : quatre servent deux à deux pour l'introduction ou l'évacuation à l'une des extrémités du cylindre; la cinquième E est le débouché du conduit d'évacuation.

— De son côté, le conduit d'évacuation E n'existe que sur les cylindres desservis par un tiroir en coquille. Il y communique du reste par côté avec le condenseur, soit directement, soit par l'intermédiaire du tuyau d'évacuation.

Bandes des cylindres. — Les *bandes* des cylindres sont d'ordinaire formées par la fonte de ces récipients eux-mêmes. A cet effet, les endroits de la *plaque* de cylindre qu'elles ne doivent pas occuper sont taillés à contre-bas ou même complétement évidés, comme on le voit en *fig.* 68, *vue* 2°. Quelquefois les bandes des cylindres sont rapportées et tenues sur la plaque de cylindre par des vis à tête fraisée et noyée.

N° 40₃ Fonds et couvercles des cylindres. — Les deux parties métalliques qui bouchent les extrémités des cylindres prennent le nom de *couvercle* et *de fond*. — Le *couvercle* se trouve du côté où sortent les tiges de piston pour aller s'unir à la grande traverse.

Afin qu'on puisse introduire le piston dans le cylindre, il faut que le couvercle ou le fond soit rapporté. Souvent même, il en est ainsi de l'une et l'autre de ces parties.

Tout couvercle ou fond mobile offre d'ordinaire la disposition représentée sur la *fig.* 69, laquelle complète la *fig.* 68. — C'est une plaque ronde A creuse intérieurement, et formant une saillie *abcd* qui s'enfonce à frottement doux dans le bout du cylindre. Elle porte d'ailleurs un collet 1 parfaitement plané, et qui s'unit à celui de ce récipient par de nombreux boulons.

Généralement, on fait circuler de la vapeur dans le creux intérieur du couvercle ou du fond de cylindre. Le sable qui remplaçait ce creux lors de la coulée, a été enlevé par les trous 8 qu'on a ensuite fermés avec des bouchons vissés. Ces bouchons sont assujettis avec le plus grand soin ; car, s'ils tombaient dans le cylindre, ils pourraient occasionner de graves avaries.

— Les fonds ou couvercles A, *fig.* 68, qui viennent de fonte avec le corps même du cylindre sont simples, et quelquefois renforcés par des

Fig. 69. Fond mobile du cylindre.
Vue 2°. Élévation de face.

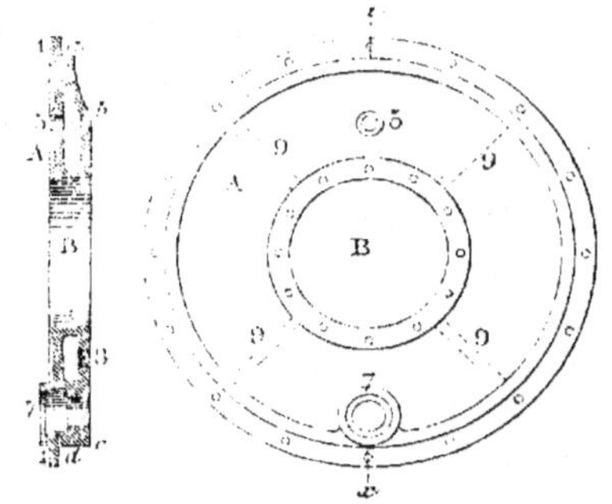

Vue 1re. Coupe suivant xx de a à la vue 2°.

nervures. En outre, leur centre est toujours percé d'un trou B qu'on a dû ménager pour le passage de l'arbre de l'alésoir.

Les fonds de cylindre portent fréquemment des *bossages* où viennent se loger, au moment des bouts de course, les écrous des tiges du piston, quand ils ne sont pas noyés dans cette dernière pièce.

Le trou B, *fig.* 68 et 69, ménagé au centre des fonds et des couvercles, sert à pénétrer dans le cylindre pour le nettoyer et visiter le piston. On le clôt hermétiquement à l'aide d'un bouchon B', *fig.* 70.

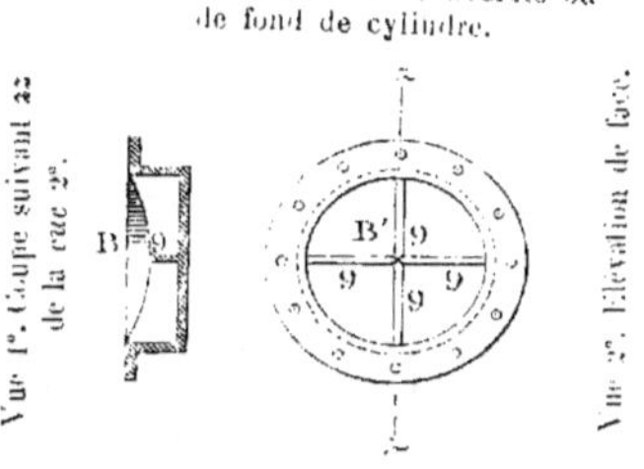

Fig. 70. Bouchon de couvercle ou de fond de cylindre.

— Le couvercle des cylindres oscillants présente à sa partie centrale, un manchon très-saillant 4, *fig.* 1, *sect.* 1, *pl.* I, destiné au passage de la tige de piston. Ce manchon permet de donner au presse-étoupe de cette tige (n° 41₃) une hauteur suffisante pour bien la guider. — De leur côté, le couvercle et le fond des cylindres à fourreau ont en leur milieu, pour le passage du fourreau, un énorme trou. Aux dimensions près, ce trou correspond et est disposé semblablement à ceux que traversent les tiges de piston dans les cylindres ordinaires.

N° 40₄ Soupapes de sûreté des cylindres. — Les *soupapes de sûreté* des cylindres sont destinées à laisser écouler dans la cale l'eau qui provient de la vapeur condensée, ou celle que la vapeur a entraînée en sortant des chaudières, afin que cette eau ne défonce pas le cylindre; car elle est comprimée par le piston au moment où l'orifice d'évacuation se ferme.

La *fig.* 71 représente la disposition adoptée pour ce genre de soupape; voici la légende de cette figure :

C   couvercle ou fond de cylindre.
D   bouchon de trou d'homme, formant la boîte de la soupape de sûreté.
a   siége en bronze de la soupape de sûreté, portant à son centre une gaîne tenue par trois ou quatre bras.
A   soupape de sûreté en bronze, terminée inférieurement par une contre-tige 1, qui entre dans la gaîne centrale du siége *a*. Le portage de la soupape est conique ; le dessus de cette soupape est plat ; la tête 2 est munie d'une engoujure pour recevoir le clapet en caoutchouc A'. Le sommet de cette tête est creusé pour recevoir le teton central du disque B.
A'   clapet en caoutchouc, capelé sur la soupape, et recouvrant une partie du siége *a* pour prévenir les rentrées d'air.

B   disque annulaire en bronze, dont les bords appuient sur le clapet A', et muni d'un teton central pour appuyer sur la soupape A. Ce disque est pressé par les ressorts R.

R   ressorts paraboliques deux à deux dans le même plan et croisés par paire à angle droit. Les extémités de ces ressorts sont guidées par les nervures 3, 3 venues de fonte avec la boîte D. Ces ressorts forment la charge de la soupape de sûreté

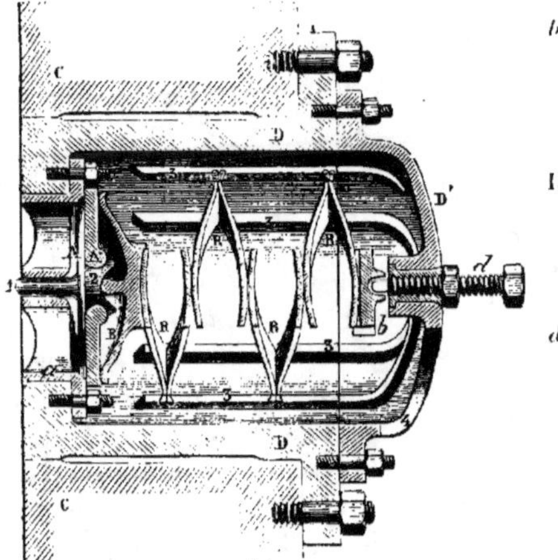

Fig. 71. Soupape de sûreté de cylindre. — Échelle 1/10°. — Coupe verticale.

b   croisillon monté sur le ressort extérieur R, et portant une gorge pour recevoir la poussée d'une vis d, et transmettre cette poussée aux ressorts en les comprimant.

D'   Couvercle de la boîte D, servant de point d'appui à la vis d, et muni à la partie inférieure, d'une ouverture 4 servant à livrer passage à l'eau quand la soupape fonctionne.

d   vis de pression taraudée dans un manchon en bronze fixé au couvercle D', et servant à comprimer les ressorts R. Lorsque le serrage est effectué, la vis d se fixe au moyen d'un contre-écrou.

N° 40₅ Purgeurs des cylindres. — Les *purgeurs*

sont de simples *robinets* placés à chaque extrémité du cylindre. Ils sont destinés à être manœuvrés au moment du départ ; ou, une fois en marche, lorsque les claquements des garnitures de piston dans le cylindre y accusent la présence d'une certaine quantité d'eau.

Les robinets de purge débouchent d'ordinaire dans la cale. Mais avec l'emploi des condenseurs à surface, ils vont souvent aboutir dans un conduit en communication avec le condenseur ; on évite ainsi les rentrées d'air au cylindre et les pertes d'eau douce. Sur la machine démonstrative, *fig.* 51, les purgeurs 6 sont continus et sont manœuvrés par le tiroir qui les ouvre à chaque période d'évacuation. Cette disposition est aujourd'hui abandonnée.

Enveloppes et chemises des cylindres. — Les enveloppes sont destinées à prévenir les refroidissements des cylindres. Elles se composent généralement de feuilles de feutre recouvertes de lames de bois tenues par des cercles. Les boîtes à tiroir et les tuyaux à vapeur sont aussi recouverts d'enveloppes isolantes.

Les *chemises* des cylindres sont généralement formées d'un second cylindre en fonte, qui s'emboîte par dessus le cylindre véritable, en laissant un intervalle entre les deux. — De la vapeur prise directement sur la boîte à tiroir ou sur le tuyau d'arrivée de vapeur, afflue continuellement dans cet intervalle. Souvent, en outre, à l'aide de cloisons et de bouts de tuyaux, on force ce fluide à circuler aussi dans le fond et dans le couvercle du cylindre. Cette disposition a pour but d'empêcher les refroidissements intérieurs. Au surplus, il existe toujours à la partie inférieure de la chemise, un robinet purgeur qui sert à faire écouler la vapeur condensée par le fait de la chaleur cédée au cylindre.

N° 41. — 1. Des pistons à vapeur. — 2. Des garnitures métalliques de piston; de leur cache-joint. — 3. Des tiges de piston; leur emmanchement. — 4. Des fourreaux. — 5. Des presse-étoupe ordinaires. — 6. Des presse-étoupe à garnitures métalliques. — 7. Faire un presse-étoupe.

N° 41₁ Des pistons à vapeur. — Le *piston à vapeur* est (n° 27₁) le disque contre lequel agit la vapeur d'une manière immédiate pour mettre en mouvement tout le reste de l'appareil. Il est re-

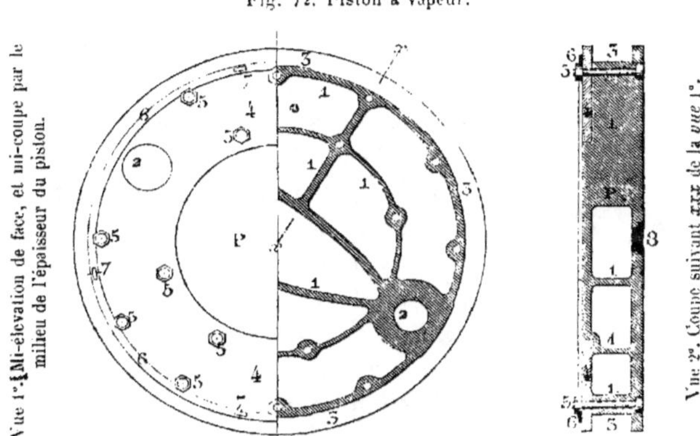

Fig. 72. Piston à vapeur.

présenté dans une de ses dispositions les plus habituelles sur la *fig.* 72. On y remarque les pièces ou parties suivantes :

P *carcasse* ou *corps du piston* : disque en fonte de fer évidé en grande partie intérieurement, et dont les faces forment deux cercles métalliques pleins.

1,1 *nervures* droites ou circulaires : cloisons venues de fonte avec l'intérieur de la carcasse, qu'ils servent à consolider.

2   moyeux dans lesquels viennent s'emmancher les tiges de piston.

3   *engoujure* ou *gorge* ménagée autour de la carcasse pour recevoir les garnitures de piston.

4   *couronne de piston* : anneau plat en fonte de fer ou en fer forgé qui se boulonne contre la carcasse P, et forme le second rebord de l'engoujure 3. Cette couronne sert à pouvoir mettre les garnitures en place et à les y maintenir ensuite.

5   boulons et écrous de réunion de la couronne et de la carcasse. Ces boulons traversent de part en part la carcasse, et ont leurs écrous qui s'appuient contre la couronne.

6   *frein* de couronne de piston : cercle en fer ou en tôle se capelant autour des écrous 5, et embrassant trois des six pans de chacun deux, de façon à les empêcher de se dévisser.

7   petites goupilles traversant les têtes de goujons taraudés dans la couronne de piston, et enfilés eux-mêmes dans des trous carrés du frein 6. De la sorte, ces goujons ne peuvent se desserrer ni le frein se décapeler.

8   tampon en fonte taraudé et fixé au moyen de freins dans l'une des faces du piston, et servant à boucher les trous à travers lesquels on retire de l'intérieur de la carcasse, le sable provenant des noyaux de moulage.

On rencontre dans certains pistons à vapeur, des moyeux ou bossages pour l'emmanchement des tiges motrices de pompe à air ou de petites pompes, conduites directement par ces organes.

— La jonction de la couronne des pistons avec la carcasse, présente plusieurs dispositions.

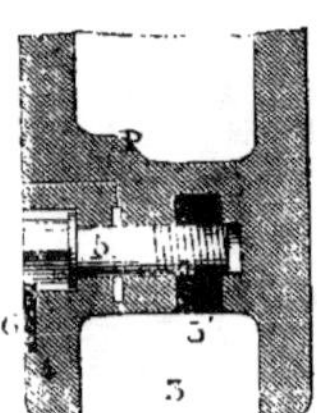

Fig. 73 Mode de jonction de la couronne du piston avec sa carcasse.

La plus répandue, avec celle de la *fig.* 72 est dessinée sur la *fig.* 75 dont les lettres et les chiffres ont la même signification que dans la légende ci-dessus. — On y voit que les écrous 5' des boulons de jonction sont des carrés en fer, qui se logent dans des cases ménagées sur le pourtour de la gorge 5 du piston.

Le diamètre extérieur de la couronne et celui de l'embase de la carcasse du piston sont inférieurs à celui du cylindre, et les garnitures doivent les déborder une fois bandées.

N° 41₂ Des garnitures métalliques de piston. — On nomme *garnitures de piston*, des pièces qu'on loge dans la gorge de cet organe pour en rendre le contour parfaitement étanche contre les parois du cylindre.

Les garnitures des pistons à vapeur sont toutes métalliques aujourd'hui. Elles se composent de *bagues* ou *anneaux en fer*, *en acier* ou le plus souvent *en fonte* et garnies d'antifriction. Elles sont *excentrées*, et par suite inégalement épaisses sur tout leur pourtour. Elles sont d'ailleurs coupées au point de leur plus petite épaisseur.

Les bagues ou anneaux de garniture sont généralement au nombre de deux par piston et posées côte à côte. Les coupures sont alors disposées pour ne pas se trouver en face l'une de l'autre, afin que la vapeur ne puisse pas passer.

Cache-joint. — Le *cache-joint* sert à prévenir les fuites par la coupure des bagues. Il se compose généralement d'une plaque mise en dedans de la bague, ajustée et tenue par deux vis, une sur chaque bout de cette bague. Cette plaque porte, comme la bague, sur la lèvre du piston ou bien sur la couronne. Les deux trous dont elle est munie et que les vis de fixation traversent, sont légèrement ovalisés pour permettre à la bague de se détendre à mesure que son bord extérieur s'use par le frottement dans le cylindre. On emploie aussi système représenté par la *fig.* 74. La fente de la bague *c*, est taillée en coin; et le cache-joint *j*, qui a une forme semblable, la remplit en entier. Il y est en outre constamment poussé, à mesure qu'elle tend à s'ouvrir, par un ressort *g*, qui prend son point d'appui contre le corps P du piston.

Dans les machines horizontales, les parties les plus épaisses des bagues sont en bas, et le piston s'appuie sur ces parties par l'intermédiaire de talons qui appartiennent tantôt au piston, tantôt à la bague. De cette façon, la lèvre du piston ne risque jamais de venir en contact avec la paroi du cylindre. Enfin, les bagues sont bandées au moyen de ressorts paraboliques *g*. *fig.* 74, qui prennent leur point d'appui dans le fond de la gorge du piston.

Fig. 74. Cache-joint en coin de garniture métallique de piston.

Mise en place des garnitures métalliques de piston. — Les garnitures de piston peuvent être mises en place, le piston étant hors du cylindre ou bien dans le cylindre. Dans le premier cas, l'opération ne présente aucune difficulté; il faut seulement avoir la précaution de mettre chaque bague à la place qui lui est assignée, et qui est repérée soit par des goujons, soit par les talons de portage du piston. De plus, pour introduire le piston dans le cylindre, il faut comprimer les bagues comme il est dit ci-après.

Dans le deuxième cas, le piston étant dans le cylindre, il faut enlever la couronne, puis introduire les bagues après les avoir comprimées avec un cercle en fer feuillard. Une fois les bagues dans le cylindre. on les pousse jusque sur la lèvre du piston. Celui-ci a d'ailleurs été amené aussi près que possible de l'ouverture du cylindre. Les ressorts sont ensuite mis en place, puis on amène la couronne. Le serrage des ressorts ne doit être effectué que lorsque toute la transmission de mouvement est montée.

N° 41₃ Des tiges de piston. — Les tiges de piston T, *fig.* 75, sont de longs cylindres en fer étoffé, quelquefois en acier, et le plus ordinairement en fer forgé. Dans ce dernier cas, elles sont souvent revêtues d'une couche d'acier de 10 à 15 millimètres d'épaisseur. Cette couche ne s'étend le long de la tige que depuis son emmanche-

Fig. 75. Tige de piston.

ment avec le piston jusqu'à une bonne longueur de cylindre, de façon à en recouvrir seulement la partie frottante, c'est-à-dire destinée à glisser dans le presse-étoupe.

Les tiges de piston portent fréquemment un bras conducteur *b* de pompe à air ou de petite pompe. Ce bras vient de forge avec elles ou se clavette dans leur épaisseur.

Emmanchement des tiges de piston. — L'emmanchement des tiges avec les grandes traverses ou tés, consiste toujours en une embase *c*, *fig.* 75, prolongée d'une partie cylindrique plus mince que le corps de la tige. Cette partie entre dans une douille correspondante de la traverse, où elle est maintenue à l'aide d'un écrou *d* ou de clavettes. — Pour les cylindres oscillants, on emploie des têtes de tige avec jonction à clavettes. Seulement, la pièce où s'emmanchent ces têtes est, à plus proprement parler, un palier de bielle (n° 49₃) qu'un té.

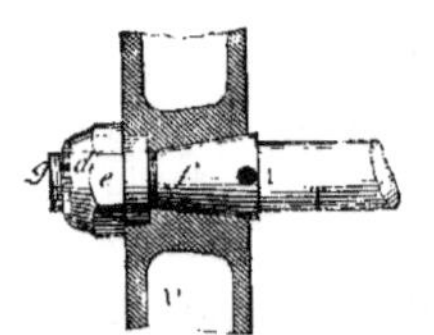

Fig. 76. Emmanchement du piston avec sa tige.

Pour les pistons, on rencontre des emmanchements coniques et d'autres cylindriques. Dans l'emmanchement à cône *fig.* 75 et 76, le cône *f*, s'introduit dans le noyau correspondant venu de fonte avec la carcasse P du piston. L'écrou *e* se visse sur la partie taraudée qui termine la tige. Il porte d'ordinaire six pans. En outre, afin d'augmenter le nombre des filets de vis en prise, il est prolongé par une partie cylindrique plus étroite que l'endroit des pans, et qui se loge dans l'épaisseur du corps du piston. Pour prévenir tout desserrage, on introduit un petite clavette *g* dans une mortaise pratiquée au bout de la tige, et dans celui des nombreux adents aperçus sur la tête de l'écrou qui se trouve alors vis-à-vis de cette mortaise. — D'autre part, un goujon 1 est incrusté sur la tige **T**, et vient se loger dans une petite cavité correspondante de la carcasse du piston. Il a pour but d'empêcher toute rotation de la tige sur elle-même. — L'écrou n'étant pas entièrement noyé dans le corps même du piston, oblige à ménager un renflement *ad hoc* dans le fond du cylindre.

L'emmanchement cylindrique présente la même disposition que celui de la traverse, et l'écrou a la forme de celui de la *fig.* 76.

Du nombre des tiges par piston. — Les machines à bielle directe et les machines à pilon n'ont généralement qu'une tige ; les machines à bielle en retour en ont toujours deux et quelquefois quatre, placées en diagonale de manière à comprendre entre elles l'arbre et le vilebrequin.

N° 41₄ Des fourreaux. — Les *fourreaux* des pistons à vapeur viennent d'ordinaire de fonte avec les corps même de ces pièces : du moins tel est ce qui a lieu pour la partie dans laquelle oscille la bielle. Quant à l'autre partie qu'on nomme *contre-fourreau*, et qui du reste n'existe pas toujours, elle se rapporte sur le piston à l'aide de boulons et d'écrous disposés absolument de la même manière que ceux des couronnes de piston. Ajoutons que le contre-fourreau est quelquefois remplacé par une *contre-tige*.

N° 41₅ Des presse-étoupe ordinaires. — On appelle *presse-étoupe* l'agencement destiné à rendre parfaitement étanche le passage d'une tige à travers un trou, ou plus généralement le contact de deux pièces dont l'une est mobile par rapport à l'autre.

La *fig.* 77 représente un presse-étoupe de tige de piston. On y distingue les parties suivantes :

A   *corps ou boîte* de presse-étoupe, venue ordinairement de fonte avec la pièce traversée K.

B   *siége ou grain* de presse-étoupe : couronne en bronze reposant sur une embase au fond de la boîte A, et formant le point d'appui de la garniture de presse-étoupe. Ce siége embrasse la tige **T** avec le moins de jeu possible, tout en lui permettant de glisser facilement. D'autre part, sa surface libre présente une gorge avec inclinaison du côté de la tige.

c   *chapeau, couronne* ou *presse-étoupe* proprement dit : cylindre avec larges rebords formant oreilles. Ce chapeau est généralement en bronze, et il entre juste dans la boîte B. Sa partie inférieure est en outre taillée en gorge. Enfin, il entoure à frottement doux la tige **T**.

e   prisonniers fixés dans la pièce traversée et enfilés dans les oreilles du chapeau précédent. Ils servent à l'aide de leurs écrous, à maintenir et à serrer ce chapeau.

g   garniture qui vient se loger entre le siége et la couronne de presse-étoupe. Elle est formée d'ordinaire de tresses en chanvre ou en coton. A mesure qu'on visse les écrous des prisonniers *e*, elle se comprime entre la gorge du chapeau et celle du siége, et vient se serrer contre la tige du piston.

Fig. 77. Presse-étoupe de tige de piston.

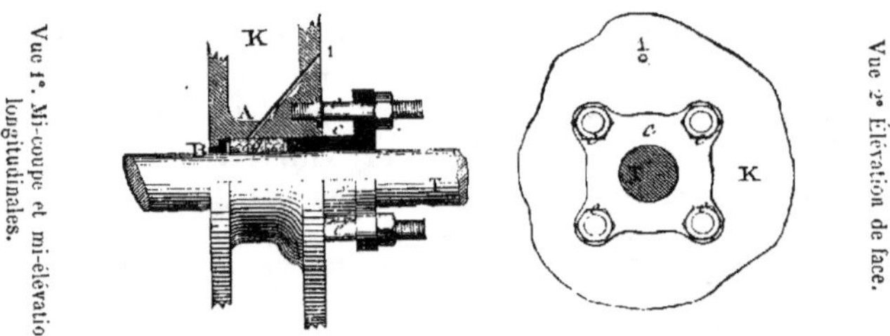

1   Petit canal à travers lequel on fait arriver l'huile destinée au graissage de la tige, quand celle-ci est horizontale. Mais lorsqu'elle est verticale, le canal est remplacé par une gorge pratiquée à la partie supérieure du chapeau, et le graissage s'effectue avec du suif fondu.

Presse-étoupe que l'on peut serrer en marche. — Ce

système représenté par la *fig.* 78, est appliqué indistinctement à tous les presse-étoupe. Voici la légende de cette figure :

Fig. 78. Presse-étoupe à vis.

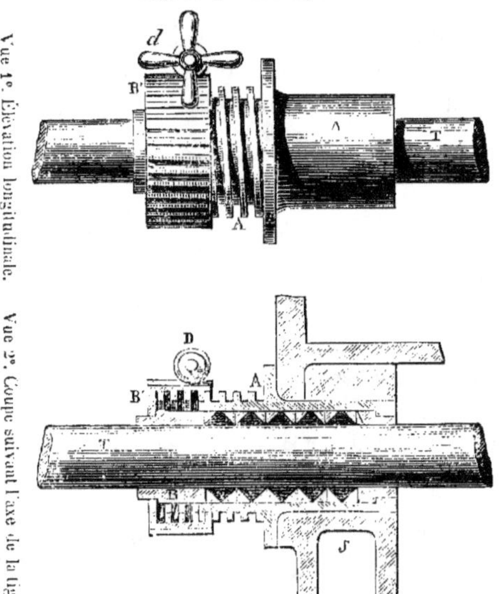

A   boite à étoupe en fer ou en bronze, fixée par un joint étanche sur le couvercle du cylindre, et portant dans le fond une bague en bronze pour le frottement de la tige de piston. Cette boite se prolonge en dehors du couvercle du cylindre et toute la partie saillante est taraudée extérieurement, à simple filet carré.

B   chapeau de presse-étoupe, formé simplement d'une bague cylindrique en bronze, qui s'engage dans l'intérieur de la boite à étoupe.

B'   écrou cylindrique destiné à pousser le chapeau B pour le faire pénétrer dans la

boite à étoupe. Cet écrou est taraudé sur la boite, et son pourtour est taillé en engrenage hélicoïdal, dont les dents très-allongées ne se distinguent de celles d'un pignon ordinaire que par une légère inclinaison des génératrices.

D Vis sans fin engrenant avec les dents extérieures de l'écrou B′, et servant à faire tourner cet écrou. L'axe de cette vis est vertical; sa partie inférieure repose sur une crapaudine fixée au couvercle du cylindre; sa partie supérieure traverse une partie également fixée à ce couvercle, et s'élève jusqu'au parquet de la machine. Une petite embase que porte la tige, en dessous de la patte qui la guide, sert de point d'appui à la vis D, et l'empêche de remonter.

d croisillon monté sur l'extrémité de la vis D, et au moyen duquel on fait tourner cette vis.

T Tige de piston.

s Vides des doubles fonds du couvercle du cylindre.

L'écrou B′ remplace tout autre moyen de serrage. Les tresses étant préalablement bien enfoncées avec un matoir en bois, on met en place le chapeau B et par dessus, l'écrou B′ qu'on fait tourner à la main pour commencer, puis au moyen de la vis D. En marche, le serrage s'effectue sans aucune difficulté, et on serre toujours bien carrément; mais il faut agir avec précaution et ne serrer que modérément.

N° 41₆ Des presse-étoupe à garnitures métalliques. — Dans les cylindres à fourreau, où le presse-étoupe a un diamètre considérable, on a trouvé plus avantageux d'employer des bagues en fonte pour garnitures. Ces bagues sont semblables à celles des pistons à vapeur, mais sans être excentrées. Elles sont d'ordinaire au nombre de trois. Deux sont coupées et posées l'une au-dessus de l'autre: elles embrassent le fourreau et ont leur contour extérieur qui forme la surface d'un tronc de cône. La troisième n'est pas fendue du tout: sa surface intérieure a absolument la même forme que le contour précédent, et se capelle exactement sur ce dernier. De nombreux boulons, qui prennent leur point d'appui contre le chapeau de presse-étoupe, poussent la bague précédente. Celle-ci force alors les premières bagues à serrer plus ou moins étroitement le fourreau. — Il existe souvent une disposition semblable pour les garnitures des tiroirs.

N° 41₇ Faire un presse-étoupe. — Pour faire un presse-étoupe ordinaire, il faut commencer par confectionner des tresses carrées de la dimension de l'intervalle qui existe entre la tige et la paroi de la boîte. Ces tresses se confectionnent généralement en coton, parce que le frottement du coton est plus doux que celui du chanvre, mais les tresses en chanvre ont plus d'élasticité.

Les tresses confectionnées sont coupées de longueur de manière à entourer exactement la tige, mais sans qu'on soit obligé de les étirer. Les bouts sont surliés, puis les tresses sont mises à tremper dans du suif fondu. Quand on juge que les tresses sont bien imbibées, on les retire du bain de suif et on les laisse égouter. On les met ensuite en place une à une dans la boîte à étoupe, où on les enfonce d'abord avec un matoir en bois, et puis avec le chapeau lui-même. Il faut avoir la précaution de croiser les points de jonction des tresses pour qu'il n'y ait pas de fuites.

Quand on garnit un presse-étoupe pour la première fois et surtout quand la boîte est à une basse température, il faut bourrer ce presse-étoupe de manière que le chapeau ne morde plus que de deux centimètres environ dans la boîte. Cela est nécessaire pour que, lorsque la machine sera échauffée et que la garniture deviendra lâche par suite de la fusion du suif qu'elle renferme, il y ait un serrage suffisant.

Avec les presse-étoupe qui ont une bague intérieure de graissage, il faut serrer vigoureusement les tresses du fond, entre la bague et la douille, pour être bien assuré que l'orifice de graissage ne sera pas en dehors de la bague. On effectue ce serrage au moyen du chapeau, et par l'intermédiaire de petits blocs de bois mis sur la bague de graissage.

N° 42. — 1. Classification des tiroirs en espèces et variétés d'espèce. — 2. Tiroirs en coquille ordinaires. — 3. Tiroirs en coquille à double orifice. — 4. Des compensateurs de tiroirs en coquille. — 5. Tiroirs en coquille à dos percé. — 6. Tiroirs en D long de Dupuy de Lôme.

N° 42₁ Classification des tiroirs en espèces et variétés d'espèces.

— Au point de vue théorique de leur jeu, les distributeurs de vapeur connus sous le nom de *tiroirs* se divisent (n° 51₁) en deux grandes classes :

Les *tiroirs en coquille*, qui sont ceux où l'introduction a lieu du côté des arêtes extérieures des barrettes et des orifices ;

Les *tiroirs en D*, qui sont ceux où l'introduction s'effectue du côté des arêtes intérieures.

On emploie aujourd'hui trois variétés de tiroirs en coquille :

1° Les tiroirs en coquille ordinaires
2° Les tiroirs en coquille à double orifice   } sans ou avec compensateur.
3° Les tiroirs en coquille à dos percé.

De leur côté, les tiroirs en D présentent quatre variétés :

1° Les tiroirs en D courts ;	3° Les tiroirs cylindriques courts ;
2° Les tiroirs en D longs ;	4° Les tiroirs cylindriques longs.

Chacune des variétés précédentes offre plusieurs types, suivant les usines qui les ont construites.

N° 42$_2$ Tiroirs en coquille ordinaires. — Les tiroirs en coquille ordinaires n'offrent rien de particulier dans leur réalisation pratique, et la *fig.* 51 *du texte* en donne une idée très-exacte.

Mais suivant le constructeur, la forme de la coquille varie, ainsi que l'emmanchement de la tige et le nombre de tiroirs par cylindre.

N° 42$_3$ Tiroirs en coquille à double orifice. — Dans le but de diminuer la course du distributeur, on emploie les tiroirs en *coquille à double orifice*. Ce genre de tiroir est représenté en coupe par la *fig.* 79. Il doit son nom à ce que chaque lumière *l. l*, se bifurque en deux canaux *o* et *o'*, de façon à déboucher par deux orifices sur la

Fig. 79. Coupe longitudinale dans un tiroir en coquille à double orifice et avec compensateur.

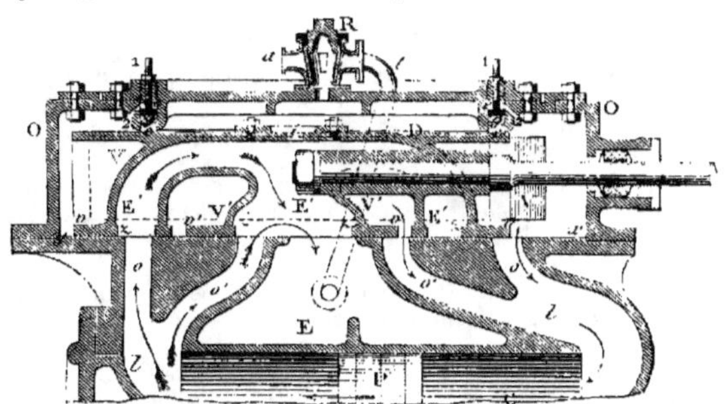

plaque de cylindre *xy*. Voici du reste la légende de cette figure, à l'exception toutefois de ce qui concerne le compensateur, dont la description est donnée ci-après (n° 42$_4$).

O   *boîte à tiroir*, formée d'une caisse en fonte solidement boulonnée sur la plaque de cylindre.

V   espace de la boîte précédente en communication continuelle avec le tuyau d'arrivée de vapeur, dont on aperçoit le débouché dessiné partie en noir, partie en pointillé dans le fond de ladite boîte.

E   conduit d'évacuation au condenseur.

D   coquille extérieure du tiroir.

V',V'   coquilles intérieures du tiroir venues de fonte avec la pièce précédente. Ces coquilles ont leurs deux faces antérieures et postérieures au plan du tableau complétement débouchées. Elles ne cessent point, par conséquent, d'être en communication avec l'espace V, et par suite elles se trouvent toujours pleines de vapeur.

E',E'   canaux compris entre la grande coquille D et les deux petites V',V'. Ces canaux sont complétement isolés de l'espace V. Mais, au contraire, ils communiquent constamment avec le conduit d'évacuation E.

o,o'   orifices se réunissant à chaque extrémité du cylindre en une seule et même lumière *l* avant de déboucher dans ce récipient.

C   cylindre à vapeur.

P   piston à vapeur.

Le mode de distribution du tiroir à double orifice est clairement indiqué sur la *figure ci-dessus*, à l'aide des flèches qui y sont dessinées. On voit qu'en définitive chaque barrette vz ou $v'z'$, joue ici, par rapport à l'orifice correspondant o ou o', le même rôle que dans le tiroir en coquille ordinaire.

N° 42₄ Des compensateurs de tiroirs en coquille. — Pour atténuer le frottement considérable des tiroirs en coquille simple ou à double orifice, on fait usage de *compensateurs*.

En principe, tout compensateur consiste en une installation formant entre le dos du tiroir et le couvercle de sa boîte, un compartiment en communication constante avec le condenseur. De la sorte, une portion de la surface du distributeur se trouve soustraite à la pression de la vapeur, et le frottement est diminué d'autant.

Sur la *fig.* 79, le tiroir est muni d'un compensateur. On y remarque les pièces suivantes :

c cadre en bronze, quelquefois carré, mais d'ordinaire circulaire ou ovale. Ce cadre est logé dans une rainure coulée avec le couvercle de la boîte de distribution. Il appuie à frottement étanche contre le tiroir, dont le dos, parfaitement plané à cet effet, glisse contre lui.

g garniture en chanvre logée au-dessus du cadre c dans la même rainure.

e second cadre en bronze, formant presse-étoupe au-dessus de la garniture g.

1.1   vis servant à serrer tout le système formé par les trois pièces précédentes.

2.2   petits trous par lesquels la vapeur arrive au-dessus du cadre e. De la sorte, ce cadre est toujours pressé d'une manière convenable, dans le cas où on oublierait de maintenir un serrage suffisant à l'aide des vis 1,1.

R   robinet à trois fins ayant les quatre buts que voici : 1° Il fait communiquer par le tuyau t l'intérieur du compensateur et par suite le dos du tiroir avec le condenseur, ou plutôt avec le conduit d'évacuation E. — 2° Il permet d'établir cette communication avec l'atmosphère par la tubulure a, ce qui sert à s'assurer, en stoppant et en voyant s'il sort de la vapeur ou si l'air est aspiré, que le compensateur fuit ou est étanche. — 3° Le robinet R met à même, par sa fermeture, d'isoler du condenseur l'intérieur du compensateur si ce dernier fuit, et de ramener ainsi le distributeur à un tiroir en coquille sans compensation.

Souvent, au lieu du robinet R et du tuyau f, il existe simplement dans le dos du tiroir un petit trou i. En pareil cas, le compensateur communique immédiatement avec le conduit d'évacuation E.

N° 42₅ Tiroirs en coquille à dos percé. — Dans les machines où les condenseurs sont placés vis-à-vis des cylindres et les distributeurs sur le dessus de ces derniers, on a trouvé avantageux d'employer des *tiroirs à dos percé*.

Ce sont, en dernière analyse, des tiroirs en coquille ordinaires, dont le dos est percé à son centre d'un énorme trou pour l'évacuation, et se trouve d'ailleurs isolé de la partie de la boîte de distribution où afflue la vapeur, par un système de garniture absolument semblable à un compensateur. Le tuyau d'évacuation part alors du dessus même de la boîte précédente, qui, elle aussi, porte une large ouverture. De la sorte, la vapeur, dès son entrée sous la coquille, se rend tout de suite dans ce tuyau à travers le dos du tiroir et celui de sa boîte. Les *fig.* 1 et 3, *sect.* 2 et 3, *pl.* III, montrent la disposition des tiroirs dont il s'agit.

Nᵒ 42₆ Tiroirs en D, type Dupuy de Lôme. — Les tiroirs en D (nᵒ 51₄) sont *courts* ou *longs* suivant qu'ils se composent de deux blocs séparés et courts, ou d'un long demi-cylindre d'un seul morceau.

Les tiroirs en D courts sont aujourd'hui abandonnés, et l'on ne rencontre plus que des tiroirs en D long du type *Dupuy de Lôme*; ce tiroir est représenté, en D, *fig.* 2 et 4, *sect.* 1, *pl.* II, et en *fig.* 2 et 3, *sect.* 1 et 2, *pl.* IV. L'évacuation a lieu par des conduits distincts aboutissant à un tuyau d'évacuation commun. Cet agencement a pour but d'éloigner le plus possible le courant de vapeur chaude qui arrive de la chaudière, des parties en communication avec le condenseur.

On remarque, notamment sur les *fig.* 2 et 3, *sect.* 1, *pl.* IV, que la boîte à tiroir est arrondie comme le tiroir lui-même, et qu'il existe une garniture tout autour du dos du tiroir. Cette garniture comporte une bague de frottement en deux parties et garnie d'antifriction, qui est appuyée sur le dos du tiroir par des tresses en chanvre. Ces tresses sont logées entre la garniture précédente et la paroi de la boîte à tiroir; elles sont serrées par un presse-étoupe à lanterne que l'on fait avancer, de l'extérieur, au moyen de vis taraudées dans le couvercle de la boîte à tiroir. Les fenêtres percées dans les presse-garniture, sont nécessaires pour livrer passage à la vapeur d'évacuation.

Nᵒ 43. — 1. Rappel de la classification des mises en marche : principaux types qu'on en rencontre dans chaque système. — 2. Secteur Stephenson : détente variable obtenue par son moyen. — 3. Mise en marche Mazeline. — 4. Renvoi de mouvement de tiroir et mise en marche des machines oscillantes. — 5. Détails de construction sur les excentriques et leurs bielles.

Nᵒ 43₁ Rappel de la classification des mises en marche : principaux types qu'on en rencontre dans chaque système. — Les mises en marche présentent (nᵒ 54₂) deux systèmes fondamentaux, et chacun de ces systèmes se subdivise en deux variétés. De plus, chaque variété est employée en général sous plusieurs types.

Voici le tableau synoptique de ces divers types rattachés chacun au système et à la variété de système dont ils font partie :

<table>
<tr><td rowspan="2">1ᵉʳ système de renver-
sement de marche :
deux excentriques
clavetés sur l'arbre
qui les porte . . . .</td><td>1ʳᵉ variété : avec sec-
teur . . . .</td><td>Secteur Stephenson à bielles croisées ou décroisées, et avec différents modes de suspension de l'arc.</td></tr>
<tr><td>2ᵉ variété : avec bielles
indépendantes . . .</td><td>Mise en marche du Creusot.</td></tr>
<tr><td rowspan="2">2ᵉ système de renver-
sement de marche :
une seule manivelle
ou excentrique à ca-
lage variable. . . .</td><td>1ʳᵉ variété : sans dé-
clanche. . . . . . .</td><td>Mise en marche Mazeline.
Mise en marche Dupuy de Lôme.</td></tr>
<tr><td>2ᵉ variété : avec dé-
clanche . . . . . .</td><td>Mise en marche des machines à balanciers.
Mise en marche de la plupart des machi-
nes oscillantes</td></tr>
</table>

Beaucoup, parmi ces types, sont aujourd'hui abandonnés, nous ne parlerons que de ceux que l'on emploie encore.

N° 43₂ Secteur Stephenson. — La disposition de secteur Stephenson qui a été adaptée à la machine démonstrative, *fig.* 31 *du texte*, et représentée à grande échelle sur la *fig.* 43, est très-répandue. Les autres types de secteur n'en diffèrent que par la manière dont les bielles relient leurs excentriques à la coulisse, ainsi que par le mode de suspension de celle-ci. Mais ces différences influent peu sur le fonctionnement de la coulisse.

La manière dont les bielles des excentriques relient ceux-ci à la coulisse, constitue deux dispositions différentes de secteur Stephenson, qu'on désigne sous le nom de secteurs à bielles décroisées ou à bielles croisées. — Les secteurs sont *à bielles décroisées ou croisées* suivant que, au moment où l'angle des deux excentriques est tourné du côté de la coulisse, les bielles sont *décroisées* ou *croisées*.

En mettant le secteur à mi-suspension, la course du tiroir est beaucoup plus réduite lorsque les bielles sont croisées que lorsqu'elles ne le sont pas.

Détente obtenue avec le secteur. — On peut produire la détente variable au moyen du secteur Stephenson, en changeant la suspension de la coulisse de manière que le bouton d'entraînement du tiroir se rapproche plus ou moins du milieu de l'arc, suivant la détente à produire. Le changement d'introduction résulte de la diminution de la course du distributeur et de l'augmentation de l'angle d'avance qui se produisent à mesure que l'on approche de la mi-suspension.

N° 43₃ Mise en marche Mazeline. — La mise en marche Mazeline se rencontre sur un très-grand nombre de machines horizontales à bielle en retour. Elle rentre, quant au principe de son jeu, dans le mécanisme de renversement de marche démonstratif représenté *fig.* 46 *du texte*, et décrit au n° 54₄. Seulement, le levier *m* de cette figure est ici remplacé par tout un système d'engrenages, qui facilite l'entraînement des distributeurs pour le décalage du toc, et que commande d'ailleurs une roue ou volant. — Cette mise en marche est représentée en *fig.* 1 et 2, *sect.* 2, *pl.* II, et décrite en détail dans la légende de cette planche. Les *fig.* 1 et 3, *sect.* 1, *pl.* IV, représentent ce mécanisme avec les dernières modifications qu'il a reçues, et dont la plus importante consiste dans l'installation du frein construit par l'usine d'*Indret*; ce frein est représenté par la *fig.* 80, dont voici la légende :

a   extrémité avant de l'arbre des tiroirs, au-delà de la grande roue dentée. Une embase de cet arbre sert de butoir au moyeu du volant de manœuvre.
b   partie hexagonale qui prolonge l'arbre des tiroirs et qui est venue de forger avec lui.

Fig. 80. Frein de la mise en marche Mazeline.

Vue 2°. Coupe suivant XX   Vue 1°. Coupe verticale par l'axe
de la *vue* 1°.   de l'arbre des tiroirs.

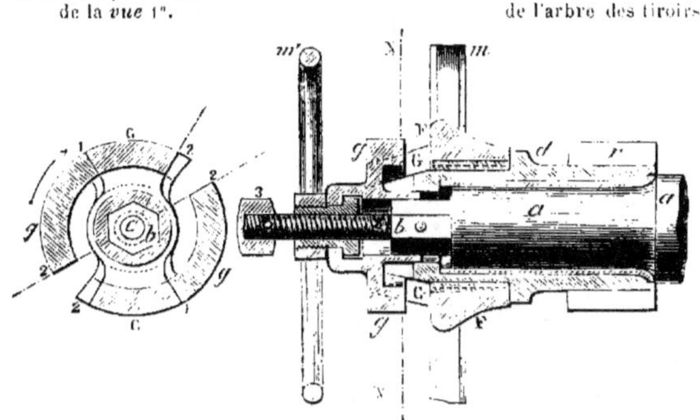

c   prisonnier cylindrique taraudé extérieurement avec un pas à gauche, et rapporté sur l'extrémité avant de l'arbre des tiroirs.
d   manchon en fer sur lequel est monté le volant *m* de manœuvre de la mise en train. Ce manchon fait corps avec le pignon qui engrène avec la roue satellite.
F   moyeu du volant de manœuvre *m* de la mise en train.
G   parties saillantes du moyeu F, au nombre de deux diamétralement opposées, et présentant, vues de bout, la forme de deux fractions de couronnes, *vue* 2°, dont les faces longitudinales dans le sens des rayons sont taillées en hélice.
g   frein en fer portant deux griffes, ayant également la forme de portions de couronnes dont les faces suivant le rayon sont taillées en hélice ; le moyeu est ajusté à frottement doux sur la partie hexagonale *b*.
m   volant de manœuvre de la mise en train, venu de fonte avec son moyeu F.
m'   volant de manœuvre du frein. Le moyeu du frein *g* porte un évidement intérieur dans lequel se loge la tête d'un boulon en fer percé suivant son axe et taraudé sur le prisonnier *c*. L'extrémité de ce boulon fait saillie sur l'avant et se taraude exté-

rieurement, avec un pas à droite, dans le moyeu du volant *m'* ; trois petites vis engagées mi-partie dans le boulon précité et mi-partie dans le moyeu du volant *m'*, rendent ces deux pièces solidaires.

r   pignon en fer faisant corps avec le manchon *d*, et engrenant avec la roue satellite de la mise en train.

1   faces de contact des griffes du frein avec celles du moyeu F, pour la marche avant.

2   faces de contact des griffes du frein avec celles du moyeu F, pour la marche arrière.

3   écrou goupillé à l'extrémité du prisonnier *c* pour limiter la course de la griffe du frein.

Sur la *fig.* 80, le frein est en poste pour la marche avant; les griffes portent par leurs faces de contact 1. Le volant *m'* et le boulon sur lequel le volant est taraudé sont solidaires; ce dernier tourne librement dans le moyeu du frein et entraîne celui-ci, soit pour l'enfoncer, soit pour le dégager, suivant qu'on tourne le volant *m'* à gauche ou à droite. Dans ces mouvements, le frein ne peut marcher que parrallèlement à lui-même, sans tourner par rapport à l'arbre des tiroirs, à cause de son emmanchement à frottement doux sur la partie hexagonale *b*.

Pour renverser la marche, il faut commencer par desserrer le frein en agissant sur le volant *m'*, qu'on fait tourner à droite. Le boulon sur lequel le volant est fixé tourne avec lui et entraîne le frein qu'il desserre. L'écrou 5 limite la course du frein; mais il faut avoir soin de ne pas arriver brusquement sur cet écrou afin de ne pas coincer le volant *m'*. Le volant *m* de la mise en train étant devenu libre, on renverse la marche, et, cette opération terminée, on enfonce le frein en faisant tourner le volant *m'* à gauche. Les griffes du frein viennent en contact avec celles du volant *m*, par les faces 2, appuient ce volant dans le sens du mouvement qu'on lui a imprimé pour renverser la marche, et tendent par suite à maintenir la mise en train à bloc ou à l'y mettre si elle n'y était pas exactement.

N° 43. Renvoi de mouvement de tiroir des machines oscillantes. — Le système de renvoi de mouvement de tiroir des machines oscillantes, est caractérisé par une pièce principale connue sous le nom d'*arc des oscillants* ou d'*arc de Penn*. Cet arc est représenté à grande échelle et avec les épaisseurs en S, *fig.* 8 et 10, *sect.* 1, et *fig.* 1 et 2, *sect.* 2, *pl.* 1. Sur le croquis ci-contre, *fig.* 81, il se voit en *ac*. — Il est guidé par deux colonnettes *n*, *n* parallèles à la ligne d'axe A*k*, qui joint le centre de l'arbre de couche A à celui des tourillons d'oscillation *k*. Il se trouve en outre dirigé par une tige T' venue de forge avec lui et traversant une gaîne fixe G. Cette tige T' porte d'ailleurs le bouton d'entraînement *x*, que vient embrasser soit l'encoche de la tige q d'excentrique, soit la coulisse d'un secteur Stephenson, suivant le genre de mise en marche employé. D'autre part, l'intérieur de l'arc est fendu, et reçoit un coulisseau monté à l'extrémité y du levier yz du tiroir.

Pendant que l'arc ac reçoit un mouvement de va-et-vient entièrement indépendant des oscillations du cylindre, l'extrémité y du levier yz participe à ce mouvement tout en glissant sous l'influence de ces oscillations dans la fente de l'arc, et l'autre extrémité de ce levier conduit le tiroir.

Mise en marche des machines oscillantes. — La mise en marche des machines oscillantes se compose souvent aujourd'hui d'un secteur Stephenson. Cependant certains constructeurs préfèrent employer un excentrique ordinaire à calage variable et avec déclanche. C'est cette disposition que nous avons représentée en *fig.* 81.

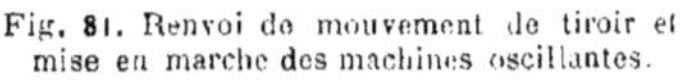

Fig. 81. Renvoi de mouvement de tiroir et mise en marche des machines oscillantes.

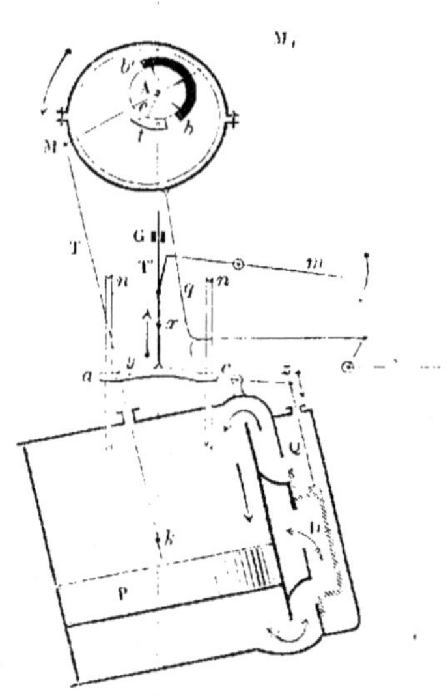

En pareil cas, pour renverser la marche, on déclanche, à l'aide d'une espèce de mouvement de sonnette l, la tige q d'excentrique. Puis, avec le levier m, on manœuvre le tiroir à bras de façon que la machine parte à rebours du sens qu'on veut quitter, et que le *butoir* bb', vissé dans l'arbre A, vienne rencontrer le *toc* t, boulonné sur le chariot d'excentrique, par l'extrémité b' opposée à celle b primitivement en contact avec ce toc.

N° 43₈ Détails de construction sur les chariots d'excentrique. — La *fig.* 82 représente un chariot d'un modèle très-usité. Ce chariot e est en fonte ; et presque toujours il se compose de deux morceaux, afin qu'on puisse le monter sur l'arbre de couche. Ces deux morceaux sont réunis entre eux par deux queues d'aronde a,a et par un boulon b. Ils sont d'ailleurs évidés en partie. Enfin, sur leur pourtour extérieur, existe une gorge ou rainure r, *vue* 2°, destinée à empêcher le collier de décapeler une fois en place. Quelquefois, au lieu d'une rainure, il y a pour le même objet une saillie s, *vue* 5°, qui se loge dans une gorge taillée dans l'intérieur du collier. — En *f,f*, sont ménagées deux entailles pour le passage des clefs d'emmanchement sur l'arbre, si l'excentrique est fixe. Sinon, il existe un toc formé par une petite saillie *t* venue de fonte avec le chariot *e*. Quant

Fig. 82. Chariot d'excentrique.

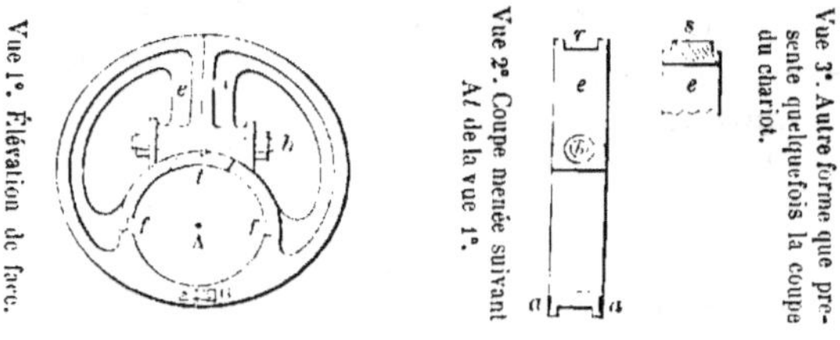

Vue 1°. Élévation de face.

Vue 2°. Coupe menée suivant *Al* de la vue 1°.

Vue 3°. Autre forme que présente quelquefois la coupe du chariot.

au butoir, qui correspond dans ce dernier cas au toc, il est formé de deux portions d'arc de cercle en fer *b,b'*, *fig. 82 bis*. Ces portions sont légèrement incrustées dans l'arbre A qui porte l'excentrique, et tenues chacune par une vis *v,v'*.

Fig. 82 *bis.* Butoir d'excentrique de tiroir.

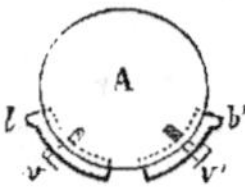

Les chariots d'excentrique ne sont pas tous façonnés de la même manière. Tantôt, ils sont formés de deux parties, dont la ligne de jonction est perpendiculaire au rayon d'excentricité. Tantôt, ils sont d'un seul morceau, auquel cas ils doivent être montés à l'une des extrémités même de leur arbre.

Détails de construction sur les colliers d'excentrique. — Les colliers d'excentrique sont d'ordinaire en bronze et exceptionnellement en fer forgé. La *fig.* 83 représente la forme la plus usitée. On y remarque les détails suivants :

e collier avec nervure sur son pourtour extérieur, et composé de deux parties.
d,d boulons d'assemblage des deux parties du collier.
q bielle ou tige d'excentrique en fer. Cette bielle est clavetée dans la partie inférieure du collier quand celui-ci est en bronze. Sinon, elle vient de forge avec lui.
1 petite lumière par laquelle on verse l'huile destinée au graissage du collier.
2 patte d'araignée : petites rainures creusées dans le collier, aboutissant à la lumière 1, et servant à répartir l'huile de graissage sur tout le contour intérieur.
3 petites cales en cuivre, qu'on enlève au fur et à mesure que l'on serre les boulons *d,d* pour compenser l'usure du collier.

Détails de construction sur les bielles d'excentrique, et sur les déclanches ou les fourches de leur pied. — Les bielles ou tiges d'excentrique sont toujours en fer forgé. Elles ont une

forme tantôt cylindrique, tantôt plate. Les têtes se fixent d'ordinaire
par une clavette au collier d'excentrique. — De son côté, leur pied est
à encoche et à déclanche, lorsqu'il est destiné à se séparer à volonté

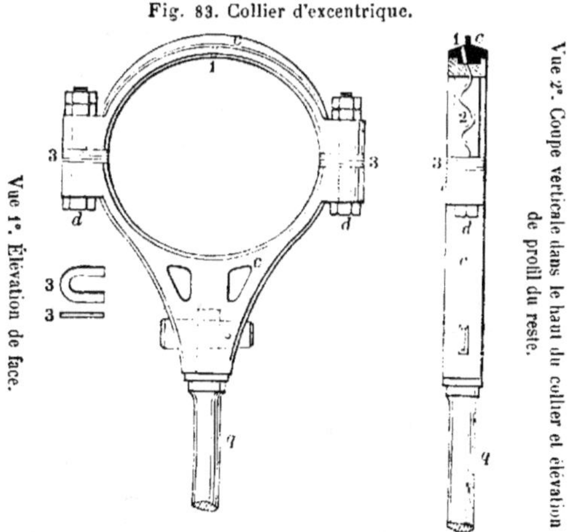

Fig. 83. Collier d'excentrique.

du bouton d'entraînement du tiroir. Tel est le pied q dessiné sur la
fig 84, dont voici le légende :

x bouton d'entraînement du tiroir, en acier, faisant corps avec la tige du distributeur
ou avec une des pièces de renvoi de mouvement de cet organe, quand il n'est pas
conduit directement.

y encoche avec laquelle s'enclanche à volonté le bouton précédent.

c *couteau de déclanche.* Levier formant le crochet à une extrémité, et pénétrant à volonté

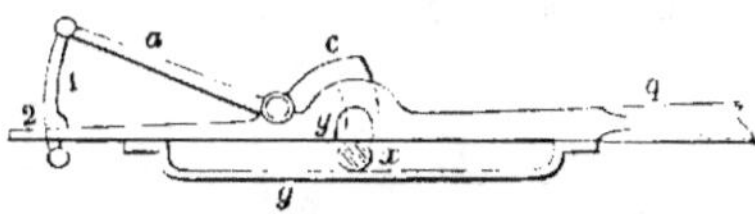

Fig. 84. Pied de bielle d'excentrique avec encoche
et déclanche.

à travers l'épaisseur même de la bielle q, dans l'encoche y. La queue a du couteau
a son extrémité articulée avec un arc à mentonnet 1, dont le menton peut venir
s'appuyer contre les rebords du trou 2 pour tenir la queue a levée. Si l'on pousse
l'arc 1, le crochet du couteau pénètre dans l'encoche y ; il prend un point d'appui
contre le bouton x, soulève d'abord la bielle q, et la force à se séparer complètement du bouton x. — La manœuvre pour réenclancher est aussi simple : Il suffit
de décrocher le menton de l'arc 1 et de tirer sur cette dernière pièce, ou même le

plus souvent, de laisser le poids de la queue *a* faire basculer le couteau et dégager l'encoche.

g   sous-garde destinée à arrêter la levée de la bielle *q* d'excentrique, dans le cas où cette bielle serait entraînée par un frottement exagéré sur le collier.

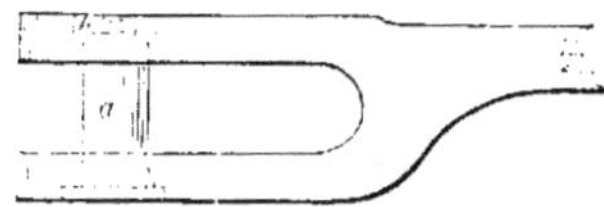
Fig. 85. Extrémité de bielle d'excentrique avec fourche.

— Lorsque les bielles d'excentrique sont destinées à se relier avec un secteur, ou à s'articuler à demeure avec la pièce d'entraînement du tiroir, leur pied est terminé par une fourche, ainsi qu'on le voit en *fig.* 85, ou simplement par un œil.

N° 44. — 1. Tuyaux de vapeur; joint glissant; enveloppe et robinets purgeurs des tuyaux précédents; valves de prise de vapeur. — 2. Description d'un système de détente variable.

N° 44₁ Tuyaux de vapeur. — *Le tuyau de vapeur* qui établit la communication des chaudières avec les cylindres, est d'ordinaire en cuivre rouge. Il part des soupapes d'arrêts (n° 59₁ et 63₁), et vient aboutir à chacune des boîtes à tiroir en se bifurquant en autant d'embranchements qu'il y a de cylindres. En outre, il se compose de plusieurs morceaux réunis entre eux par des collets en bronze. Ces collets ont leur gaîne fixée au bout de tuyau correspondant dans le genre de la partie *b* de la *fig.* 86.

Joint glissant. — On nomme ainsi la jonction de deux bouts de tuyau à l'aide d'un presse-étoupe. L'un des tubes T, *fig.* 86, est

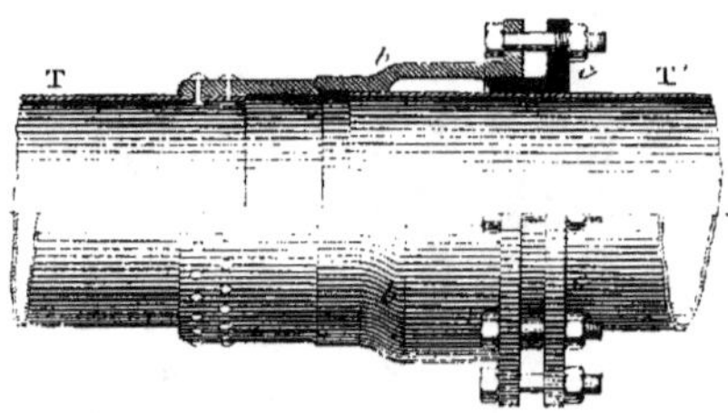
Fig. 86. Joint glissant.

riveté avec la boîte *b* du presse-étoupe, tandis que le second T' entre à frottement doux dans cette boîte. Il y est d'ailleurs rendu étanche par une garniture en chanvre que presse le chapeau *c* au moyen de boulons. Cette disposition permet aux deux bouts de tuyau de jouer dans le sens de leur longueur, l'un par rapport à l'autre, sans qu'il en résulte de fuite.

Enveloppe et robinets purgeurs des tuyaux de va-

peur. — Les tuyaux de vapeur sont toujours revêtus d'une enveloppe isolante qui en prévient les refroidissements extérieurs.

D'autre part, ils portent le plus souvent à leurs principaux coudes, de petits robinets purgeurs destinés à faire écouler de temps à autre, l'eau qui se dépose continuellement dans ces coudes, et qui provient ou de condensations partielles de la vapeur ou des particules liquides entraînées par ce fluide.

Valves de prise de vapeur. — D'ordinaire la *valve* ou *registre de prise de vapeur* consiste en une véritable clef de poêle perfectionnée et qu'on nomme papillon. Ainsi, sur la *fig.* 87, c'est un octogone *v* en bronze, logé dans une boîte B de même métal intercalée entre deux bouts du tuyau de vapeur V. Dans l'intérieur de la boîte, existe un siège pareillement octogonal sur lequel le papillon vient s'appuyer quand on le ferme. Ces deux pièces ont d'ailleurs leur pourtour taillé en chanfrein, afin d'obtenir un contact plus parfait et d'éviter le coinçage.

Fig. 87. Valve de prise de vapeur.

Vue 1°. Coupe menée dans la valve et le tuyau de vapeur perpendiculairement à l'axe de la valve.

Vue 2°. Perspective de la valve et du tuyau de vapeur coupé perpendiculairement à l'axe de la valve.

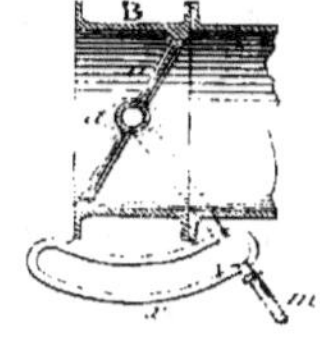
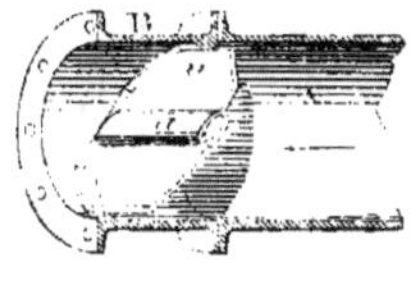

L'axe *a* qui porte la valve, est incrusté dans l'épaisseur de celle-ci. L'une de ses extrémités se trouve supportée par une cavité ménagée au centre d'un petit bouchon qu'on visse dans les parois de la boîte B, tandis que l'autre sort de cette boîte à travers un presse-étoupe et s'emmanche avec une poignée *m*. Celle-ci peut à l'aide du bouton à vis 1, se fixer le long de l'arc *x* à tel point que l'on désire pour avoir une ouverture déterminée. A cet effet, l'arc *x* est divisé en dixièmes de l'ouverture totale de la valve.

N° 44₂ Description d'un système de détente variable. — Les systèmes de détente variable (n° 29₁) sont très nombreux ; la *fig.* 88 représente le système à plaque frottante et à orifices multiples conduit par un excentrique à calage variable. Voici la légende de cette figure :

V   tuyau d'arrivée de vapeur.
O   boîte à tiroir.
O′ boîte à détente.

d   *détente à plaque frottante avec orifices multiples.* Cette détente n'est autre qu'une grande plaque de fonte percée de plusieurs trous rectangulaires *o',o'*....Cette plaque glisse devant des orifices *o,o,...*, pratiqués dans la cloison de séparation des boîtes O et O'. Il est évident que, suivant que les trous *o',o',...*, démasquent ou non les orifices *o,o,...*, l'arrivée de la vapeur a lieu ou est interceptée.

e,e   excentriques du tiroir.

e   excentrique de détente. Il est monté à frottement doux sur l'arbre de couche A ; et, maintenu dans diverses positions fixes par rapport à ce dernier à l'aide des pièces *g* et K' ; il communique à la détente un *mouvement incessant*.

j,J   bielle d'excentrique de détente et tige de détente.

AM   grande manivelle.

x,z,y points correspondants aux extrémités et au milieu du parcours d'un point quel-

Fig. 88. Détente à plaque frottante avec orifices multiples du Creusot.

Vue 1°. Elévation de face, avec le couvercle de la boîte à détente enlevé.

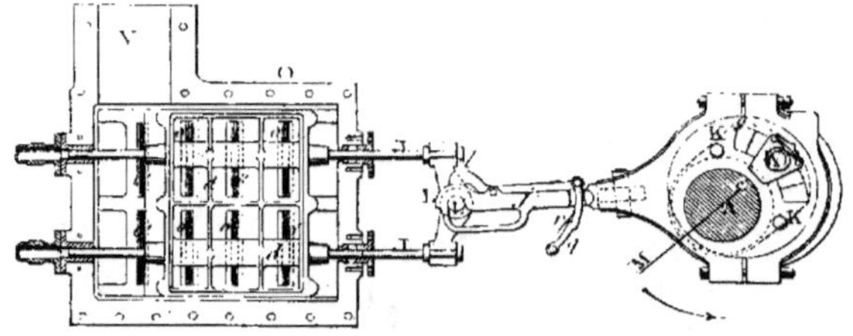

Vue 2°. Coupe horizontale passant par la tige supérieure de détente.

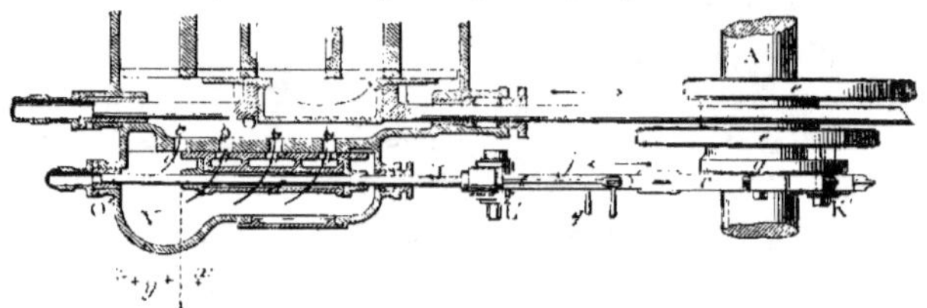

conque *a* pris sur l'organe de détente. On voit qu'ici cet organe *ouvre en grand à ses bouts de course* et ferme à mi-course, exactement comme un tiroir ordinaire.

g,K',K,K mécanisme de modification du degré de détente. g est un disque ovale claveté sur l'arbre de couche. Il se trouve accolé contre l'excentrique de détente, et le maintient à divers calages à l'aide d'un boulon dont le pied est incrusté dans son épaisseur. A cet effet, ce boulon traverse une rainure pratiquée dans le chariot de l'excentrique, et porte à sa tête un fort écrou K', muni d'une savate et d'un frein. D'autre part, il existe en K,K, deux forts prisonniers à tête polygonale fixés perpendiculairement au chariot précédent, et sur lesquels on emmanche à volonté des clefs pour former bras de levier. — On conçoit d'après cela qu'en dévissant l'écrou K' et en agissant sur les susdites clefs, on force l'excentrique à changer de calage.

l..l mécanisme de suspension d'action de la détente. Tout ce qui a été dit sur ce mécanisme dans la légende de la *fig.* 84, est entièrement applicable au cas actuel. Nous ajouterons seulement que la queue du couteau du déclanche *l* se manœuvre ici à l'aide d'un arc à mentonnet *q*, que la petite lame élastique *r* maintient en place une fois levé.

CHAP. III, § 3. — CONDENSEURS, POMPES A AIR ET BACHES.

N° 45. — 1. Des tuyaux d'évacuation. — 2. Détails de construction et emplacement des condenseurs. — 3. Injections à la mer et de cale; robinets de sûreté; régulateurs et plongeurs ou appendices d'injection; des tuyaux d'injection. — 4. Soupapes de purge de condenseur et reniflards.

N° 45₁ Des tuyaux d'évacuation. — Les tuyaux d'évacuation sont (n° 50₁) des conduits en cuivre rouge qui établissent la communication entre les boîtes à tiroir et les condenseurs. L'extrémité des tuyaux d'évacuation se réunit toujours par un joint glissant (n° 44₁) à une tubulure venue de fonte avec le condenseur.

N° 45₂ Détails de construction des condenseurs ordinaires. — Les condenseurs ordinaires ou par mélange sont toujours en fonte, leur forme n'a rien de bien arrêté : généralement ils sont parallélipipédiques à angles arrondis. La pompe à air et la bâche font partie du condenseur.

Tous les condenseurs sont munis d'un trou d'homme, qui permet d'atteindre et de visiter les clapets de pompe à air, ainsi que la crépine ou le débouché du régulateur d'injection. Ce trou d'homme se clôt par une porte elliptique ou rectangulaire, posée de dehors en dedans, de façon à être appliquée par la pression atmosphérique. Cet agencement est représenté par la *fig.* 89. On voit que c'est tout bonnement un couvercle A muni de rebords et retenu contre le condenseur au moyen de nombreux prisonniers *b*, *b*…. Le joint doit d'ailleurs en être exécuté avec le plus grand soin pour prévenir toute rentrée d'air.

Emplacement des condenseurs. — Dans presque toutes les machines horizontales actuelles, les condenseurs sont placés à l'opposé des cylindres.

Fig. 89. Porte de visite de condenseur.

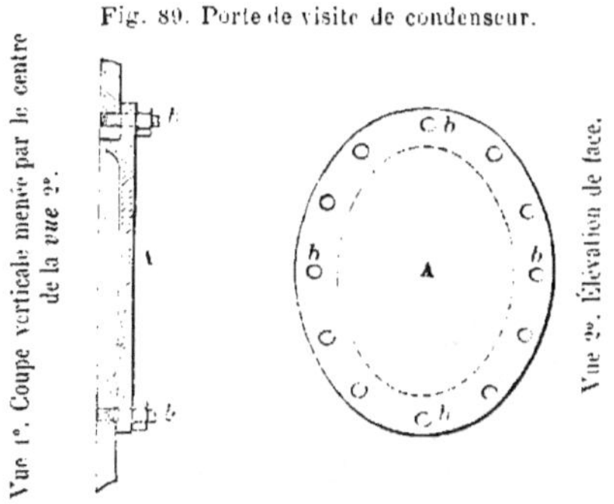

Chaque cylindre a d'ailleurs son condenseur distinct. — Dans les machines à pilon, le condenseur sert le plus souvent d'appui au cylindre, et fait alors partie des bâtis.

N° 45₃ Injections à la mer et de cale. — En se reportant à notre machine démonstrative (*fig.* 31 *du texte*) et à beaucoup des appareils de nos planches, on voit que le plus souvent aujourd'hui chaque condenseur est muni de deux injections distinctes : *l'une dite à la mer, l'autre dite de cale* ou *supplémentaire.*

Robinets de sûreté et régulateurs d'injection. — A chaque extrémité du tuyau d'injection à la mer, il existe un obturateur qui permet d'en établir ou d'en intercepter la communication tant avec l'extérieur du navire qu'avec le condenseur.

L'obturateur qui se trouve contre la muraille du bâtiment est en général un robinet ordinaire en bronze, dit de *sûreté ou de prise d'eau.* Il est disposé comme toutes les autres prises d'eau (n° 65₃). Sous vapeur, on le tient toujours ouvert en grand.

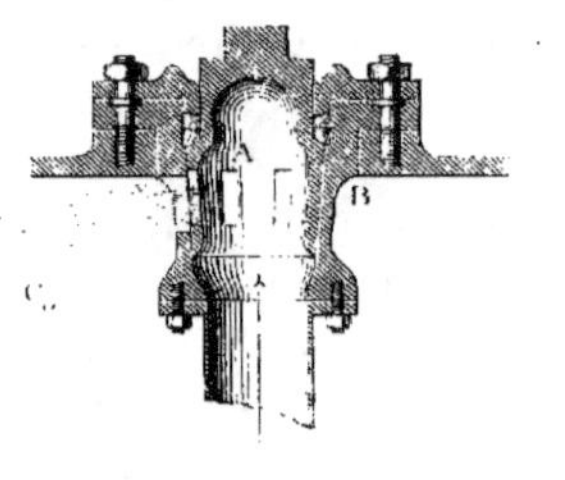

Fig. 90. Régulateur d'injection à lanterne.

Vue 1°. Coupe verticale menée par l'axe du robinet.   Vue 2°. Élévation de la noix.

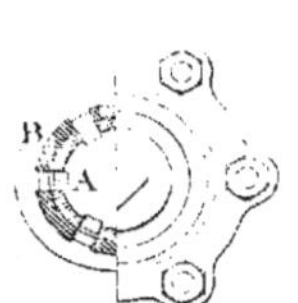

Vue 3°. Mi-coupe horizontale et mi-plan.

Le second obturateur est désigné sous la dénomination de *régulateur d'injection.* Il a pour objet de régler la quantité d'eau qu'on doit laisser entrer au condenseur, suivant l'allure de la machine.

La *fig.* 90 représente le régulateur d'injection de *Dupuy de Lôme.* Il comprend tout bonnement un robinet, dont la noix A et le boisseau B sont à *lanterne,* c'est-à-dire percés d'une série de trous rectangulaires.

L'ouverture de ce régulateur a lieu quand les jours de la noix correspondent avec ceux du boisseau. La clef qui s'emmanche sur le carré de la noix porte un index qui parcourt les divisions d'un cadran en cuivre, gradué en dixièmes de l'ouverture totale du régulateur.

Cette disposition a l'avantage de laisser toujours l'eau jaillir à l'intérieur du condenseur C₀ avec une égale vigueur, dans tous les sens et parfaitement divisée, et cela quel que soit le degré d'ouverture du robinet.

Plongeurs ou appendices d'injection. — Lorsqu'on emploie un simple robinet ou une vanne pour régulateur d'injection, l'eau est divisée au moyen d'un *plongeur* ou *appendice d'injection*. Le plus souvent, ce plongeur est un long tuyau qui s'étend jusqu'au fond du condenseur, et qui est percé d'une multitude de petites fentes alternées. — D'autre fois, l'extrémité du plongeur se trouve arrondie, et elle est seule fendue en une série de lames, par où s'élance l'eau refroidissante.

Le régulateur d'injection de cale, se compose d'un simple robinet accolé au condenseur et débouchant dans une crépine située à l'intérieur de ce récipient. Son tuyau se termine inférieurement par une pomme d'arrosoir qui repose à fond de cale.

N° 45. Soupapes de purge de condenseur. — Les soupapes de purge consistent quelquefois en un simple robinet. Mais, le plus souvent, elles se composent d'une soupape à siège A, *fig.* 91, dont la boîte B communique par une tubulure V avec le tuyau de vapeur, et par une seconde tubulure E avec le tuyau d'évacuation ou directement avec le condenseur. — Pour purger, il suffit de soulever à la main la soupape de dessus son siège, au moyen de sa tige. Pour purger le condenseur,

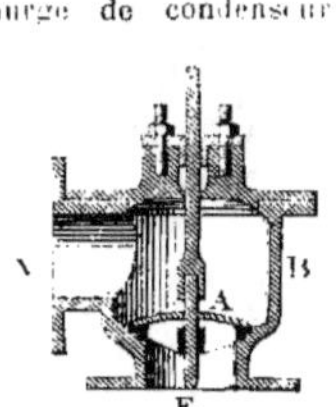
Fig. 91. Soupape de purge de condenseur.

quand il n'y a pas de soupape, on manœuvre le tiroir à bras de façon à introduire de la vapeur sur une des faces du piston, et l'on renverse immédiatement la position du distributeur pour faire évacuer le fluide au condenseur.

Reniflards. — Les reniflards comportent comme pièce fondamentale, une soupape à siège ; mais on en rencontre plusieurs spécimens. Celui qui est dessiné en *fig.* 92 présente un excellent agencement. On y trouve les pièces suivantes :

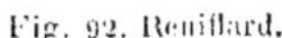
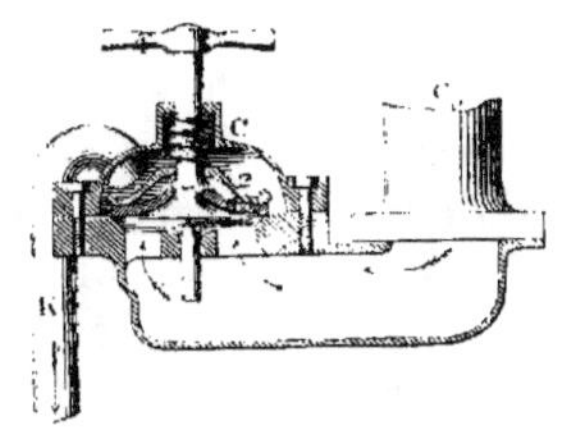
Fig. 92. Reniflard.

A   soupape conique en bronze dont le siège est venu de fonte avec un canal en bronze aboutissant au condenseur Co.

C   couvercle en bronze destiné à prévenir le jaillissement de l'eau expulsée du condenseur.

K   tuyau par lequel cette eau s'écoule dans la cale.

1   disque en caoutchouc capelé par-dessus la soupape A, dont il recouvre parfaitement les rebords, pour prévenir les rentrées d'air.

2   chapeau en bronze appuyant le disque 1 sur la soupape A.

3   ressort dont la tension appuie le chapeau 2 sur le disque en caoutchouc 1.

4   poignée de manœuvre du reniflard.

Beaucoup de machines n'ont pas de reniflard. Dans ce cas, il faut, pour purger le condenseur, en forcer les fluides à filer, à travers les clapets de pompe à air, par le tuyau de décharge. Mais le plus souvent, on part sans purger.

N° 46. — 1. Description et fonctionnement d'un condenseur à surface démonstratif. — 2. Des distillateurs. — Condensateur Perroy.

N° 46₁ Description et fonctionnement d'un condenseur à surface démonstratif. — Les condenseurs à surface sont les organes dans lesquels la vapeur est liquéfiée par contact, et ne se mélange pas avec l'eau refroidissante. La fig. 93 *ci-après*, représente le type de condenseur à surface appliqué sur un grand nombre de machines. Nous y avons groupé tous les organes nécessaires à son fonctionnement. La légende de cette figure donne la description détaillée de ce condenseur.

Fonctionnement du condenseur à surface démonstratif. — Avant d'introduire la vapeur dans la machine, pour la purger et la balancer, il faut disposer le condenseur à surface pour qu'il puisse fonctionner dès que la machine sera mise en mouvement, et pour que ses tubes ne prennent pas une température trop élevée pendant l'échauffement de l'appareil moteur. On commence par s'assurer que le robinet d de prise d'eau à la cale de la pompe de circulation est bien fermé; on ouvre alors les robinets obturateurs placés sur les tuyaux A_f et D_f, puis le robinet d'air du tuyau I qui met en communication la partie supérieure de la chambre à eau avec l'atmosphère.

L'eau de la mer pénètre dans les capacités du condenseur qui lui sont réservées, et la chambre à eau se remplit complétement si le haut du condenseur ne dépasse pas le niveau de la mer. On ferme alors les robinets du tuyautage I. La pompe à air doit ensuite être amorcée; à cet effet, on commence par ouvrir le robinet obturateur de la décharge accidentelle D_e, pour donner une issue à l'air, puis on ouvre d'une petite quantité le robinet réparateur K, et l'eau de la mer passe des coquilles dans le condenseur, de là dans le conduit D'_e, puis dans la pompe à air, et finalement dans la bâche à eau douce. On ferme le robinet K dès que l'eau paraît au tube indicateur 8 de niveau de la bâche. A ce moment, la pompe à air est pleine d'eau; la bâche n'en contient qu'une très-petite quantité, mais le niveau montera au premier coup de piston de la pompe à air, parce que la partie inférieure du conduit D'_e, qui est actuellement pleine d'eau, se videra en grande partie.

Pendant qu'on échauffe la machine, on ouvre de temps à autre les purges des cylindres et celles de leurs chemises ; le tuyau collecteur 16 amène l'eau de toutes ces purges au condenseur.

Dès que la machine est mise en mouvement, les organes du condenseur suffisent à son fonctionnement. La pompe de circulation agissant, le courant de l'eau réfrigérante est établi à travers les tubes du condenseur, et ces tubes sont toujours maintenus à une température inférieure à celle de la bâche à eau douce. La vapeur qui évacue les cylindres pénètre dans le condenseur par le conduit E''', et se répand d'abord dans la capacité libre au-dessus des tubes. Elle traverse ensuite successivement chacun des trois groupes de tubes, et se condense au contact de ces tubes constamment refroidis par l'eau de circulation. Elle tombe à l'état liquide dans le conduit D'_e, d'où elle est prise par la pompe à air et envoyée à la bâche B_a. La pompe P_e puise dans cette capacité et pourvoit à l'alimentation des chaudières.

Il résulte de l'ensemble de ces dispositions que c'est toujours la même eau qui est employée au fonctionnement de l'appareil moteur. Comme toutes les purges aboutissent au condenseur, il n'y a de pertes d'eau d'alimentation que celles qui résultent des fuites extérieures de l'appareil moteur ou des fuites aux chaudières. Ces pertes sont remplacées par une quantité égale d'eau de la mer, introduite dans le condenseur par le réparateur K, dont on règle convenablement l'ouverture quand le régime de marche est établi. Le réparateur K est ouvert plus ou moins, suivant le niveau de la bâche à eau douce indiqué au tube 8, et suivant l'état des niveaux aux chaudières.

Le vide s'établit et se maintient dans le condenseur à surface comme dans le condenseur ordinaire, par la liquéfaction de la vapeur et par l'action de la pompe à air, qui, ainsi que nous l'avons dit, est amorcée avant la mise en marche. On n'a pas l'habitude de purger le condenseur à surface, et d'y établir le vide : cette opération n'est pas nécessaire, eu égard à la pression relativement élevée à laquelle fonctionnent les machines pourvues de condenseurs à surface.

Quand la machine a cessé de fonctionner, on ferme tous les robinets de communication du condenseur avec l'extérieur, puis on vide la chambre à eau, les tuyaux ou conduits A_f, D_f et D'_f ; enfin, la bâche à eau douce et la pompe à air. Cette vidange s'effectue ordinairement au moyen de petits tuyaux disposés à cet effet.

Fig, 93. *Condenseur à surface démonstratif.*

Vue 1ʳᵉ. Coupe suivant YY de la *vue 2ᵉ*, avec portions d'élévation longitudinale.   Vue 2ᵉ. Coupe suivant XX de la *vue 1ᵉ*, avec portions d'élévation transversale.

le condenseur et circulation de cette vapeur autour des tubes au contact desquels elle se liquéfie.

➤➤ Chemin que suit la vapeur condensée pour se rendre aux clapets d'aspiration de la pompe à air et de là aux clapets de bâche.

➤ Entrée de l'eau provenant de la condensation, dans la bâche à eau douce.

➤ Chemin suivi par l'eau réfrigérante à travers les clapets de … pompe de circulation et dans le conduit qui l'amène aux tubes du condenseur.

➤➤ Trajet de l'eau réfrigérante ou de circulation, dans les coquilles et à travers les tubes du condenseur qu'elle parcourt en trois groupes séparés.

➤ Sortie de l'eau de circulation du dernier groupe de tubes du condenseur, et entrée de cette eau dans le tuyau de décharge qui doit la déverser à la mer

f^x Tubes du condenseur, dans l'intérieur desquels circule l'eau réfrigérante. L'ensemble du faisceau tubulaire est divisé en trois groupes que l'eau froide parcourt successivement en renversant sa marche. Le volume formé par l'intérieur des tubes et par les coquilles des portes du condenseur, constitue ce qu'on nomme la *chambre à eau*.

A_f Tuyau d'arrivée de l'eau réfrigérante, ou *eau de circulation*. Cette eau est aspirée à la mer par la pompe P_f qui l'envoie ensuite dans la chambre à eau du condenseur. Le tuyau A_f est muni d'un robinet obturateur.

A'_f Tuyau d'aspiration à la cale de la pompe de circulation, muni d'un robinet obturateur d.

AR^{re} Arrière.

AV^t Avant.

B_a Bâche à eau douce, dans laquelle la pompe à air refoule l'eau provenant de la condensation de la vapeur et où puisent les pompes alimentaires.

B^d Bâbord.

C_a Caisse à tubes ou condenseur proprement dit, les faces opposées, avant et arrière, qui servent de plaques de tête aux tubes, sont en bronze et rapportées. Tout le volume laissé libre autour des tubes se nomme la *chambre à vapeur du condenseur*. — La vapeur pénètre dans le condenseur par le conduit E''' ; elle contourne les tubes, se liquéfie à leur contact et tombe dans la capacité D'_e, située au-dessous du condenseur, d'où la pompe à air l'envoie à la bâche.

D_e Tuyau de décharge accidentelle. Cette décharge est destinée à évacuer l'air extrait du condenseur et le trop-plein d'eau douce de la bâche. — Le tuyau D_e débouche le plus souvent dans une caisse d'où l'eau douce est reprise par le petit cheval pour servir à l'alimentation ; mais quelquefois le tuyau D_e débouche à l'extérieur, un peu au-dessus du niveau de la mer, ou bien vient s'embrancher sur le tuyau de décharge D_f de la pompe de circulation. Il est alors muni du robinet 19 qui lui sert d'obturateur, et d'un clapet de retenue destiné à empêcher l'eau de mer de pénétrer accidentellement dans la bâche à eau douce.

D'_e Conduit de communication de la pompe à air avec le condenseur.

D_f Conduit et tuyau de décharge de l'eau de circulation. Ce tuyau est muni d'un obturateur placé près de la muraille du bâtiment ; il porte quelquefois une soupape de sûreté, destinée à prévenir tout accident dans le cas où on oublierait d'ouvrir cet obturateur avant de mettre en marche. D'autrefois, la soupape de sûreté en question se trouve sur une des coquilles que forment les portes du condenseur.

D'_f Conduit de communication de la chambre à eau du condenseur avec le refoulement de la pompe de circulation.

d Robinet obturateur du tuyau A'_f d'aspiration à la cale de la pompe de circulation.

E''' Partie du tuyau d'évacuation débouchant dans le condenseur.

f Brides de fixation du condenseur avec les carlingues du navire, et bossages que traversent les boulons qui relient le condenseur aux carlingues.

G Glissière de grande traverse.

g Coulisseau de grande traverse.

I Tuyautage permettant d'établir, à l'aide de robinets *ad hoc*, une communication entre l'atmosphère et la partie supérieure des compartiments ou coquilles de la chambre à eau du condenseur. On ouvre cette communication au moment de la mise en marche, pour laisser échapper l'air que contenait la chambre à eau.

P Indicateur du vide et son tuyautage.

i Tuyautage ramoneur, établissant une communication entre le tuyau de prise de vapeur du petit cheval et la partie supérieure de la chambre à vapeur du condenseur. Ce tuyautage sert à envoyer, lors de l'arrivée au mouillage, un jet rapide de vapeur dans le condenseur, pour faire fondre les graisses qui se sont figées sur les tubes pendant le fonctionnement.

i' Tuyautage établissant une communication entre le refoulement de la pompe du petit cheval et la chambre à eau du condenseur, pour empêcher les tubes de s'échauffer pendant les arrêts. L'installation dont il s'agit est inutile lorsque la pompe de circulation a un moteur indépendant de la machine elle-même.

J   Tuyau et robinet servant à introduire du bicarbonate de soude dans la chambre à vapeur du condenseur afin de neutraliser les acides gras. Le bicarbonate de soude est actuellement remplacé par un lait de chaux (n° 72₅.).

K   Réparateur des pertes d'eau d'alimentation. Lorsque l'eau d'alimentation devient insuffisante, ce que l'on reconnaît au faible niveau de la bâche, alors que les niveaux aux chaudières ne sont pas trop élevés, on ouvre le réparateur K, et une certaine quantité d'eau de circulation passe dans le condenseur et de là dans la bâche, d'où elle est prise par la pompe alimentaire et envoyée aux chaudières.

N   Portes du condenseur. Elles sont au nombre de deux, placées l'une à l'avant, l'autre sur l'arrière. Il faut les démonter pour visiter les tubes du condenseur. Ces portes sont munies de doubles fonds qui forment des coquilles, dont les bords portent contre les plaques de tête des tubes, et qui sont disposées pour que l'eau de circulation parcoure successivement chaque groupe de tubes.

n, n', n'', n''' Compartiments ou coquilles formées par les portes du condenseur.

O   Réservoirs d'air ménagés, l'un au-dessus de la coquille n, l'autre à côté de la coquille n', et qui ont pour effet d'atténuer les coups de bélier produits par le refoulement de la pompe de circulation.

P$_a$ Pompe à air à piston plongeur et à double effet. Le cylindre de cette pompe, beaucoup plus court que le piston et d'un diamètre plus grand que celui de ce dernier, porte au milieu de sa longueur, une garniture en bois de gaïac formant comme un presse-étoupe dans lequel le piston glisse. Cette garniture partage la capacité totale de la pompe à air en deux parties égales, à chacune desquelles correspond une série de clapets d'aspiration et une série de clapets de refoulement.

P$_e$ Pompe alimentaire à piston plongeur et à simple effet.

P$_f$ Pompe de circulation ou à eau froide. Cette pompe est disposée comme la pompe à air; son piston est conduit par une tige spéciale du cylindre à vapeur correspondant. — Dans les nouvelles machines, la pompe de circulation est généralement du système centrifuge et a un moteur indépendant.

    Piston de pompe à air; long cylindre en bronze, creux et fermé à ses deux extrémités. L'aspiration et le refoulement produits alternativement par ce piston, dans chacune des capacités de la pompe à air, résultent du volume qu'il laisse libre ou qu'il prend dans chacune de ces capacités, par suite de son mouvement alternatif.

r Plaques de tête des tubes du condenseur. Ces plaques de tête sont en bronze et rapportées. Les tubes sont maintenus sur les plaques de tête au moyen de presse-étoupe dont les chapeaux annulaires se taraudent sur les plaques elles-mêmes.

T   Tiges de grand piston.

t Tige de piston de pompe à air. Cette tige est fixée à un bras monté sur la tige de piston inférieure du cylindre à vapeur correspondant.

U   Grande traverse de piston.

XX YY   Lignes de coupe. — Dans la *vue* 1ʳᵉ, la partie de la coupe qui correspond à la pompe de circulation a été faite, pour plus de clarté, par le milieu des clapets de refoulement d'en abord.

1   Clapets d'aspiration de la pompe à air. Ces clapets sont en caouthouc et circulaires: leur siège est vertical. Ils sont placés sur deux rangées superposées.

2   Clapets de refoulement de la pompe à air. Ces clapets ont la même forme que les clapets 1; leur siège est horizontal.

3   Clapets d'aspiration de la pompe de circulation, également circulaires et en caoutchouc; leur siège est horizontal.

4   Clapets de refoulement de la pompe de circulation; ils sont en caoutchouc et de forme circulaire, avec siège vertical.

5   Porte de visite du condenseur.

6   Porte de visite des clapets d'aspiration de la pompe à air.

7   Porte de visite des clapets de bâche.

8   Tube indicateur du niveau de l'eau dans la bâche à eau douce.

9   Tuyau d'applique en bronze, communiquant avec la bâche à eau douce, et sur lequel sont montées les armatures du tube indicateur 8.

10   Boîte à clapets de la pompe alimentaire.

11   Tuyau de communication de la pompe alimentaire avec la boîte à clapets 10.

12   Conduit d'aspiration de la pompe alimentaire, communiquant avec la bâche à eau douce.

13   Tuyau de refoulement de la pompe alimentaire.

14   Ressort du clapet de trop-plein de la pompe alimentaire.

15   Réservoir d'air de la pompe alimentaire.

16   Tuyau collecteur des purges des cylindres et de leurs enveloppes.

17   Tuyau d'évacuation du petit cheval au condenseur.

18   Garniture en languettes de gaïac, formant une sorte de presse-étoupe dans lequel se meut le piston de pompe à air.

19   Robinet obturateur du tuyau de décharge accidentelle D$_e$.

N° 46₂ Des Distillateurs. — Les distillateurs sont des appareils destinés à faire de l'eau douce *potable*. Leur jeu et leur construction reposent absolument sur le même principe que les condenseurs à surface. La vapeur peut être fournie par les chaudières de la machine ou par une chaudière spéciale.

Condensateur Perroy. — Ce condensateur est réglementaire dans la marine française ; le dernier type adopté est représenté par la *fig.* 94 ci-après.

L'appareil comprend trois parties principales : l'*aérateur*, le *réfrigérant* et le *filtre*.

L'*aérateur* E, est destiné à mélanger une grande quantité d'air avec la vapeur qui entre dans l'appareil. L'aérateur se compose de deux cônes s'emboîtant l'un dans l'autre : le cône extérieur, aboutissant au réfrigérant par le tuyau V', communique avec l'air ambiant par deux petits robinets qui règlent l'entrée de l'air. Le cône intérieur amène des chaudières, la vapeur destinée à produire de l'eau douce. En pénétrant d'un cône dans l'autre, cette vapeur détermine une aspiration très-énergique, à la manière d'un giffard, et introduit dans l'appareil une quantité considérable d'air.

Le *réfrigérant* A, a pour objet de condenser la vapeur, et de refroidir ensuite l'eau distillée provenant de cette condensation. C'est un appareil tubulaire à circulation. Les tubes sont en laiton, et étamés à l'étain fin ; ils sont partagés par les coquilles des portes C.C. en dix groupes que la vapeur et l'eau douce parcourent successivement, en sens inverses et de haut en bas. Le groupe inférieur ne comporte qu'une rangée horizontale de quatre tubes ; chacun des autres groupes en comporte deux rangées. En fonctionnement normal, les quatre groupes inférieurs sont toujours pleins d'eau. — L'eau refroidissante, prise à la mer par le tuyau A_f, traverse le réfrigérant de bas en haut. En général, l'eau distillée est refroidie jusqu'à la température de 50° à 52°.

Le *filtre*, ou la caisse en tôle F, qui contient le noir animal, est destiné à purifier l'eau.

Pour faire fonctionner l'appareil, il faut commencer par établir la communication avec la mer, en ouvrant les robinets des tuyaux A_f, D_f, ainsi que le robinet de dégagement d'air 6, les robinets de vidange étant fermés. — Si l'eau douce ne doit pas être élevée pour arriver au filtre, le robinet d'air 4 reste ouvert, le robinet 5 étant fermé, et l'on met le réfrigérant en communication avec la chaudière et avec l'atmosphère, par l'ouverture du robinet de prise de vapeur placé sur le tuyau V, et

par celle des deux robinets de l'aérateur. Le mélange d'air et de vapeur circule dans les tubes et la vapeur se condense en se saturant

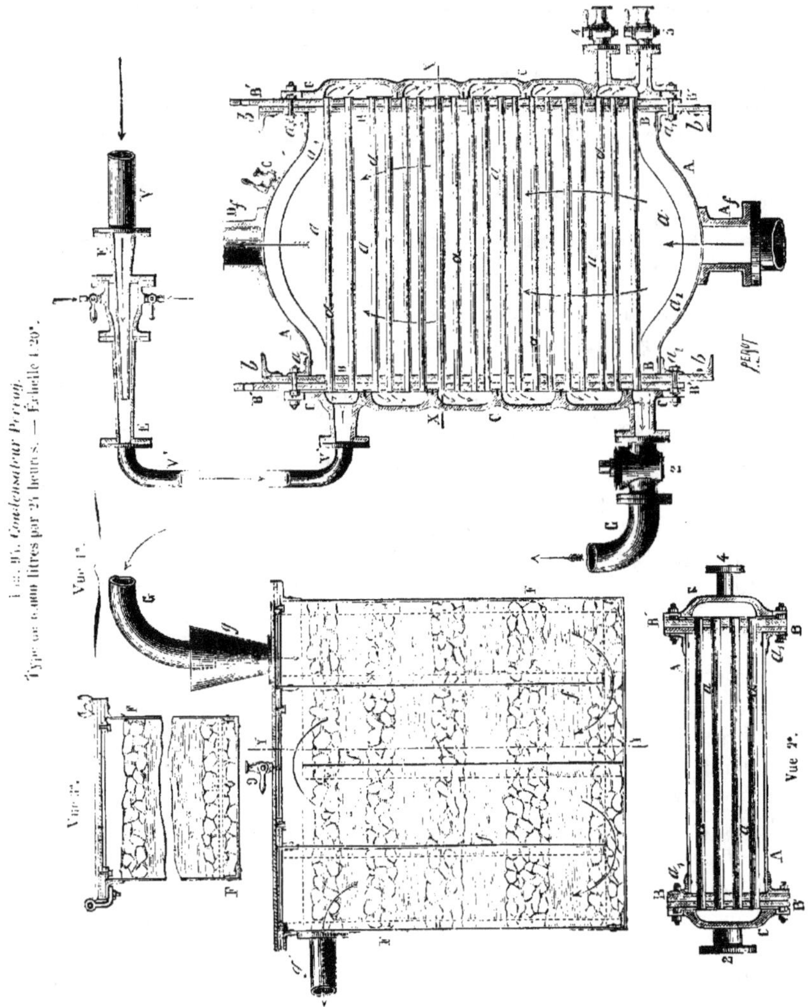

d'air; la partie du gaz qui n'a pas été dissoute s'écoule par le robinet 4.—Une fois l'appareil en marche, on règle l'ouverture du robinet

Vue 1°. Coupe verticale dans le condensateur, l'aérateur et le filtre, tout le système étant ramené dans un même plan.

Vue 2°. Coupe horizontale suivant XX de la *vue* 1°.

Vue 3°. Coupe verticale suivant YY de la *vue* 1°.

A   corps extérieur du condensateur. C'est une caisse en tôle zinguée dont les diverses parties sont assemblées au moyen des cornières a_1.

a   espace libre entre l'appareil tubulaire et l'enveloppe extérieure, ainsi qu'entre les tubes, et formant la chambre à eau du condensateur. L'eau réfrigérante circule dans cet espace libre.

α   tubes du condensateur. Ces tubes sont en cuivre rouge, et étamé des deux côtés. Ils forment dix groupes superposés, composés chacun de deux rangées horizontales, sauf le groupe le plus bas qui n'a qu'une rangée. La vapeur parcourt tous ces groupes successivement et en sens inverses, en pénétrant d'abord dans le groupe supérieur.

A₁   tuyau d'arrivée de l'eau de la mer dans la chambre à eau a du condensateur. La circulation de cette eau dans ladite chambre, où elle baigne extérieurement tous les tubes, est produite par l'élévation successive de sa température de bas en haut.

B   plaques à tubes, en bronze, rapportées sur la caisse A. — Les tubes α traversent librement les plaques B, de même que les plaques de serrage B', et le joint est fait au moyen de rondelles en caoutchouc enfilées sur les tubes, et comprimées entre les plaques B et B'.

b   cornières rivetées sur les plaques à tubes B et servant de moyen de fixation au condensateur.

C   portes de l'appareil tubulaire, formant coquilles, et servant ainsi à déterminer la circulation de la vapeur de chaque groupe de tubes dans le groupe inférieur.

D₁   tuyau de décharge par où s'écoule l'eau refroidissante, après qu'elle a circulé dans le condensateur, en baignant extérieurement les tubes.

E   aérateur servant à mélanger de l'air avec la vapeur arrivant de la chaudière, pour rendre potable l'eau résultant de la condensation de cette vapeur.

F   filtre destiné à épurer l'eau provenant de la distillation. Cet appareil comprend quatre compartiments verticaux, remplis de tranches alternées de noir animal et de cailloux. L'eau traverse successivement ces quatre compartiments, et s'y débarrasse de toutes les matières empyreumatiques et organiques qu'elle peut contenir.

f   cloisons du filtre, disposées pour que l'eau ait quatre parcours dans l'appareil.

G   tuyau par lequel l'eau douce sort du condensateur et pénètre dans le filtre F. Ce tuyau est fixé avec joint étanche sur la porte C, et sort de la caisse A à travers un presse-étoupe.

g   entonnoir dans lequel le tuyau G déverse l'eau provenant du condensateur, et qui doit traverser le filtre.

g'   tuyau conduisant l'eau potable dans les caisses à eau de la cale.

V   tuyau de communication de l'aérateur E avec la chaudière.

V'   tuyau de communication de l'aérateur E avec le condensateur.

2   robinet obturateur du tuyau G, pour régler la sortie de l'eau douce du condensateur.

4   robinet pour régler la sortie de l'air en excès dans l'appareil tubulaire, et par suite la pression qu'on veut maintenir à l'intérieur des tubes.

6   robinet d'évacuation d'air. En l'ouvrant, au début de la mise en fonction du condensateur, on met l'eau refroidissante à même de remplir complétement, dès ce début, la chambre à eau de l'appareil.

9   robinet d'air du filtre.

de vapeur pour obtenir de l'eau dont la température ne dépasse pas 52°. D'un autre côté, on diminue l'ouverture du robinet 4 jusqu'à ce qu'il ne sorte plus que de l'air par ce robinet.

Lorsque l'eau douce doit être élevée en sortant du réfrigérant, celui-ci, étant en contre-bas de la caisse de noir animal, le robinet d'air 4 doit être tenu fermé. La pression de l'air refoulée par l'aérateur dans les tubes du réfrigérant, devient alors suffisante pour élever l'eau douce à la hauteur voulue. L'air sort mélangé avec l'eau par le tuyau G, et la partie en excès s'échappe dans l'atmosphère, quand l'eau s'écoule du tuyau G dans l'entonnoir g pour pénétrer dans le filtre — Lorsque l'appareil est réglé, il n'y a plus à y toucher à moins qu'il ne se produise une variation considérable de pression à la chaudière.

Dans le filtre que l'eau traverse en quatre parcours verticaux, se trouvent des couches alternées de noir animal et de cailloux. — L'eau sort immédiatement potable pourvu que son séjour dans la caisse de noir animal soit de trois-quarts d'heure environ.

Il faut démonter assez souvent le filtre pour laver le noir animal et le débarrasser des impuretés qui obstruent ses pores. Cette opération s'effectue très rapidement, car le couvercle du filtre est mobile. — De leur côté, les tubes du réfrigérant doivent être démontés de temps à autre pour être nettoyés, tant à l'extérieur qu'à l'intérieur.

Au repos, la prise de vapeur et les communications avec la mer étant fermées, l'appareil est vidé, aussi bien le filtre que les deux chambres du réfrigérant, par l'ouverture des robinets d'air et des robinets de vidange. L'aérateur se vide par son robinet d'air inférieur. Un petit trou de 5ᵐᵐ pratiqué sur chacune des cloisons horizontales des portes C.C. au milieu de leur longueur, permet à l'eau que renferment les coquilles de s'écouler.

N° 47. — 1. Détails de construction des pompes à air. — 2. Détails de construction des clapets de pied et de tête de pompe à air. — 3. Pistons, tiges de piston et fourreaux de pompe à air.

N° 47₁ Détails de construction des pompes à air. — Les pompes à air se trouvent le plus habituellement logées à l'intérieur des condenseurs, et leur corps vient de fonte avec eux. Mais, lorsqu'elles sont placées en dehors de ces récipients, elles sont formées d'un cylindre isolé en fonte de fer, ou exceptionnellement tout en bronze, qui se boulonne à toucher le condenseur.

Les corps de pompe en fonte A, *fig.* 95, sont toujours revêtus intérieurement d'une chemise
en bronze B tenue par des
vis 1, 1 à tête noyée. Le
corps de pompe est bou-
ché par un couvercle, qui
lui est boulonné et qui porte
en son centre un presse-
étoupe pour le passage de
la tige ou du fourreau du
piston.

**Nᵒ 47₂ Détails de con-
struction des clapets
de pied et de tête de
pompe à air**. — Les cla-
pets de pied et de tête des pompes à air à double effet sont généralement composés d'une série de ron-
delles en caoutchouc vulcanisé. La
fig. 96 représente la disposition habituelle de ces clapets.

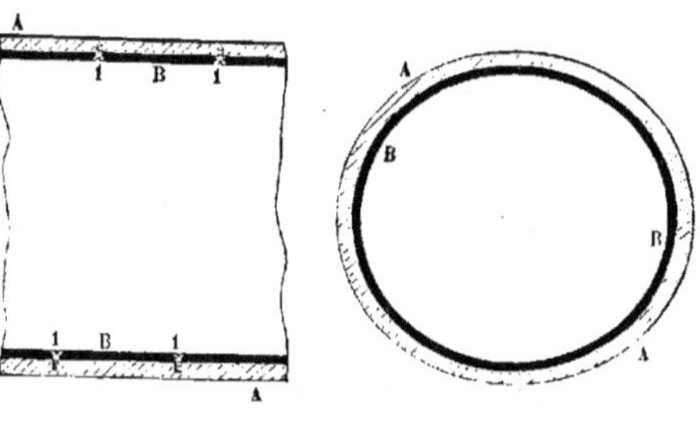

Fig. 95. Corps de pompe à air avec chemise en bronze.

Vue 1ᵉ. Coupe verticale passant par l'axe de la pompe.

Vue 2ᵉ. Coupe verticale menée perpendiculairement à l'axe de la pompe.

Le disque en caoutchouc A repose
sur un siège en bronze B formant grillage. Une coupe C pareillement en
bronze sert de butoir au disque, et
l'empêche de trop se relever. Enfin un
prisonnier *b* vissé dans le siége B relie,
à l'aide d'écrous, la coupe C à ce siége,
après avoir traversé le centre du disque.
La partie inférieure de la coupe C lais
se un jour de 15ᵐᵐ environ, entre elle et
le disque en caoutchouc. Ce dernier
commence alors par se soulever parallèlement à lui-même, quand les fluides
de la condensation viennent presser sa
face inférieure ; et il n'a plus qu'à se
ployer un peu pour livrer un passage
suffisant à ces fluides. Cet agencement
empêche ou au moins prévient en partie le fendillement et le reco-
quillement du clapet.

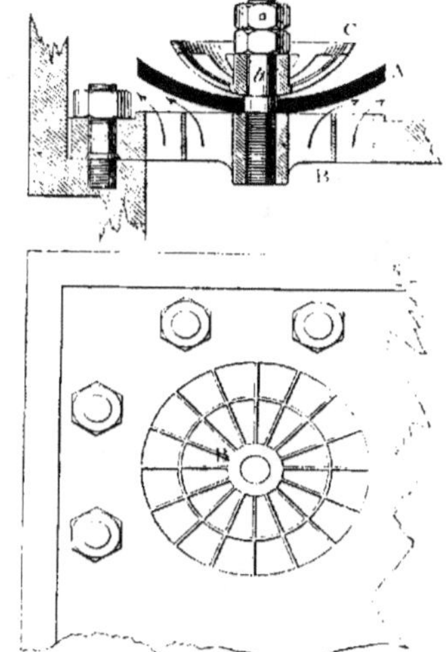

Fig. 96. Clapet de pied ou de tête de pompe à air, en caoutchouc.

Vue 1ᵉ. Coupe verticale menée par le centre du clapet.

Vue 2ᵉ. Plan du siége avec le clapet enlevé

— Dans quelques pompes à air à simple effet, les clapets de pied

Fig. 97. Clapet de pied ou de tête de pompe à air, en bronze.
Vue 2ᵉ. Élévation.

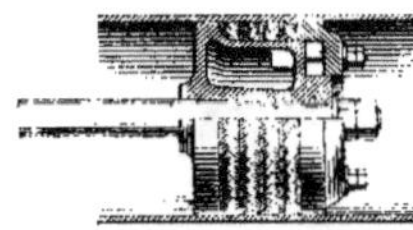

et de tête sont en bronze, et présentent l'installation qu'on voit dessinée en *fig.* 97. Le clapet A est ici une espèce de petite porte qui repose sur un siége B de même métal, et percé d'un vaste trou rectangulaire. Ce clapet porte, venues de fonte avec lui, deux pentures *a,a* qui s'emmanchent dans deux doubles gonds C,C, faisant eux-mêmes corps avec le siège B. Deux boulons *b,b* relient les pentures et les gonds. Enfin, les pièces C,C présentent des proéminences très-accentuées qui forment butoirs. Notons qu'avec les clapets en métal, les butoirs sont d'autant plus indispensables que, si le soulèvement de ces clapets n'était pas convenablement limité, ils ne retomberaient plus.

Fig. 98. Piston de pompe à air aspirante et foulante : mi-coupe et mi-élévation.

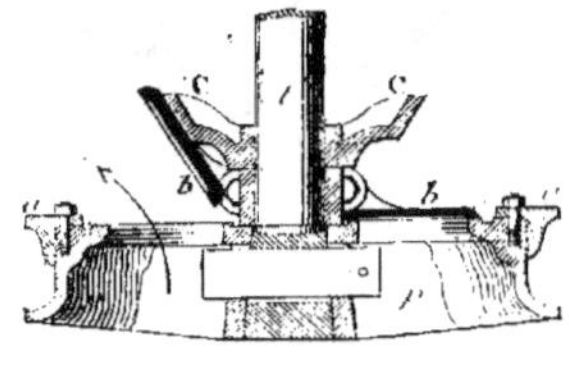

Fig. 99. Piston de pompe à air aspirante et élévatoire.

Vue 1ᵉ. Coupe suivant l'axe de la tige de piston, montrant le clapet de gauche levé, et celui de droite baissé.

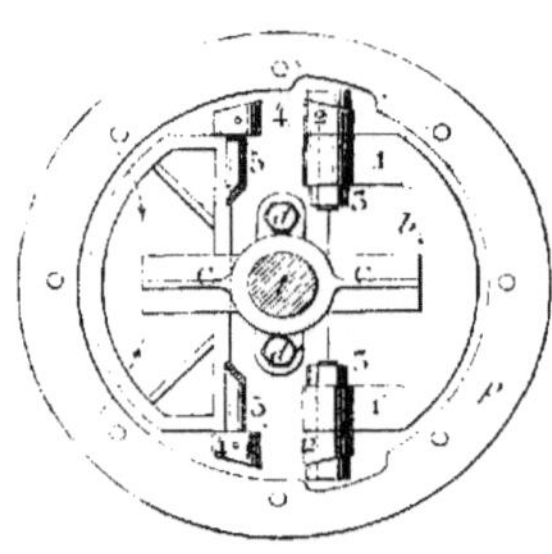

Vue 2ᵉ. Plan, avec le clapet de gauche enlevé.

N° 47₅ Pistons de pompe à air : leur garniture. — Les pistons de pompe à air se composent d'une carcasse en bronze évidée intérieurement. Cette carcasse est souvent nantie d'une gorge, avec couronne mobile, destinée à recevoir une garniture en chanvre ou en coton. D'autres fois, elle a son pourtour lisse, et par conséquent sans garniture. L'ajustage seul s'oppose alors au passage des fluides, ou du moins ne laisse filtrer qu'un peu de liquide, pourvu que le piston soit toujours couvert par l'eau.

Dans les pompes aspirantes et foulantes, le piston est d'habitude très-épais, ainsi qu'on le voit en *fig.* 98.

— Le pistons des pompes à air aspirantes et élévatoires ont une forme plate. Ils sont en outre percés à jour, et portent soit deux clapets à charnière soit une série de clapets en caoutchouc. La première disposition est dessinée en *fig.* 99, dont voici la légende :

p carcasse du piston.
a couronne pour serrer la garniture.
b,b clapets en bronze. On a représenté ici les deux modes usités de fixation de ces clapets avec le piston. Ainsi, pour le clapet de droite, ce sont des boulons distincts 3,3 s'enfilant dans deux gonds 2,2. qui font corps avec le piston, et dans deux pentures 1,1, coulées avec ce dernier. Pour le clapet de gauche, c'est tout simplement une broche unique 5, tenue par des goujons dans les deux gonds 4,4, et traversant les pentures du clapet.
t tige de piston.
C,C butoirs fixés au corps du piston par les deux prisonniers d,d.

Garniture de piston de pompe à air. — Cette garniture se fait généralement en coton. Pour l'exécuter. on confectionne des tresses carrées, et quelques-unes demi-rondes pour les fonds de gorge. On a soin de n'employer que du gros fil peu commis, et de faire un tressage peu serré, mais bien régulier. Chaque tresse est confectionnée légèrement plus large que la profondeur de la partie de la gorge du piston qu'elle doit occuper. Elle est ensuite coupée d'une longueur égale à la circonférence du cylindre, surliée à chacun de ses bouts, battue au maillet sur ses deux faces, et enfin trempée dans du suif chaud.

Tiges de piston et fourreaux de pompe à air. — Les tiges de piston de pompe à air sont en bronze, ou en fer forgé et revêtues d'une chemise de bronze. — D'autre part, les différents modes d'emmanchement des tiges de pistons de pompe à air tant avec ces pistons qu'avec leurs traverses ou bras, sont entièrement analogues à ceux des tiges de piston à vapeur (n° 41$_3$).

Dans quelques machines, les tiges de piston de pompe à air sont remplacées par des fourreaux F, *fig.* 4 *bis, sect.* 1, et *fig.* 2, *sect.* 2, *pl.* I. Ces fourreaux sont simples, autrement dit ne s'étendent que sur une des faces du piston. Leur métal est d'ailleurs en bronze, et leur jonction avec l'organe précédent s'opère au moyen d'un fort boulon 15, dont la partie supérieure est terminée par un œil, auquel vient s'articuler le pied à fourche de la bielle de pompe à air.

N° 48₁ Détails de construction des bâches. — Les bâches,
dont le but est expliqué au n° 25₃, sont d'ordinaire en fonte et venues
de coulée avec le condenseur. L'emplacement de la bâche dépend de
l'espace libre qu'on peut trouver au-dessus et par côté du condenseur,
d'après l'économie géométrique de l'ensemble de l'appareil. La forme
de ce récipient est la plupart du temps quelconque, pourvu qu'il ait
un réservoir d'air suffisant.

N° 48₂ Des tuyaux de décharge. — Les tuyaux de décharge
sont d'ordinaire en cuivre rouge, et leur section est circulaire afin que
leur résistance soit plus uniforme.

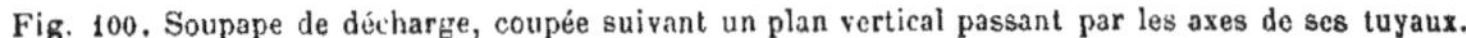

Fig. 100. Soupape de décharge, coupée suivant un plan vertical passant par les axes de ses tuyaux.

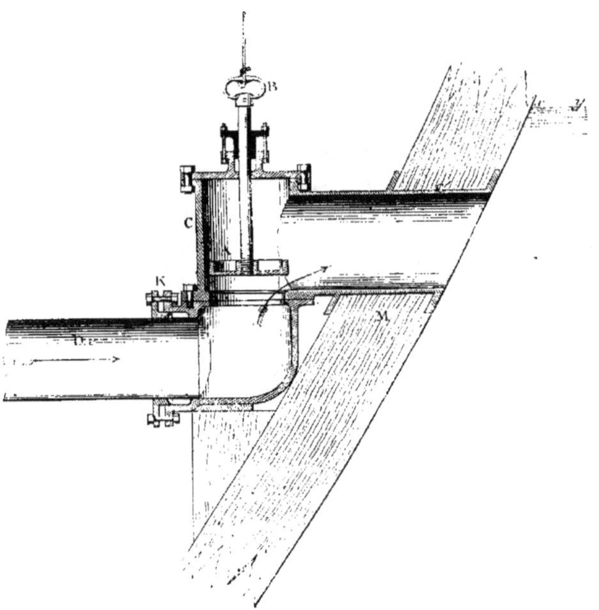

Dans les bateaux à roues de l'État ainsi que dans tous les bâtiments
du commerce et les transports à hélice, ces tuyaux ne débouchent
qu'un peu au-dessus de la flottaison, afin d'alléger le travail de la

pompe à air. Dans les navires à hélice de guerre, afin d'être à l'abri du boulet, ils traversent la carène au-dessous de la flottaison. Chaque tuyau vient aboutir dans une boîte située en abord, et avec laquelle il s'unit par un joint glissant (n⁰ 43₁). Cette boîte renferme un organe de fermeture qu'on désigne sous le nom générique d'*obturateur de décharge*.

N⁰ 48₅ Divers spécimens d'obturateurs de décharge. — Souvent l'obturateur de décharge est une soupape. Une disposition très-répandue de cette soupape est celle que représente la *fig.* 100. On y remarque les pièces suivantes :

D₄ tuyau de décharge, réuni par un joint glissant K avec la boîte C.
C boîte de soupape de décharge. Cette boîte est en fonte et porte une forte tubulure C' qui s'incruste dans la muraille M du navire. Elle est fixée par des vis à bois, ou par des chevilles rivées contre les deux collets de la tubulure, de part et d'autre de la muraille.
A soupape de décharge manœuvrable à la main avec la tige B. La poignée de cette tige se suspend au moyen d'un bout de corde pour tenir la soupape levée pendant la marche. Au repos, on laisse retomber celle-ci sur son siége, qu'elle clôt dès lors hermétiquement.

Lorsque le tuyau de décharge débouche au-dessous de la flottaison xy, la soupape précédente est accompagnée d'un gros robinet placé à l'intérieur, contre la muraille du bâtiment, et dont le tournant se manœuvre au moyen d'une vis sans fin.

La bâche porte une soupape de sûreté semblable à celle des cylindres à vapeur. Cette soupape sert à prévenir, par son ouverture, toute avarie, quand on oublie au départ de manœuvrer l'obturateur de décharge.

CHAP. III, § 4. — ORGANES DE TRANSMISSION DE MOUVEMENT. —
PIÈCES D'ASSISE ET GRAISSEUR.

N⁰ 49. — 1. Des tés, traverses ou jougs. — 2. Des coulisseaux et des glissières. — 3. Des bielles et de leurs articulations.

N⁰ 49₁ Des tés, traverses ou jougs. — *On appelle* TÉS, TRA- VERSES OU JOUGS, *les pièces où viennent s'emmancher la ou les tiges du piston à vapeur, et auxquelles s'articule le pied de la grande bielle correspondante.*

Dans la machine démonstrative (*fig.* 51) et dans les machines à bielles en retour, les grandes traverses ont la forme d'un ⋉ horizontal en fer forgé, comme on le voit en U, *fig.* 95. qui représente la dernière disposition adoptée par Indret.

Les bras T,T, de la traverse se nomment *crosses* ou *oreilles*. Ils sont terminés par des douilles où viennent s'emmancher avec embase et écrou (voir en *c* et *d. fig.* 75) les tiges du piston à vapeur. De son côté, la grande bielle vient s'atteler sur la portée U.

On voit en U, *fig.* 5, *sect.* 1, *pl.* II, un autre genre de traverse en ⋉ du type Dupuy de Lôme. Enfin, la *fig.* 2, *sect.* 2, *pl.* II, représente également en U. la traverse du type Mazeline, c'est ce type que représente la machine démonstrative. *fig.* 51.

— Dans les appareils où il n'y a qu'une tige par piston, la traverse offre d'ordinaire l'aspect de la figure 101. C'est tout simplement une

Fig. 101. Traverse droite de grand piston avec ses coulisseaux et ses glissières.
Vue 1°. Plan, avec coupe horizontale dans le coulisseau de gauche.

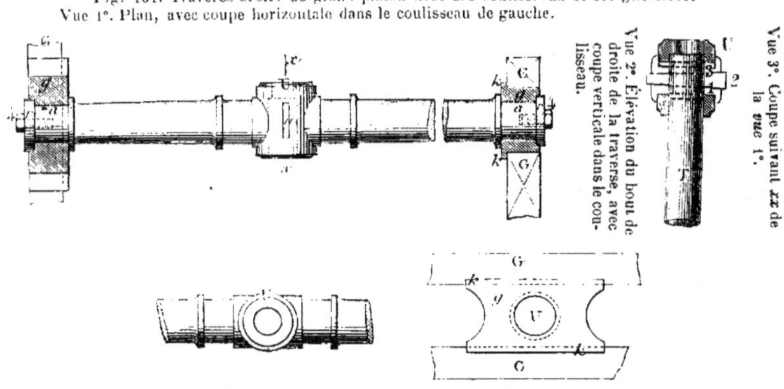

Vue 4°. Élévation du milieu de la traverse.

Vue 5°. Élévation de face d'un des coulisseaux.

barre droite en fer forgé arrondie, ou quelquefois en partie plate. Dans tous les cas, cette barre forme en son milieu une douille U, et à chaque extrémité un tourillon *a*. — L'emmanchement des tés droits avec la tige de piston T, *vue* 5°, quoique pouvant être à embase et à écrou, comprend d'ordinaire une double mortaise *u*, taillée dans la douille U, et correspondante à une autre mortaise pratiquée dans ladite tige. Une clavette 2, taillée en plan incliné, se loge entre deux autres clavettes 1 et 3, appelées *à mentonnets* à cause des rebords ou mentons qui les empêchent de décapeler de la mortaise. La manière d'obtenir le serrage avec cette disposition est expliquée au n° 49₃.

— Dans les machines à fourreau, la traverse est une simple soie ou tourillon, fixée sur un pourtour de l'évidemment central du piston.

N° 49₂ Des coulisseaux et des glissières. — Dans tous les appareils marins à hélice et dans beaucoup de ceux à roues, les tés ou traverses de grand piston sont guidés au moyen de *coulisseaux* et de *glissières*.

La *fig.* 95 représente en G,*g*, la disposition la plus usuelle des coulisseaux et des glissières dans les nouvelles machines à bielle en retour. Le coulisseau *g*, a la forme d'un U sur les branches duquel se fixe la traverse. Ces branches sont assez écartées et assez élevées pour que le pied de bielle ait son jeu libre. La partie inférieure du coulisseau glisse sur une partie dressée des bâtis du condenseur, et porte deux rebords qui sont emprisonnés par des joues latérales G,G, qui servent de glissière pour la marche arrière. Toutes les parties du coulisseau *g* en contact avec les glissières, sont garnis d'antifriction.

Avec les traverses du genre Mazeline, *fig.* 2, *sect.* 2, *pl.* II, les coulisseaux *g*,*g* sont deux espèces de savates en fonte boulonnées à la traverse U. Le coulisseau inférieur porte une plaque en bronze ou bien il est garni d'antifriction. De leur côté, les guides comprennent deux rainures G,G, parfaitement rabotées : l'une est pratiquée dans l'épaisseur d'une plaque faisant partie des bâtis, et l'autre se trouve taillée dans le dessous du condenseur.

Dans les machines à bielle directe, les coulisseaux ont la forme de *blocs g*,*g*. *fig.* 101, qui s'enfilent sur la traverse. Quand ils le sont aux extrémités mêmes de cette pièce, on les empêche d'abord de décapeler au moyen d'une rondelle *r* et d'une vis 4. En second lieu, on prévient leur dévirage dans la coulisse elle-même à l'aide de joues *k*,*k* ménagées au haut et au bas de leur face verticale en dedans des guides. Ces blocs sont en fonte, et exceptionnellement en bronze ou en fer. Souvent, d'ailleurs, ils sont garnis d'antifriction sur leurs faces glissantes.

Avec les coulisseaux en forme de blocs, les guides sont de grandes règles plates G, G, parfaitement planes en fonte de fer, et quelquefois en fer forgé. Dans le premier cas, elles font d'ordinaire partie des bâtis, comme sur notre *figure*. Dans le second, le guide inférieur est rapporté avec de simples vis à tête noyée, et le guide supérieur se trouve tenu à l'aide d'énormes boulons qui traversent des entretoises creuses destinées à maintenir un écart convenable entre les deux règles.

N° 49₃ Des bielles. — *On comprend sous le nom générique de* BIELLES *toutes les pièces qui sont articulées à leurs deux extrémités.*

D'ordinaire, l'une de ces extrémités a un mouvement de va-et-vient et s'appelle *le pied de bielle*, tandis que l'autre extrémité a un mouvement de rotation et se nomme *la tête de bielle*.

Le corps des bielles est toujours en fer forgé : il présente une section d'ordinaire ronde et quelquefois rectangulaire. Il est d'ailleurs presque toujours renflé en son milieu.

Les articulations qu'on rencontre aux extrémités des pièces qui nous occupent sont de deux espèces, les unes à *palier* et les autres à *chape*.

Articulation de bielle à palier. — La *fig.* 102 montre une articulation *à palier*. Elle se compose de deux *coussinets* en bronze A, A, intérieurement demi-cylindriques. Les coussinets de tête de bielle sont antifrictionnés sur leur surface frottante. Mais il n'en est pas de même pour les coussinets de pied de bielle, à cause du mouvement de va-et-vient, qui fait que l'antifriction s'écrase.

Le coussinet intérieur repose sur une espèce de *té* venu de forge avec le corps de bielle B, et le coussinet extérieur est retenu par une bride ou chapeau C. Deux ou quatre boulons b,b, traversent de part en part toutes les pièces précédentes. — Les coussinets sont percés de deux petites lumières 1,1 destinées à communiquer avec le graisseur de l'articulation. Ils possèdent de plus sur leur surface frottante de petites rainures 2, 2, nommées *pattes d'araignée*, qui ont pour objet de faciliter la circulation de l'huile de lubrifiage. — Enfin, leur serrage s'obtient à l'aide des boulons b,b et de leurs écrous. Ces derniers sont munis de freins qui présentent l'une des dispositions suivantes.

Souvent l'écrou porte une partie cylindrique a, *fig.* 103, d'un diamètre plus petit que celui de son cercle circonscrit. Cette partie entre dans une savate annulaire b tenue par une dent 1, dans le chapeau ou bride C. Une vis v traverse cette savate, et vient pénétrer dans la partie cylindrique a, percée à cet effet d'une série de trous sur tout son pourtour

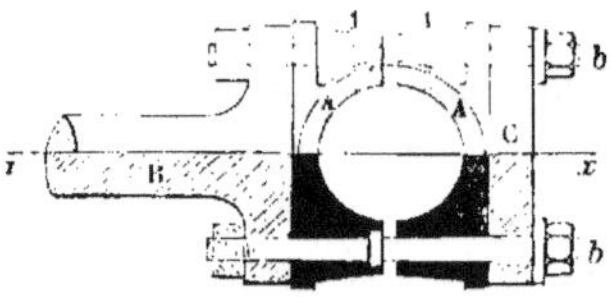

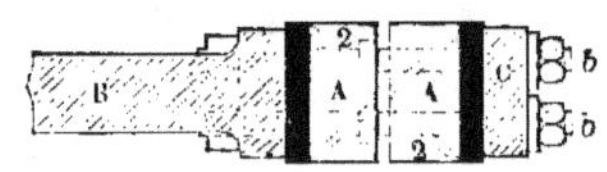

Fig. 102. Extrémité de bielle avec articulation à palier.

Vue 1° Mi-élévation, et mi-coupe verticale menée par le milieu de l'épaisseur de la bielle.

Vue 2°. Coupe suivant *xx* de la *vue* 1°.

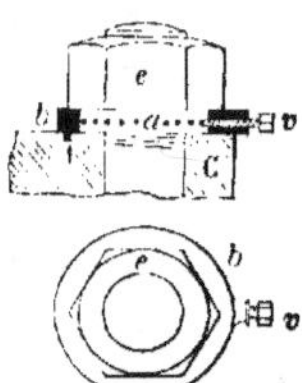

Fig. 103. Frein à savatte pour écrou.

La *fig.* 104 montre un autre spécimen de frein d'écrou. L'écrou *e*
est terminé intérieurement par une embase *a*, taillée
en roue à rochet. Un cliquet *b*, poussé par un ressort 1, s'engage dans les dents de la roue et prévient tout desserrage.

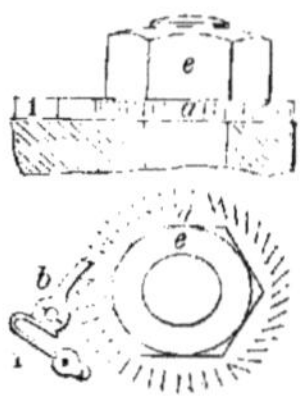

On rencontre encore un troisième genre de frein
dit *à lunettes*. C'est tout simplement une plaque de
tôle entaillée à chacune de ses extrémités de manière à former en creux une portion du polygone
de l'écrou. Cette plaque, logée dans l'intervalle de
deux écrous, les retient l'un par l'autre.

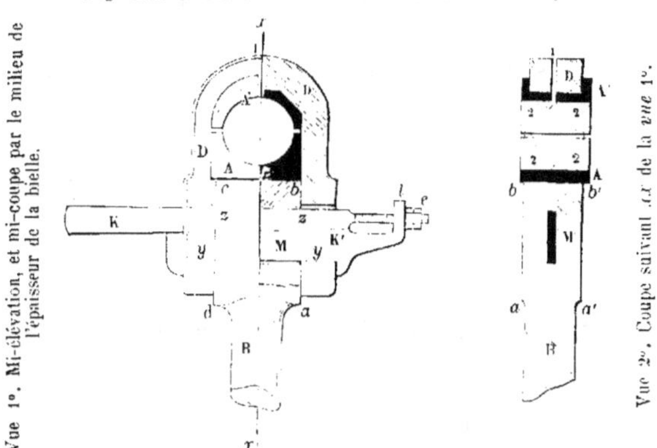

Fig. 104. — Frein à cli-
quet pour écrou.

Articulation de bielle à chape. — Dans l'articulation *à chape*
fig. 105, le corps de la bielle B est terminé par une partie rectangulaire *a b c d*, dans laquelle est pratiquée une mortaise M.

Sur la surface supérieure de cette partie rectangulaire repose un
coussinet en bronze A, pareillement rectangulaire et à joues latérales.

Fig. 105. Extrémité de bielle avec articulation à chape.

Au-dessus de ce coussinet, il vient s'en placer un second A′, qui a
une forme extérieure polygonale pour ne pas tourner, et qui porte
deux joues ovales afin de ne pas décapeler.

Les deux coussinets et la partie *abcd* du corps de la bielle sont entourés par une bride en fer forgé D, percée de deux mortaises qui
correspondent à celle M de la bielle. Deux clavettes K et K′ traversent
à la fois les trois mortaises. Ces clavettes ont leurs faces en contact
taillées en plan incliné ; de plus, celle d'en bas, de l'espèce dite *à*

mentonnets, porte deux rebords qui l'empêchent de bouger dans le sens de sa longueur, et maintiennent l'écartement des deux branches de la chape. D'autre part, une partie filetée termine la clavette supérieure ; et après avoir traversé un crochet *l* de la clavette inférieure,

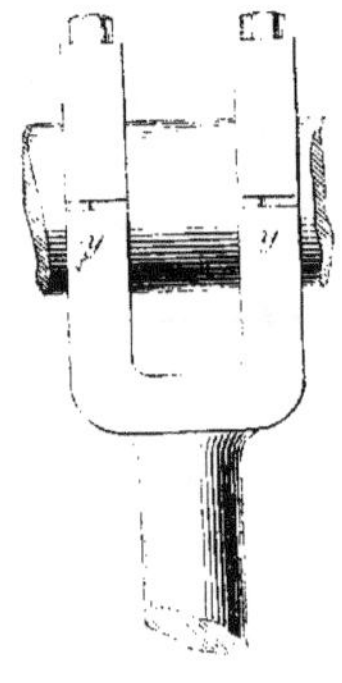

Fig. 105 *bis*. Extrémité de bielle à fourche.

elle reçoit un écrou et un contre-écrou *e* qui préviennent tout glissement ou desserrage des clavettes.

La clavette inférieure K′ porte par sa base contre le dessous *yy* des mortaises de la chape, tandis que la clavette supérieure K appuie par son dos en *zz* contre le dessus de la mortaise M du corps de la bielle. Par conséquent, si l'on enfonce la clavette K, elle force nécessairement la clavette K′ à faire descendre la chape et par suite le coussinet supérieur A′.

Le petit conduit 1, perforé à travers la chape et le coussinet supérieur, est une lumière communiquant avec un godet de graissage ; les rainures 2,2 sont des *pattes d'araignée*.

Quelquefois, les bielles sont terminées par deux branches *y,y*, comme l'indique la *fig.* 105 *bis*. On dit alors qu'elles sont *à fourche* ou *à double articulation*.

Le mode d'articulation de chacune des branches peut être d'ailleurs à palier ou à chape.

N° 50. — 1. Des arbres de couche. — Détails de construction sur les grandes manivelles. — 3. Des paliers d'arbre de couche : paliers ordinaires et paliers des appareils à hélice.

N° 50₁ Des arbres de couche. — Les arbres de couche présentent aujourd'hui deux dispositions distinctes, suivant qu'ils appartiennent à des appareils à hélice sans ou avec engrenage, ou à des machines à roues.

Dans les appareils à hélice sans engrenage à deux cylindres, les arbres de couche ont l'aspect de la *fig.* 106. Ils sont formés d'une seule pièce A′AA″ en fer forgé, et portent deux *vilebrequins* M, M, c'est-à-dire deux paires de manivelles venues de forge avec l'arbre et leurs boutons *b,b.* Ces *vilebrequins* sont d'ailleurs situés à angle droit l'un par rapport à l'autre. D'autre part, des contre-poids d'équilibration m,m sont quelquefois rapportés aux deux manivelles de chaque vilebrequin.

En général, les arbres de couche qui nous occupent reposent sur des paliers en trois endroits de leur longueur A', A et A'', qu'on appelle des *portées*. Ils doivent d'ailleurs être maintenus dans le sens de leur

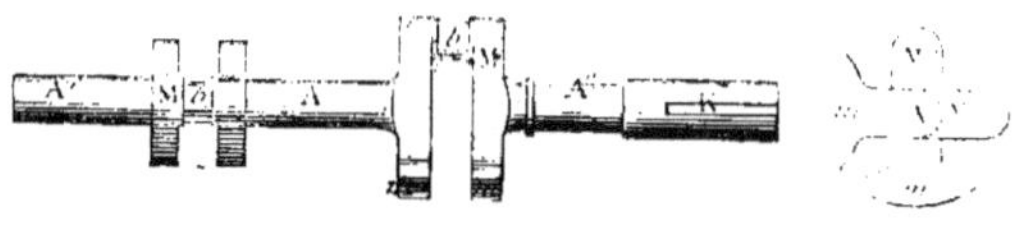

Fig. 106. Arbre de couche de machine à hélice à deux cylindres.

Vue 1° Élévation longitudinale.   Vue 2° Élévation par bout.

axe. Mais il est bon, afin d'éviter les échauffements, qu'ils ne le soient qu'à leur portée arrière A''. Cette portée est pour cela comprise entre deux renflements ou collets.

Enfin, la partie K, qui forme l'extrémité arrière de l'arbre de couche, se trouve taillée à pans, ou sinon elle est disposée pour recevoir des clavettes ; car elle est appelée à s'assembler, au moyen d'un manchon ou de plateaux, avec le bout avant de la ligne d'arbres d'hélice.

Arbres de couche à trois ou quatre vilebrequins. — Dans le principe, les arbres de couche à trois vilebrequins ont été construits d'un seul morceau, comme ceux des machines à deux cylindres. Actuellement, les arbres des grandes machines à hélice se font généralement en autant de parties qu'il y a de vilebrequins. Le mode d'assemblage consiste en de petits tourteaux venus de forge avec les bouts d'arbres, et boulonnés à demeure, dans le genre de ce que l'on faisait déjà pour quelques arbres des tiroirs *fig. 4, sect. 1, pl. IV*. Les paliers intermédiaires sont naturellement en deux parties pour embrasser les tourteaux de jonction. Cette disposition a d'ailleurs été facilitée par l'écartement des axes des cylindres résultant de l'adjonction de chemises de vapeur à ces organes. — Chaque vilebrequin étant forgé à part, peut être mieux corroyé et présente par suite plus de garanties de solidité.

Arbre de machines à roues. — Dans les machines à roues, l'arbre de couche offre la disposition représentée sur la *fig*. 107. Il est formé de trois morceaux, l'un *intermédiaire* A, et deux *extérieurs* A', A''. Ces deux derniers tronçons ont chacun une manivelle, M' ou M'', qui vient se réunir par une soie ou bouton b à une manivelle correspondante M du tronçon intermédiaire. Ce dernier est d'ailleurs tout droit dans un grand nombre de machines, comme celles à balanciers ; mais, dans beaucoup d'autres, telles que les machines oscillantes, il porte en son milieu, et venu de forge avec lui, un vilebrequin N conducteur de pompe à air. Ce vilebrequin se trouve dirigé sur le prolongement de la bissectrice de l'angle des deux manivelles de l'arbre intermédiaire.

L'arbre intermédiaire des machines à roues possède des portées a,a, qui sont toujours comprises entre des renflements ou collets. Les arbres extérieurs, qui, eux aussi, possèdent chacun deux portées n'ont,

Fig. 107. Arbre de couche de machine à roues, avec vilebrequin intermédiaire.

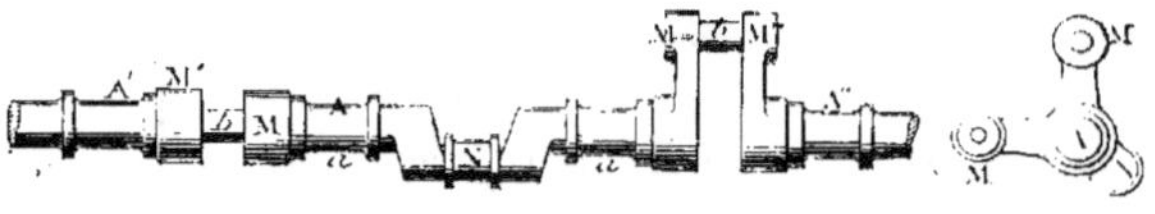

Vue 1ᵉ. Elévation transversale   Vue 2ᵉ Élévation par bout.

à moins qu'ils ne soient en porte-à-faux, que celle située à toucher leur manivelle qui soit encaissée entre deux collets.

— Enfin, dans les machines à hélice avec engrenage, l'arbre de couche est semblable à celui des appareils à roues.

N° 50₂ Détails de construction sur les grandes manivelles. — Les manivelles venues de forge avec leur arbre, se découpent au moyen de la *machine à mortaiser;* et leurs parties rondes, ainsi du reste que celles de l'arbre, se taillent *au tour.* Dans les machines à roues, les manivelles sont *rapportées.* La *fig.* 108 représente en détail la disposition de ces sortes de manivelles.

Chaque manivelle M ou M' porte un fort renflement R ou R' percé en son milieu d'un trou circulaire O, légèrement conique, et qu'on appelle *œil.* Elle s'emmanche à chaud sur son arbre A ou A', et elle se fixe invariablement à cette pièce à l'aide de trois clefs, dont on remarque la présence ou l'emplacement en d,d,d, *vues* 2° et 3°. A l'opposé du premier renflement, les manivelles en possèdent un second $r.r'$, percé d'un trou o, qu'on appelle spécialement *œil de la manivelle.* C'est dans ces *œils* que s'introduit leur bouton ou soie de jonction b. — Ce bouton, d'ordinaire en fer aciéré, est un peu conique à une de ses extrémités. Il se fixe par cette extrémité dans l'œil de la manivelle M de l'arbre intermédiaire au moyen d'une clavette C, ou quelquefois, *vue* 4°, au moyen d'un fort écrou G se vissant sur l'extrémité en question, qui se termine alors par une partie filetée. Dans tous les cas, la seconde extrémité du bouton est légèrement aplatie, sur les deux côtés opposés par où elle doit pousser, suivant un plan à la fois parallèle à son axe et aux rayons des manivelles. Cette seconde extrémité entre dans l'œil o de la manivelle M', lequel possède un plus grand diamètre que le bouton. De la sorte, elle laisse à l'intérieur de cet œil un certain jeu au-dessus et au-dessous d'elle dans la direction même desdits rayons. Mais elle appuie, dans le sens perpendiculaire au précédent, contre deux languettes planes ou *touches* t, t, en bronze dur ou en acier.

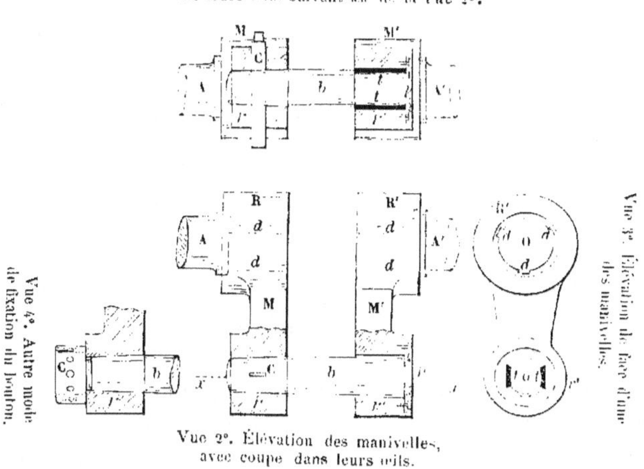

Fig. 108. Agencement des grandes manivelles de machine à roues.
Vue 1°. Projection par bout des manivelles, avec coupe dans leurs œils suivant xx de la *vue 2°*.

Vue 2°. Élévation des manivelles, avec coupe dans leurs œils.

Ces touches sont incrustées à queue d'aronde dans l'œil o aux extrémités du diamètre de cet œil perpendiculaire au rayon de manivelle. Elles sont du reste retenues dans le sens de leur longueur par la rondelle p, fixée sur le plat extérieur de l'œil au moyen de cinq à six vis à tête noyée 1,2,3,4... — L'installation précédente est nécessaire pour prévenir la flexion et même la rupture du bouton de manivelle, lorsqu'il se produit des dénivellements de l'arbre extérieur par rapport à l'arbre intermédiaire.

N° 50₃ Des paliers d'arbre de couche : paliers ordinaires. — *Les* PALIERS *sont les supports sur lesquels reposent les arbres de couche ou autres.*

La forme de palier la plus vulgaire est celle que représente la *fig.* 109.
On y remarque les pièces suivantes :

D   *corps du palier :* bloc de fonte entaillé à sa partie supérieure, et fixé sur les bâtis *n,n* au moyen des boulons K,K. Ces boulons entrent gais dans les trous de l'embase du palier, de façon que celui-ci puisse se déplacer légèrement par rapport au bâtis, à l'aide des coins 1,1.

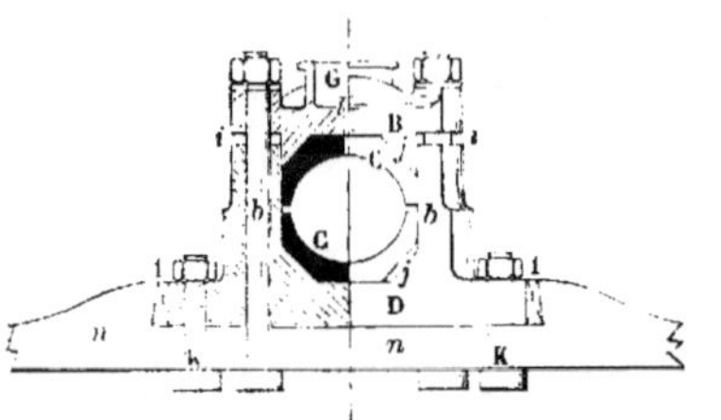

Fig. 109. Palier ordinaire, représenté en mi-coupe verticale et en mi-élévation de face.

B   *chapeau de palier :* pièce de fonte se plaçant au-dessus du corps du palier, et taillée de façon à entrer en partie dans ce corps.

C   *coussinets :* pièces en bronze de forme demi-cylindrique et entre lesquelles frotte l'arbre dans sa rotation. Ces coussinets ont extérieurement un contour polygonal, destiné à les empêcher de tourner avec l'arbre. Ils possèdent aussi les joues *j,j*, dans le sens de leur longueur.

b,b   boulons de serrage, d'ordinaire au nombre de quatre, traversant le palier et son chapeau. En vissant les écrous de ces boulons on force le chapeau B à descendre, et par suite le coussinet supérieur à se rapprocher du coussinet inférieur. Ces écrous sont du reste munis de freins à savate, à cliquet ou à lunettes, comme ceux des articulations de bielle à palier n° 49₃.
Des petites cales en bois dur, qui se logent en *i,i* supportent le poids du chapeau et servent à régler le serrage.

G   godet graisseur venu de fonte avec le chapeau du palier. Il communique avec l'intérieur du coussinet par la lumière *l* perforée à travers cette pièce et la précédente, et qui aboutit d'ailleurs à des pattes d'araignée.

Paliers des appareils à hélice. — Dans les appareils horizontaux à hélice, on a donné aux grands paliers des installations différentes de la forme vulgaire décrite ci-dessus. On s'est proposé avant tout de produire le serrage des coussinets dans le sens de l'axe des cylindres, c'est-à-dire dans la direction où l'usure tend à se produire le plus rapidement. La forme la plus habituelle de ces paliers se voit en H, *fig.* 1, 2, 3 et 4, *sect.* 1, *pl.* IV. Chaque palier fait corps avec un bâtis qui, en se prolongeant en dessus, forme aussi les paliers *h* de l'arbre des tiroirs. Ces bâtis sont fixés aux cylindres au moyen des boulons 28, et ces mêmes boulons servent à effectuer le serrage du palier. — Chaque palier est muni de deux demi-coussinets en bronze ou en fonte et garnis d'antifriction ; le serrage se fait horizontalement. Le coussinet du fond est ajusté dans un évidement demi-cylindrique du palier ; le coussinet d'en dehors a sa partie extérieure taillée à pans, et se trouve serré par une plaque de fer sur laquelle appuient les écrous des boulons 28. Entre les deux demi-coussinets, s'interposent des cales de serrage qui empêchent le coussinet du fond de tourner.

Dans les machines où l'arbre de couche est en autant de morceaux qu'il y a de vilebrequins, chaque palier intermédiaire est partagé en deux parties pour embrasser les tourteaux de jonction des bouts d'arbres. L'ensemble présente alors la disposition des paliers h de l'arbre des tiroirs.

N° 51. — 1. Des carlingues des machines à vapeur marines. — 2. Des plaques de fondation et des brides de fixation. — 3. Des bâtis, des entablements, et des liaisons supérieures des machines avec les coques. — 4. Des parquets de machine.

N° 51₁ Des carlingues des machines à vapeur marines. — Les appareils à vapeur sont établis à bord des bâtiments

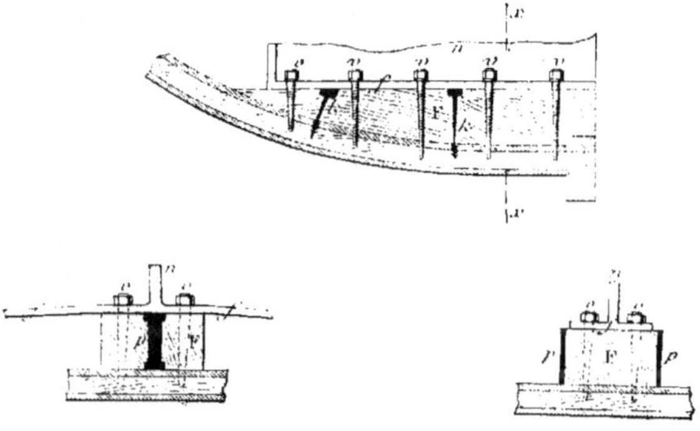

Fig. 110. Carlingue en bois, et plaque de fondation ou brides de fixation.
Vue 1°. Coupe verticale menée dans l'épaisseur de la carlingue.

Vue 2°. Coupe suivant xx de la *vue* 1°, supposée comportant une plaque de fondation.

Vue 3°. Coupe suivant xx de la *vue* 1°, supposée comportant des brides de fixation.

sur de fortes pièces de bois ou de tôle nommées *carlingues* de la machine. Mais pour certains appareils sans plaque de fondation, on fait usage d'un système de pièces de charpente formant une plate-forme complète.

On voit en F, *fig.* 110, l'installation d'une carlingue en bois pour machine à hélice. De fortes chevilles k,k en cuivre, chassées de l'intérieur du navire et taillées en harpon ou rivées par-dessous la carène, assujettissent les carlingues à la coque. Comme ces pièces de charpente ont besoin de résister à des efforts considérables, on les fortifie dans certains cas au moyen de plaques de tôle *p.p.* *vue* 3°, boulonnées de part en part de leur épaisseur. Ces plaques ont parfois la forme de cornières courbes, s'appliquant sur les fonds des bâtiments par leur branche horizontale, et s'y fixant au moyen de vis à bois, qui constituent alors les liaisons des carlingues de la machine avec ces fonds. Quelquefois enfin, on emploie une véritable carlingue en fonte, telle que *p*, *vue* 2°, qu'on incruste entre deux carlingues en bois.

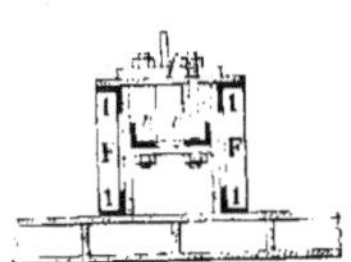

Fig. 111. Coupe menée perpendiculairement à la longueur d'une carlingue en tôle de machine.

À bord des navires en fer, les carlingues F, *fig.* 111, sont de longues caisses ou poutres creuses composées de pièces de tôle réunies entre elles et avec la coque par des cornières 1,1.

N° 51₂ Des plaques de fondation. — Dans la plupart des machines, tout l'ensemble des pièces fixes se boulonnent sur une plate-forme en fonte nommée *plaque de fondation*, de façon à former un tout complètement rigide et indépendant des déformations du bâtiment. Cette plaque *f*, *fig.* 110, *vues* 1° *et* 2°, est elle-même jonctionnée avec les carlingues, quand elles sont en bois, au moyen de vis à bois *v*, *v*, en fer galvanisé. Mais, si les carlingues sont en tôle, on se sert de boulons *v*, *v*, *fig.* 111, traversant des entretoises creuses, forcées entre la face supérieure des carlingues et un plan de feuilles de tôle fixé à leur intérieur parallèlement à cette face.

La plaque de fondation n'est astreinte à aucune configuration particulière. Mais dans quelques cas spéciaux, comme pour les machines oscillantes, elle est découpée pour donner passage à certaines pièces mobiles.

Quelle que soit sa disposition, elle est renforcée par des nervures destinées à assurer la rigidité des plaques de fondation.

Des brides de fixation. — Beaucoup d'appareils à hélice n'ont pas de plaque de fondation. Les cylindres, les condenseurs et les bâtis sont alors munis à leur partie inférieure de brides *f*, *vue* 3°, *fig.* 110, qui se fixent directement aux carlingues.

N° 51₃ Des bâtis. — Les bâtis comprennent toute la charpente de fonte, de fer ou quelquefois de tôle, qui relie entre elles, au-dessus de la plaque de fondation ou des brides de fixation, les diverses pièces fixes des machines, et qui supporte en outre les organes mobiles. Ils présentent une infinité de formes différentes et variables avec chaque genre d'appareil. Dans les machines à hélice, les bâtis reposent sur la plaque de fondation, ou directement sur les carlingues si cette plaque n'existe pas ; ils sont boulonnés d'un côté sur les cylindres, et le côté opposé forme les paliers de l'arbre de couche.

Des entablements. — Les bâtis des machines oscillantes comprennent d'ordinaire une série de colonnettes en fer forgé. Les pieds de ces colonnettes s'emmanchent dans la plaque de fondation, tandis que toutes les têtes sont réunies par une espèce de grand cadre en fonte X, *sect.* 1 et 2, *pl.* I, appelé *entablement.*

Des liaisons supérieures des machines avec les coques. — Lorsque les bâtis ont une grande hauteur, comme dans les machines oscillantes à roues, l'entablement s'incruste à frottement doux entre les côtés d'un rectangle formé de deux baux et de deux longrines en bois ou en tôle. Ce rectangle est alors libre de jouer, dans une certaine mesure, sous l'influence des déformations du navire sans entraîner l'entablement de la machine et lui sert de point d'appui dans les grands roulis.

N° 51₄ Des parquets de machine. — Tout autour des machines, il existe, jusqu'à toucher le vaigrage et les soutes à charbon, un plancher de plaques de feuilles de tôle, qui va du reste rejoindre le pied des chaudières. Ce plancher se nomme *parquet*. Il est destiné à former, pour les mécaniciens, une plate-forme de circulation solide et à l'abri du feu.

Les plaques de parquet reposent sur des traverses fixées aux carlingues ou sur des cornières fixées sur l'appareil. Leur surface supérieure est lamellée, diamantée ou couverte de petits ronds, afin d'être moins glissante au roulis.

Dans les grands appareils, il existe deux étages de parquets, qui communiquent entre eux par des échelles en fer. D'ailleurs, les parquets et les échelles sont munis de balustrades, dites *mains courantes*, que supportent des chandeliers ou montants. Les mains-courantes sont placées à hauteur d'appui. Au-dessous d'elles, le parquet est limité par une bordure pleine en tôle d'environ 0^m,20 de haut, relevée en cornière, et que l'on nomme *garde-pied*.

N° 52₁ Du graissage et du lubrifiage. — Le lubrifiage a pour but d'introduire dans les articulations un corps qui rende le frottement plus doux. C'est dans le même but que l'on graisse les tiroirs et les cylindres.

Le suif est réservé pour les pièces qui, comme les pistons à vapeur, les tiroirs et les organes de détente variable, sont à une température capable de le maintenir à l'état liquide. On le chauffe alors préalablement dans des bouilloires *ad hoc*.

L'huile d'olive est employée pour graisser les articulations, les paliers, les glissières, etc. : en un mot, les différents mouvements qui ne dépassent la température ordinaire qu'accidentellement.

De leur côté, les tiges de piston à vapeur, de tiroir et de détente se graissent au suif chaud, et quelquefois à l'huile quand elles sont horizontales.

D'autre part, avec les condenseurs à surface, on ne doit employer que de l'huile pour graisser les cylindres, les tiroirs et les détentes.

N° 52₂ Graisseurs à suif. — Pour effectuer le graissage, on emploie un certain nombre d'organes divers, mais qui peuvent se classer en deux catégories : *les graisseurs à suif* et *les graisseurs à huile*.

Les graisseurs à suif s'appliquent particulièrement aux cylindres et aux boîtes à tiroir et à détente. — Ils se composent d'ordinaire de deux godets superposés A, *a*. *fig*. 112, munis chacun d'un robinet R, *r*. — Pour un cylindre à vapeur, le pied du grand godet communique avec l'intérieur de ce récipient C par le canal B. Souvent, d'ailleurs, ce canal aboutit à une caisse plate en cuivre D, qui s'étend dans une certaine partie de la largeur du cylindre, et laisse les matières graisseuses se projeter à travers une longue fente.

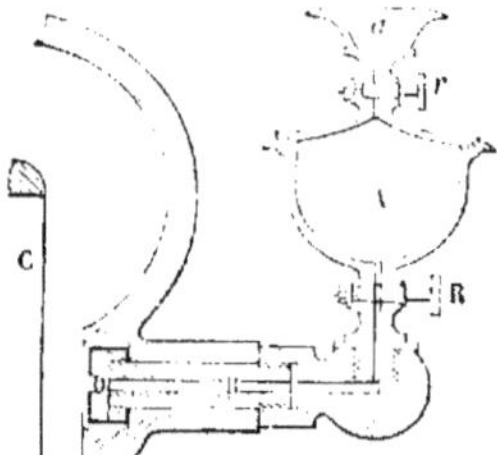

Fig. 112. Graisseur à suif.

Pour se servir d'un pareil graisseur, on ferme le robinet du bas R : on ouvre celui du haut *r*, et l'on verse le suif fondu. On ferme ensuite le robinet du haut, et on ouvre celui du bas. La vapeur pénètre aussitôt dans le godet A ; et l'équilibre de pression s'y établissant, le suif tombe en vertu de son poids. Cette combinaison de deux robinets est utile, afin qu'on puisse verser le suif à un instant quelconque de la course du piston, surtout dans les machines à mouvement rapide.

Au lieu des simples robinets de la *fig.* 112, on emploie assez souvent des graisseurs automoteurs comme celui qu'on aperçoit en 2, *fig.* 1, *sect.* 1, *pl.* IV. Le suif, placé dans une espèce d'entonnoir supérieur servant de couvercle, est fondu par la vapeur qui remplit le godet. On fait ensuite passer le suif dans ce dernier, d'où il se déverse par un tube dont l'ouverture est vers le sommet. Le suif est élevé jusqu'au tube par l'eau provenant de la vapeur condensée. La condensation de la vapeur règle le graissage.

Nº 52₃ Graisseurs à huile. — Les graisseurs à huile s'emploient principalement pour les pièces mobiles, pour les glissières et les paliers des appareils à vapeur. Ils se composent en général d'un godet A, *fig.* 113, et d'un porte-mèche *p*. Une mèche *m* en laine ou en coton s'introduit dans ce conduit par un de ses bouts, tandis que l'autre bout trempe dans l'huile du godet. Cette mèche forme siphon, et l'huile y circule par le fait de la *capillarité*. Le godet est bouché par un couvercle *c*, percé d'un petit trou 1, qui a pour but de laisser agir à l'intérieur du godet la pression atmosphérique.

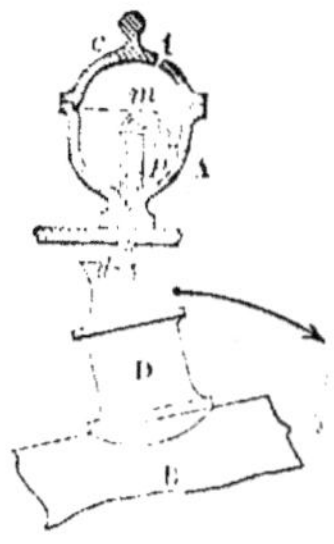

Fig. 113. Graisseur à huile du genre dit à lécheur.

Les graisseurs à huile sont habituellement implantés dans la pièce qui entoure ou surmonte la partie où doit arriver la matière lubrifiante. La mèche traverse alors cette pièce de façon à venir aboutir à une très petite distance de la partie en question. On met un ou deux godets graisseurs par articulation suivant l'importance du mouvement. Au lieu du godet à mèches, on emploie assez souvent des godets dont l'orifice inférieur est obturé par une vis percée suivant son axe, et dont le haut forme soupape, cette dernière étant ajustée sur le bord de l'orifice. Deux petits trous percés dans la vis, au-dessous de la soupape et normalement à l'axe, aboutissent au canal central de cette vis. En soulevant la soupape, par le desserrage de la vis, ces deux trous sont plus ou moins démasqués et laissent passer l'huile.

— Pour les petites pièces à mouvement lent, on se passe habituellement de graisseur, et l'huile se verse de temps à autre à la main à travers un petit trou pratiqué sur la pièce qui surmonte l'endroit à graisser.

N° 52₄ Lécheurs . — Pour les pieds et les têtes de bielle, on emploie des *lécheurs*. Un godet graisseur ordinaire est monté à demeure en un endroit fixe de la machine, et laisse pendre, au-dessous de son godet, le bout de la mèche, à laquelle on donne ici une forme plate. Un autre godet D. *fig.* 113, sans mèche, est monté sur la pièce mobile B. et communique avec l'endroit à lubrifier par une lumière complétement libre. Ce second godet porte un bec *d* , qui, dans ses passages successifs, vient rencontrer le bout pendant de la mèche et en *lécher* les quelques gouttes d'huile qui s'y accumulent à chaque instant.

La *fig.* 114 réprésente le système de lécheur le plus usité aujourd'hui.

La boîte en bronze A est fixée sur la tête de bielle par les vis 1, 1, et son intérieur communique avec le tourillon de la manivelle par les lumières de graissage 2.2. Au centre de la boîte A se visse un prisonnier *b*, sur lequel se fixe, par la clavette goupillée 3, le lécheur B. Le peu d'espace qui existe entre le lécheur B et les rebords recourbés de la boîte A, empêche l'huile qui est descendue dans la boîte A d'être projetée dans les mouvements brusques de la machine.

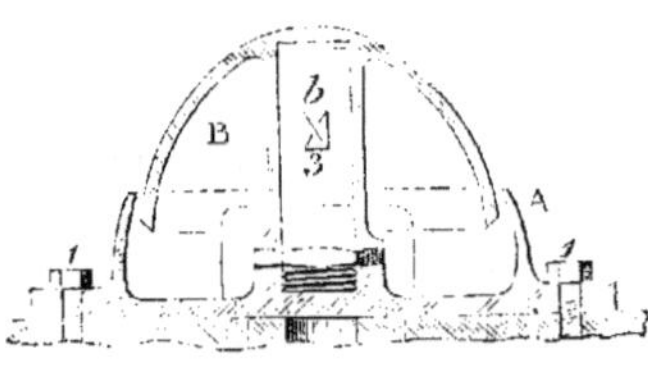

Fig. 114. Graisseur à lécheur pour tête et pour pied de bielle.

Vue 1°, coupe verticale par l'axe de la bielle.

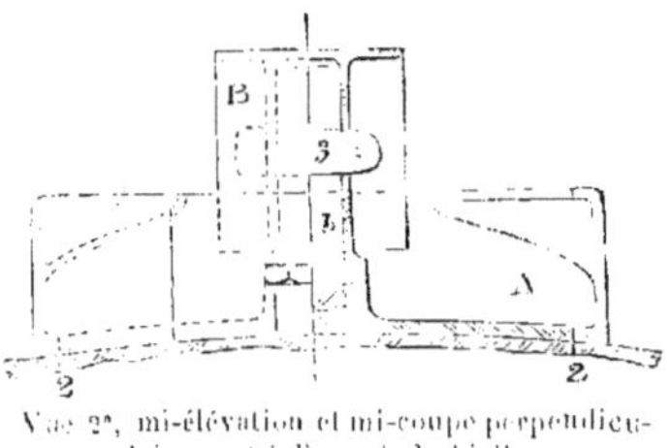

Vue 2°, mi-élévation et mi-coupe perpendiculairement à l'axe de la bielle.

Arroseurs. — Les arroseurs sont des tuyaux munis de robinets qui permettent d'amener de l'eau dans les grandes articulations, telles que paliers, pieds et têtes de bielle, lorsqu'il se produit un échauffement. Cette eau est généralement prise sur le refoulement de la pompe à air pour les machines à condensation par mélange, ou sur celui de la pompe de circulation pour les machines à condensation par surface.

CHAPITRE IV.

Chap. IV, § 1ᵉʳ. — De l'hélice.

N° 53. — **1. De l'hélice ; principe de son jeu. — 2. Des éléments de l'hélice ; ailes, diamètre, pas, fraction de pas partielle ou totale. — 3. Emplacement et nombre des hélices. — 4. De l'avance des bâtiments à hélice ; du recul de l'hélice.**

N° 53₁ De l'hélice. — *L'hélice* est un propulseur ayant un mode d'action en tout semblable à celui d'une vis qui, placée dans le sens de la quille, appuierait par sa tête contre un point pris à l'intérieur du navire, et dont la partie filetée, située à l'arrière du bâtiment, tournerait dans l'eau comme dans un écrou.

Concevons une vis à filets carrés, mais dont les filets ont peu d'épaisseur et sont excessivement saillants. Découpons les trois quarts d'un filet complet et partageons le quart restant en deux parties égales par exemple ; puis faisons glisser le morceau le plus élevé de manière que son bord inférieur soit dans le même plan perpendiculaire à l'axe que le bord inférieur du premier morceau. Enfin, faisons tourner ce deuxième morceau autour du noyau de la vis, qu'on nomme *moyeu*, de manière à le mettre dans une position diamétralement opposée à celle du premier, et nous aurons une hélice à deux ailes. Pour que l'hélice soit parfaite, comme propulseur, il ne reste plus qu'à limer les ailes sur les bords et à les amincir en allant du moyeu vers les extrémités. Ce travail doit se faire sur la face de l'aile qui doit être tournée du côté de l'avant du bâtiment, de manière à ne pas déformer la surface qui regarde l'arrière. — Si nous avions partagé le quart de filet conservé, en 3, 4 ou 6 parties égales, que nous aurions ensuite déployées autour du moyeu, nous aurions obtenu une hélice à 3, 4 ou 6 ailes. La *fig.* 115 représente une hélice à deux ailes. Le mouvement de rotation ayant lieu dans le sens de la flèche x, les faces arrière des ailes, celles qui n'ont pas été déformées, s'appuient obliquement sur l'eau à mesure que l'hélice tourne, et il en résulte une poussée dans le sens de la flèche y, qui fait avancer le bâtiment.

Fig. 115. Hélice ordinaire à deux ailes.

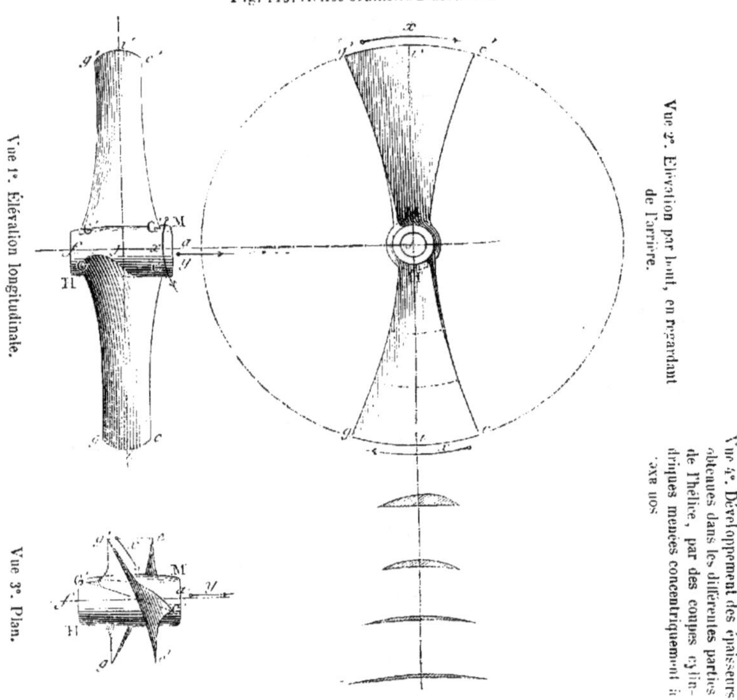

N° 53₂ Des éléments de l'hélice. — L'hélice, telle qu'on la réalise en pratique, est représentée en *fig.* 115.

On y remarque les éléments suivants : 1° les *ailes et leur nombre;* 2° le *diamètre;* 3° le *pas;* 4° la *fraction de pas partielle et totale.*

Ailes. — Les ᴀɪʟᴇs *sont des portions égales* CGgc *et* C'G'g'c' *d'un même filet, qui sont implantées autour d'un cylindre métallique* HM *nommé* ᴍᴏʏᴇᴜ. — Le *nombre des ailes* varie depuis 2 jusqu'à 6. Les hélices à 2 ailes se masquent facilement derrière l'étambot, lorsqu'on marche à la voile; mais elles occasionnent des trépidations qui fatiguent l'arrière.

Diamètre. — *Le* DIAMÈTRE *ii'*, fig. 115, *de l'hélice, s'entend de celui du cylindre sur lequel se trouvent les bords extérieurs des ailes.* — Le diamètre se fait en général égal aux 6,7 du tirant d'eau de l'arrière.

Pas. — *Le* PAS *de l'hélice est celui du filet complet, c'est-à-dire la quantité dont on s'élèverait le long de l'axe sur le bord de l'aile en faisant un tour complet.* — Le pas vaut en moyenne 1,5 du diamètre.

Le pas est dit à *droite* quand, dans la marche en avant, les ailes passent de bâbord à tribord au moment où elles sont en l'air; le pas est dit à *gauche* dans le cas contraire. D'après cela, sur la figure 115, le pas est à droite, en y supposant l'avant du bâtiment du côté de la flèche *y*.

Fraction de pas partielle ou totale. — *La* FRACTION DE PAS PARTIELLE *s'entend du nombre des parties décimales du pas contenues dans la portion* af *de l'axe,* fig. 115, *le long de laquelle s'étend chaque aile.* Cette même longueur *af* évaluée d'une manière absolue, en mètres par exemple, se désigne sous le nom de *longueur de l'hélice*.

La FRACTION DE PAS TOTALE *n'est autre que la somme des fractions de pas partielles de toutes les ailes.* Elle vaut en moyenne 0.25, *quel que soit le nombre des ailes*.

N° 53₃ Emplacement et nombre des hélices. — L'emplacement des hélices est toujours à l'arrière du bâtiment; et sauf quelques rares exceptions, elles occupent sur l'avant du gouvernail un trou ménagé dans le massif arrière et nommé *cage d'hélice*.

On n'emploie généralement qu'une hélice par navire. Cependant les bâtiments à très-faible tirant d'eau ont deux hélices placées l'une à droite et l'autre à gauche de la quille, sous les façons arrière du bâtiment, parce qu'une seule hélice ne pourrait pas avoir des dimensions assez grandes.

N° 53₄ De l'avance des bâtiments à hélices. — *On appelle* AVANCE *d'un bâtiment à hélice l'espace qu'il parcourt à chaque tour de son propulseur.* En se rappelant qu'une vitesse de 1 nœud à l'heure correspond à un parcours de 0ᵐ.514 par seconde, on a la relation :

$$\text{Avance} = \frac{\text{vitesse en nœuds du navire} \times 0,514 \times 60}{\text{nombre de tours d'hélice à la minute}},$$

Du recul de l'hélice. — Si l'eau dans laquelle fonctionne l'hélice était gelée, à chaque tour de ce propulseur son axe avancerait d'une quantité égale au pas. Mais, eu égard à la mobilité du liquide, il n'en est pas ainsi. L'eau cède plus ou moins sous le choc des ailes, et l'axe de l'hélice n'avance à chaque révolution que d'une quantité inférieure au pas. En un mot, il y a ce qu'on nomme du *recul*.

On appelle alors *coefficient de recul* ou simplement *recul*, l'expression $\dfrac{pas - avance}{pas}$.

Exemple. Un bâtiment file 10 nœuds avec une hélice de $5^m,6$ de pas, et faisant 72 tours à la minute. On demande le recul.

La première des expressions ci-dessus donnera tout de suite :

$$avance = \frac{10^n \times 0.514 \times 60}{72} = 4^m,28.$$

Puis, de la seconde de ces expressions, on déduira :

$$recul = \frac{5^m,60 - 4^m,28}{5^m,60} = 0,24.$$

— Le recul vaut moyennement de 0,10 à 0,15 *par calme*. Il augmente naturellement par vent debout, ou bien quand le bâtiment remorque.

N° 54. — **1.** Classification des différents systèmes d'hélices à trois points de vue. — **2.** Classification au point de vue de la nature de la surface des ailes : hélices à pas constant ; hélices à pas variable. — **3.** Classification au point de vue de la disposition des ailes sur le moyeu : hélices ordinaires à ailes simples ; hélices Mangin à ailes doubles ou triples. — **4.** Classification au point de vue de la conjuguaison de l'hélice avec l'arbre de la machine : hélices fixes et hélices amovibles. — **5.** Hélices folles : différents moyens de rendre le navire indépendant de l'hélice.

N° 54₁ Classification des différents systèmes d'hélices à trois points de vue. — Les différentes sortes d'hélices que l'on rencontre se classent à trois points de vue :

1° Au point de vue de la nature de la surface des ailes ;

2° Au point de vue de la disposition des ailes autour du moyeu ;

3° Au point de vue de la conjugaison de l'hélice avec la machine.

N° 54₂ Classification des hélices au point de vue de la nature de la surface des ailes. — Au point de vue de la nature de la surface des ailes, on distingue principalement les hélices *à directrice droite* ou *à pas constant*, et les hélices *à directrice brisée* ou *courbe*, dites aussi *à pas croissant*.

Hélices à pas constant. — Les hélices à *pas constant*, les seules actuellement usitées en France, sont celles dont les bords des ailes s'élèvent régulièrement comme les filets d'une vis.

Hélices à pas variable. — Les hélices à pas variable sont celles dont le bord des ailes ne s'élève pas d'une manière régulière. Généralement, dans ces hélices, le cinquième de la largeur de l'aile, sur la partie avant, s'élève moins rapidement que le reste de la surface. Cette manière de faire avait pour but de diminuer le choc de l'aile contre l'eau.

N° 54₃ Classification des hélices au point de vue de la disposition des ailes sur le moyeu. — Au point de vue de la disposition des ailes sur le moyeu, les hélices se présentent sous deux variétés principales : les hélices *ordinaires* ou *à ailes simples*, et les hélices *Mangin* dites aussi à *ailes doubles* ou *triples*.

Hélices ordinaires ou à ailes simples. — Les hélices à *ailes simples* sont les hélices à deux ou à un plus grand nombre d'ailes épanouies autour du moyeu. — Les unes ont leurs lignes médianes

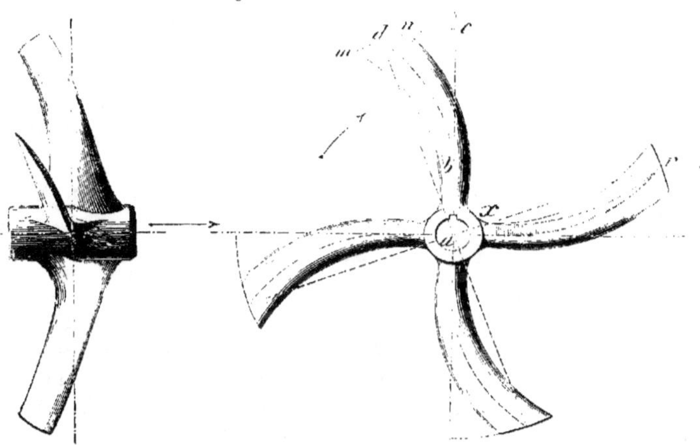

Fig. 116. Hélice à ailes courbes.

droites et situées dans un même plan perpendiculaire à l'axe. Telle est l'hélice représentée en *fig.* 115.

— D'autres ont la ligne médiane courbe ; telles sont les hélices que l'on construit actuellement, et dont un type est représenté par la *fig.* 116. Cette hélice est à quatre ailes déployées, le pas est constant La forme des ailes résulte de la manière dont elles ont été découpées.

— La ligne médiane *abd* de l'aile a pour projection sur le cercle une ligne droite *ab*, puis un arc de cercle *bd*, tangent en *b* au rayon *abc*. et passant par le point *d*. Le point *b* est au cinquième du rayon à partir du centre, et le point *d* se trouve sur un rayon *ad* faisant avec *abc*, et en arrière du mouvement de rotation pour la marche en avant, un angle de 20°. Les bords de l'aile se projettent suivant des arcs de cercle passant par trois points, que l'on détermine suivant les valeurs des fractions de pas à l'extrémité de l'aile, au milieu de l'aile et au moyeu, cette dernière étant la plus grande.

Hélices Mangin à ailes doubles ou triples. — Les hélices Mangin à ailes doubles consistent en deux paires d'ailes A,B et A′,B′, *fig.* 117, montées sur le même moyeu à la suite l'une de l'autre, et, en outre, orientées de façon à se trouver juste l'une devant l'autre.

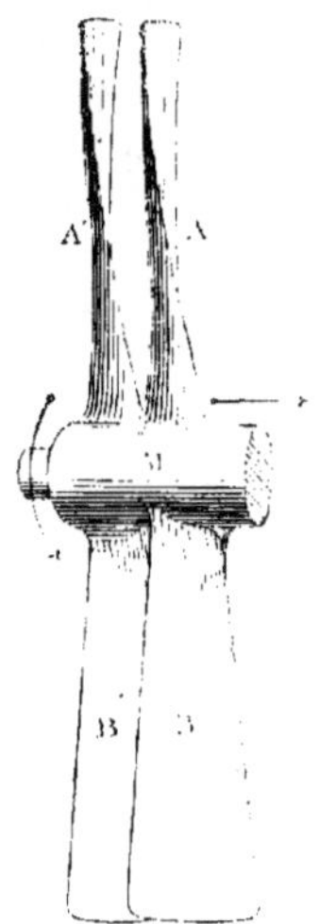

Fig. 117. Hélice Mangin.

Avec les hélices Mangin, la fraction de pas totale se répartit également entre toutes les ailes, comme dans les hélices ordinaires, et n'a pas besoin d'être plus considérable qu'avec ces dernières.

La faible largeur des hélices Mangin leur donne la précieuse faculté de pouvoir se cacher derrière l'étambot avant, lorsqu'on se propose de marcher à la voile. Mais elles ont l'inconvénient d'occasionner des trépidations considérables et de fatiguer l'arrière du bâtiment.

N° 54. Classification des hélices au point de vue de leur conjugaison avec l'arbre de la machine. — Au point de vue de leur conjugaison avec l'arbre de la machine, on distingue les hélices *fixes* et les hélices *amovibles*.

Hélices fixes. — Les hélices *fixes* sont celles qui sont établies à demeure dans leur cage, et ne se démontent pas à la mer. Ces hélices ont leur moyeu claveté sur le bout de l'arbre de la machine qui sort du navire.

Hélices amovibles. — Les hélices *amovibles* sont celles qui peuvent se hisser dans un puits ménagé à l'arrière du bâtiment. Ces hélices sont montées sur un tourillon, nommé arbre *porte-hélice*, que supportent les deux paliers d'un cadre, et qui se réunit avec l'arbre de la machine par une disposition qui permet d'emmancher ces deux arbres ensemble ou de les séparer à volonté. Ce système est aujourd'hui abandonné.

Nᵒ 54₃ Hélices folles. — Qu'une hélice soit fixe ou amovible, elle est d'ordinaire susceptible d'être rendue *folle ou affolée*. Cela signifie que, au moyen d'embrayage (nᵒ 56₁), le bout d'arbre qui sort du bâtiment peut cesser d'être relié à tout le train d'arbres que commande l'appareil.

L'affolement des hélices leur permet, lorsque le navire marche à la voile, de *tirbouchonner* dans l'eau, de façon à amoindrir la résistance qu'elles apporteraient au sillage du bâtiment si on les maintenait immobiles, et si d'ailleurs le nombre des ailes ne se prêtait pas à la dissimulation complète ou presque de toute leur surface résistante derrière l'étambot.

Différents moyens de rendre le navire indépendant de l'hélice. — Outre le recours à l'affolement de l'hélice, on peut encore rendre le bâtiment indépendant de ce propulseur par les deux moyens que voici :

1° Si l'hélice est amovible, on la remonte dans son puits.

2° Si le propulseur n'a que deux ailes, et surtout s'il est du système Mangin, on le masque derrière l'étambot en tenant ses branches verticales.

Nᵒ 55. — 1. Nature du métal de l'hélice. — 2. Installations diverses des hélices fixes dans leur cage. — 3. Hélices en porte-à-faux. — 4. Emmanchement des hélices fixes avec leur arbre.

Nᵒ 55₁ Nature du métal de l'hélice. — L'hélice doit toujours être du même métal, ou à peu près, que le doublage de la carène. Ainsi, si la coque est en fer, l'hélice est en fer ou en fonte. Si la coque est doublée de cuivre, l'hélice est en bronze.

Cette mesure est dictée par la nécessité de prévenir les effets de l'action galvanique (nᵒ 58₂), et surtout d'empêcher la surface du propulseur de se couvrir de coquillages, d'herbes, etc.

Nᵒ 55₂ Installations diverses des hélices fixes dans leur cage. — Les hélices fixes sont logées dans *une cage* ménagée à l'arrière du bâtiment, et encadrées par la quille, par une longrine supérieure et par deux étambots, dont celui de l'arrière supporte le gouvernail. Cette installation peut présenter deux dispositions :

1° Les hélices *avec chaise sur l'étambot arrière* : l'extrémité arrière de l'arbre porte-hélice est supportée par un coussinet ou un palier, qui repose lui-même sur une chaise fixée à l'étambot en question.

2° Les hélices en *porte-à-faux* : l'arbre porte-hélice cesse d'être supporté à son extrémité arrière ; mais il est soutenu par un palier à sa sortie du navire. C'est la seule disposition qui soit usitée aujourd'hui.

N° 55₅ Hélices en porte-à-faux. — La *fig.* 118 représente

Fig. 118. Hélice en porte-à-faux, installation type de la marine militaire.

Vue 2°. Élévation de face de l'étambot avant.

Vue 1°. Coupe longitudinale menée dans la cage par l'axe de l'hélice.

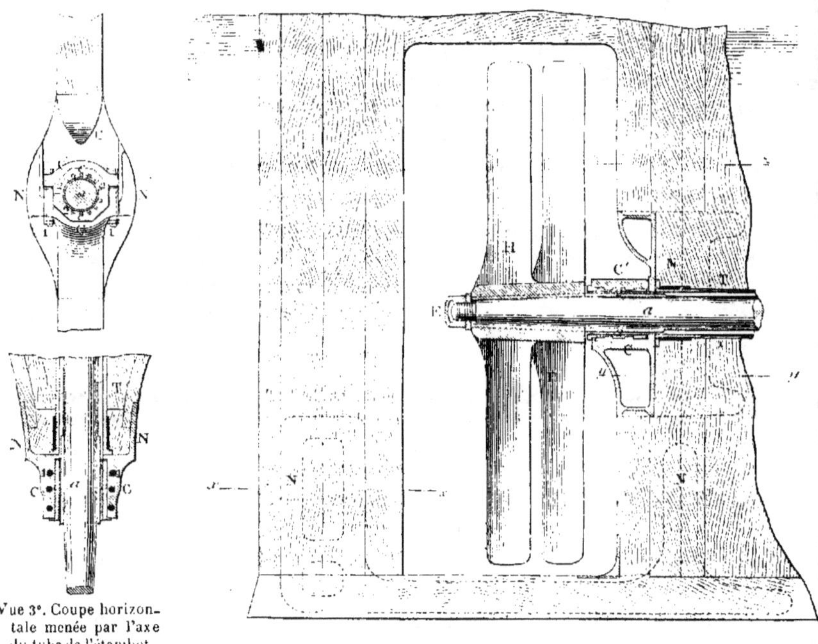

Vue 3°. Coupe horizontale menée par l'axe du tube de l'étambot.

Vue 4°. Coupe suivant *xx* de la *vue* 1°.

Vue 5°. Coupe suivant *yy* de la *vue* 1°.

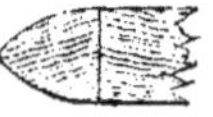

Vue 6°. Coupe suivant *zz* de la *vue* 1°.

l'agencement adopté dans la marine militaire. Bien que, sur notre figure, l'hélice soit du système Mangin, elle est cependant assez souvent à quatre ou à six ailes. Quoi qu'il en soit, on remarque sur cette figure les pièces que voici :

a   *arbre porte-hélice*, formé par le dernier bout de la ligne d'arbres.
T   *tube d'étambot*, à travers lequel le bout d'arbre précédent sort du navire.
C   palier de l'hélice. La partie inférieure de ce palier est fixe, et appartient à une armature N qui embrasse l'étambot avant et y est solidement vissée. La partie supérieure du palier est un chapeau C', qui est maintenu en place par six forts boulons en cuivre 1,1...
c   coussinets en bronze, garnis d'une série de languettes de gaïac 2,2....
N,N armatures en bronze : l'une sert à fixer le palier de l'hélice, ainsi qu'il a été expliqué en C, et l'autre est destinée à consolider tout l'encadrement inférieur de la cage du propulseur.

N° 55₄ Emmanchement des hélices fixes avec leur arbre.

— L'arbre porte-hélice *a*, *fig.* 119, est terminé par une partie de plus petit diamètre, qui entre juste dans un vide de même forme ménagé à l'intérieur du moyeu M. Une clavette transversale *k* ou des clefs longitudinales *k*, *k* traversent le moyeu et l'arbre, de façon à réunir invariablement ces deux pièces. Lorsqu'il n'y a que des clefs longitudinales, un écrou E se visse sur l'extrémité de l'arbre *a* qui déborde lui-même du moyeu M, et il prévient tout décapelage de l'hélice d'avec cette extrémité. Au surplus, il est en bronze à bord des bâtiments doublés en cuivre ; sa tête recouvre

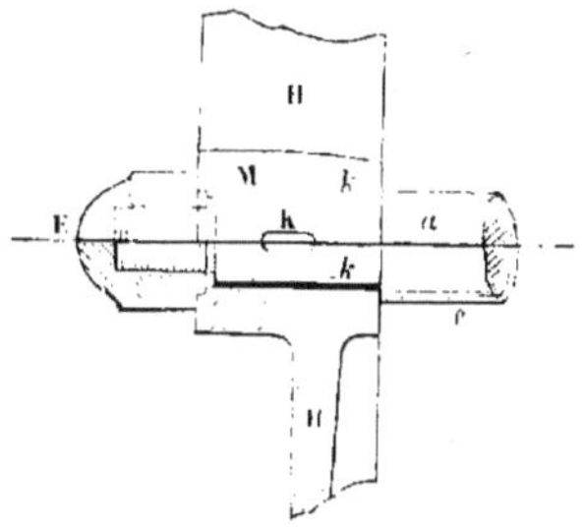

Fig. 119. Mi-élévation et mi-coupe de l'emmanchement avec son arbre d'une hélice en porte-à-faux.

alors le bout de l'arbre pour le mettre à l'abri de tout contact avec l'eau de mer, et, par suite, en prévenir la détérioration galvanique (n° 58₂). Enfin, il est bon de le goupiller avec ce bout. Car, comme il force beaucoup dans la marche en arrière, il est exposé à se dévisser lors de cette marche.

Une chemise en bronze recouvre la portion de l'arbre comprise entre l'avant du moyeu et l'avant du palier C, *fig.* 118. Une autre chemise recouvre l'arbre à son passage à travers le presse-étoupe C, *fig.* 121. Enfin, une chemise en cuivre rouge soudée par ses deux extrémités sur les deux manchons précédents, recouvre l'arbre sur la partie qui se trouve dans le tube d'étambot. Cette disposition a pour but de mettre l'arbre à l'abri du contact de l'eau de mer, et de prévenir les effets galvaniques. Sur les bâtiments en fer, l'arbre est laissé à nu.

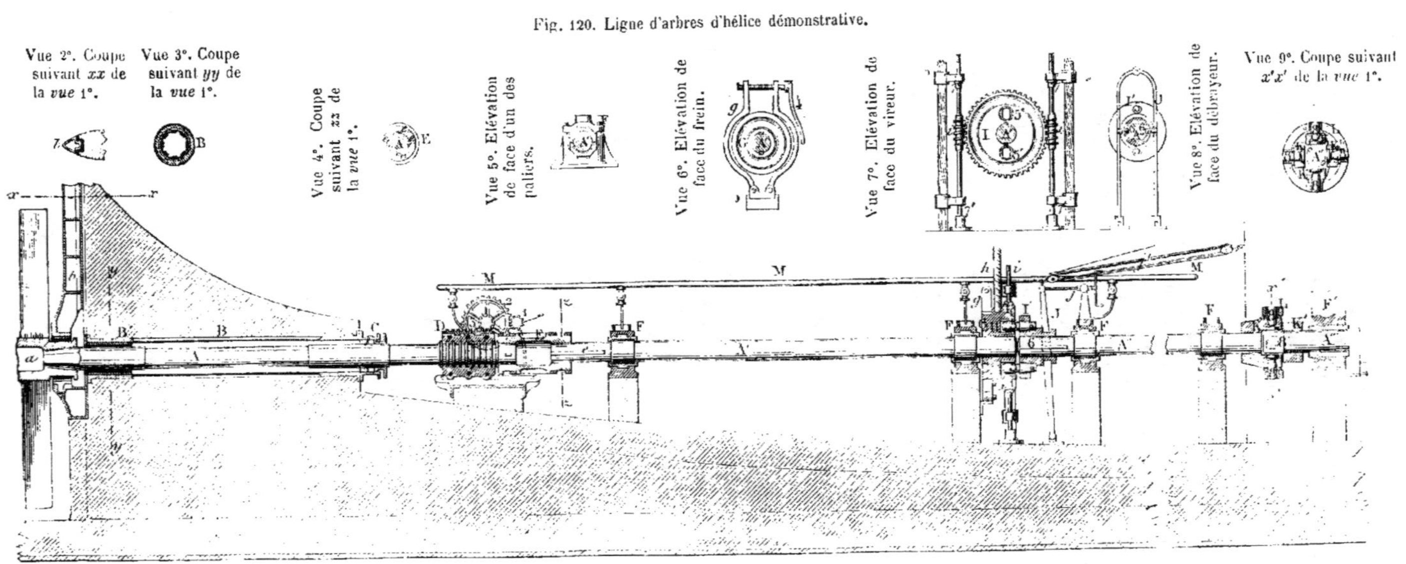

Fig. 120. Ligne d'arbres d'hélice démonstrative.

LÉGENDE DE LA FIG. 120.

a portion avant de l'arbre porte-hélice, accompagné des deux ailes simples de l'avant d'une hélice Mangin amovible. Le bout arrière de cet arbre et les deux autres ailes de l'hélice ont été enlevés avec la partie arrière ou puits.

A tronçon arrière de la ligne d'arbres. Ce tronçon est réuni ici avec l'arbre porte-hélice par un emmanchement polygonal. Il porte d'ailleurs à sa sortie et à son entrée dans le tube B, deux renflements recouverts chacun d'un manchon en bronze, tandis que l'intervalle de ces deux renflements est revêtu d'une chemise en cuivre rouge.

A', A″ tronçons intermédiaires, au nombre de deux, reliant le bout d'arbre précédent avec l'arbre de couche A‴.

b bielle avant du cadre de l'hélice. Cette bielle est guidée par une coulisse rectangulaire entaillée dans l'étambot.

B *tube d'étambot*, manchon en bronze incrusté dans le massif arrière, pour prévenir toute filtration de l'eau dans le bois de ce massif. — A bord des navires en fer, le tube est également en fer.

B' coussinet complet en bronze, garni de gaïac, sur lequel porte le bout d'arbre arrière à sa sortie du navire.

C *presse-étoupe arrière* ou *de l'hélice* : il empêche l'eau extérieure de pénétrer à l'intérieur du navire à travers le tube d'étambot.

D *palier de butée* (n° 564). Ce palier porte des rainures ou cannelures circulaires parallèles entre elles et perpendiculaires à l'axe du palier. Dans ces cannelures s'emboîtent des collets également parallèles entre eux et faisant corps avec l'arbre A. Ces collets transmettent toute la poussée de l'hélice au bâtiment, par l'intermédiaire du massif qui supporte le palier de butée. Ce palier est du reste ici mobile, c'est-à-dire susceptible, après décalage, de glisser sur ses supports, de façon à rappeler en dedans l'arbre arrière A pour le démancher d'avec l'hélice, quand on veut remonter celle-ci.

1 poignées et pignon commandant la roue 2.

2 grande roue dentée montée sur le même axe que le pignon 3.

3 petit pignon engrenant avec une crémaillère taillée dans le dessus du palier de butée, et forçant ce palier à se déplacer le long de ses supports après qu'il a été décalé.

E *manchon d'entraînement*. Ce manchon est en bronze et creux. D'une part, il se clavette sur l'extrémité avant du dernier tronçon A de la ligne d'arbres ; de l'autre, il s'enfile sur l'avant-dernier bout A' de cette ligne, en laissant entre l'extrémité de ce bout et celle du précédent un certain jeu qui permet le rapprochement de ces deux extrémités, lorsqu'on rappelle l'arbre A en dedans.

e, e clavettes fixées, en formant saillie, sur l'avant-dernier bout d'arbre A', et engagées à frottement doux dans des rainures du manchon précédent. Ce manchon est ainsi obligé de participer à la rotation de l'arbre A', tout en conservant d'ailleurs la possibilité de glisser le long de lui.

F, F'… *paliers d'arbre d'hélice*, destinés à supporter les divers tronçons de la ligne d'arbres.

F' grand palier arrière de la machine.

G tambour de frein. Ce tambour est claveté sur l'arbre A'.

g frein composé de deux lames courbes en fer étoffé, ayant chacune leur pied relié par une charnière avec la carlingue de la quille. Ces deux lames sont rapprochées à volonté au moyen de la vis de serrage 4. Elles étreignent ainsi le tambour G, et déterminent sur son pourtour un frottement qui prévient, quand la machine ne fonctionne pas, tout mouvement de l'hélice sous l'action de la mer et de la vitesse du bâtiment. Le frein est d'ailleurs proportionné de façon à pouvoir arrêter le propulseur affolé (n° 545).

I plateau fixe d'embrayage formant une seule pièce de fonte avec le tambour G. Ce plateau porte deux trous 5', 5', munis de *touches* en bronze. Il est, de plus, entouré d'une couronne dentée.

i, i vis sans fin. Ces vis engrènent avec la couronne précédente, et permettent de faire tourner l'hélice et la machine au moyen d'un levier à rochet ou d'un volant capelé sur le carré qui forme l'extrémité supérieure de l'axe de chacune d'elles. L'ensemble de ces vis et de la couronne dentée constitue ce qu'on appelle *le vireur*.

7, 7 anneaux fixés par des goupilles aux axes des vis sans fin. Ils servent, en appuyant contre les douilles directrices supérieures, à retenir ces vis dans le sens de leur longueur. Ils permettent d'ailleurs de les désengrener d'avec la roue I, et de les rendre indépendantes de cette dernière pièce lorsque l'appareil fonctionne. Il suffit, pour cela, d'enlever les goupilles et de tourner ou détourner les vis. Les axes de celles-ci, n'étant pas retenus dans le sens de leur longueur, montent aussitôt verticalement ; puis dès que les mortaises 7', 7', pratiquées aux pieds desdits axes, ont, dans ce mouvement d'ascension, dépassé les douilles directrices inférieures, on y enfonce des clavettes.

I' *plateau d'embrayage* : tourteau enfilé sur l'arbre A″, et portant à l'intérieur de son moyeu des rainures où entrent à frottement doux des clefs longitudinales 6, 6, incrustées en saillie dans ledit arbre. Le plateau d'embrayage a ainsi la liberté de glisser le long de cet arbre ; mais il est contraint de participer à sa rotation. Il porte d'ailleurs deux fortes soies ou boutons 5, 5, qui pénètrent dans les trous 5', 5', du plateau fixe I pour l'entraîner. Ces boutons peuvent sortir de leurs trous lorsqu'on veut débrayer l'hélice, car il n'y a qu'à faire glisser le plateau mobile I' le long de son arbre A″. Les soies 5, 5 sont d'ailleurs *galbées*, à l'effet de permettre les dénivellations des tronçons d'arbre arrière. L'ensemble des deux plateaux I et I' constitue ce qu'on nomme *l'embrayeur*.

J *levier d'embrayage* à fourchette. Ce levier porte deux dents qui entrent à frottement doux dans une gorge circulaire ménagée autour du moyeu du plateau mobile I'. Il laisse ainsi ce dernier complètement libre de tourner ; mais dès qu'il est tiré de l'arrière à l'avant ou réciproquement, il force le plateau I' à glisser le long de son arbre, de façon à débrayer ses boutons d'avec le plateau fixe I ou à les y embrayer.

j vis pour manœuvrer le levier précédent.

j' palan destiné à remplacer au besoin l'action plus lente de la vis *j*.

K *plateau d'assemblage* claveté sur l'arbre A″, et portant incrustés sur deux oreilles de son pourtour, aux extrémités d'un même diamètre, deux forts boutons 8, 8.

K' *autre plateau d'assemblage* claveté sur l'arbre A‴ et portant, comme le précédent, deux boutons 8', 8', incrustés sur deux oreilles de son contour.

L anneau percé de quatre trous situés aux extrémités de deux diamètres perpendiculaires. Ces quatre trous reçoivent à frottement doux, et dans des coussinets de bronze parfaitement alésés, les bouts des boutons 8, 8 et 8', 8'. Tout ce système de manchons d'assemblage, de boutons et d'anneau, constitue ce qu'on nomme un *joint mobile* ou *à la cardan* ; il sert à relier le tronçon avant de la ligne d'arbres d'hélice avec l'arbre de couche. Il permet une complète dénivellation de la ligne d'arbres par rapport à l'arbre de couche, sans qu'il y ait à craindre de fatigue à la jonction de cette ligne et de cet arbre.

M, M tuyau amenant l'eau de la mer dans une série de robinets situés à l'aplomb des paliers de la ligne d'arbres, et servant à arroser ces paliers en cas d'échauffement.

N° 56₁ Description complète d'une ligne d'arbres d'hélice démonstrative. — L'arbre de couche de la machine communique son mouvement de rotation à l'hélice par une suite de bouts d'arbres qui constitue ce qu'on appelle la *ligne d'arbres.*

Toute ligne d'arbres comporte un certain nombre d'organes, qui en sont les accessoires indispensables. La *fig.* 120 *ci-avant* représente, jusqu'au moindre de ses détails, le dessin d'une *ligne d'arbres démonstrative*, c'est-à-dire sur laquelle nous avons groupé, de la manière la plus visible, tous les accessoires qu'on peut y rencontrer aujourd'hui. La légende de la figure 120, qui est faite par ordre didactique, donne toutes les explications nécessaires à l'étude de cette ligne d'arbres.

N° 56₂ Manœuvre de la ligne d'arbres d'hélice démonstrative. — Les principales manœuvres à exécuter avec une ligne d'arbres se réduisent aux suivantes :

1° Affoler l'hélice ou l'embrayer.

2° Mettre verticales les branches d'une hélice à deux ailes, simples ou doubles, soit pour masquer le propulseur derrière l'étambot, soit pour le remonter, s'il est amovible.

3° Virer à froid la machine.

4° Rappeler l'arbre d'hélice en dedans, ce qui ne s'opère que quand elle est amovible et avec emmanchement polygonal.

Pour *affoler l'hélice,* il suffit, après avoir désengrené les deux vis *i, i, fig.* 120, du vireur, si elles ne l'étaient pas déjà, de haler sur l'avant le levier d'embrayage J à l'aide de sa vis *j* ou de son palan *j'.* — Pour *réembrayer* l'hélice, on serre le frein *g,* et on engrène le vireur. Puis, tout en desserrant le frein, on vire jusqu'à ce que les trous 5'.5' du plateau I se trouvent vis-à-vis des boutons 5.5 du plateau mobile I'. A cet instant, on n'a plus, à l'aide de la vis *j,* ou du palan *j'* croché sur l'arrière, qu'à haler de ce dernier côté le levier d'embrayage J, jusqu'à ce que les boutons 5,5 soient suffisamment engagés dans leurs trous 5'.5'.

Pour *mettre verticales les ailes d'une hélice,* on serre le frein *g* ; on engrène les vis du vireur, et l'on désembraye les boutons d'embrayage.

Puis, tout en desserrant le frein, on vire jusqu'à ce qu'on ait mis le propulseur dans la position voulue. Ceci se reconnaît au moyen d'une marque faite sur l'arbre, et qui doit correspondre à un repère tracé sur le palier de butée ou sur le bord du presse-étoupe arrière. Cela fait, l'on resserre le frein ; et, si l'on veut, on désengrène le vireur.

Pour *virer à froid la machine*, la manœuvre est absolument la même que pour mettre l'hélice verticale, sauf qu'on ne désembraye pas. — On ne désembraye pas non plus pour mettre les ailes de l'hélice verticales, lorsque le vireur est placé sur l'avant de l'embrayeur.

Pour *rappeler en dedans un arbre d'hélice à emmanchement polygonal*, on commence par mettre l'hélice verticale ; puis on décale le palier de butée, et l'on tourne le levier qui commande le système d'engrenages 1, 2, 5. Le palier de butée glisse alors sur ses supports et entraîne, par ses collets, le dernier bout d'arbre arrière.

N° 56₅ Du presse-étoupe arrière. — L'agencement du presse-étoupe arrière est représenté sur la *fig.* 121.

Le chapeau C' du presse-étoupe a la disposition habituelle. Mais la

Fig. 121. Presse-étoupe arrière des navires à hélice.

Vue 2°. Coupe verticale passant par l'axe de l'arbre.

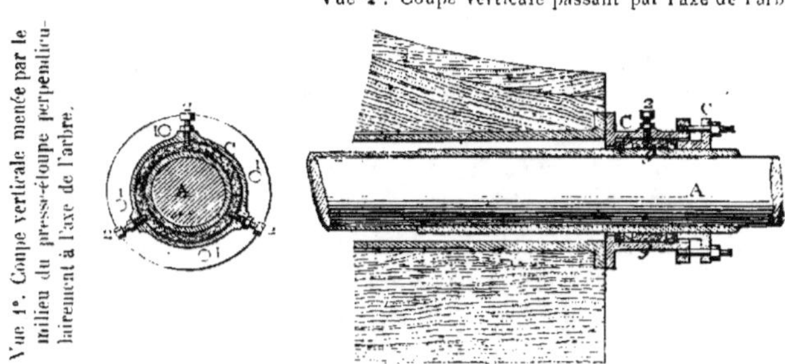

boîte C est fixée contre le pourtour du tube d'étambot par quatre boulons 1, 1, 1, 1, qui traversent une collerette formant son pied. De plus, elle porte, autour de la circonférence située au milieu de sa longueur, trois ou un plus grand nombre de vis 2, 2, 2, également espacées. Ces vis traversent l'épaisseur de la boîte dans des trous taraudés ; et quand on les serre, elles viennent appuyer contre la garniture *g* du presse-étoupe. Elles entrent même un peu dans cette garniture par leurs extrémités, qui sont à cet effet taillées en olive.

Cette disposition permet de charger le presse-étoupe quand la garniture est usée. — Pour cela, on serre à bloc les vis 2, 2, 2, de manière à pincer contre l'arbre A les tresses situées à leur aplomb. On rend ainsi ces tresses entièrement étanches, et on les empêche d'être chassées en dedans par la pression extérieure de l'eau. On enlève ensuite le couvercle C, ainsi que les tresses situées sur l'avant des vis ; on remet de nouvelles tresses ; on replace ledit couvercle, et enfin on desserre les vis. — Des écrous placés sur ces dernières permettent d'ailleurs de les fixer dans une position déterminée, et préviennent tout accident, qui pourrait arriver du fait de leur desserrage à un instant quelconque.

N° 56₄ Diverses dispositions de butées. — On n'emploie presque exclusivement aujourd'hui qu'une seule espèce de butée, c'est la butée à collets. Les butées sont fixes ou mobiles. Les butées mobiles sont installées pour permettre de rentrer l'arbre des hélices amovibles, afin qu'on puisse hisser ces dernières. Telle est la disposition que représente en D la *fig.* 120 et dont la manœuvre est indiquée au n° 56₂, 4°.

Le plus souvent, que les hélices soient fixes ou amovibles, la butée est montée sur deux tourillons, comme un canon. Cette disposition permet un certain jeu à l'arbre porte-hélice quand l'arrière du bâtiment s'affaisse. Les tourillons sont généralement pris dans des coussinets engagés dans des rainures creusées dans les bâtis ou flasques qui supportent la butée, et sont calés dans ces rainures. — Sur les bâtiments en fer, la butée n'a pas de tourillons, et se fixe directement sur le massif qui la supporte.

Butées à collets. — Les paliers de butée fixes et à tourillon ne diffèrent du palier D, *fig.* 120, que par l'absence du mécanisme de manœuvre. La *fig.* 122 représente un palier de butée directement fixé sur sa plaque de fondation. Voici la légende de cette figure :

Vue 1°. Mi-élévation et mi-coupe suivant XX de la *vue* 2°.
Vue 2°. Mi-coupes suivant YY et ZZ de la *vue* 1°.

A   arbre porte-hélice, muni de 16 collets de butée.
a   collets de butée, coupés droits sur la face avant, et à pan incliné sur la face arrière.
B   palier de butée en deux parties : le serrage s'effectue horizontalement, et à juste portée. Les cannelures de ce palier sont garnies d'antifriction.
b   boulons de serrage du palier de butée.
b'   tirants du palier de butée, fixés sur le massif arrière du bâtiment, et destinés à supporter une partie de l'effort de poussée.
l   auge pratiquée sur le sommet du palier de butée, et lumières de graissage et, au besoin, d'arrosage de ce palier.
l'   canal longitudinal pratiqué un peu au-dessous des cannelures de butée, et en com-

munication avec ces cannelures par de petits canaux verticaux. Cette disposition a
pour but de faciliter le dégagement de l'huile de graissage ou de l'eau d'arrosage,
et surtout des impuretés qui peuvent se trouver dans le palier de butée.

2   cavités ménagées autour du palier de butée, pour entourer ce palier d'eau et l'em-

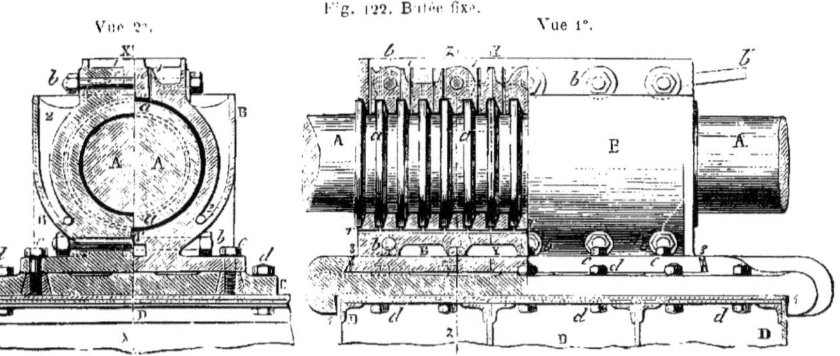

pêcher de s'échauffer. L'eau s'écoule à la cale par les petits trous que l'on aperçoit dans le bas, sur la *vue 2°*.

C   plaque de fondation sur laquelle est monté le palier de butée. Cette plaque est en
fonte.

c   boulons de fixation du palier de butée sur sa plaque de fondation. Ces boulons péné-
trent dans des écrous de forme trapézoïdale, ajustés dans des logements pratiqués
sur la plaque.

3   clavettes trapézoïdales coinçant le palier de butée entre des talons ménagés aux
extrémités avant et arrière de la plaque C.

D   carlingue en bois ou en fer montée sur cornières, et supportant le palier de butée.

d   boulons de fixation de la plaque C sur la carlingue D.

4   clavettes trapézoïdales coinçant la plaque C sur la carlingue D, et insérées entre cette
carlingue et des talons dont la plaque est munie.

La *fig.* 122 et sa légende suffisent pour bien faire comprendre l'installation de la butée.

**N° 57. — 1. Des roues à aubes : principe de leur jeu. — 2. Éléments de ces roues :
diamètre, angles d'entrée et de sortie, immersion, pas, nombre des aubes trempantes et dimensions de chaque pale. — 3. Emplacement et nombre des roues. —
4. De l'avance des navires à roues ; du recul des roues ; du cercle roulant. —
5. Différents systèmes de roues à aubes : roues à aubes fixes et à aubes articulées.**

N° 57₁ Des roues à aubes ; principe de leur jeu. — Les
roues à aubes ne sont, en dernière analyse, que des rames tournantes.
Elles se composent de rectangles en bois, *ab*, *a'b'*, etc., *fig.* 123,
nommés *aubes* ou *pales*, et fixés à l'extrémité de rayons implantés
tout autour d'un arbre A qui reçoit son mouvement de la machine.

On conçoit aisément que les aubes, en tournant, viennent choquer

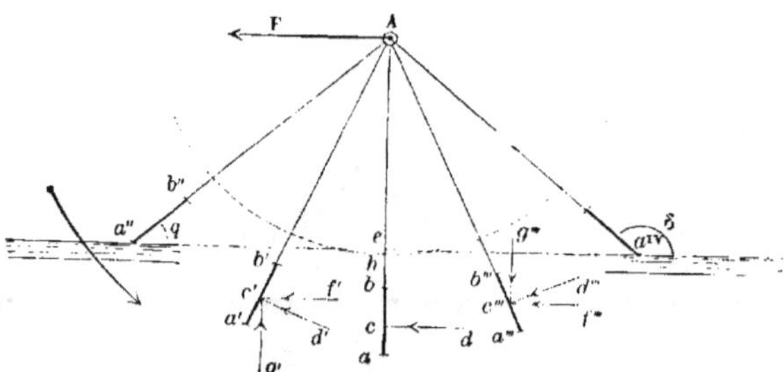

Fig. 123 relative au jeu d'une roue à aubes fixes.

l'eau, et en reçoivent une poussée qui se communique au navire par l'intermédiaire de l'arbre A.

N° 57$_2$ Éléments des roues à aubes. — Dans toute roue à aubes ordinaires, on distingue six éléments : *1° le diamètre ; 2° les angles d'entrée et de sortie ; 5° l'immersion ; 4° le pas de la roue ; 5° le nombre des aubes trempantes ; 6° les dimensions de chaque pale.*

Diamètre. — *Le* DIAMÈTRE *s'entend de celui du cercle décrit par le bord extérieur des pales.* — Ce diamètre se fait aussi grand que possible pour diminuer la vitesse de rotation que doit avoir la machine.

Angles d'entrée et de sortie. — *Les* ANGLES D'ENTRÉE ET DE SORTIE *sont les angles aigus, tels que* Aa″a^{ıv} *et* Aa^{ıv}a″, *que forme chaque pale avec la flottaison à son entrée ou à sa sortie de la masse liquide.*

L'expérience a démontré que, pour fournir un bon rendement, les angles en question doivent être de 40° à 45°.

Immersion. *L'*IMMERSION *est la quantité* eb *ou* ea *dont le bord intérieur* b *ou extérieur* a *de chaque pale se trouve au-dessous de l'eau, au moment où cette pale devient verticale.*

L'immersion du bord intérieur des pales ne doit jamais être moindre que les 0,04 du diamètre.

Pas. — *On appelle* PAS *de la roue la distance* cc′ *qui sépare les milieux de deux pales consécutives.* — Le pas vaut en moyenne 1^m dans les roues ordinaires. Mais dans celles à aubes articulées, où les pales sont très-grandes, il atteint généralement 1^m,8.

Nombre des aubes trempantes. — *Le* NOMBRE DES AUBES TREM-PANTES *est une conséquence forcée du pas et de l'angle d'entrée.*

Il varie, en pratique, depuis 2 jusqu'à 10 par roue.

Dimensions de chaque pale. — *Les* DIMENSIONS *de chaque pale sont sa hauteur ou largeur, et sa longueur, c'est-à-dire sa dimension la plus grande et, par conséquent, celle qui se trouve perpendiculaire aux flancs du navire.* — Ces dimensions sont calculées pour que la somme des surfaces de toutes les aubes trempantes soit comprise entre 0,5 et 0,4 de la maîtresse section immergée.

N° 57₃ Emplacement et nombre des roues. — Les roues sont toujours au nombre de deux, placées de chaque côté du bâtiment et vers le milieu de sa longueur, ou plus généralement par le travers ou un peu en arrière de sa plus grande largeur.

Cependant quelques petits bateaux de rivière destinés à franchir des passes étroites, ont leurs roues situées tout à fait à l'arrière.

N° 57₄ De l'avance des navires à roues. — On appelle *avance* d'un bâtiment à roues le nombre de mètres qu'il parcourt à chaque tour de propulseur.

D'après cette définition, on a évidemment la relation :

$$avance = \frac{vitesse\ en\ n\oe uds\ du\ navire \times 0^m,514 \times 60}{nombre\ de\ tours\ de\ roue\ à\ la\ minute}.$$

Du recul des roues. — L'eau *cède* sous la pression des pales frappantes, lesquelles déterminent la poussée du bâtiment. Il faut donc que les vitesses des différents points de ces pales soient supérieures à la vitesse du navire. C'est cette différence de vitesse qui constitue le *recul*.

Pour mesurer cet effet, on emploie ce qu'on appelle le *coefficient de recul* ou simplement le *recul*, et qui n'est autre que l'expression :

$$recul = \frac{circonférence\ au\ milieu\ des\ pales\ -\ avance\ du\ navire}{circonférence\ au\ milieu\ des\ pales}.$$

— *Exemple.* Un navire file 12ⁿ,5 avec des roues de 8ᵐ,50 de diamètre au milieu des pales, et faisant 18ᵗ,7 à la minute. On demande le recul.

La première des expressions ci-dessus donnera :

$$avance = \frac{12^m,5 \times 0,514 \times 60}{18,7} = 20^m,61.$$

On calculera ensuite la circonférence au centre des pales, laquelle est évidemment égale à 5,1416 × 8ᵐ,50 = 26ᵐ,08.

Puis, de la seconde des expressions précitées, on déduira :

$$recul = \frac{26^{m},08 - 20^{m},61}{26^{m},08} = 0,21.$$

— Le recul des roues vaut en moyenne 0.25 par calme, si les aubes sont fixes, et 0.20, si elles sont articulées (n° 57₅). Il augmente avec vent debout et quand le bâtiment remorque.

Cercle roulant. — *On appelle* CERCLE ROULANT *la circonférence* Ah, *fig.* 123, *dont tous les points ont une vitesse linéaire égale au sillage du navire.*

Le rayon du cercle roulant est évidemment égal à *la distance du centre de l'arbre au milieu des pales* × (1 — *recul*), soit en moyenne aux 0.75 de cette distance.

Tout point du *rayon vertical* inférieur situé en dehors du cercle roulant pousse évidemment le bâtiment. Mais tout point situé en dedans de ce cercle ne fait que *scier*.

Le bord intérieur des aubes ne doit jamais tomber en dedans du cercle roulant. Sans quoi, il y aurait une partie de la surface des pales qui scierait, surtout quand elles arrivent à leur position verticale.

N° 57₅ Différents systèmes de roues à aubes : roues à aubes fixes et à aubes articulées. — Il existe deux systèmes de roues à aubes : les roues à *aubes fixes*, et les roues à *aubes articulées* ou *mobiles*.

Les premières, *fig.* 123, sont celles dont les pales sont fixées invariablement à leurs rayons.

Les secondes, *fig.* 124, ont, au contraire, leurs aubes *ab*, *a'b'*, etc., qui oscillent autour de leurs points de liaison *e*, *é*, avec les rayons R, R'.... Des leviers *ch*, *c'h'*..... implantés perpendiculairement à la surface des pales et un peu au-dessous du milieu de leur hauteur, sont commandés par des bielles B, B'.... articulées à un collier plein enfilé sur un bouton fixe O. Ces bielles, en tirant constamment sur la queue des leviers des pales, forcent ces dernières à se maintenir, pendant tout le temps qu'elles trempent, dans la meilleure position pour prévenir les pertes de travail.

L'angle *p d'entrée des pales* doit valoir, d'après l'expérience, 70° pour 0.20 de recul présumé et 55° d'angle d'entrée des rayons.

— D'un autre côté, l'installation d'un simple collier sur un bouton *a* ne peut se pratiquer, comme on le voit *fig.* 126, que lorsque l'arbre est en porte-à-faux ; et, avec cette disposition, on incruste ledit bouton sur l'élongis du tambour. Sinon, il faut avoir recours à un énorme excentrique ayant toujours son centre en O, *fig.* 124. mais entourant l'arbre A et venant se visser contre la muraille du bâtiment. Dans tous

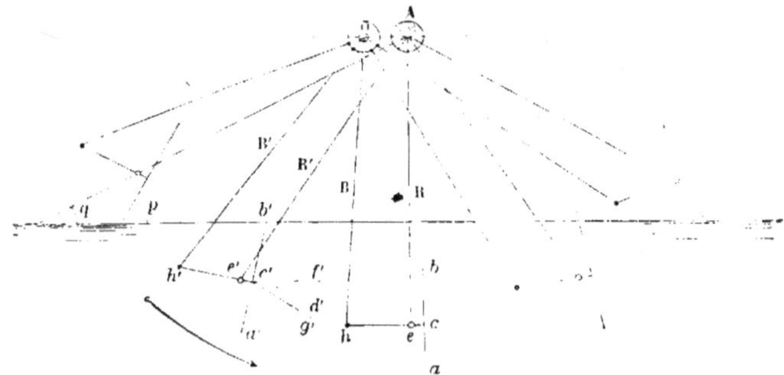

Fig. 124 relative au jeu d'une roue à aubes articulées.

les cas, les bielles B, B'..., s'articulent au collier du bouton ou de l'excentrique, sauf une B, qui lui est *incrustée* perpendiculairement. de façon à l'entraîner et à éviter les ballottements qui auraient lieu sans cela. Cette bielle se nomme *bielle conductrice*.

N° 58. — 1. Installations diverses des roues à aubes le long du bâtiment : roues avec chaise sur l'élongis du tambour ; roues en porte-à-faux. — 2. Des aubes fixes ; de leur fractionnement et de leur fixation : disposition Dupouy. — 3. Installation des aubes articulées. — 4. Différentes manières de rendre le navire indépendant des roues. — 5. Démonter et remonter les aubes à la mer.

N° 58₁ Installations diverses des roues à aubes le long du bâtiment : roues avec chaise sur l'élongis du tambour. — Au point de vue de l'installation le long du bâtiment, les roues à aubes présentent deux dispositions : elles sont *avec chaise sur l'élongis du tambour* ou *en porte-à-faux*.

La *fig.* 125 représente la première de ces dispositions. — L'arbre extérieur A, y est soutenu en dedans du bâtiment par un des *grands paliers* P de la machine ; puis, il sort de la muraille à travers un presse-étoupe K, ou même quelquefois à travers une simple manche en cuir. Son extrémité va reposer sur une *chaise* ou support fixé à l'élongis I du tambour, et qui forme une espèce de palier disposé pour recevoir un coussinet. Deux ou trois disques en fonte de fer D, D, D, sont clavetés

sur l'arbre qui nous occupe. à l'aide de clefs 1,1... Pour plus de solidité. on conserve carrées les parties de l'arbre où doivent se caler ces

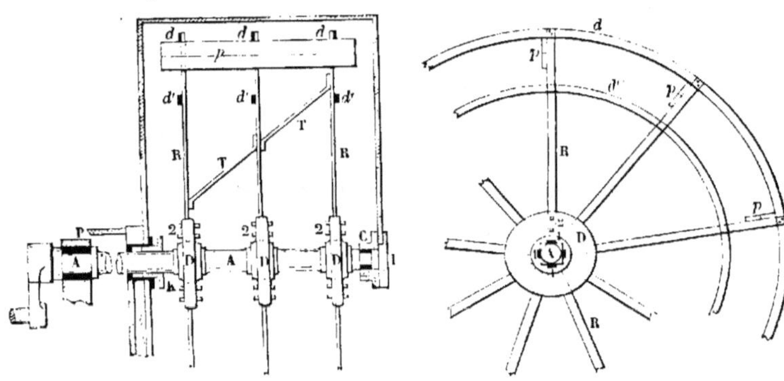

Fig. 125. Roue à aubes fixes avec chaise sur l'élongis du tambour.

piéces. — Autour de chaque disque s'épanouissent une suite de rayons
R, R.., en fer forgé. Ces rayons sont d'ordinaire en nombre égal à
celui des aubes. Mais quelquefois ils le sont seulement à la moitié de
ce nombre. lorsqu'on adopte l'installation dessinée sur la *fig.* 127, où.
au milieu de chaque entre-deux des rayons complets, il existe un bout
de rayon fixé aux *cercles* de roue. et sur lequel on peut monter une
pale. — Dans tous les cas. les rayons sont placés de façon à appuyer
de champ sur les aubes, c'est-à-dire dans le sens de leur plus grande
résistance à la flexion. Ils ont d'ailleurs leurs pieds encastrés dans des
trous percés à l'intérieur de leur disque, et y sont maintenus par des
clavettes 2,2. Souvent. au lieu de trous, il existe des rainures trapézoïdales. comme sur la *fig.* 126. *vue* 2°, et alors on substitue des boulons aux clavettes. — De leur côté, les différents disques sont orientés
les uns par rapport aux autres. de telle sorte que les rayons soient situés trois par trois dans un même plan passant par l'axe de l'arbre A.
Les aubes *p. p...*, se fixent alors à l'extrémité de chacune de ces séries
de rayons. au moyen de divers systèmes d'attache expliqués au n° 58₂.
— Enfin. les rayons d'une même roue sont consolidés entre eux par des
tirants en fer T,T ; et ceux appartenant à un même disque ont leur
écartement maintenu par deux *cercles d* et *d'* pareillement en fer, situés l'un en dehors. l'autre en dedans des pales. Ces cercles forment

des espèces de *rabans* en deux et quelquefois trois morceaux boulonnés ou rivetés en tous leurs points de rencontre avec les rayons. Les endroits où chacun de ceux-ci se fixe avec ces cercles ont la forme qu'on aperçoit *fig.* 126, *vue 2°, et fig.* 127. Cette forme a pour but de conserver au rayon toute sa solidité malgré le percement des trous nécessaires au passage de ses boulons ou de ses rivets de fixation avec lesdits cercles.

Roues en porte-à-faux. — La seconde installation des roues le long de la muraille du bâtiment, c'est-à-dire l'agencement en *porte-à-faux*, est représentée par la *fig.* 126.

Dans cette installation, l'arbre extérieur A est toujours soutenu en

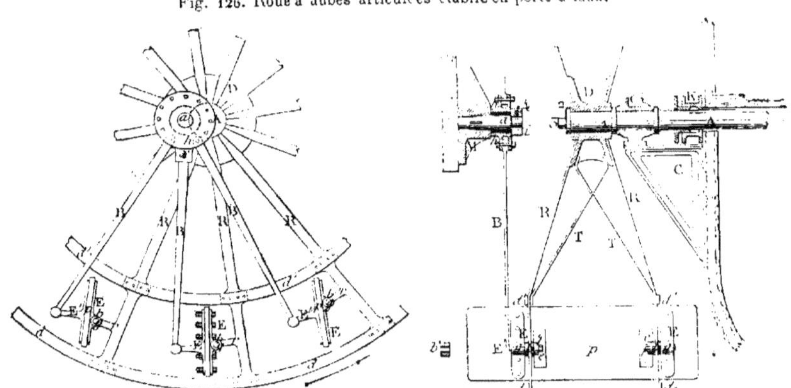

Fig. 126. Roue à aubes articulées établie en porte-à-faux.

Vue 2°. Élévation de face.   Vue 1°. Profil avec coupe dans le tambour.

dedans du navire par un des grands paliers. Mais immédiatement après avoir percé la muraille à travers un presse-étoupe, il va reposer sur un fort palier C', que supporte une chaise en bois ou en tôle C, solidement boulonnée contre le bord. Le bout de l'arbre qui dépasse le palier est alors très-court. — Sur ce bout, se clavette, à l'aide de clefs 1, 1..., un tourteau D en fonte de fer, et ayant la forme de deux troncs de cône accolés par leurs petites bases. Puis, une rondelle 2, tenue par la vis 3, empêche ce tourteau de sortir de l'arbre. — De leur côté, les rayons R,R..., s'emmanchent et se boulonnent dans des rainures trapézoïdales ménagées tout autour de l'intérieur de chacun des troncs de cône du tourteau. Ceux de ces rayons situés par paire dans un même plan passant par l'axe de l'arbre vont en divergeant. De cette façon, leurs extrémités se rapprochent, l'une de la muraille du navire, l'autre de la face plane du tambour, et présentent un écartement *convenable* relativement à la largeur des aubes. Des tirants T,T, et des *cercles* extérieurs *d* et intérieurs *d'*, servent, du reste, comme il a été expliqué ci-dessus, à consolider tout le système des rayons.

N° 58₂ Des aubes fixes et de leur fractionnement. — Les aubes fixes sont des rectangles en bois dur, et résistant à l'écrasement, tel que le chêne ou mieux l'orme.

Tantôt chaque aube est d'un seul morceau A, *fig.* 127. Tantôt, comme cela est représenté en B, elle se compose de plusieurs pièces juxtaposées. Mais le plus habituellement, ainsi qu'on le voit en C et en D, elle est fractionnée en deux ou trois morceaux placés de part et d'autre de ses rayons.

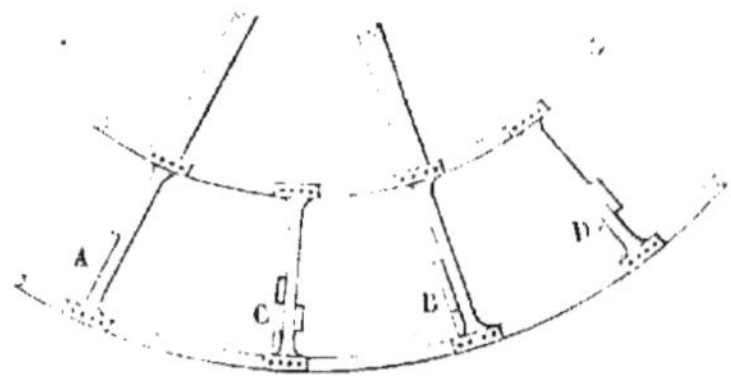
Fig. 127. Diverses dispositions des aubes fixes sur leurs rayons.

Les trois dernières dispositions offrent l'avantage de rendre les aubes plus maniables, et, par suite, de faciliter leur changement de place le long des rayons.

Dans tous les cas, chaque aube doit toujours être montée de façon que toute sa surface, ou son plus grand nombre de morceaux destinés à être du même côté de ses rayons, portent contre la face arrière de ceux-ci. Car de cette façon ce sont les rayons, et non les pièces d'attache dont il va être parlé ci-après, qui supportent toute ou la plus grande partie de la poussée de l'aube lors de la marche en avant. Or il résulte de là plus de garantie de solidité.

Fixation des aubes fixes : disposition Dupouy. — On distingue trois modes principaux de fixation des aubes fixes :

1° Le système à *crocs* qu'on voit en A, *fig.* 128. — Ce mode de fixation comporte tout simplement un boulon tenu par un crochet de fer qui embrasse le rayon R. La tige de ce boulon traverse l'aube *p*, et a son extrémité saisie par un écrou 1. Cet écrou vient porter sur une savate carrée 2 en tôle, appelée *plaque d'aube*, et destinée à l'empêcher de pénétrer dans le bois de la pale.

2° Le système à *brides* ou à *étriers* qui est représenté en B, *fig.* 128. — Dans ce système, le rayon R est complétement entouré par les deux branches de l'étrier; et celles-ci, après avoir traversé l'aube, sont retenues par des écrous 1,1. Ces derniers reposent d'ailleurs, comme plus haut, sur une savate 2. Ce système ne présente guère plus de solidité que le précédent ; il est de plus très-dur à démonter.

3° Le système *à la Dupouy*. — L'aube est ici en trois morceaux séparés p, p', p'', *fig.* 129. Deux, p et p', de ces morceaux, sont placés sur l'arrière de leurs rayons, et le troisième p'' sur l'avant. Ces trois pièces sont maintenues entre elles et contre chaque rayon au moyen d'un taquet C et d'un boulon A. Le taquet appuie contre les deux morceaux extrêmes p et p', le long desquels deux petits goujons I,I, l'empêchent de glisser. Le boulon, après avoir traversé la pièce centrale p'' et le taquet, a son extrémité filetée saisie par un écrou B à oreilles. Cet écrou vient s'appuyer sur une savate incrustée dans le taquet. En outre, pour être enfilé plus aisément, il possède une tête de la forme d'un rectangle très-étroit, et une fente t égale à ce rectangle est pratiquée dans le morceau du milieu parallèlement à sa longueur. D'après cela, quand on monte le système, on n'a qu'à passer, à travers la fente t, la tête du boulon, préalablement enfilé lui-même dans le taquet et dans son écrou. Puis, on fait faire un

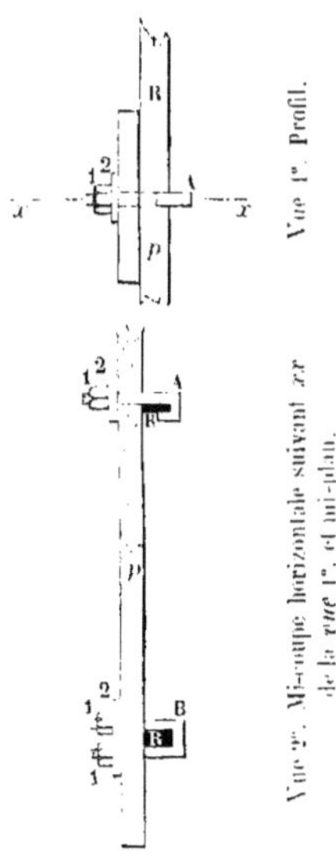

Fig. 128. Différents modes de fixation des aubes fixes avec les rayons.

Fig. 129. Aubes à la Dupouy.

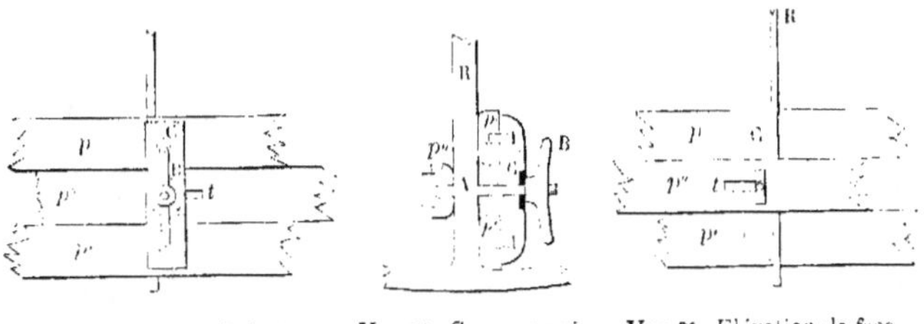

Vue 1°. Elévation de face regardée de l'arrière.   Vue 2°. Coupe menée suivant un rayon perpendiculairement aux aubes.   Vue 3°. Elévation de face regardée de l'avant.

demi-tour au boulon, de façon que sa tête se place perpendiculairement à la fente en question.

Le système Dupouy est très commode pour rapprocher ou éloigner les aubes du centre de la roue. Car, en desserrant un écrou par rayon, on peut faire courir tout l'ensemble de l'aube dans un sens quelconque.

N° 58₃ Installation des aubes articulées. — Les aubes articulées sont, autant que possible, d'une seule pièce. Sinon les morceaux qui composent chacune d'elles doivent être juxtaposés et former un plan bien uni. — Au surplus, sur une de leurs faces sont fixées des pentures E,E, et *e.e. fig.* 126, et sur l'autre, le levier d'oscillation E'. A cet effet, d'une part, le levier porte, à son pied et perpendiculairement à sa longueur, une longue patte qui correspond à la penture la plus en dehors. Des boulons traversent alors cette penture, l'aube et la patte du levier, et ont leurs têtes qui s'appuient contre la première de ces pièces, tandis que leurs écrous portent contre la dernière. De la sorte, le bois de l'aube est à l'abri de tout écrasement. Pour les autres pentures, on obtient un pareil résultat au moyen de savates ou contre-plaques rectangulaires, placées du côté de l'aube où se trouve le levier.

Quoi qu'il en soit, les rayons portent chacun, perpendiculairement à leur longueur, un petit bout de bras *r* terminé par un œil *b*, qui vient s'interposer entre les œils de la paire de pentures E,*e*, correspondantes. Un boulon *g* traverse ces trois œils, et se trouve retenu par une clavette *l*, qui le serre contre les pentures et lui fait faire corps avec elles. Ce boulon forme de la sorte un axe de rotation, qui tourne dans l'œil *b* du rayon correspondant.

De leur côté, les bielles d'oscillation B, B..., ont leurs pieds et leurs têtes terminés par des œils. Ces œils s'enfilent sur des boulons fixés à des fourches formant les extrémités des leviers E',E'.., ou au collier *h* d'excentrique. La *bielle conductrice* (n° 57₃) est d'ailleurs clavetée en *x* dans ce collier.

Les diverses articulations dont nous venons de parler ont des douilles de garniture en bronze ou en gaïac.

— Quant à l'excentrique des roues articulées établies en porte-à-faux, il se compose d'une forte soie ou tourillon *a* claveté dans une chaise M fixée à l'élongis des tambours. Sur ce tourillon est emmanché *à force* un coussinet en bronze d'un seul morceau, et dont la surface extérieure est parfaitement polie. Le collier en fer *h* se capelle sur ce coussinet, autour duquel il est destiné à tourner. Il est de plus maintenu dans le sens de la longueur du tourillon au moyen de la bague *i* fixée elle-même par une vis 4 qui pénètre dans ce tourillon.

N° 58₄ Différentes manières de rendre le navire indépendant des roues. — Lorsqu'on veut marcher à la voile, il faut rendre le navire indépendant des roues. On peut employer à cet effet deux procédés différents : on *affole* les roues, ou l'on *démonte* le pales trempantes.

Le mode de l'affolement s'emploie surtout avec les roues articulées. Avec les roues ordinaires, on n'en fait usage que quand le temps ne permet pas le démontage des aubes.

Quoi qu'il en soit, le moyen le plus simple d'affoler les roues consiste à dételer les grandes bielles, et à avoir soin ensuite de les amarrer aux bâtis de façon que les manivelles ne les rencontrent pas.

Quelquefois il existe un système d'embrayage qui met à même de séparer rapidement les arbres extérieurs d'avec l'arbre intermédiaire.

— Le second procédé pour rendre le navire indépendant des roues, consiste à enlever un nombre de pales supérieur à celui des aubes trempantes, puis à faire plonger dans l'eau les portions de roue dépourvues de leurs pales.

Ce second procédé est plus avantageux que le premier. En effet, avec les aubes enlevées, le seul obstacle à la marche consiste dans les cercles et les rayons qui coupent l'eau.

N° 58₅ Démonter et remonter les aubes à la mer. — Pour démonter ou remonter les aubes à la mer, il faut avoir recours aux manœuvres et précautions suivantes :

1° On met en panne, ou l'on réduit la vitesse du navire à moins de deux nœuds. Puis, à l'aide de la machine si l'on est sous vapeur, ou sinon avec des palans frappés sur les rayons des roues et passant par les sabords de tambour, on amène en l'air la série d'aubes à démonter.

2° On ferme les soupapes d'arrêt, puis on saisit solidement les roues, à l'avant et à l'arrière, avec des bosses passées autour des rayons et dans des mains de fer fixées exprès aux grands baux. Pour les bosses, le filin est à préférer aux chaînes, car il résiste mieux que celles-ci aux fortes secousses, pourvu qu'on ait soin de mettre des paillets au portage des arêtes des rayons. Au surplus, on double les amarres si l'on est obligé de conserver une vitesse supérieure à deux nœuds pendant le reste de l'opération, ou s'il y a grosse mer.

3° Les roues étant parfaitement assujetties, on envoie les chauffeurs dans les tambours. S'il fait mauvais temps, chaque homme est tenu du bord par une corde passée autour des reins. Lorsque les écrous des pièces d'attache des aubes sont à pans, on met à la portée des chauffeurs un assortiment complet de clefs, pour qu'il y ait moyen de dévisser partout à la fois. On a soin, au surplus, de numéroter les aubes, afin qu'elles puissent être remises ensuite sur les mêmes rayons, de façon à éviter les tâtonnements qui résulteraient de leur manque d'ajustage par rapport à de nouveaux rayons.

4° Dès que les pales sont démontées, on débosse. Puis on vire aux roues en prenant une retenue sur l'arrière.

Lorsque tous les rayons sans aube sont dans l'eau, les roues sont bossées à demeure.

On doit toujours profiter du démontage des pales pour en visiter les pièces d'attache et leurs écrous. Aussi, afin que pareille visite puisse se faire successivement sur toutes ces pièces, il est bon, dans les longues campagnes, de varier à chaque démontage les aubes à enlever.

— Le remontage des aubes n'offre aucune difficulté; il comporte une série d'opérations absolument inverses à toutes celles qui sont relatives au démontage.

CHAPITRE V.

Chap. V, § 1er. — Description des chaudières marines.

N° 59. — 1. Description complète comme appareil évaporatoire démonstratif de la chaudière type de la marine, tubulaire à retour de flamme, à faces planes et à moyenne pression. — 2. Jeu de cette chaudière, et instruments propres à la conduite des feux.

N° 59₁ Description complète comme appareil évaporatoire démonstratif de la chaudière type de la marine, tubulaire à retour de flamme, à faces planes et à moyenne pression. — Toutes les chaudières à vapeur de navigation comportent, en dernière analyse, une série de compartiments, de pièces et d'organes, qui, bien que n'ayant pas toujours la même forme, ont cependant les mêmes fonctions et portent les mêmes noms. Il nous a doncparu rationnel, afin de mettre le lecteur à même d'acquérir facilement une connaissance parfaite de tout ce qui constitue un générateur à vapeur marin, de dessiner *un appareil évaporatoire démonstratif*, sur lequel nous avons groupé, de la manière la plus visible et sans en excepter un seul, les divers détails qui entrent dans la composition d'un semblable générateur. La *fig.* 130, *ci-après*, représente la chaudière type de la marine pour les moyennes pressions. La légende de cette figure en donne une description détaillée.

A la légende de la *fig.* 130, il resterait à ajouter les *robinets de chauffeur*. Ces robinets, situés près de la façade du générateur, sont montés à l'extrémité supérieure de longs troncs de cônes verticaux, dont le pied aboutit à la prise d'eau du petit cheval. Ils servent à fournir de

Fig. 130. Chaudière marine démonstrative (tubulaire a retour de flamme et à moyenne pression, type de la marine (échelle = 1/45° pour 100 ch² n⁴).

Vue 1°. Mi-coupe transversale suivant *zzzz* de la *vue* 2°, et mi-élévation de face.

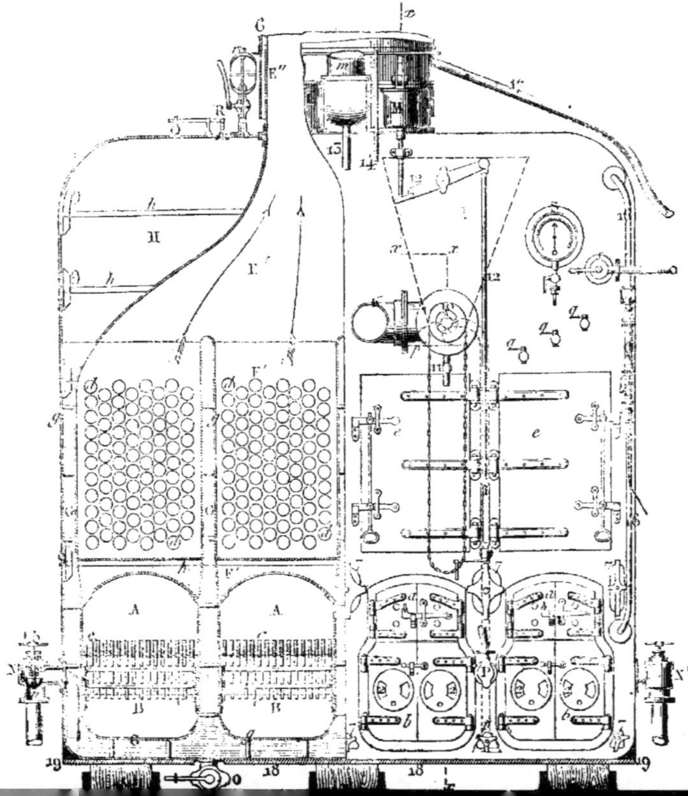

Vue 2°. Coupe longitudinale suivant *xxxx* de la *vue* 1°.

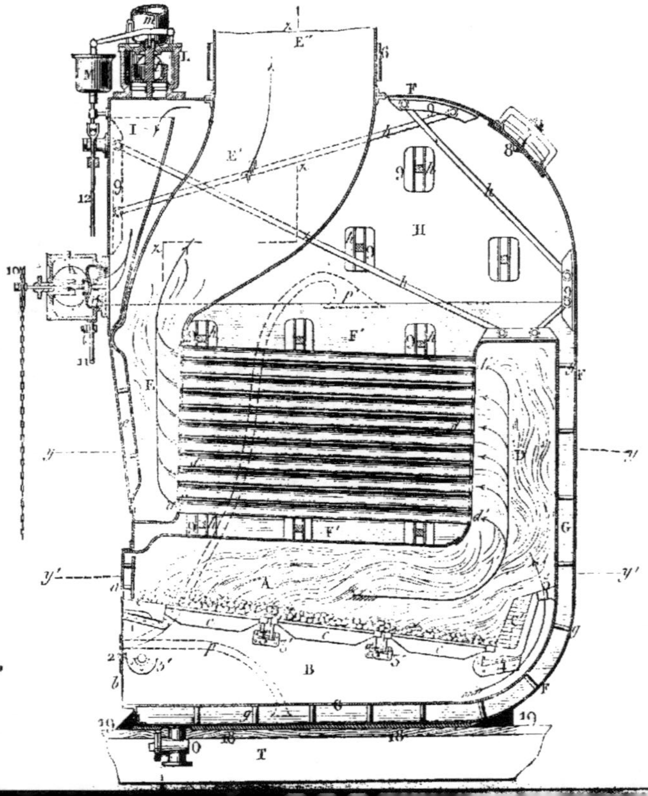

FOYERS ET COURANTS DE FLAMME.

A, B   *fourneau*, comprenant à la fois l'*âtre* ou foyer A, et le *cendrier* B. La partie supérieure du fourneau a la forme d'une voûte et se nomme *ciel de foyer*.

Fig. 130. — Vue 3°. Coupes horizontales suivant *yy* et *y'y'* de la *vue 2*".

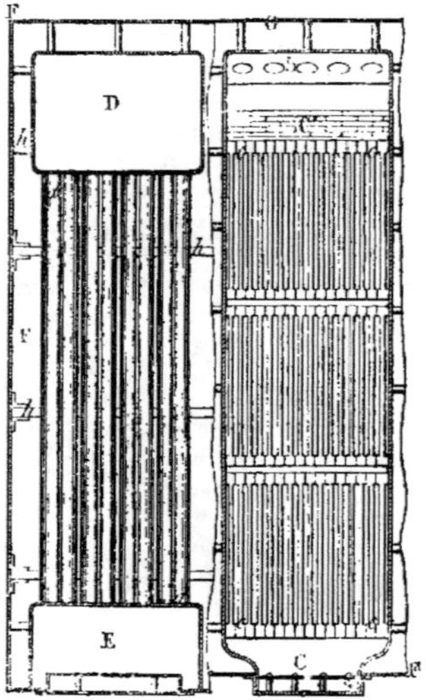

a, a .. *portes de fourneau*. Ces portes sont à double fond pour prévenir leur élévation à de trop hautes températures. Elles sont formées chacune de deux battants munis de pentures qui s'enfilent sur des gonds. Ces battants se ferment au moyen d'un loquet.

B   *cendrier :* compartiment destiné à recevoir tous les résidus de la combustion qui tombent à travers les vides de la grille, et à donner accès à l'air extérieur pour entretenir la combustion.

b,b.. *portes de cendrier*, à deux battants, mais sans double fond. Elles possèdent aussi des pentures, des gonds et un loquet. Elles servent à régler l'introduction de l'air dans le cendrier.

2,2... *ventouses* percées au milieu des battants des portes de cendrier. Elles ont chacune la forme de deux secteurs circulaires opposés par le sommet. Devant ces secteurs tourne un disque portant lui-même deux ouvertures qui leur sont entièrement semblables. Ce disque recouvre et découvre à volonté la ventouse, en tout ou en partie. Il permet ainsi d'obtenir, avec les portes de cendrier fermées, un tirage aussi faible que l'on désire.

b'   *barre d'appui* pour le crochet et pour le rouable.

C   *sole :* pièce de fer placée à l'entrée de chaque foyer et destinée à recevoir les bouts avant de la première rangée de barreaux.

1, 1... *supports de sole :* pièces en tôle sur lesquelles reposent les deux extrémités de la sole. Ces pièces sont boulonnées avec les parois de la chaudière.

c, c... *barreaux de grille :* pièces de fer destinées à supporter le combustible. Ils ont leurs extrémités légèrement renflées de manière que, étant placés les uns à côté des autres, ils laissent entre eux des interstices ou vides tant pour le passage de l'air nécessaire à la combustion que pour la chute des cendres. Les barreaux sont toujours disposés sur deux ou trois rangées mises bout à bout, et leur ensemble constitue, pour chaque foyer, ce qu'on nomme *la grille* (n° 62₂).

3, 3... *sommiers de barreaux :* traverses en fer concourant à soutenir les barreaux. Ils reposent eux-mêmes sur des étriers 3',3'... en tôle, boulonnés avec les parois de la chaudière.

C'   *autel :* espèce de dossier en fer placé au fond de chaque foyer, et contre lequel sont appliquées plusieurs couches de briques réfractaires. L'autel a pour but de supporter les extrémités arrière des barreaux de grille de la dernière rangée, et d'empêcher la tôle du fond du foyer d'être brûlée par la flamme.

4, 4   *supports d'autel :* pièces de fer boulonnées sur la tôle de la chaudière, et sur lesquelles reposent les deux extrémités de chaque autel.

5, 5... *trous pour injection d'air :* une partie de l'air arrivant par les portes de cendrier vient s'injecter, à travers ces trous, au milieu de la masse gazeuse qui s'élance de dessus les grilles, et facilite la combustion des gaz.

D   *boîte à feu :* compartiment par où s'écoule la flamme à sa sortie du foyer correspondant.

d, d... *tubes* en laiton, et quelquefois en fer. Ces tubes ont leurs extrémités incrustées dans deux fortes plaques en tôle *d' d'* et *d" d"*, appelées *plaques de tête* ou *de tubes* arrière et avant. C'est à travers les tubes que la flamme s'échappe en quittant la boîte à feu.

E   *boîte à fumée* : compartiment situé en avant des tubes de chaque foyer, et dans lequel pénètrent, à leur sortie de ceux-ci, les gaz chauds de la combustion.

c, c... *portes de boîte à fumée.* Ces portes sont disposées, comme celles de foyer, avec double fond, charnières et loquets, mais elles ne sont qu'à un seul battant.

E'   *culotte* : conduit formant le prolongement des boîtes à fumée, et allant aboutir dans la cheminée E''. — L'ensemble des boîtes à feu, des tubes, des boîtes à fumée et de la culotte forment les *courants de flamme*.

E''   *cheminée* : conduit à travers lequel s'écoulent en plein air les produits de la combustion, et qui sert en même temps à déterminer le tirage.

6   chemise de la cheminée servant à prévenir l'élévation de la température autour de ce conduit.

CHAUDIÈRE PROPREMENT DITE.

F   *corps de la chaudière*, formé d'une série de feuilles de tôle rivetées les unes aux autres.

F'   *chambre à eau* : réservoir qui renferme l'eau à vaporiser, et où le niveau de celle-ci doit toujours se maintenir entre 0^m,10 et 0^m,30 au-dessus de la rangée supérieure des tubes.

G,G . . *lames d'eau* : compartiments intérieurs de la chambre à eau. Les lames verticales servent à séparer entre eux, ainsi que des parois externes de la chaudière, les foyers, les divers groupes de tubes et les boîtes à feu et à fumée correspondantes aux différents foyers. La lame d'eau horizontale qui règne sur tout le fond du générateur, a pour but d'empêcher ce fond de se brûler.

g. g... *entretoises* formées par une douille en tôle que traverse un fort boulon dont les deux extrémités sont rivées en dehors des tôles qui forment les deux faces de chaque lame d'eau. Elles servent à prévenir le rapprochement et l'écartement de ces tôles. Actuellement, les entretoises des lames d'eau verticales sont taraudées dans les deux tôles, puis rivées ; elles n'ont pas de douilles.

7, 7... *trous de sel*, à travers lesquels on peut piquer et enlever le sel qui s'est déposé tant à l'intérieur des lames qu'au fond de la chaudière. Ces trous se ferment par des *autoclaves* (n° 63₁).

H   *chambre à vapeur* : compartiment au-dessus du niveau de l'eau, et qui sert de réservoir à la vapeur.

8   *trou d'homme*, pour pénétrer dans la chaudière. Ce trou est fermé par une autoclave.

h, h... *tirants* : tiges de fer maintenant l'écartement des parois de la chaudière ; ils sont fixés aux patins 9,9, par des boulons.

9, 9... *patins d'attache* des tirants, formés de deux morceaux de cornière rivetés.

I   *appendice de prise de vapeur*, permettant d'aller puiser près du ciel de la chambre H, la vapeur à envoyer aux cylindres, de façon qu'elle soit le plus sèche possible (n° 63₁).

J   *boîte de la soupape d'arrêt.*

j   *soupape d'arrêt* : disque servant à intercepter ou établir à volonté la communication entre la prise de vapeur I et le tuyau de vapeur K (n° 63₁).

10   petit volant destiné à manœuvrer la soupape précédente, soit directement à la main, soit du parquet des chauffeurs à l'aide d'une chainette.

11   robinet et tuyau purgeur de la boîte de soupape d'arrêt.

K   *tuyau de vapeur*, amenant la vapeur de la chaudière dans les boîtes à tiroir.

L,L   boîtes de soupape de sûreté.

l,l   *soupapes de sûreté.* Ce sont des disques maintenus contre leurs siéges par des contre-poids M,M. Elles sont destinées à limiter la tension de la vapeur du générateur.

M   *contre-poids* de soupape de sûreté, agissant sur la tige de sa soupape par l'intermédiaire d'un levier.

12   système de levier, de tringle et de poignée, permettant de soulever à la main le contre-poids M et en même temps la soupape de sûreté qui lui correspond.

m   *tuyau d'échappement*, à travers lequel s'écoule en plein air la vapeur qui sort par les soupapes de sûreté. Il remonte le long de l'arrière de la cheminée.

13   tuyau purgeur de la boîte de soupape de sûreté.

14   tuyau de purge du tuyau d'échappement *m*. Ce tuyau est actuellement supprimé.

N   *boîte du régulateur alimentaire et tuyau d'alimentation* par la machine. Ce tuyau part de la pompe alimentaire et amène à la chaudière l'eau que cette pompe puise à la bâche, ou à la mer si la machine est sans condensation. Le tuyau se prolonge au delà de la boîte et pénètre à l'intérieur de la chaudière pour y aller déboucher au fond.

n   *régulateur alimentaire*, composé d'une soupape maintenue sur son siége, ou laissée libre de s'en soulever, suivant la position de l'organe 15.

15   organe de manœuvre du régulateur alimentaire : c'est un petit volant terminé par une tige qui se visse dans le couvercle de la boîte N, et dont le bout sert de butoir à la soupape *n*.

N'   boîte d'un second régulateur alimentaire. Ce second régulateur est réservé pour la prise d'eau à la mer et le petit cheval (n° 65_2).

O   *robinet de vidange* de chaudière, par lequel on laisse écouler dans la cale l'eau du générateur quand on veut le vider et l'assécher.

P   *robinet et tuyau d'extraction continue*, à travers lesquels on laisse continuellement s'écouler de l'eau des chaudières, afin de prévenir (n° 72_2) ou plutôt de diminuer les incrustations.

p   *plongeur d'extraction continu* (vu en pointillé) : petit conduit formant à l'intérieur de la chaudière le prolongement du tuyau précédent. Il va puiser l'eau d'extraction au fond de la chaudière ou à la surface même du liquide, ainsi qu'on le voit en *p'*.

Q   *tube indicateur*, appelé aussi *tube-jauge* ou *de niveau* (n° 63_3) : tube en verre, monté dans des douilles en laiton, et dont les deux extrémités communiquent l'une avec la chambre à eau, l'autre avec la chambre à vapeur par l'intermédiaire du tuyau 16. Le niveau de l'eau s'établit dans le tube comme dans la chaudière, et devient ainsi constamment visible. Son milieu correspond à la hauteur moyenne que doit occuper le niveau, soit à $0^m,20$ au-dessus de la rangée supérieure des tubes.

16   tuyau dont les deux extrémités plongent, l'une vers la partie inférieure de la chambre à eau, l'autre vers le haut de la chambre à vapeur, et le long duquel est monté le tube indicateur. Il sert à mettre cet appareil à l'abri des influences des ébullitions ou autres circonstances qui peuvent en fausser les indications.

q,q,q   *robinets-jauges* : petits robinets destinés à contrôler les indications du tube indicateur. Ils sont au nombre de trois : celui du milieu correspond à la hauteur moyenne du niveau de l'eau; et les deux autres, aux positions extrêmes que ce niveau peut occuper sans danger.

R   *soupape atmosphérique* : petite soupape ouvrant de dehors en dedans et maintenue contre son siége par un contre-poids. Elle a pour but de prévenir l'écrasement du générateur, en y laissant pénétrer l'air extérieur dès que la pression absolue baisse au-dessous de 1^{at}, ce qui tend à se produire à la suite de l'extinction des feux. — Dans les nouvelles chaudières, cette soupape est un simple clapet s'ouvrant de bas en haut, et sans contre-poids.

r   *sifflet de signal*, réglementaire à bord de tous les navires.

S   *manomètre Bourdon*, indiquant à chaque instant la pression de la vapeur (n° 23_3).

s   robinet et tuyau de prise de vapeur du petit cheval (n° 65_2).

17   tuyau d'évacuation du petit cheval débouchant dans la cheminée.

T,T,T   *carlingues de chaudière* : fortes pièces en bois, chevillées avec le fond du bâtiment et dont le dessus forme le plan de pose de la chaudière. A bord des bâtiments en fer, elles sont formées de longues poutres creuses en tôle.

18   *plate-forme* ou *plancher de chaudière*, formé de planches en chêne ou de feuilles de tôle chevillées ou boulonnées aux carlingues. Cette plateforme est recouverte d'une couche de mastic, sur laquelle porte le fond du générateur, qui est ainsi à l'abri de l'oxydation due à l'humidité de la cale.

19   taquets en bois fixés à la plate-forme 18, pour maintenir la chaudière.

l'eau pour éteindre les feux. — Il existe aussi un tuyau d'incendie qui vient s'embrancher sur le tuyau de vapeur et se bifurque en deux branches. Ces deux branches sont munies chacune d'un robinet, et se dirigent l'une vers la soute à charbon de bâbord, l'autre vers celle de tribord. Cette installation a pour but d'étouffer tout feu, et en particulier les combustions spontanées qui viendraient à se déclarer dans les soutes à charbon. A cet effet, les branches de tuyau précitées débouchent dans le bas desdites soutes à travers de fortes et larges crépines.

D'autre part, il y a sur le devant du générateur un parquet, dit *parquet de chaudière*, qui forme le prolongement de celui de la machine (n° 51₃). — De plus, les chaudières marines sont en général revêtues d'une enveloppe destinée à en prévenir le refroidissement extérieur.

On appelle *surface de chauffe totale* la surface qui transmet à l'eau la chaleur dégagée par le combustible. Cette surface comprend ici : 1° le fond et les côtés des cendriers ; 2° toute l'étendue des foyers, c'est-à-dire les chambres au-dessus des grilles ; 3° les faces des boîtes à feu, dont font partie les plaques de tubes arrière diminuées, bien entendu, de l'aire de tous leurs trous ; 4° l'intérieur des tubes ; 5° les parois latérales, les seuillets et les plaques de tubes des boîtes à fumée ; 6° la culotte de la cheminée. — Mais, en pratique, on ne considère comme *efficace* que la partie de la surface précédente léchée par la flamme et baignée par l'eau, c'est-à-dire, d'une part, la *surface directe*, qui comprend les foyers et les boîtes à feu, et d'autre part les tubes. Encore, pour ces derniers, on estime qu'il ne faut considérer que les 2/3 et même la 1/2 de leur nombre total.

N° 59₂ Jeu de la chaudière démonstrative. — Pour se servir de la chaudière démonstrative que nous venons d'expliquer, on commence *par faire le plein*. En d'autres termes, on la remplit d'eau jusqu'à ce que le niveau atteigne le milieu du tube indicateur, c'est-à-dire sa hauteur moyenne. Il suffit à cet effet de laisser arriver l'eau de la mer par le régulateur alimentaire N', qui est en communication avec la prise d'eau du petit cheval. On a soin en même temps de soulager les soupapes de sûreté, et d'ouvrir les robinets-jauges ainsi que ceux du tube indicateur, afin que l'air de la chaudière puisse s'échapper, et n'entrave pas l'entrée du liquide. Ceux des robinets précédents situés les plus bas sont refermés à mesure qu'ils donnent de l'eau.

Une fois le plein terminé, on ferme à leur tour les robinets supérieurs ainsi que le régulateur d'alimentation. On charge ensuite la grille d'une couche de combustible de 10 à 13 centimètres d'épaisseur, et on y met le feu à l'aide de quelques morceaux de bois, de copeaux, d'étoupes imbibées de graisse, etc., placés sous le charbon qui se trouve près de la sole. — Ceci fait, on tient entr'ouvertes les portes de cendrier et de fourneau. Puis, quand le charbon placé sur le bois est allumé, on remet du combustible frais par-dessus. On ouvre alors en grand les premières portes en question, et on ferme les secondes. Dès que cette dernière quantité de charbon est bien incandescente, on l'éparpille, petit à petit ou même d'une seule fois, vers l'arrière de la grille ; on la remplace sur le devant par du combustible frais ; on referme définitivement les portes de fourneau, et peu de temps après toute la charge est prise. A partir de ce moment, il ne reste plus qu'à mener le chauffage régulièrement. Bientôt la vaporisation se produit, et l'air renfermé dans les chaudières s'échappe à travers les soupapes de sûreté, que l'on a maintenues soulevées jusqu'à cet instant. Aussitôt que la vapeur sort sous la forme d'un nuage blanc, on laisse retomber ces soupapes; et, en continant à charger légèrement les foyers, la pression à la chaudière monte. Dès lors, au bout d'un temps qu'on peut estimer en moyenne à 1 h. 1/4, elle finit par atteindre la tension de régime du générateur ; et on est prêt à partir.

A *l'instant de la mise en marche*, on ouvre la *soupape d'arrêt j ;* et, en manœuvrant le registre de prise de vapeur (n° 30₅), on laisse le fluide de la chaudière arriver aux boîtes à tiroir, pour être distribué e là dans les cylindres. Puis, quelque temps après le départ, on fait fonctionner l'extraction continue. — Sur ces entrefaites, le niveau de l'eau tend à baisser tant par suite de la consommation de vapeur que des extractions. On le maintient au point voulu à l'aide de la pompe alimentaire, dont le débit se règle par la soupape *n*. — D'autre part, on entretient l'activité des foyers en les rechargeant chaque fois que la couche est diminuée de 1/3 à 1/4 de l'épaisseur maximum qui lui convient suivant l'espèce du combustible. On dégage les grilles de temps à autre, en passant le *crochet* entre les vides des barreaux.

Pendant les arrêts prolongés, on ferme les extractions et les alimentations. Puis, on clôt les cendriers ; on ouvre les foyers, on attire tout le charbon sur le devant des grilles, et enfin on referme les portes de fourneau. De cette façon, on réduit au minimum la combustion, et par suite la production de vapeur, tout en conservant néanmoins les feux allumés. — D'ailleurs, si les soupapes de sûreté laissent échapper la vapeur, on maintient le niveau constant à l'aide du petit cheval.

Enfin, *à l'arrivée*, on éteint les feux, en les jetant bas sur les parquets de chaudière, et en les arrosant avec de l'eau puisée aux robinets de chauffeur à l'aide de manches ou de petits seaux. On laisse ensuite l'eau refroidir dans le générateur, à moins qu'il n'y ait urgence de visiter son intérieur, auquel cas on le viderait tout de suite.

Nous venons d'esquisser à grands traits les principales manœuvres relatives aux chaudières. On trouvera, au § 2 du *chap.* VI, des détails plus circonstanciés sur chacune de ces manœuvres.

Instruments propres à la conduite des feux. — La conduite des feux exige d'abord des pelles pour charger le charbon. Mais elle nécessite aussi l'emploi de trois instruments connus sous le nom générique de *ringards*. Ce sont : le *crochet*, la *lance* et le *rouable*.

Le *crochet*, *fig.* 131, est une tige en fer terminée par un crochet

Fig. 131. Crochet (échelle = 1/22°). — Vue 1°. Élévation de face.

dont la partie repliée est plate et large. — Il s'introduit dans les interstices des barreaux de grille, en s'appuyant sur la barre d'appui. On fait ainsi tomber de ces interstices les scories qui les obstruent, et l'on dégage les passages réservés à l'air.

La *lance*, *fig.* 152, est une tige terminée par une lance plate et

Vue 2°. Profil du bout de la lance.   Fig. 152 Lance (échelle = 1/22°).

Vue 1°. Élévation de face.

pointue. — Elle s'engage à plat entre la grille et le charbon, lorsque celui-ci se colle sur les barreaux.

Le *rouable*, *fig.* 133, est un râteau plein en fer forgé. — Il sert à

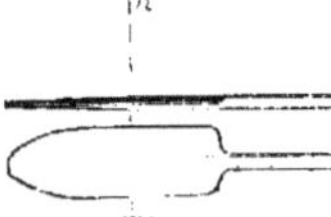

Fig. 133. Rouable vu en perspective (échelle = 1/22°).

étendre le charbon sur les grilles, et à retirer du foyer le combustible et les scories.

N° 60₁ Classification des chaudières marines à deux points de vue. — Les différentes sortes de chaudières employées en navigation doivent se classer à deux points de vue :

1° *Au point de vue de la tension de la vapeur;*

2° *Au point de vue de leur disposition intérieure.*

Classification au point de vue de la tension de la vapeur : chaudières à basse, à moyenne et à haute pression. — *Au point de vue de la tension de la vapeur*, les chaudières marines se divisent en *chaudières à basse, à moyenne et à haute pression.*

Les chaudières *à basse pression* sont celles où la tension de la vapeur ne dépasse pas 1ᵃᵗ.5. Elles sont aujourd'hui abandonnées.

Dans les chaudières *à moyenne pression*, encore très-nombreuses dans la marine, la tension absolue de la vapeur est de 1ᵃᵗ.5 à 5ᵃᵗ.

Enfin, les chaudières où la tension de la vapeur atteint 4ᵃᵗ et au-dessus, sont appelées *à haute pression*. Ces chaudières commencent à être très-employées.

Forme extérieure des chaudières à basse, à moyenne et à haute pression. — Les chaudières à basse et à moyenne pression ont leurs *faces planes*, avec leurs angles de côté légèrement arrondis. Celles à haute pression sont cylindriques, avec foyer également cylindrique.

N° 60₂ Classification des chaudières marines au point de vue de leur disposition intérieure en systèmes et variétés de système. — *Au point de vue de leur disposition intérieure*, les chaudières marines se classent en deux systèmes principaux :

1° *Les chaudières tubulaires ou à tubes de fumée;*

2° *Les chaudières à tubes d'eau.*

Ces systèmes se subdivisent d'ailleurs en un grand nombre de variétés, caractérisées par la disposition des tubes.

N° 60₃ Chaudières tubulaires. — Les *chaudières tubulaires* sont celles dont la chambre à eau est traversée par un grand nombre de tubes de petit diamètre. On en rencontre de deux sortes :

1° *Les chaudières tubulaires à retour de flamme;*

2° *Les chaudières tubulaires à flamme directe.*

Chaudières tubulaires à retour de flamme. — Dans *les chaudières tubulaires à retour de flamme, fig.* 130, les tubes se trouvent situés au-dessus de la grille dans la chambre à eau. De plus, ils sont disposés de telle sorte que les gaz de la combustion retournent sur leurs pas à la sortie du fourneau, en décrivant un chemin parallèle et de sens contraire à leur premier parcours. — Dans les chaudières destinées à des navires de creux très-faible, les tubes, au lieu d'être au-dessus des foyers, sont par côté.

La marine française a adopté deux types de chaudières tubulaires à moyenne pression, qu'elle a qualifiés des noms de *chaudières hautes à grilles longues* et *basses à grilles courtes.* Le premier de ces types est celui que représente notre chaudière démonstrative, *fig.* 130. Le second ne diffère du premier que par une plus petite distance de chaque grille à son cendrier, un moindre nombre de tubes placés en hauteur et une diminution de la longueur des grilles. D'un autre côté, il existe trois types de chaudières cylindriques à haute pression, qualifiés de *haut, moyen* et *bas*, représentés par la *fig.* 135.

Chaudières tubulaires à flamme directe. — Dans *les chaudières tubulaires à flamme directe*, les tubes forment le prolongement du fourneau. Dès lors, les produits de la combustion s'échappent, sans changer de direction, *directement* dans ces tubes pour se rendre de là à la cheminée.

La *fig.* 134 représente la variété de chaudière tubulaire qui nous

Fig. 134. Chaudières tubulaires à flamme directe et à haute pression. — Coupe longitudinale.

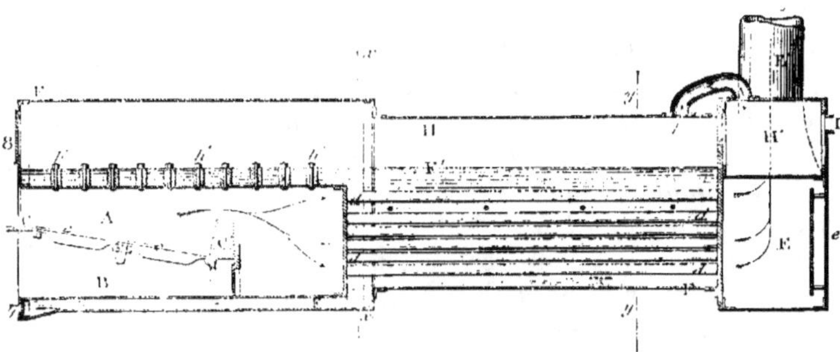

occupe. La légende de la *fig.* 130 convient à la *fig.* 134, avec les additions suivantes :

h' . *armatures* : espèces d'arcades formées chacune de deux plaques de fer reliées par
leurs extrémités tant entre elles qu'avec les parois latérales de la chaudière. Ces
plaques comprennent dans leur intervalle une série de boulons traversant le ciel
des foyers, et dont les écrous viennent appuyer sur leur camp supérieur. Les
armatures servent ainsi à la fois de tirants et de soutiens de ciel de foyer.

H' *coffre à vapeur* : espèce de caisse logée dans la boîte à fumée et où la vapeur vient
se surchauffer avant de se rendre aux cylindres.

z tuyau établissant la communication entre la chambre à vapeur et la caisse précédente.

Les coupes que l'on ferait suivant *xx* et *yy*, accuseraient la forme cylindrique du
générateur.

Les chaudières tubulaires à flamme directe sont spécialement
réservées aux hautes pressions et aux navires de faible tirant d'eau.
Car, d'une part, on peut leur donner extérieurement une forme
cylindrique (n° 60₄). D'autre part, leur hauteur restreinte permet de
les loger au-dessous de la flottaison.

N° 60₄ Chaudières à tubes d'eau. — Dans les chaudières
à tubes d'eau, la flamme et les gaz de la combustion entourent les
tubes, et l'eau circule dans leur intérieur pour se vaporiser. — Ces
chaudières ont l'avantage d'être très-résistantes et de pouvoir supporter des pressions élevées. D'un autre côté, leur volume et leur poids
sont beaucoup plus faibles que ceux des chaudières ordinaires, en
raison de la petite quantité d'eau qu'elles renferment. Par contre,
l'alimentation doit être continue et réglée avec le plus grand soin, si
l'on veut éviter les coups de feu. La *fig.* 156 représente une chaudière
à tubes d'eau du système Belleville, pour canot à vapeur.

**N° 61. — 1. Chaudières cylindriques, tubulaires à retour de flamme et à haute
pression. — 2. Chaudière Belleville pour canot à vapeur.**

**N° 61₁ Chaudières cylindriques, tubulaires à retour
de flamme et à haute pression.** — Le type de ces chaudières,
devenu réglementaire dans la marine, est représenté par la *fig.* 135,
sur laquelle nous avons reporté les organes accessoires de ce générateur. La légende de cette figure est donnée *ci-après*.

Les chaudières cylindriques à haute pression ont leurs soupapes de
sûreté chargées à raison de quatre kilogrammes par centimètre
carré de la surface de leur grande base. — Les trois types *haut*,
moyen et *bas* de ces chaudières, présentent exactement les dispositions de la *fig.* 135, et ne diffèrent que par les dimensions. —
D'un autre côté, il n'existe, dans les chaudières cylindriques, ni

Fig. 135. — Chaudière marine démonstrative, cylindrique tubulaire à haute pression, type haut. — Échelle 1/50e.

Vue 2°. Coupe suivant YYYYYY de la *vue 1°*.

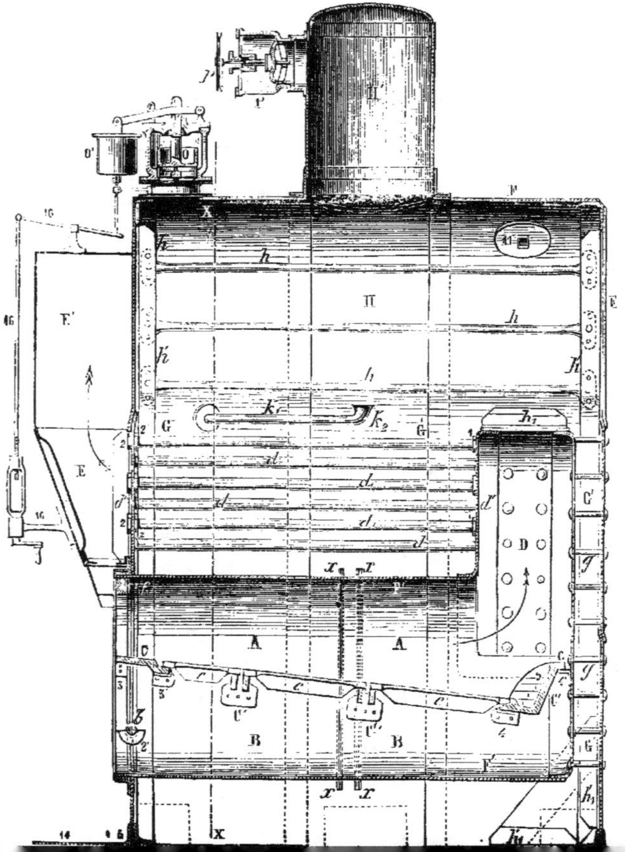

Vue 1°. Mi-élévation de face et mi-coupe suivant XX de la *vue 2°*.

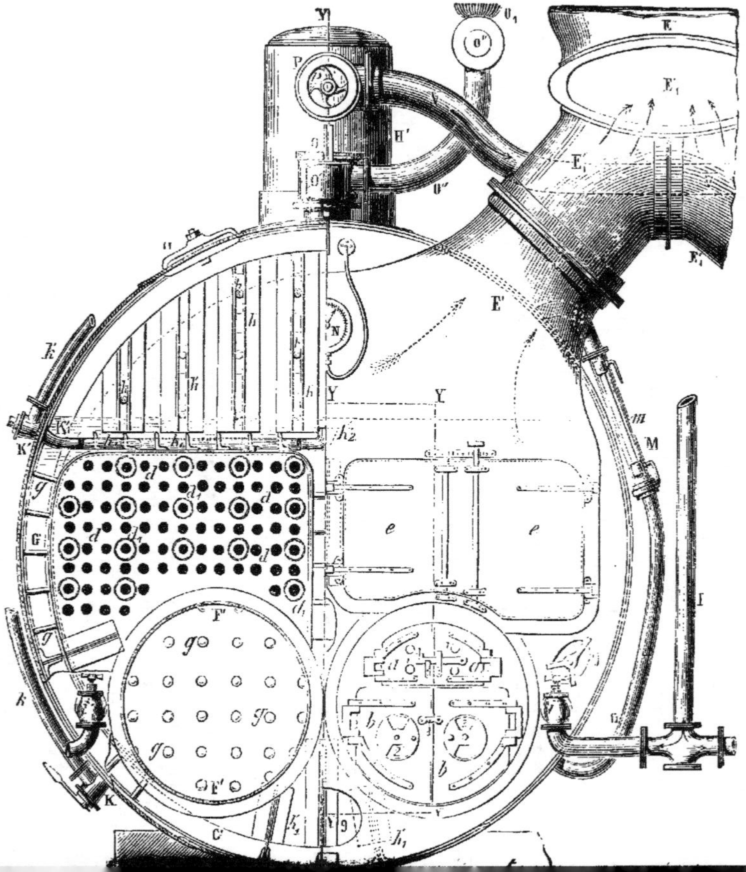

LÉGENDE DE LA FIG. 135.

A,B	fourneaux de forme cylindrique, confectionnés chacun avec deux feuilles de tôle roulées et rivetées. Pour chaque fourneau, les deux cylindres ainsi formés sont joints bout à bout, au moyen des pinces rabattues x,x, rivetées l'une sur l'autre avec interposition d'une forte rondelle de tôle. Les fourneaux sont rivetés sur la façade de la chaudière au moyen d'une forte cornière.
a,b	portes de fourneau et portes de cendrier, chacune en deux parties.
1,2	trous d'injection d'air et ventouses de porte de cendrier.
b'	barres d'appui des outils de chauffe,supportées par des galoches en cornière 2'.
C	sole supportée par les pattes en cornière 3 et 3'.
C'	autels supportés par les pattes en cornières 4 et 4',et garnis d'une maçonnerie en briques réfractaires 5. Il existe une lame d'air 6, derrière l'autel.
c,C''	grilles, sommiers de grilles et galoches supportant les sommiers.
D	boîte à feu ; elle est plane dans le fond, sur la plaque de tête, dans la partie supérieure et dans la partie verticale d'en dedans; du côté extérieur, elle est parallèle au contour de la chaudière; dans le bas, elle suit le contour du fourneau.
d,d	tubes en laiton bagués et épaulés.
d_1,d_4	tubes en fer formant tirants. Ces tubes sont taraudés dans les trous de la plaque de tête d' de la boîte à feu; l'extrémité est rivée dans une fraisure pratiquée à l'extérieur; les tubes sont ensuite affleurés et reçoivent à l'intérieur, le contre-écrou 1. Du côté de la boîte à fumée, les trous de la plaque de tête d'' sont agrandis; le tube est renflé et taraudé pour recevoir les écrous 2 et 2' qui servent à le fixer.
d',d''	plaques de tête arrière et avant.
E,E'	boîte à fumée et culotte de la cheminée. Ces compartiments sont rapportés.
e	portes de boîte à fumée, en deux parties ayant chacune un loquet.
E'_1	raccordement de la culotte avec la cheminée,
E''	cheminée construite pour desservir quatre chaudières.
F	paroi extérieure de la chaudière, de forme cylindrique.
F'	parois des fourneaux et des boîtes à feu.
f	remplissage pour diminuer l'entrée du foyer.
G,G'	chambre à eau et lames d'eau.
g	entretoises taraudées et rivées.
H,H'	chambre à vapeur et coffre à vapeur supplémentaire.
h,h'	tirants et patins de tirants.
h_1	armatures pour consolider les ciels de boîte à feu.
h'_1	fortes armatures pour relier les parties inférieures des boîtes à feu à l'enveloppe extérieure de la chaudière.
I,i	tuyau et régulateur d'alimentation de la machine.
i'	régulateur d'alimentation au petit cheval.
K,k	robinet et tuyau d'extraction ordinaire.
K',k'	robinet et tuyau d'extraction à hauteur de niveau.
k'_1,k'_2	tuyau intérieur et pipe de l'extraction.
M,m	ensemble du tube de niveau.
12,13	tuyaux de communication du manchon M avec la chaudière.
	Il existe trois robinets jauges du type ordinaire, placés sur la gauche de la *vue* 1°, et qui ont été enlevés par la coupe.
N	manomètre indiquant la pression dans la chaudière.
O,O',O''	boîte de la soupape de sûreté, contre-poids et tuyau d'échappement de cette soupape.
P,p,V	soupape d'arrêt, volant de manœuvre de cette soupape et tuyau de prise de vapeur.
t	assises de la chaudière; chantiers formés par les carlingues et dans lesquels les chaudières s'emboîtent.
9,11	trous de sel et trou d'homme.
14,15	parquet de chauffe et cornière de retenue des chaudières.
16	ensemble de l'appareil de manœuvre de la soupape de sûreté.

sur chauffeur ni sécheur. Ces chaudières fonctionnent absolument comme les chaudières à moyenne pression.

N° 61$_2$ Chaudière Belleville pour canot à vapeur. — Cette chaudière est représentée par la *fig.* 156, dont voici la légende :

Vue 1° élévation de face de la chaudière avec déchirures dans la façade, et coupe verticale transversale dans l'enveloppe et le foyer.
Vue 2° coupe longitudinale suivant *xx* de la *vue* 1°.
Vue 3° plan avec déchirure dans la toiture, et mi-coupe horizontale à hauteur de grille.

FOYER ET ENVELOPPE.

A,B   foyer et cendrier constituant le fourneau.
a,b   porte de foyer et porte de cendrier.
C   sole, formée par une pièce de fonte reposant sur des galoches.
c   barreaux de grille, sur une seule rangée, inclinés de l'avant à l'arrière.
D   intervalles entre les tubes constituant la boîte à feu.
D'   brise-flamme ; sorte de treillage formé de bandes de tôle placées au-dessus du faisceau tubulaire, et obligeant les gaz chauds de la combustion à chauffer les tubes sur toute leur longueur.
E   boîte à fumée située au-dessus du brise-flamme.
e   porte de la boîte à tubes, formée de doubles tôles dont l'intervalle est garni d'escarbilles.
E'   culotte de la cheminée.
E"   cheminée à rabattement, formée de doubles tôles, sans remplissage.
F   enveloppe de la chaudière, formée de doubles tôles espacées, reliées par des entretoises et des cornières. L'intervalle compris entre les tôles est garni d'escarbilles.
f   maçonnerie en briques réfractaires entourant le foyer.
1   crémaillère recourbée, articulée à sa partie inférieure, et passant dans une fente de la porte de cendrier *b*, pour fixer cette porte.
2   sommier des barreaux de grille, avec lame d'air sur l'arrière.

SYSTÈME TUBULAIRE.

F'   tubes en fer forgé, soudés à recouvrement sur mandrin. Ces tubes sont disposés longitudinalement et en quinconce au-dessus de la grille. Ceux qui appartiennent à la même rangée verticale sont reliés entre eux alternativement sur l'avant et sur l'arrière, par des *boîtes de raccord f* dans lesquelles ils sont vissés. Chaque rangée verticale de tubes prend le nom d'*élément* et chaque élément, disposé en serpentin, part du collecteur inférieur G' pour aboutir au collecteur supérieur G. Lorsque la chaudière est en fonction, l'eau remplit le collecteur inférieur et environ les trois tubes inférieurs de chaque élément ; la vapeur occupe la partie supérieure du faisceau tubulaire.
f   boîtes de raccord en fonte malléable, sur lesquelles les tubes sont vissés, et qui établissent la communication entre ces tubes.
f$_1$ douilles ou manchons de raccord des tubes supérieur et inférieur de chaque élément, avec les bouts d'attente vissés sur les collecteurs G et G'. Cette disposition a pour but de permettre le démontage de l'un quelconque des éléments, sans toucher aux autres.
G   collecteur supérieur ; tube de section quadrangulaire, fermé à ses deux extrémités, et où viennent aboutir les tubes supérieurs de tous les éléments.

G′ collecteur inférieur, semblable au collecteur G, et dans lequel débouche le tuyau
    d'alimentation et où les tubes inférieurs de tous les éléments puisent leur eau.
H   tube diviseur; sorte de réservoir de vapeur en communication avec le collecteur su-
    périeur G à l'aide de trois petites tubulures de sections différentes. La tubulure
    du milieu a la plus petite section. Ceci a pour but de répartir autant que possible
    sur tous les points du générateur, l'effet de succion exercé par la prise de vapeur.
I   tuyau de communication du tube diviseur avec l'épurateur.

Fig. 136. Chaudière Belleville pour canot à vapeur. — Échelle = 1/30ᵉ pour chaudière alimentant
une machine de 5ᶜʰ de 300ᵏᵍ.

Vue 2ᵉ   Vue 1ᵉ   Vue 3ᵐ

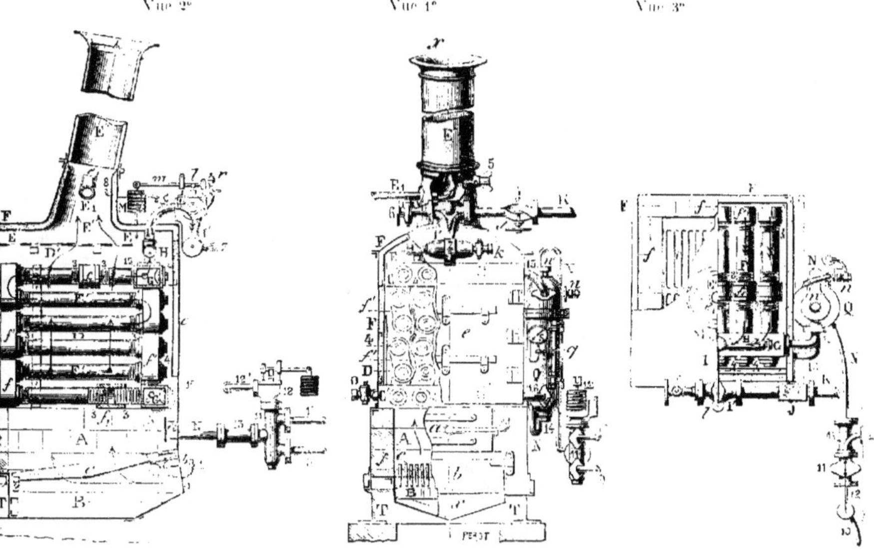

3   bagues vissées sur les tubes contre les boîtes de raccord f′ et les manchons de
    raccord f₁; elles sont destinées à assurer l'étanchéité des joints.
4   portes ou bouchons de visite des collecteurs G,G′ et des boîtes de raccord f′. Ces
    bouchons sont maintenus à l'aide de boulons dits à ancre.

ORGANES ACCESSOIRES

E₁ tuyau d'évacuation de la vapeur du cylindre.
c₁ appendice terminant le tuyau d'évacuation E₁ et produisant le tirage forcé.
I′ épurateur; vase dans lequel débouche le tuyau I, pour que la vapeur se dépouille
    des particules liquides qu'elle a pu entraîner.
J   boîte de la soupape d'arrêt.
j   soupape d'arrêt servant de *registre* de vapeur.
k   tuyau amenant la vapeur de la chaudière dans la boîte à tiroir.
k′ prise de vapeur pour l'injecteur d'alimentation.
l. boîte de la soupape de sûreté, surmontant l'épurateur I′.
l   soupape de sûreté ouvrant à l'air libre.
M   contre-poids de la soupape de sûreté, placé à l'extrémité du levier m.

m   levier du contre-poids M de la soupape de sûreté *l*.

N   tuyau d'alimentation. Ce tuyau part de la boîte à crépine 13; il amène l'eau d'alimentation à l'automoteur alimentaire *n*, qui en règle l'écoulement; puis il vient
déboucher dans le collecteur inférieur par un orifice situé sur l'arrière, et un peu
en contre-bas de celui qui établit la communication de ce collecteur avec le cylindre-niveau Q.

n   robinet automoteur ou *régulateur* d'alimentation. Il est placé contre le chapeau du cylindre-niveau Q, et son tournant pénètre à l'intérieur de ce chapeau. Il porte deux
leviers : l'un emmanché sur l'extrémité intérieure du tournant, l'autre sur l'extrémité extérieure. Le premier est attelé à un flotteur, cylindre creux en fonte de
fer qui plonge en partie dans l'eau du cylindre-niveau; le second porte un contre-
poids formé de rondelles de fer, qui est destiné à équilibrer le poids du flotteur diminué de celui du volume d'eau qu'il déplace. Ce dernier levier porte
aussi un index qui marque sur un cadran gradué, le degré d'ouverture du robinet. — Le mouvement de montée ou de descente de l'eau dans le cylindre-niveau
détermine un mouvement analogue du flotteur, et conséquemment l'ouverture
ou la fermeture partielle ou totale du robinet *n*, suivant l'amplitude des oscillations du niveau de l'eau dans le cylindre Q.

n′   tubulure pour faire le plein, placée au sommet du cylindre-niveau Q.

O   robinet de vidange.

Q   cylindre-niveau; récipient de section circulaire ou quadrangulaire, placé sur le côté
de la chaudière et communiquant avec le collecteur supérieur par le tuyau 15,
et avec le collecteur inférieur par le tuyau 16.

q   tube indicateur du niveau de l'eau dans le cylindre-niveau et conséquemment dans
l'appareil tubulaire. En marche, le niveau accusé dans le tube est toujours plus
élevé de six à huit centimètres environ, que celui de l'eau dans l'appareil tubulaire. Cette différence provient du refroidissement qu'éprouve la vapeur dans le
tuyau 15; et de l'entraînement de l'eau des tubes du générateur par la vapeur
naissante.

r   sifflet de signal, monté sur l'épurateur P, près de la soupape de sûreté.

S   manomètre métallique indiquant la pression de la vapeur.

T   carlingues en fer constituant le plan de pose des chaudières.

5   écrou à oreille servant à manœuvrer un petit clapet qui règle l'échappement de la
vapeur du cylindre par la tuyère *e₁*.

6   robinet de décharge et prise de vapeur du giffard de cale.

7   robinet de purge de l'épurateur. Un petit tuyau que l'on peut raccorder sur le robinet 7, rejette l'eau à la mer.

8   robinet et tuyau d'échappement permettant d'envoyer directement la vapeur de la
chaudière dans la cheminée.

9   tuyau de refoulement de la pompe alimentaire.

10   tuyau de refoulement de l'injecteur alimentaire.

11   réservoir en communication avec une caisse à eau douce placée en abord et contenant la provision d'eau d'alimentation. Le réservoir 11 porte la soupape de trop-
plein de la pompe alimentaire.

12   système de leviers et de contre-poids pour charger convenablement la soupape de
trop-plein et la maintenir sur son siège tant que le robinet *n* est suffisamment
ouvert.

12′   tuyau de communication de la soupape de trop-plein avec le réservoir d'alimentation.

13   boîte à crépine dans laquelle passe l'eau d'alimentation en sortant du réservoir 11.

14   robinet ou bouchon de vidange du cylindre-niveau Q.

15   tuyau de communication du cylindre-niveau Q avec le collecteur supérieur G.

16   tuyau de communication du cylindre-niveau Q avec le collecteur inférieur G′.

Fonctionnement des chaudières Belleville. — Le principe
sur lequel sont fondées les chaudières *Belleville* est le suivant :

Faire arriver sur des surfaces très-chaudes de l'eau qui se vaporise rapidement et se renouvelle de même. Dans ces chaudières, l'eau refoulée par la pompe alimentaire pénètre dans le collecteur inférieur, d'où elle s'élève dans chaque élément. Les tubes étant entourés de gaz chauds sont à une température très-élevée ; conséquemment à mesure que l'eau s'élève, elle s'échauffe, et son mouvement ascensionnel continuant, elle ne tarde pas à se transformer en vapeur. Cette vapeur se rend d'abord dans le tube diviseur qui régularise en quelque sorte sa pression, puis dans l'épurateur où elle se débarasse des particules aqueuses qu'elle est susceptible d'entrainer. Enfin de l'épurateur, la vapeur se rend dans les boîtes à tiroirs de la machine.

Au repos sans pression, le niveau est parfaitement net dans les tubes, et se trouve d'ailleurs à la hauteur indiquée par le tube-jauge. Mais dès la mise en marche, l'eau n'a plus de niveau dans les tubes. La vapeur formée dans les tubes inférieurs entraine en s'élevant, une certaine quantité d'eau d'autant plus grande que la formation de la vapeur est plus rapide ; le niveau est détruit, et les tubes qui avoisinaient ce niveau, au-dessus et au-dessous, renferment un mélange de vapeur et d'eau d'autant moins dense que le tube que l'on considère est plus élevé. — La circulation de l'eau ainsi divisée, est éminemment favorable à l'absorption rapide du calorique, et, en général, il n'y a pas à craindre que les tubes soient brûlés.

N° 62. — 1. Nature des tôles employées dans les chaudières marines ; des rivets; assemblage des tôles et usage des cornières. — 2. Des barreaux de grille. — 3. Des tubes de chaudière et de leur établissement sur les plaques de tête. Tubes mobiles. — 4. Des cheminées : cheminées fixes, cheminées mobiles à télescope ou à rabattement.

N° 62₁ Nature des tôles employées dans les chaudières marines. — Les chaudières marines sont construites en tôle de fer, et exceptionnellement en tôle d'acier.

Les tôles de fer (n° 58₄) qui entrent dans la confection des chaudières marines, ont une épaisseur de 6 à 11 millimètres pour les parois extérieures, les cendriers, les portes de foyer et de cendrier, etc.; de 11 à 14 millimètres pour les fonds, les fourneaux et les parties en contact avec la flamme; enfin de 16 millimètres pour les plaques de tubes. Pour les culottes et les foyers, les tôles doivent en outre être de première qualité et parfaitement soudées.

Des rivets. — Les tôles se réunissent les unes aux autres au moyen de *rivets*. — Ce sont de petits boulons *ab*, *fig.* 137, qu'on enfile à *chaud* dans les trous des deux tôles à assembler, et qu'on bat sur eux-mêmes de manière à leur former une seconde tête ou *fausse tête b*. On se sert pour cela d'un marteau aciéré appelé *rivoir*, en contre-tenant sur la tête *a* du

Fig. 137. Différentes dispositions de rivets.

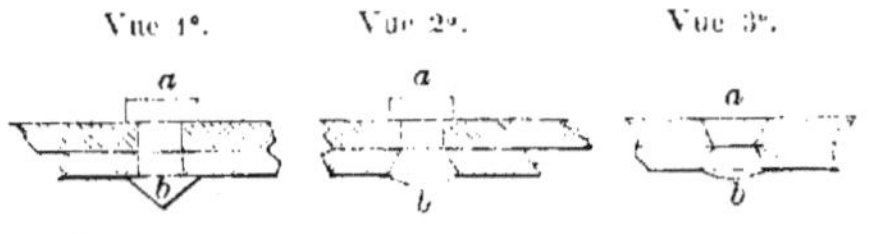

Vue 1°.   Vue 2°.   Vue 3°.

rivet. Quand le rivet se refroidit, son retrait rapproche les feuilles de tôle aussi intimement que possible.

La tête est cylindrique et plate, comme on le voit en *a*, *vues* 1° et 2°, *fig.* 137. Quelquefois, elle est tronc-conique, *vue* 3°. En pareil cas, elle se noie dans la tôle sur laquelle elle porte. Les fausses têtes *b* présentent d'ordinaire une forme conique avec la partie pointue en dehors, comme le montre en *b* la *vue* 1°. Souvent, elles forment, *vues* 2° et 3°, un tronc de cône noyé dans la tôle avec sa petite base du côté du contact des deux feuilles. De plus, la grande base de ce cône est plate et affleure la surface extérieure de la feuille qui le renferme, ou est légèrement bombée en goutte de suif.

Le diamètre du corps des rivets employés dans les chaudières est compris entre 18 et 21 millimètres, suivant l'épaisseur des tôles à réunir.

Assemblage des tôles et usage des cornières. — L'assemblage des tôles situées dans le prolongement les unes des autres s'opère de deux manières, *à clin* ou *à franc bord*.

Fig. 138. Différents modes d'assemblage de deux tôles en prolongement.

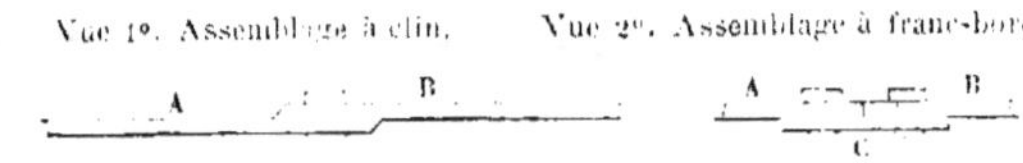

Vue 1°. Assemblage à clin.   Vue 2°. Assemblage à franc-bord.

Dans l'assemblage à clin, *fig.* 138, *vue* 1°, l'une des deux feuilles de tôle à assembler B, recouvre l'autre A d'une certaine quantité, et l'on se sert de rivets pour coudre la jonction des deux pièces.

Dans l'assemblage *à franc-bord*, *fig.* 138, *vue* 2°, les deux feuilles à réunir A et B sont posées côte à côte. Une bande en tôle C, nommée *couvre-joint*, se place alors tout le long de la ligne de jonction. Cette plaque déborde également sur chacune des feuilles, et elle s'y réunit au moyen de deux coutures de rivets.

— Quand les tôles à joindre ont leurs surfaces perpendiculaires entre elles, on emploie pareillement deux modes de jonction qui correspondent aux deux précédents : ou l'on courbe une des tôles, ou l'on se sert de *cornières*. — Le premier de ces systèmes, *fig.* 159, n'est en définitive qu'un assemblage à clin. — Le second système, *fig.* 140, n'est en dernière analyse qu'un assemblage à franc-bord, dont le *couvre-joint* C est ployé en deux, et prend le nom de *cornière* ou *fer d'angle*. Les tôles A et B se rivettent chacune avec une des branches de la cornière.

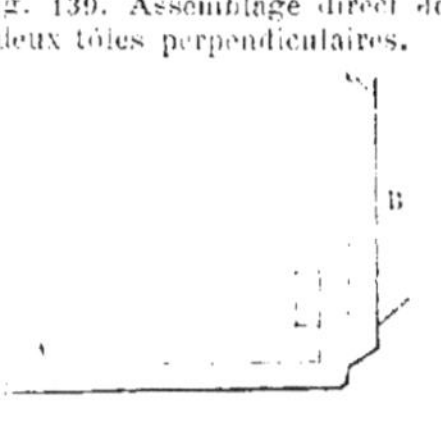

Fig. 139. Assemblage direct de deux tôles perpendiculaires.

N° 62₂ Des barreaux de grille. — Les *barreaux de grille* sont des barres en fer forgé terminés par des talons ab, $a'b'$, *fig.* 141, plus large que leur corps. Ces talons étant mis à se toucher dans chaque rangée de barreaux, les vides de la grille se trouvent naturellement formés. Dans les chaudières types, ces vides ont de 14ᵐᵐ à 15ᵐᵐ de largeur. — D'autre part, les barreaux portent en dessous une forte nervure c, destinée à les consolider. — On doit laisser un jour de 15 à 20 millimètres entre les bouts des barreaux de deux rangées consécutives. Sans quoi, ces

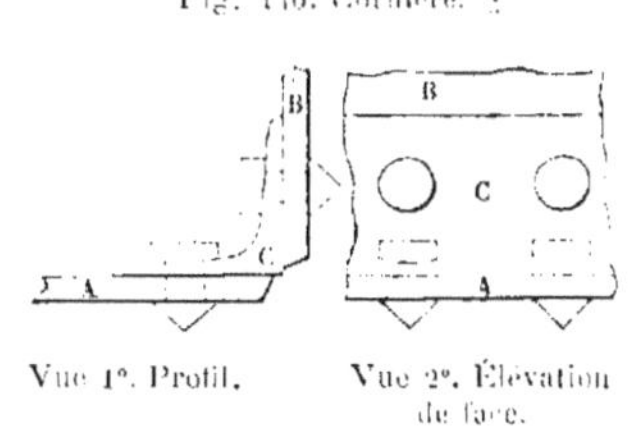

Fig. 140. Cornière.

Vue 1°. Profil.   Vue 2°. Élévation de face.

barreaux butteraient l'un contre l'autre par le fait de leur dilatation, et se tordraient.

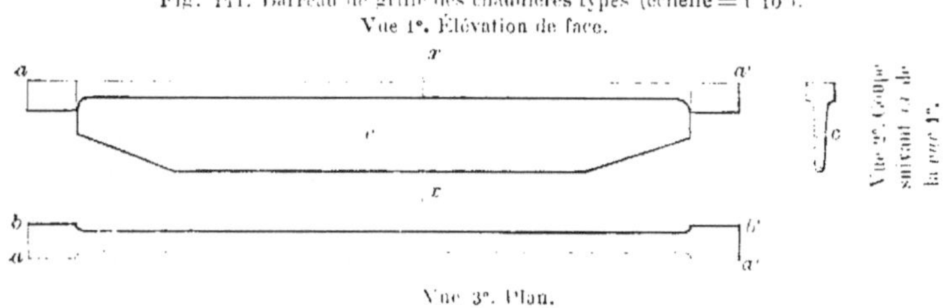

Fig. 141. Barreau de grille des chaudières types (échelle = 1/10).
Vue 1°. Élévation de face.

Vue 3°. Plan.

N° 62₃ Des tubes de chaudière et de leur établissement sur les plaques de tête. — Les tubes de chaudière sont généralement en laiton, de 70^{mm} de diamètre intérieur et de $2^{mm},5$ d'épaisseur. Les tubes sont rabattus en collerette et rivés sur les plaques de tête $d'd'$, *fig.* 142. Puis on force à l'intérieur de chacune de leurs extrémités une bague a en fer doux ou en acier. Autrefois, *vue* 1°, cette bague se rabattait par dessus le tube. Aujourd'hui, *vue* 2°, la bague n'est aucunement rabattue. Elle a d'ailleurs le pourtour intérieur de son bout xx' légèrement arrondi.

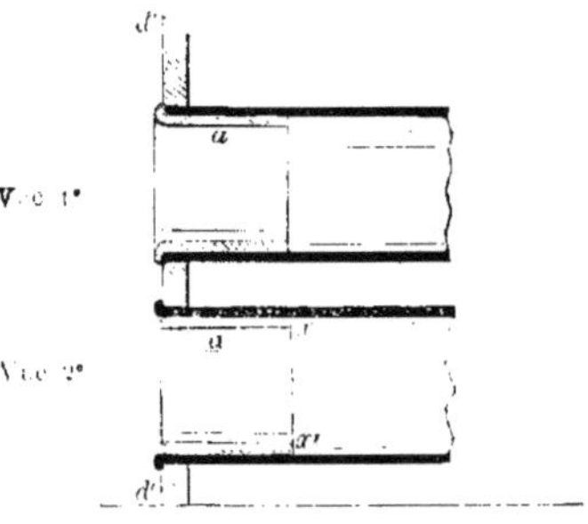

Fig. 142. Établissement des tubes sur les plaques de tête.

D'autre part, on forme quelquefois sur les tubes, en dedans et à toucher les plaques de tête, un bourrelet ou épaulement. On se sert pour cela d'un mandrin en trois segments dans l'axe duquel on chasse une broche conique. Cette méthode est actuellement abandonnée.

Tubes mobiles. — Les tubes mobiles ou démontables, ont été imaginés pour faciliter le nettoyage des chaudières. On en rencontre de trois systèmes principaux :

Tubes Langlois. — Ces tubes d, représentés par la *fig.* 143. portent à leur extrémité avant un manchon d_1 en bronze, qui se taraude sur la plaque de tête d''. Dans la plaque de tête d', l'extrémité arrière est tout simplement tenue par une bague c. Le manchon d_1 porte une collerette qui fait joint étanche, au moyen de la rondelle de plomb 2, sur la plaque de tête d''. On met en place le tube au moyen d'une clef à tenons qui s'engage dans des entailles 1, 1, pratiquées sur le manchon d_1. — Pour sortir le tube, on commence par enlever la bague c, puis on le dévisse.

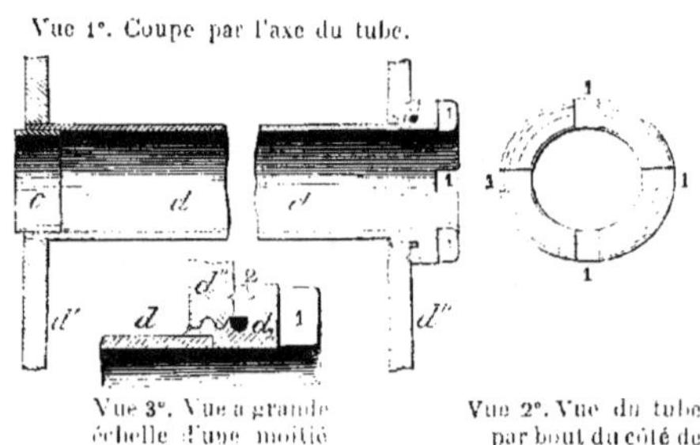

Fig. 143. Tube mobile Langlois.

Vue 1°. Coupe par l'axe du tube.

Vue 3°. Vue à grande échelle d'une moitié du bout avant du tube.

Vue 2°. Vue du tube par bout du côté de la boîte à fumée.

Tubes Gantelme. — Ces tubes *d*, représentés par la *fig.* 144, sont munis de deux manchons en bronze d_1, d_1, soudés sur leurs extré-

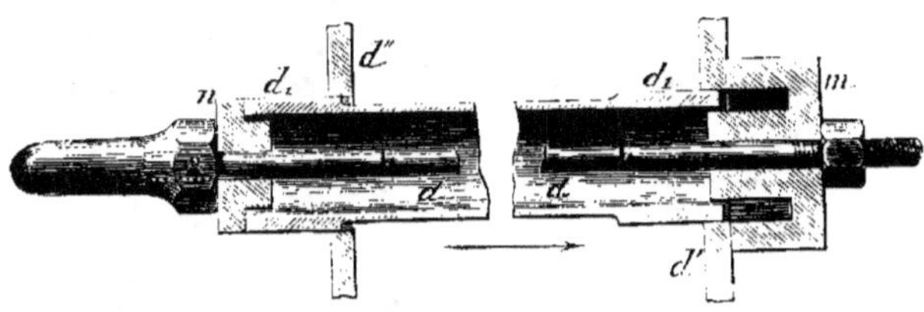

Fig. 144. Tube mobile Gantelme. — Coupe verticale.

mités. Ces manchons sont cylindriques et s'emmanchent à force dans les trous des plaques de tête *d'* et *d"*. Celui de la boîte à feu a d'ailleurs un diamètre plus petit que celui de la boîte à fumée. — Le tube se met en place ou se démonte au moyen du long boulon L, des deux manchons *m* et *n* et des écrous 1 et 2. On retourne cet outillage pour sortir le tube.

Tube Toscer. — Le tube Toscer ressemble au tube Gantelme ; mais au lieu d'être muni de manchons, il est renflé à ses extrémités. La tenue a lieu au moyen de bagues.

N° 62, Des cheminées. — La cheminée est destinée à déterminer le tirage et à conduire la fumée au-dessus du pont. Les cheminées des chaudières marines sont d'énormes tubes en tôle mince. Verticalement, les tôles sont assemblées et rivetées sur bandes intérieures, et ne se touchent que par les bords, de manière à former une surface continue. Horizontalement, elles sont unies par des cercles extérieurs.

L'installation des cheminées présente trois systèmes :

Les cheminées fixes,

Les cheminées mobiles à télescope.

Les cheminées mobiles à rabattement.

Cheminées fixes. — Les *cheminées fixes* s'élèvent perpendiculairement au-dessus des chaudières, et montent d'un seul jet jusqu'à la hauteur qu'elles doivent avoir au-dessus du pont. Mais le mode de fixation de leur pied, ainsi que le système de tenue de leur tête, est en tout semblable à ce qui est expliqué ci-après pour les cheminées mobiles. En outre, de même que celles-ci, elles possèdent une chemise qui s'étend depuis les chaudières jusqu'à quelques pieds au-dessus du pont des gaillards, pour empêcher les panneaux d'être brûlés.

Cheminées mobiles à télescope. — Les *cheminées à télescope*, dites aussi *à fourreau* ou *à longue vue*, sont celles qui comprennent, outre la chemise, deux cylindres s'emboîtant l'un dans l'autre. Le premier de ces cylindres est fixe et forme la partie inférieure de la cheminée, tandis que le second, qui en constitue la partie supérieure, est libre de se lever et de se baisser par rapport au précédent.

La *fig.* 145 représente la disposition d'une cheminée à télescope. En voici la légende détaillée :

A   partie inférieure et fixe de la cheminée. Cette partie est reliée avec les bouts des culottes des divers corps de chaudière de l'appareil évaporatoire, par une cornière circulaire qui se jonctionne par son contour avec le pied de la partie fixe de la cheminée, comme on le voit en *fig.* 130, et par son collet avec le dessus de la chaudière. Dans le pied de la cheminée se trouvent des tôles placées rectangulairement entre elles. Elles servent d'entretoises à cette partie, et divisent la cheminée en autant de petits conduits qu'il y a de corps de chaudière aboutissant à son pied.

1,1... cornières directrices en forme de *té*. Elles sont au nombre de quatre placées à 90° les unes des autres sur toute la hauteur de la partie fixe de la cheminée. Elles ont pour but de servir de guide à la partie mobile de celle-ci.

B   chemise destinée à prévenir l'échauffement des divers ponts que traverse la cheminée. Elle est distante de celle-ci de 20 à 25 centimètres, et a son pied riveté avec une plaque de tôle reposant sur les hiloires du premier étambrai de la cheminée.

b   toit en forme de couronne circulaire, attenant au haut de la partie fixe de la cheminée, de manière à se trouver au-dessus et à une petite distance de la chemise. Il a pour objet d'empêcher l'eau de la pluie de tomber à l'intérieur de cette chemise, tout en y permettant d'ailleurs la libre circulation de l'air.

C   partie mobile de la cheminée, emboîtée dans la partie fixe.

c,c   tôles fixées rectangulairement entre elles à l'intérieur de la partie mobile de la cheminée, et servant d'entretoises pour consolider cette partie.

c',c'.. tirants destinés à maintenir entre elles les tôles précédentes.

E   cornière circulaire attenante au pied de la partie mobile de la cheminée. Elle porte quatre encoches qui glissent le long des cornières 1,1..., et guident cette partie mobile.

e   cercle se serrant à volonté avec deux vis autour de la partie mobile de la cheminée. Appelé à servir d'arrêt à cette partie quand elle est hissée, il se serre en ce moment à toucher le haut de la partie fixe. — On le remplace quelquefois par des clefs qui s'engagent dans des trous percés dans le pied de la partie mobile et la tête de la partie fixe.

D   cercle en fer riveté avec la tête de la partie mobile. Il porte des boucles qui servent à crocher les haubans de cheminée, et les palans de roulis qu'on ajoute à la mer.

d,d   haubans de cheminée en chaîne de fer.

F,F.   treuils, au nombre de quatre où s'enroulent les chaînes de remontage.

f,f..   chaînes de remontage. Elles partent des treuils F, F,..; puis, elles vont passer sur des poulies à gorge G,G,..., établies contre la partie fixe de la cheminée du côté de la chemise; et de là, elles descendent s'amarrer à des boucles attenantes à la cornière circulaire E du pied de la cheminée mobile.

H,H   roues dentées montées sur les axes des treuils F,F.

h   vis sans fin unique commandant les deux roues précédentes. Elle porte à chacune de ses extrémités un emmanchement carré. Cet emmanchement reçoit une manivelle, sur laquelle les hommes agissent pour hisser la cheminée.

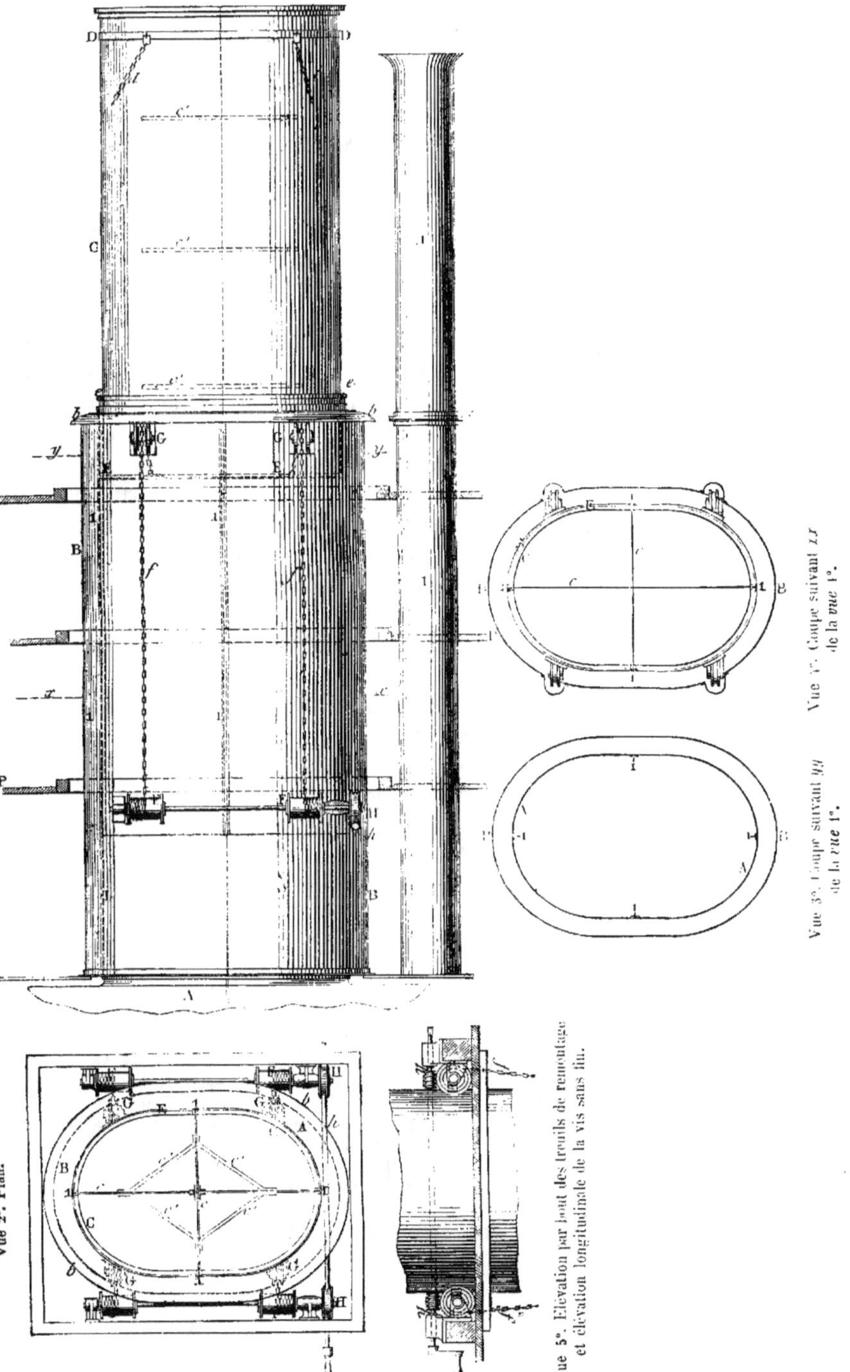

Fig. 145. Cheminée à télescope (échelle = 1/100° pour 1000 ch^x n^x).
Vue 1°. Élévation de face.

l   tuyau d'échappement des soupapes de sûreté.
J   prolongement du tuyau précédent. Il est uni à ce tuyau par une charnière *i*, qui
       lui permet de se rabattre et d'être couché horizontalement lorsque la cheminée
       est amenée.
P,P.... ponts que traverse la cheminée dans des étambrais pratiqués à cet effet.

Cheminées mobiles à rabattement. — Dans les cheminées à rabattement, il existe encore une partie fixe A, *fig.* 146, au-dessus

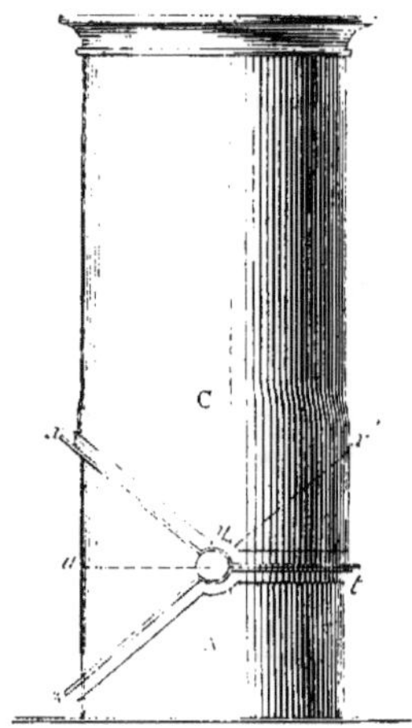

Fig. 146. Cheminée à rabattement.

de laquelle se trouve située la partie mobile C. Seulement cette dernière partie tourne ici autour d'une charnière *y* placée suivant un de ses diamètres. Elle porte, en outre, une cornière *xyt* formée d'une demi-ellipse *xy* et d'un demi-cercle *yt*, dont les plans forment un angle *xyt* un peu plus grand que 155°. Une seconde cornière *zyt*, en tout semblable à la précédente, est placée symétriquement par rapport à celle-ci sur le haut de la partie fixe de la cheminée. Enfin, cette partie est prolongée au-dessus de l'horizontale *ut* par un morceau *xuy*, en forme de coin : ce morceau est destiné à boucher le vide qui existe au-dessous de la cornière *xy* de la partie mobile de la cheminée.

Pour les petites cheminées il est plus simple et suffisamment solide d'avoir la charnière placée suivant une horizontale tangente à la surface de la cheminée.

Actuellement, toutes les cheminées fixes sont munies d'un capot en tôle monté, au moyen de deux bras, sur un axe qui passe par le diamètre de la cheminée. Un double levier à sonnette aux branches duquel sont frappés des cartahus, sert à relever le capot ou à l'abattre, et à le fixer dans la position où on le place.

N° 65. — **1. Des** prises de vapeur et des soupapes d'arrêt; des sécheurs. — **2. Des** soupapes de sûreté de chaudière : de leur manœuvre ; de leur nombre par chaudière et de leur emplacement : de leur charge. **Tuyaux** d'échappement. — **3. Des** tubes de niveau et des robinets-jauges : précautions relatives à ces appareils. — **4. Régulateur** d'alimentation. — **5. Des** trous d'homme et des trous de sel de chaudière. **Autoclave.** — **6. Robineterie** et prises d'eau : précautions à prendre pour empêcher les voies d'eau par les trous de ces prises.

N° 63₁ Des prises de vapeur. — Dans les chaudières où la soupape d'arrêt n'est pas placée vers le haut de la chambre à vapeur, l'orifice de la soupape est prolongé intérieurement par un appendice qui va prendre la vapeur à la partie la plus élevée de la chaudière, afin de l'envoyer plus sèche aux cylindres.

Il consiste quelquefois en une simple caisse débouchée et évasée vers le haut, ainsi qu'on le voit en I sur la chaudière démonstrative, *fig.* 130. Mais plus souvent, c'est un long tuyau I, *fig.* 147, percé d'un grand nombre de petites fentes et placé horizontale-

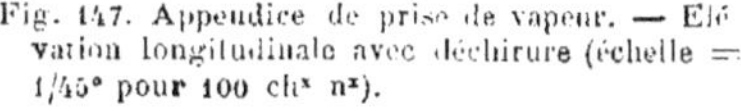

Fig. 147. Appendice de prise de vapeur. — Élévation longitudinale avec déchirure (échelle = 1/45° pour 100 ch^x n^x).

ment à peu de distance du ciel de la chaudière. La vapeur, en passant à travers toutes ces fentes, se dépouille de ses particules aqueuses et arrive bien sèche dans le tuyau de vapeur.

Des soupapes d'arrêt. — Les soupapes d'arrêt ont pour objet d'établir ou d'intercepter, à volonté, la communication des chaudières avec le tuyau de vapeur.

La *fig.* 148 représente l'installation réglementaire. — La soupape est un disque en bronze j, logé dans une boîte en fonte J boulonnée à la chaudière. Elle repose sur un siége a formé d'une bague en bronze incrustée dans la tubulure de communication de la boîte J avec la chambre à vapeur. D'autre part, elle est guidée par une contre-tige b venue de fonte avec elle, et glissant dans une

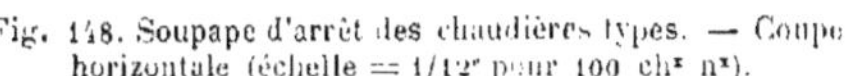
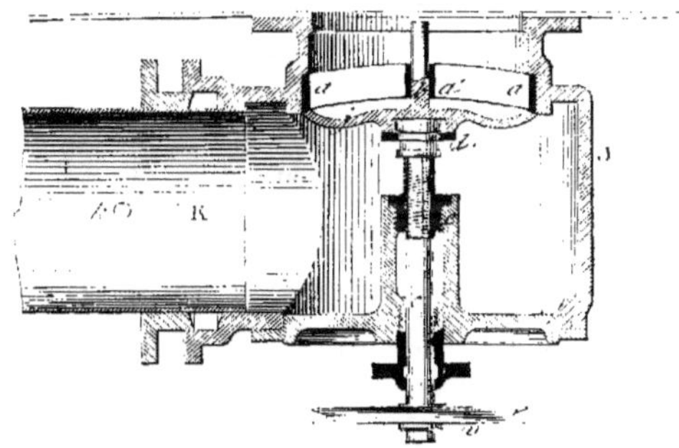

Fig. 148. Soupape d'arrêt des chaudières types. — Coupe horizontale (échelle = 1/12° pour 100 ch^x n^x).

gaîne a' reliée au pourtour du siége par trois lames. — Quant à la tige c, qui sert à manœuvrer la soupape, elle lui est fixée par une articulation, ce qui permet au disque j de s'appliquer toujours bien exactement contre son siége. De plus, elle sort de la boîte de soupape à travers une presse-étoupe dont le siége en bronze e est taraudé pour lui servir d'écrou. Il suffit dès lors de visser ou de dévisser cette

tige au moyen du volant *v*, pour fermer ou ouvrir la soupape d'arrêt.
— Le volant *v* est ajusté sans clavette sur une partie conique qui termine la tige *c*, et n'y est tenu que par le serrage d'un écrou. Lorsque la soupape fait une grande résistance le volant glisse sur son emmanchement, et l'on ne court pas le risque de casser la tige.

De son côté, la boîte de soupape est reliée au tuyau de vapeur K par un joint glissant. Enfin, on voit en *k*, sur ce tuyau, le trou d'un petit robinet purgeur destiné à égoutter la vapeur condensée.

Les soupapes d'arrêt doivent être décolées au moment de l'allumage, à moins qu'on ne les ouvre en grand.

Des sécheurs. — Le sécheur est un appareil logé dans la base de la cheminée, qui a pour but de vaporiser l'eau que la vapeur entraîne à sa sortie de la chaudière. La *fig.* 149 représente l'installation réglementaire pour les chaudières à moyenne pression. Les chaudières à haute pression n'ont pas de sécheur à cause de la température élevée de la vapeur, qui décomposerait les matières employées au graissage des cylindres. Voici la légende de la *fig.* 149 :

F   chaudières réglementaires à faces planes et à moyenne pression.
E′   culotte de la cheminée.
E′₁   conduits de fumée dans le sécheur.
E″   cheminée.
J   soupape d'arrêt mettant en communication le sécheur avec le tuyau principal K de vapeur.
J′   soupape de communication de la chaudière avec le sécheur, par l'intermédiaire du tuyau K′.
K   tuyau principal recevant la vapeur qui a traversé le sécheur et conduisant cette vapeur à la machine.
K′   tuyau établissant la communication de la chaudière avec le sécheur correspondant.
L   soupape de sûreté placée directement sur la chaudière.
l   tuyau d'échappement de la soupape de sûreté.
s   lames du sécheur dans lesquelles la vapeur circule pour se dépouiller de l'eau qu'elle a pu enlever aux chaudières. Il n'existe aucune cloison dans ces lames ; la vapeur n'effectue par suite qu'un seul parcours dans le sécheur.
i, i   tuyaux de purge munis de robinets et permettant de vider complètement le sécheur à la suite de l'extinction des feux, ou bien de le débarrasser de l'eau qu'il pourrait renfermer, soit à la suite d'un entraînement considérable survenu dans une chaudière, soit à la suite des condensations qui se produisent pendant les temps d'arrêts lorsque les portes de boîte à fumée sont ouvertes.

Les chaudières en fonction ont leur soupape de prise à vapeur J′ ouverte ; la vapeur passe par le tuyau K′ et pénètre dans le sécheur. L'eau que la vapeur a pu entraîner, se vaporise au contact des faces intérieures des lames *s*, qui sont léchées par la fumée. Cette vapeur

vient sortir par la soupape d'arrêt J, d'où elle débouche dans le
tuyau K qui la conduit aux cylindres.

Fig. 149. Sécheur pour chaudière réglementaire à moyenne pression.

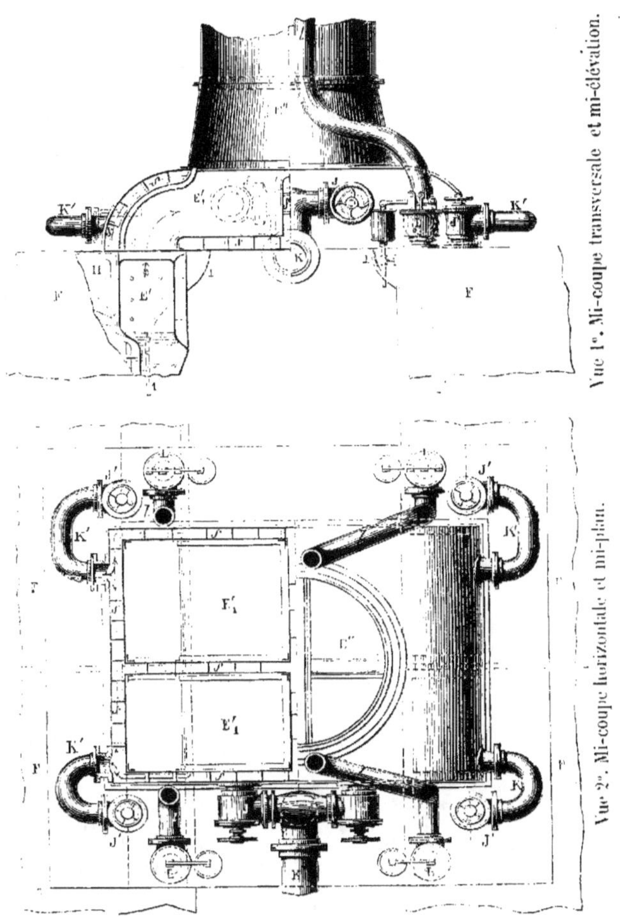

Nº 63₂ Des soupapes de sûreté de chaudière. — Les soupapes de sûreté ont pour but de limiter la pression de la vapeur dans
la chaudière pour prévenir les explosions (nº 95). Elles présentent.

pour les générateurs marins, la disposition dessinée en détail sur la *fig.* 150. dont voici la légende :

L boîte de soupape de sûreté, en fonte, boulonnée sur le dessus de la chaudière F. Elle sert à recevoir le siége de la soupape et à empêcher la vapeur qui s'échappe de remplir la chambre des machines. Elle est fermée par un couvercle 1, qui permet d'introduire et de visiter la soupape sans démonter la boîte.

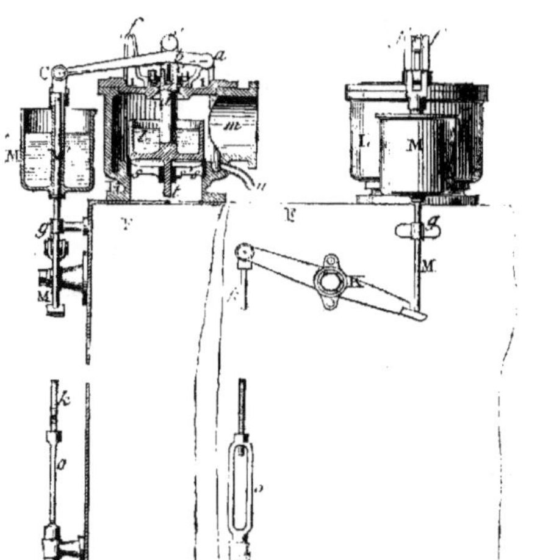

Fig. 150. Soupape de sûreté des chaudières types (échelle = 1/20° pour 100 chᵡ nᵡ).

Vue 1°. Coupe menée par l'axe de la soupape et de son contre-poids.

Vue 2°. Élévation par bout de l'ensemble de la soupape et de son contre-poids.

m tubulure où vient s'adapter le *tuyau d'échappement.*

n tuyau purgeur de la boîte à soupape, pour laisser écouler l'eau provenant de la vapeur condensée.

s siége de soupape de sûreté, bague en bronze tenue avec des vis dans la tubulure de communication de la boîte avec la chaudière. Ce siége porte à son centre une douille directrice s', reliée avec son pourtour par trois lames.

t *soupape de sûreté.* Elle est formée d'un disque en bronze surmonté ici d'un cylindre creux venu de fonte avec lui. On remplit ce cylindre de plomb jusqu'à une certaine hauteur pour empêcher la soupape de se gondoler et la faire ainsi mieux porter sur son siége. Cette soupape est guidée avec précision par une contre-tige *t.* qui fait corps avec elle et glisse dans la douille directrice s'.

d tige de soupape de sûreté, venue de coulée avec la soupape et sortant à travers le presse-étoupe du couvercle de la boîte L.

e *olive* logée dans l'épaisseur de la tige précédente et sur l'extrémité de laquelle repose le levier aC.

e' roulette pareillement logée dans l'épaisseur de la tige de soupape et sur laquelle porte le dos du levier aC.

aC levier de soupape de sûreté. Ce levier oscille autour d'un axe a. Il passe de là au milieu de l'épaisseur de la tige d entre l'olive e et la roulette e'.

f, f flasques fixées sur le dessus de la boîte à soupape, et servant à bien maintenir dans son plan vertical le levier aC lors de ses mouvements d'oscillation.

M *contre-poids de soupape et sa tige.* Ce contre-poids est articulé, à l'aide de sa tige au levier précédent. Il est du reste formé d'un cylindre creux en fonte, où l'on met du plomb pour le charger.

g douille fixée à la façade de la chaudière et servant de guide à la tige M. Le trou de cette douille est évasé aux deux extrémités, afin que la tige M puisse s'incliner sous les oscillations du levier aC.

K levier de manœuvre à la main du contre-poids de soupape.

k tringle filetée à sa partie inférieure et articulée par son extrémité supérieure avec un des bouts du levier K.

o manivelle commandant la tringle *k*, à l'aide d'un fuseau *o* dont le haut forme écrou.

Manœuvre de la soupape de sûreté. — Il ne faut jamais attendre que la vapeur soulève d'elle-même la soupape de sûreté ; il vaut mieux ouvrir la soupape à la main, toutes les fois que l'on stoppe. Cette manœuvre doit être effectuée très-lentement pour ne pas déterminer un entraînement d'eau. Pour la fermeture, il faut amener lentement la soupape sur son siége, afin de ne pas détériorer le portage. — En marche, il faut purger de temps à autre la boîte de la soupape, pour éviter la surcharge qu'occasionnerait l'eau provenant de la vapeur condensée.

Du nombre des soupapes de sûreté par chaudière et de leur emplacement. — Les ordonnances relatives à la marine du commerce exigent qu'il y ait deux soupapes par corps de chaudière.

Mais, dans la marine de l'État, on ne met deux soupapes que quand l'appareil évaporatoire ne comprend qu'un seul corps. Sans quoi, il n'y a jamais qu'une soupape par corps.

Charge des soupapes de sûreté de chaudière. — La charge des soupapes de sûreté des chaudières de la marine se calcule sur le grand diamètre du cône de partage.

Pour charger le contre-poids d'une soupape de sûreté, après d'ailleurs qu'on a rempli de plomb le réservoir du dessus de la soupape, on peut procéder d'une manière tout à fait pratique ainsi qu'il suit :

On commence par déterminer la *charge totale* qui devrait agir *directement* au-dessus de la soupape supposée sans pesanteur, à raison de $1^{Kg},055$ par *Cm. c* de surface et par atmosphère effective de tension-limite à la chaudière. Le grand diamètre de l'orifice est exprimé en centimètres.

Puis, au moyen d'un bout de ligne, on frappe un peson sur le haut de la tige de la soupape. On charge alors, par tâtonnement, le contre-poids jusqu'à ce que le peson soulevé, en entraînant la soupape et son levier, marque la *charge totale*.

Tuyaux d'échappement. — Les tuyaux d'échappement ne présentent rien de particulier. Ce sont de simples conduits en cuivre rouge partant des boîtes de soupape de sûreté et montant le long de la cheminée. Ils sont d'ailleurs composés de plusieurs morceaux réunis par des collets boulonnés.

N° 63₃ Des tubes de niveau. — Les chaudières marines possèdent deux sortes d'appareils pour accuser le niveau de l'eau. Ce sont

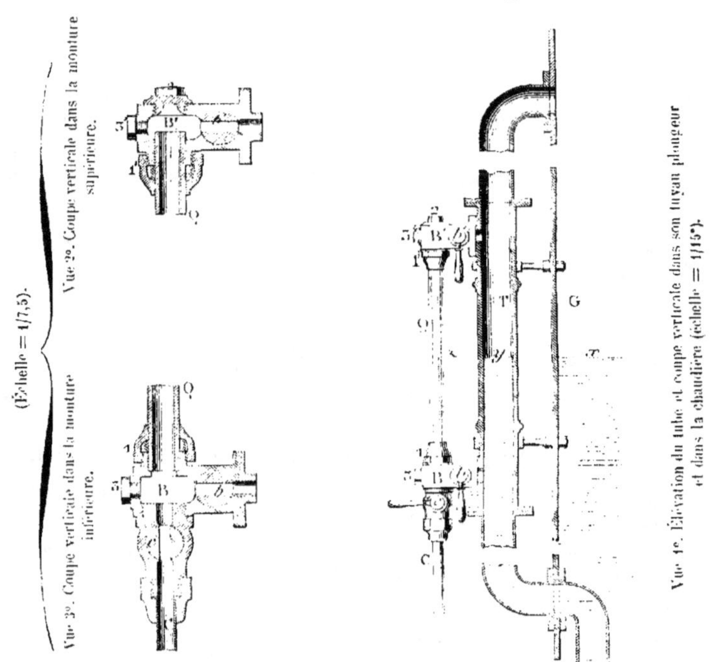

les *tubes de niveau*, appelés aussi *tubes indicateurs* ou *tubes-jauges*, et les *robinets-jauges*. La *fig*. 151 représente la disposition adoptée pour les tubes de niveau. On y remarque la série de pièces suivantes :

G   lame d'eau sur le devant de laquelle est placée toute l'installation du tube de niveau.

T   *tuyau plongeur*, le long duquel est monté le tube de niveau. Ce tuyau met en communication le point le plus haut et le point le plus bas de la chaudière.

Q   *tube de niveau* : long cylindre creux en verre, épais de 5ᵐᵐ à 6ᵐᵐ, et ayant en moyenne 0ᵐ,48 de longueur sur 0ᵐ,018 de diamètre intérieur.

B,B′   *armatures de tube* : pièces en bronze tenues par un emmanchement avec collet sur le tuyau T, et dans lesquelles viennent s'emboîter les deux extrémités du tube Q.

I,I′   presse-étoupe écrou pour rendre étanches les emmanchements des deux extrémités du tube avec ses armatures.

b,b'	robinets permettant d'interrompre la communication du tube avec la chaudière.
2	bouchon à vis, fermant le trou à travers lequel on introduit le tube dans ses armatures lorsqu'on le monte.
3,3′	bouchons à vis, servant à clore des ouvertures à travers lesquelles on passe un dégorgeoir pour dégager, quand il y a lieu, les canaux de communication des armatures B,B′ avec le tube T.
c	*robinet purgeur*, prolongé d'un petit tuyau C aboutissant aux pieds des chaudières. Ce robinet permet de laver l'intérieur du tube indicateur quand il est sali par l'écume ou par les dépôts salins. A cet effet, on ferme le robinet inférieur b, on laisse ouvert le robinet supérieur b', et l'on ouvre le robinet purgeur. On doit d'ailleurs ouvrir de temps en temps le robinet c pour s'assurer par l'écoulement de l'eau, que les communications du tube indicateur avec la chaudière sont toujours libres.
x,y,z	niveaux de l'eau dans la chaudière, dans le tuyau plongeur et dans le tube indicateur. En général, le niveau doit s'élever jusqu'au milieu du tube indicateur.

Des robinets-jauges. — Les robinets-jauges, *fig.* 152, sont de simples robinets placés sur le devant d'une des lames d'eau de chaque corps de chaudière. Ils sont au nombre de trois : l'un q, *vue* 1ᵉ, correspond au niveau moyen ; l'autre q', au dernier degré où peut descendre l'eau sans découvrir la surface de chauffe ; enfin le plus haut q'', au point que le niveau ne doit pas dépasser afin d'éviter des entraînements d'eau avec la vapeur. D'après cela, il faut, en marche, que le robinet du milieu donne de l'eau ou de la vapeur ; le robinet du bas, toujours de l'eau ; et celui du haut, toujours de la vapeur.

Ces robinets ont d'ailleurs leurs trous de prise situés sur une même verticale, et le plan longitudinal de chacun d'eux est incliné de 45° par rapport à cette ligne. Ou encore ces plans sont maintenus verticaux, et ce sont les trous précités qui se trouvent placés sur une ligne oblique par rapport à l'horizon. Avec l'une ou l'autre de ces dispositions, le fluide déversé par un des robinets ne peut pas tomber sur le robinet inférieur.

Dans tous les cas, la fixation du boisseau de chaque robinet avec les

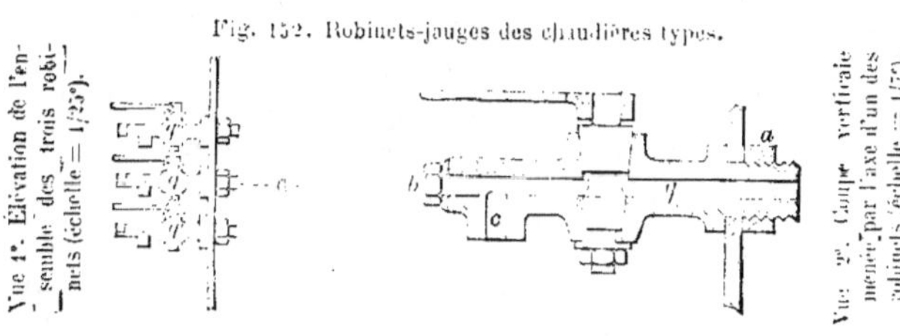

Fig. 152. Robinets-jauges des chaudières types.

parois du générateur s'opère au moyen de l'écrou a, *fig.* 152, *vue* 2°. En outre, ce boisseau porte à son extrémité extérieure un bouton à vis b, à travers le trou duquel on peut passer un dégorgeoir pour dégager le conduit *q* s'il vient à être obstrué par un morceau de sel. Les becs *c* des robinets débouchent généralement dans un tuyau à trois embranchements, qui conduit l'eau sur le parquet de chauffe. On évite ainsi de brûler les chauffeurs et de mouiller les chaudières.

Précautions relatives aux tubes de niveau et aux robinets-jauges. — Ces organes ont besoin d'être purgés de temps à autre pour maintenir libres leurs communications avec la chaudière. — En cas d'ébullition, il faut faire cesser momentanément ce phénomène (n° 74₂), pour connaître exactement la hauteur du niveau. — Si l'eau remplit le tube jusqu'en haut, il faut s'assurer que les robinets des armatures ne sont pas fermés, puis purger le tube alternativement par le robinet du haut et par celui du bas; on reconnaîtra ainsi lequel des deux est bouché, et on le dégagera. — On opère de la même manière quand le niveau est immobile dans le tube.

Régulateur d'alimentation. — Ce régulateur est représenté par la *fig.* 153. — Il comporte une boîte en bronze A, munie d'un clapet *s*, et communiquant avec la chaudière par la tubulure I', qui lui sert de moyen de fixation sur la paroi D du générateur. La boîte A communique par le dessous de son clapet, avec une des branches I du tuyau d'alimentation. Elle est fermée par un couvercle taraudé *a*, dans lequel passe la tige *t* dont l'extrémité sert de butoir au clapet. Cette tige se visse dans la partie inférieure très-allongée du couvercle *a*, et traverse, dans le haut de ce couvercle, une boîte à étoupe 1, dont le chapeau annulaire est serré par un écrou 2. — Enfin, la tige *t* est terminée par un petit croisillon 3 qui sert à la manœuvrer.

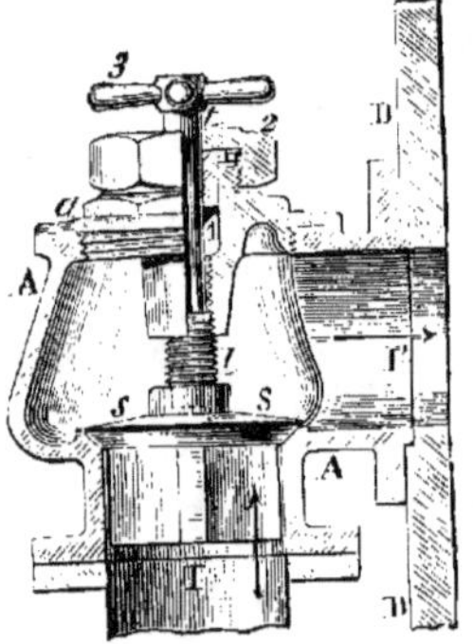

Fig. 153. Régulateur d'alimentation : type de la marine militaire. Coupe verticale avec élévation du clapet et mi-élévation du couvercle (échelle = 1/7ᵉ).

Dans la position de la figure, l'alimentation est fermée; mais si l'on dévisse la tige *t*, son extrémité remonte et permet au clapet une certaine levée; l'eau d'alimentation pénètre alors dans la chaudière en quantité plus ou moins grande, suivant la levée du clapet. — Le régulateur d'alimentation au petit cheval est en tout semblable à celui que nous venons de décrire.

N° 63. Des trous d'homme et des trous de sel de chaudière. — Les trous d'homme permettent de pénétrer dans la chaudière. Leur forme est ovale, et ils sont bouchés au moyen d'une *auto-clave*.

Les trous de sel sont destinés à retirer le sel qui s'agglomère dans le fond des générateurs et se colle le long des parois des lames d'eau. Leur forme est rectangulaire, triangulaire à angles arrondis, ou ovale, et ils sont pareillement fermés par des autoclaves.

Autoclaves. — On appelle ainsi toute plaque A, *fig.* 154, destinée

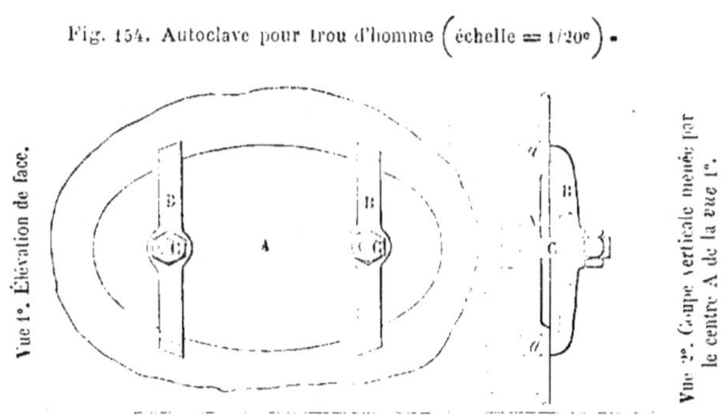

Fig. 154. Autoclave pour trou d'homme (échelle = 1/20ᵉ).

à boucher, de *dedans en dehors*, une ouverture pratiquée dans les parois d'un récipient. Pour les trous d'hommes, le trou a ses bords renforcés par une collerette mise d'ordinaire du côté de l'intérieur de la chaudière et que fixent des rivets à têtes fraisées. Cette collerette forme même souvent cornière circulaire s'emboîtant dans le trou et le débordant extérieurement. — Dans tous les cas, la forme du trou permet de passer l'autoclave de can. Une fois cette pièce introduite, on la redresse ; et elle vient s'appliquer sur la paroi par un rebord *a* ménagé sur tout son contour. Ce rebord est garni d'une tresse en chanvre frottée de mastic à la céruse (n° 59₂). Enfin, le tout est tenu par des boulons C, C et des traverses en fer B, B venant s'appuyer par leurs extrémités contre la paroi où est percé le trou à boucher. — Quand l'autoclave est de petites dimensions, on remplace les deux pièces B. B par une espèce de trépied ou grille unique traversée à son centre par un boulon.

N° 63₃ Robineterie. — La *fig.* 155 représente un robinet. On y distingue les parties suivantes :

1° La *noix* A. Elle consiste en un tronc de cône, tantôt plein, à l'exception d'une *fente* ou *œil* qui le traverse de part en part ; tantôt entièrement creux, et percé dans son épaisseur d'une seule fente ou

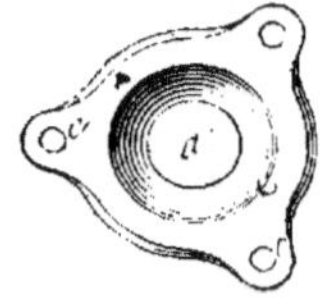

Fig. 155. Robinet à trois fins.

Vue 1re. Plan.

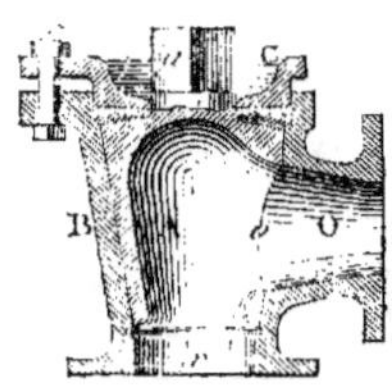

Vue 2e. Coupe verticale.

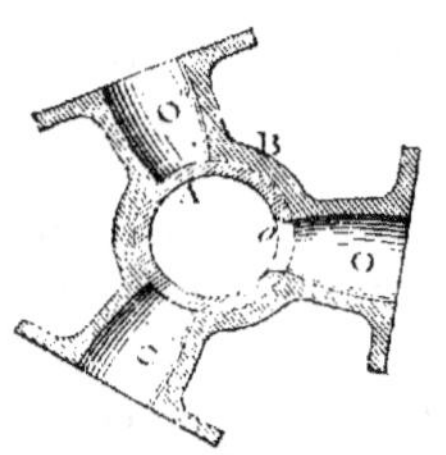

Vue 3e. Coupe horizontale menée par les axes des tubulures O.

de plusieurs, suivant que son fond est débouché ou fermé. Dans tous les cas, la noix est terminée par un carré *a*, sur lequel on peut emmancher une clef pour la manœuvrer.

2° La *boite ou boisseau* B. C'est un tronc de cône creux portant plusieurs tubulures O, O.... qu'on met à volonté en communication avec la noix, en faisant tourner celle-ci autour de son axe.

3° Le *chapeau* C. C'est une espèce de couvercle formant presse-étoupe, et se fixant au boisseau à l'aide de boulons *c*, *c*..., passés dans des oreilles ménagées sur le chapeau et sur le boisseau.

— Le jeu de tout robinet est très-facile à comprendre. Si l'on tourne, par exemple, la noix de façon que sa fente *o* se trouve vis-à-vis d'une des tubulures O du boisseau, il est évident qu'il y a une communication d'établie entre cette ouverture et le trou *x* du pied du robinet. Lorsque, au contraire, la fente *o* est placée vis-à-vis des parties pleines du boisseau, il cesse d'y avoir aucune communication entre l'intérieur de la noix et une des tubulures, et le robinet se trouve fermé. — On voit donc qu'en tournant convenablement la noix, on peut à volonté faire correspondre entre elles un certain nombre d'ouvertures du boisseau prises deux à deux. On dit alors qu'un robinet est à une, deux ou trois *eaux* ou *fins*, suivant le nombre des communications distinctes que l'on est à même d'établir par sa manœuvre. — Ainsi, le robinet de la *fig.* 155 est à *trois fins*, parce qu'on peut mettre successivement les trois trous O en communication avec l'ouverture *x*. — On fait toujours, sur le carré de la noix, des traits indiquant la ou les diverses fentes de celle-ci.

Les robinets sont toujours en bronze ainsi que leur boisseau, afin de résister à l'oxydation et de conserver leur poli.

Prises d'eau. — Les *prises d'eau* sont les orifices percés dans la coque du bâtiment pour mettre en communication avec la mer les condenseurs, les petits chevaux, les chaudières, les robinets de chauffeur, etc.

A bord des bâtiments en fer, chacun de ces orifices est tout bonnement formé d'une série de petits trous percés dans la tôle du bordage sur toute la surface d'un cercle plus ou moins étendu, et autour duquel on boulonne, en interposant une savate annulaire, la bride d'un robinet de sûreté. — Mais, à bord des navires en bois, les prises d'eau sont des trous A, *fig.* 156, perforés dans toute l'épaisseur de la muraille, à travers des remplissages fixés dans les mailles de la coque. Elles ont d'ailleurs la forme de troncs de cône dont la grande base est à l'extérieur du navire. Tout l'intérieur de ce trou est garni d'une couche de brai sur laquelle on met une enveloppe de feutre. Par-dessus cette enveloppe, on place un fourreau de plomb. L'extrémité extérieure de ce fourreau porte un rebord qui vient se noyer dans l'épaisseur du bordé, et son extrémité intérieure est rabattue en

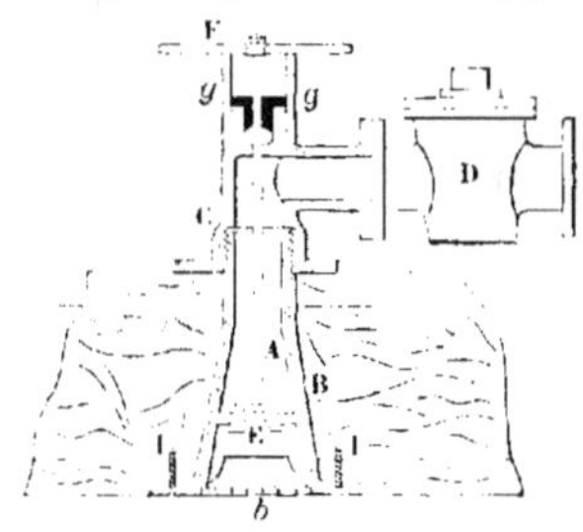

Fig. 156. Soupape de navire : coupe verticale passant par l'axe de la soupape.

collerette sur le vaigrage. Enfin, un cône de bronze B est enfilé en dedans de toutes ces garnitures. Ce cône possède à sa grande base, une bride dont on a soin de garnir le dessous de minium, et qui vient aussi se noyer dans le bordé par-dessus le collet du fourreau en plomb. — On fixe cette bride à l'aide de vis I,I..; et l'on calfate tout autour d'elle. Mais préalablement on met en place le raccord en bronze C, dont la partie inférieure forme un écrou qui vient se visser sur l'extrémité intérieure du cône B, filetée à cet effet. Sous la bride de ce raccord, on loge une rondelle en feutre après en avoir recouvert le dessus d'une couche de minium en pâte. Puis, on visse le raccord C, jusqu'à refus.

Les prises d'eau des coques en bois sont en général complétées par un grillage extérieur *b*, destiné à prévenir l'introduction des herbages ou coquillages. Les tuyaux d'extraction, et en général tous les débouchés à la mer, sont privés de ce grillage, afin de ne pas arrêter les morceaux de dépôt quand ils sont chassés des chaudières.

Précautions à prendre pour empêcher les voies d'eau

par les trous des prises. — Pour empêcher les voies d'eau par les trous des prises, le raccord de ces prises, au lieu de se joindre immédiatement avec le tuyau qu'elles sont destinées à desservir, le fait par l'intermédiaire d'un fort robinet D, *fig.* 156, dit *de sûreté* ou *obturateur*. — On emploie aussi des soupapes dans le genre de la soupape *Kingston* E, *fig.* 156, logée dans le manchon en bronze de la prise d'eau, et ayant son siège venu de coulée avec ce manchon. Cette soupape se ferme de dehors en dedans, et se trouve appliquée contre son siège par la pression de l'eau. Pour la manœuvrer, il existe une tige F qui traverse le raccord C dans un presse-étoupe, et est terminée par une poignée double. On ferme la soupape en tirant sur sa tige, et l'on maintient celle-ci en l'air au moyen de deux montants $g.g.$ qui s'appuient contre les deux branches de la poignée. On ouvre, au contraire, la soupape en laissant tomber les montants g, g, et en poussant fortement sur la tige F.

CHAP. V, § 2. — DES APPAREILS ALIMENTAIRES ET D'ÉPUISEMENT
DE CALE.

N° 64. — **1. Description d'une pompe alimentaire démonstrative. —
2. Des pompes de cale. — 3. Injecteur Giffard ; manière de s'en servir.**

N° 64₁ Description d'une pompe alimentaire démonstrative. — Les pompes alimentaires sont destinées à refouler dans les chaudières de l'eau, pour remplacer celle qui s'en va en vapeur et qui se dépense par les extractions (n° 72₂) et aussi par les fuites. Cette eau est prise à la bâche, afin de bénéficier de ce qu'elle est ainsi déjà chaude.

Toutes les pompes alimentaires employées en navigation sont aspirantes et foulantes à simple effet, et présentent dans le jeu et dans l'agencement de leurs divers organes une entière similitude. La *fig.* 157 représente une des dispositions de ces pompes. Voici la légende de cette figure :

P, corps de pompe en fonte, revêtu intérieurement d'une chemise en bronze.
P *piston plongeur :* cylindre creux en bronze, pénétrant dans le corps de pompe à travers le presse-étoupe *a*. Ce piston ne porte que sur son presse-étoupe, et joue dans le corps de pompe sans en toucher les parois. Il est d'ailleurs terminé

par un fort boulon en fer qui y est vissé et qui s'attelle au bras conducteur attenant à une des tiges du grand piston.

b   tuyau de communication de la pompe alimentaire avec la boîte à clapets C.

C   boîte à clapets, dite aussi *boîte alimentaire*, fixée le long de la bâche B_u.

d,e   clapet d'aspiration et clapet de refoulement.

f   *clapet de trop-plein.* Ce clapet est maintenu sur son siége par un ressort *r* formé de plusieurs lames élastiques. Ces lames sont enfilées sur la tige de la soupape

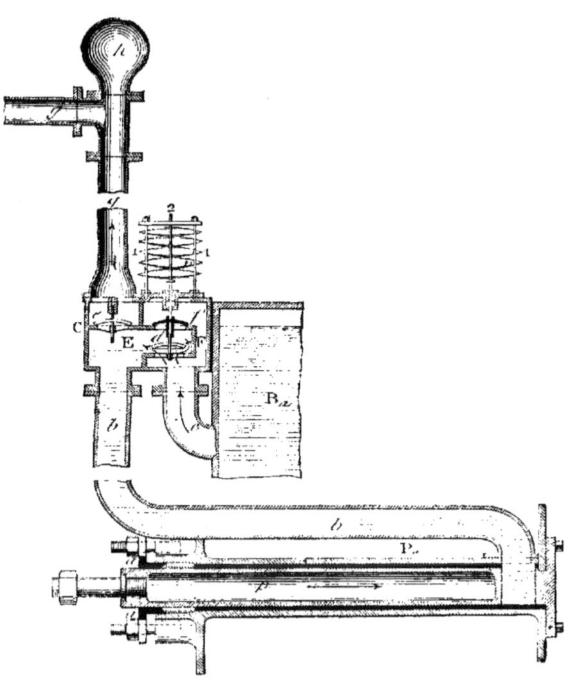

Fig. 157. Pompe alimentaire démonstrative : coupe verticale.

et dirigées par des montants 1,1. De plus, la plus basse d'entre elles repose sur un épaulement de ladite tige, et la plus haute est retenue par une traverse 2. La tension des ressorts est calculée de façon qu'ils cèdent sous une pression qui doit être un peu supérieure à la tension effective maximum aux chaudières.

e   tuyau d'aspiration à la bâche de la pompe alimentaire. — Dans les machines sans condensation, ce tuyau prend son eau à la mer.

F   conduit de communication du trop-plein avec le tuyau *e*.

g   tuyau de refoulement aux chaudières de la pompe alimentaire.

h   *réservoir d'air* placé sur le tuyau *g*, pour régulariser l'écoulement de l'eau refoulée aux chaudières, et prévenir les chocs de cette eau dans le tuyau *g*.

Voici comment fonctionne cette pompe :

Chaque fois que le piston p sort du corps de pompe, il se forme le vide dans la partie E de la boîte à clapets, et il y a *aspiration*. L'eau de la bâche se précipite dans cette partie à travers le tuyau c et soulève le clapet d. En même temps, le clapet e se referme sous l'effort de la pression des chaudières. — Au contraire, quand le piston s'enfonce dans le corps de pompe, il *refoule* l'eau qui remplit l'espace E. Cette eau soulève le clapet e, et se rend aux chaudières par le tuyau g. — Pendant le refoulement, le clapet d reste collé sur son siège.

Lorsque le *régulateur alimentaire* (n° 65₃), situé à l'extrémité du tuyau g contre le générateur, se trouve fermé totalement, ou en partie comme cela a généralement lieu en marche, l'eau refoulée ne peut plus arriver du tout aux chaudières où il n'y en entre qu'une portion. Cette eau ou cette portion presse alors avec force contre la soupape de trop-plein f; et le ressort de celle-ci cédant, le liquide trouve une issue libre qui lui permet de retourner à la bâche par le conduit F et le tuyau c.

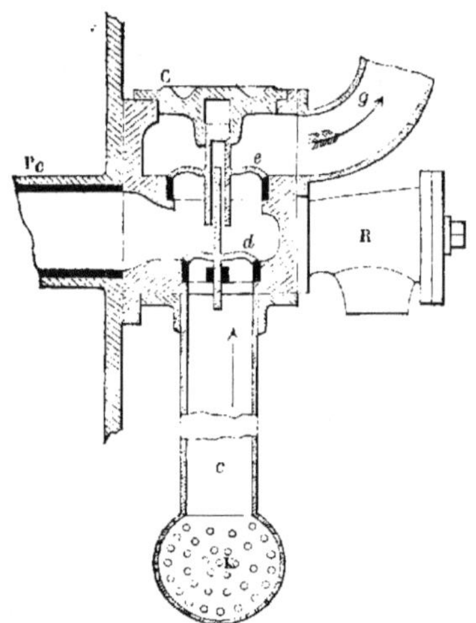

Fig. 158. Boîte à clapet d'une pompe de cale : coupe verticale menée par l'axe de la boîte.

N° 64₂ Des pompes de cale. — Les pompes de cale sont destinées à faire vider par la machine elle-même l'eau qui tend à s'accumuler dans le fond du navire. Le plus souvent aujourd'hui, elles ont leur corps Pc, *fig.* 158, et leur piston en tout semblables à ceux des pompes alimentaires. Mais leur boîte à clapets C ne renferme que deux soupapes : l'une d d'aspiration, l'autre e de refoulement. — D'autre part, le tuyau d'aspiration c plonge à fond de cale au moyen d'une crépine K, qui empêche les saletés de pénétrer dans la boîte à clapets. De son côté, le tuyau de refoulement g va percer la muraille du navire et porte un robinet obturateur.

Les renvois de mouvement du piston de la pompe de cale sont

quelquefois installés avec une déclanche, afin qu'on soit libre d'anni-
hiler le jeu de cette pompe lorsque la cale est asséchée. Mais, le plus
souvent aujourd'hui, on emploie dans ce but un robinet *d'air* R,
qu'on ouvre quand on désire que la pompe de cale fonctionne à sec.
L'air aspiré et refoulé à travers le robinet empêche les clapets de
battre sur leur siége.

N° 64. Injecteur Giffard. — L'*injecteur Giffard* est un appareil
d'alimentation ou d'épuisement qui fonctionne au moyen de vapeur
prise à la chaudière et qu'on introduit directement dans l'injecteur.
Cet appareil sert, en marine, à remplacer les pompes alimentaires et
de cale. La *fig.* 159 représente un injecteur Giffard pour alimentation.
Voici la légende succincte de cette figure :

A   corps de l'instrument.
A′   tubulure du tuyau de vapeur communiquant avec la chaudière.
B   tuyère pour l'injection de la vapeur, formant le prolongement du conduit A′.
b   aiguille réglant l'injection de vapeur; cette aiguille se manœuvre au moyen de la

Fig. 159. Injecteur Giffard pour alimentation (échelle = 1/15° pour un débit de un litre par minute).

Vue 1°. Coupe longitudinale.   Vue 2°. Coupe suivant
                                                   XX de la vue 1°.

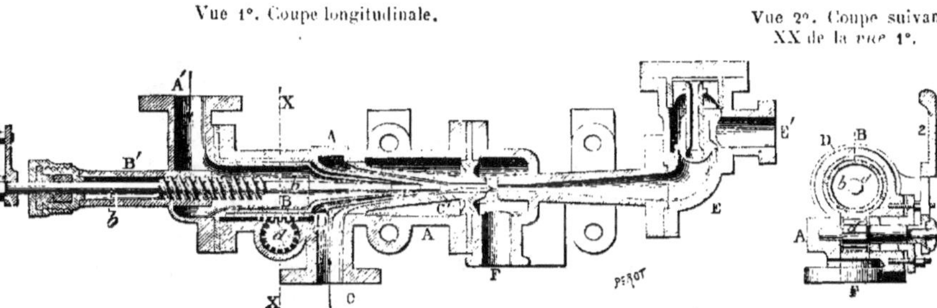

    poignée 1 ; elle est munie d'un filet de vis à pas rapide qui se taraude dans le fond
    'd'un ajutage B′ que traverse la tige.
C   tubulure du tuyau d'aspiration de l'instrument dans le réservoir d'eau d'alimentation.
C′   tuyère formant le prolongement du tuyau d'aspiration, pour amener l'eau autour
    de la vapeur que débite la tuyère B.
D   tuyère supplémentaire formant enveloppe sur la tuyère de vapeur B, et ajustée à
    frottement sur cette dernière.
d   petit pignon logé dans une cavité ménagée dans l'instrument, et engrenant avec les
    dents d'une crémaillère pratiquée sur la tuyère extérieure D. Ce pignon est mû du
    l'extérieur au moyen de la poignée 2.
E   tube divergent, muni de son clapet de retenue, et aboutissant à la chaudière par le
    conduit E′.
F   tuyau de trop-plein du giffard.

Fonctionnement de l'appareil. — La vapeur qui arrive par le conduit A', et dont le débit par la tuyère B est réglé par la tige b, entraîne l'air qui se trouve entre les deux tuyères C' et D et produit une aspiration dans le tuyau C. L'eau d'alimentation monte par ce tuyau, entoure la vapeur qu'elle condense, et reçoit de cette vapeur une certaine vitesse en vertu de laquelle la veine liquide se projette dans le tube divergent E, puis va battre la soupape de retenue du conduit E' et pénètre dans la chaudière.

Manière de se servir de l'injecteur Giffard. — On commence par ouvrir en partie, avec la poignée 2, la section annulaire entre C' et D, par laquelle doit passer l'eau d'alimentation; puis on abaisse la pointe b jusqu'au fond de la tuyère B. Cela fait, il faut ouvrir le robinet placé sur le tuyau de vapeur qui vient se raccorder en A', et faire tourner lentement la poignée 1 jusqu'à ce que l'on entende un bruit strident. A ce moment, l'instrument est amorcé et fonctionne. On augmente ou on diminue la quantité d'eau introduite dans la chaudière, en manœuvrant simultanément les poignées 1 et 2. Si, lorsque, après avoir fonctionné, l'instrument crache, il faut le réamorcer.

N° 65. — 1. Des pompes dites à 4 fins. — 2. Des petits chevaux.

N° 65₁ Des pompes dites à quatre fins. — Les pompes *à quatre fins* servent à achever le plein des chaudières qui ont leur niveau au-dessus de la flottaison, à alimenter pendant les arrêts, à vider la cale et enfin à faire puiser de l'eau à la mer pour le lavage du bâtiment ou en cas d'incendie.

Les *pompes à quatre fins* sont des pompes aspirantes et foulantes comprenant deux corps fonctionnant chacun à simple effet. On en voit sur la *fig.* 160 un spécimen dont voici la légende :

A.A corps de pompe en bronze.
B,B pistons de pompe.
C,C bielles motrices articulées sur le piston.
c,c guides des pistons. Ils sont implantés perpendiculairement à ces derniers et passent dans des douilles attenantes à la partie supérieure de chaque corps de pompe.
D balancier auquel viennent s'atteler les deux bielles C,C. Il se meut soit à bras, à l'aide de la tringle d qui est commandée par une brimbale, soit par la machine elle-même ou le petit cheval au moyen de la tringle d' qui s'y attelle.
a,a clapets d'aspiration, ayant pour butoirs les petites anses I,I.

b,b   clapets de refoulement.
E   *réservoir d'air*, pour régulariser l'écoulement de l'eau et éviter les coups de bélier.
c   trou de visite.
F   tuyau allant aboutir à la mer
G   tuyau muni d'un robinet, et communiquant avec la partie inférieure des chaudières.
H   tuyau terminé par une crépine et allant aboutir à fond de cale. Ce tuyau s'embranche sur le précédent et est muni d'un robinet.
I   tuyau muni d'un robinet, partant du réservoir d'air E et montant sur le pont.
z   robinet de la pompe, maintenu dans son boisseau au moyen de la bride 2 et de la vis 3, et commandé par la poignée 4. Il est à deux fins. — Lorsqu'il est placé comme sur la *vue* 1°, il fait communiquer le canal x et la chambre des clapets

Fig. 160. Pompe à quatre fins.

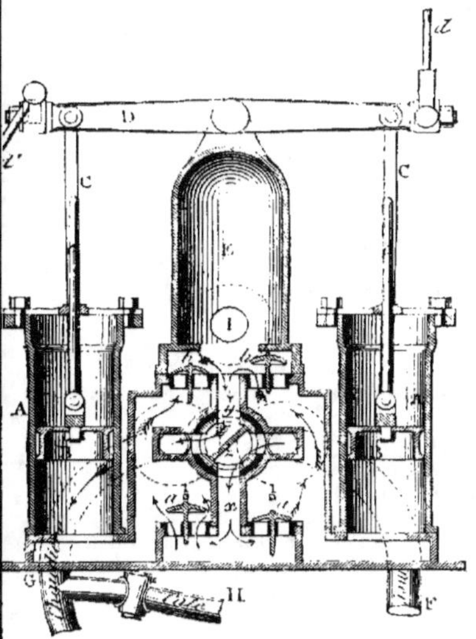

Vue 1°. Coupe verticale passant par les axes des deux corps de pompe.

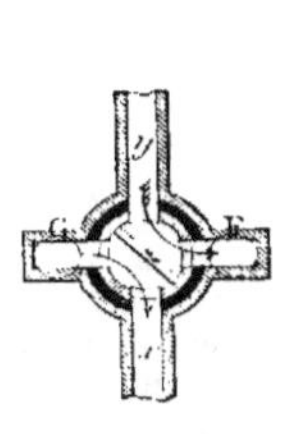

Vue 3°. Autre position que sur la *vue* 1°, occupée par le robinet de la pompe dans son boisseau.

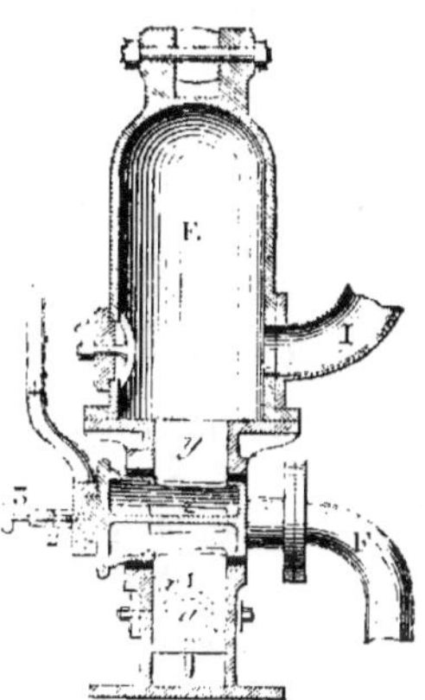

Vue 2°. Coupe menée suivant E x de la *vue* 1°.

d'aspiration avec le tuyau F de la mer. En même temps, la chambre des clapets de refoulement communique avec le tuyau du pont I, ou, par le canal y, avec le tuyau G des chaudières. — Lorsque le robinet de la pompe est placé comme sur la *vue* 3°, il fait communiquer, par le canal x, la chambre des clapets d'aspiration avec le tuyau G des chaudières ou avec celui de cale H. En même temps, la chambre des clapets de refoulement communique avec le tuyau I, ou, par le conduit y, avec le tuyau F de la mer.

La pompe dont il s'agit peut remplir les *quatre offices suivants* :
I. *Prendre de l'eau à la mer et en alimenter les chaudières*. Le

robinet *z* est placé comme sur la *vue 1ᵉ*, les robinets des tuyaux F et G sont ouverts et ceux des autres fermés.

II. *Prendre de l'eau à la mer et la refouler sur le pont.* Comme ci-dessus, le robinet du tuyau I est ouvert et celui du tuyau G fermé.

III. *Vider l'eau des chaudières et la refouler à la mer ou sur le pont.* Le robinet *z* est placé comme sur la *vue 5°*, et on ouvre les robinets particuliers des tuyaux G et F ou I.

IV. *Rejeter l'eau de la cale à la mer ou sur le pont.* Comme en III, mais en ouvrant le robinet du tuyau H au lieu de celui du tuyau G.

N° 65₂ Des petits chevaux. — On appelle en général *petit cheval*, toute petite machine à vapeur auxiliaire, d'ordinaire *sans condensation*, destinée à mouvoir une pompe alimentaire indépendante du grand appareil.

La *fig.* 161 représente le *petit cheval type* de la marine militaire. Voici la légende de cette figure :

C	cylindre à vapeur du petit cheval, surmonté d'un robinet graisseur 1.
P,T	piston à vapeur et tige de piston du petit cheval.
V	tuyau d'arrivée de vapeur pouvant communiquer avec toutes les chaudières.
O	boîte de distribution, munie d'un robinet purgeur 2.
D,Q	tiroir en coquille et tige de ce tiroir.
E	conduit et tuyau d'évacuation allant déboucher dans la cheminée des chaudières.
U	cadre en fonte venu de coulée avec la pièce *p* et tenu par une clavette *y* avec la tige T.
A	arbre de volant en fer. Cet arbre porte une manivelle M sur laquelle agit le cadre U, par l'intermédiaire d'un coulisseau en bronze *g*.
x	volant pour régulariser le mouvement de rotation.
e, q	excentrique et tige d'excentrique du tiroir.
m	poignée mobile permettant de manœuvrer à bras la pompe du petit cheval, après avoir préalablement ouvert toutes les purges du cylindre.
Pₑ	pompe du petit cheval, aspirante et foulante à simple effet.
p	piston plongeur de la pompe précédente.
n,n,f	bâtis et plaque de fondation du petit cheval.
a, *r*	robinets à 3 fins, faisant communiquer les trois tuyaux qui viennent y aboutir avec la boîte du clapet d'aspiration ou avec celle du clapet de refoulement.
a'	clapet d'aspiration.
r'	clapet de refoulement.

L'inscription de sa destination le long de chacun des tuyaux de notre figure nous dispense de donner aucune explication sur leur fonction. Elle montre clairement qu'on peut, avec le petit cheval qui nous occupe, effectuer les quatre opérations distinctes que voici :

1° *Alimenter les chaudières avec l'eau de la mer.*

2° *Vider les chaudières et en jeter l'eau à la mer,* soit par la prise d'eau du petit cheval, soit par le tuyau qui monte sur le pont.

5° *Pomper l'eau de la mer pour l'envoyer sur le pont*, lors du lavage ou en cas d'incendie.

Fig. 161. Petit cheval, type de la marine militaire.

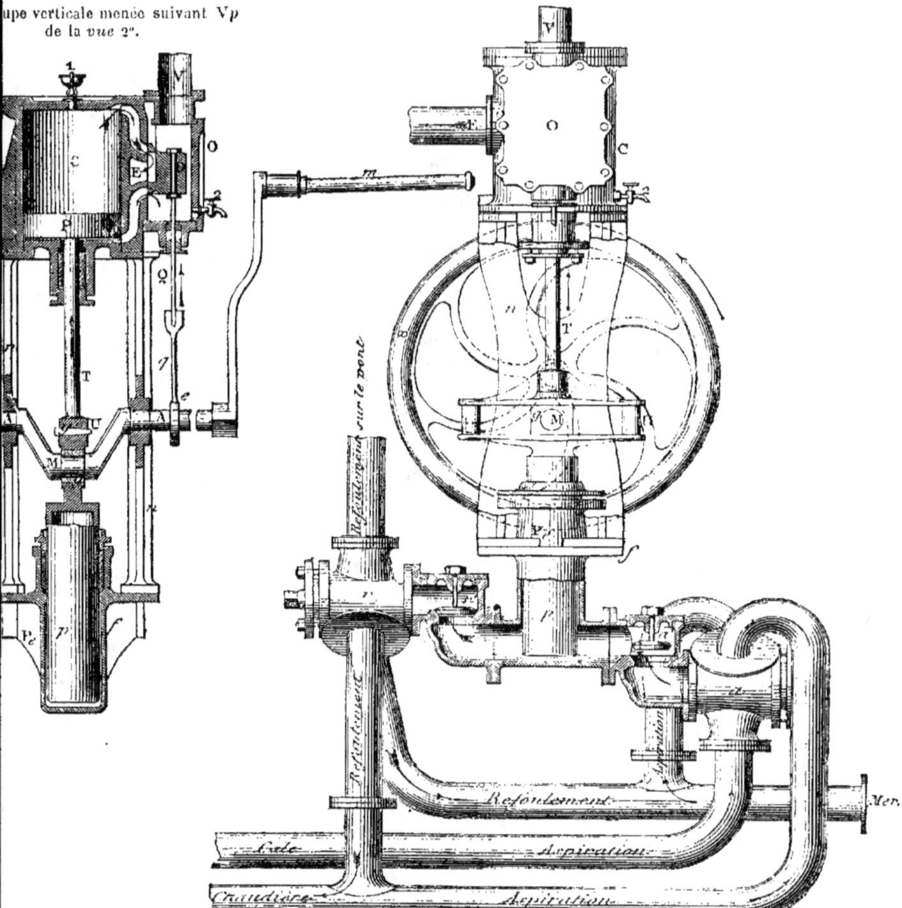

4° *Vider l'eau de la cale et la rejeter dehors*, soit par la prise d'eau du petit cheval, soit par le tuyau qui monte sur le pont.

Boîte à clapets et réservoir d'air actuels des petits chevaux. — La *fig.* 161 *bis* représente la modification apportée aux boîtes à clapets des petits chevaux. Voici la légende de cette figure :

Fig. 161 *bis*. Boîte à clapets et réservoir d'air actuels des petits chevaux.

Vue 1°. Coupe longitudinale suivant XX de la *vue* 2°.

Vue 2°. Coupe transversale suivant YY de la *vue* 1°.

A   tuyau d'aspiration. Ce tuyau a deux embranchements munis de robinets; l'un prend à la mer, et l'autre à la cale.

A'   conduit de communication de la boîte à clapets avec la pompe.

a   clapet d'aspiration.

B   tuyau de refoulement placé au bas du réservoir R. Ce tuyau a deux embranchements munis de robinets; l'un aboutit aux chaudières et l'autre sur le pont.

b   clapet de refoulement.

c   clapet de trop-plein, chargé par le ressort en hélice 1.

n   partie de bâtis du petit cheval.

P$_a$ partie du corps de pompe du petit cheval.

R   réservoir d'air.

La boîte à clapets actuelle des petits chevaux est exactement disposée comme celle des pompes alimentaires (n° 64$_1$), et fonctionne de la même manière.

CHAPITRE VI.

Chap. VI, § 1ᵉʳ. — Des combustibles.

N° 66. — **1.** Principaux éléments d'un combustible. Des combustibles employés dans la marine. Du bois. — **2.** Diverses espèces de houilles. Houilles proprement dites. — **3.** Anthracite. Lignite. Agglomérés. — **4.** Tableau des éléments des principaux combustibles.

N° 66. Principaux éléments d'un combustible. — Dans tout combustible, on doit considérer cinq éléments, savoir : le *pouvoir calorifique* ; le *pouvoir vaporisateur* ; la *capacité d'air* ; la *densité* et le *poids à l'encombrement*.

Pouvoir calorifique d'un combustible. — Le *pouvoir calorifique* d'un combustible est la quantité totale de chaleur que chaque kilogramme de ce combustible produit en brûlant complétement. On l'évalue en *calories*.

Pouvoir vaporisateur d'un combustible. — Le *pouvoir vaporisateur* d'un combustible est la quantité d'eau prise à 0° qui peut être transformée en vapeur par la combustion d'un kilogramme de ce combustible.

Capacité d'air d'un combustible. — La quantité d'air nécessaire pour brûler un kilogramme d'un combustible quelconque, constitue la *capacité d'air* de ce combustible.

Densité et poids à l'encombrement d'un combustible. — La *densité* d'un combustible est le rapport du poids d'un certain volume de ce combustible à l'état compacte, c'est-à-dire abstraction faite des intervalles vides qui existent entre ses morceaux, au poids d'un égal volume d'eau.

Le *poids à l'encombrement* d'un combustible est le poids d'un certain volume, tel qu'un hectolitre ou un mètre cube de ce combustible, en tenant compte des intervalles vides qui se trouvent entre ses fragments.

Des combustibles employés dans la marine. — Les combustibles employés dans la navigation à vapeur sont :

1° Le bois, exceptionnellement ;
2° Les combustibles minéraux naturels ou charbons de terre ;
3° Les charbons agglomérés.

Du bois. — Le bois ne s'emploie que très-rarement, et à défaut de charbon de terre.

N° 66$_2$ Diverses espèces de houilles. — *On donne en général le nom de houilles ou de charbons de terre aux amas de combustibles enfouis dans le sein de la terre.* Ce sont des matières noires, brillantes, compactes, et pouvant se réduire en une poussière d'une couleur plus ou moins brune.

Les houilles se divisent en :
1° *Houille proprement dite* ou *charbon bitumineux ;*
2° *Anthracite* ou *charbon de pierre ;*
3° *Lignite* ou *bois pétrifié.*

Houille proprement dite. — *La houille proprement dite,* ou *charbon bitumineux,* a une couleur noire très-brillante; sa cassure est généralement lamelleuse. Elle renferme une certaine quantité de *bitume,* qui lui donne la propriété de tacher les doigts et rend sa flamme éclairante.

Diverses variétés de la houille proprement dite. — Les *houilles proprement dites* se divisent en trois variétés, savoir :

Les houilles *grasses.*
Les houilles *dures* ou *compactes.*
Les houilles *maigres* ou *sèches.*

1. *Les houilles grasses* offrent à l'œil une couleur noire très-brillante, ont un aspect gras bien marqué et tachent beaucoup les doigts.

Elles s'allument facilement, brûlent avec une flamme blanche et produisent une chaleur vive ; elles se fondent et s'agglutinent sous l'action de la combustion, mais donnent peu d'escarbilles. — Les houilles grasses ne sont pas bonnes à employer seules, parce qu'elles exigent l'emploi fréquent du rouable pour détruire leur adhérence. — Voici les noms des principales houilles grasses :

Loire (très-grasse) ; *Roche-la-Molière* (demi-grasse) ; *Lalle, Saint-Étienne, Rive-de-Gier, Grand-Combe, Portes-et-Sénéchas, Trelys* et *Bessége* (grasse et demi-grasse) ; *Graissessac* (demi-grasse) ; *Commentry, Anzin, Newcastle*, etc.

II. Les houilles *dures* ou *compactes* résistent à la division de leurs fragments plus que les autres variétés ; leur couleur est d'un gris très-foncé, et elles ont une cassure en lames ou en grains réguliers. Elles brûlent facilement en donnant une flamme blanche assez longue, et dégagent une fumée plus noire que les houilles grasses, mais moins abondante ; elles font peu d'escarbilles. — Ces houilles sont très-bonnes pour le chauffage des chaudières. On les trouve notamment à *Alais* et à *Rive-de-Gier*.

III. Les houilles *maigres* ou *sèches* ont un éclat moins brillant que celui des houilles grasses ; leur couleur varie du brun foncé au gris de fer ; elles tachent peu les doigts et sont très-friables. Elles contiennent moins de bitume que les houilles grasses ; elles brûlent avec une flamme bleuâtre, souvent courte, quelquefois longue ; elles dégagent moins de fumée que les deux autres variétés précédentes ; elles donnent d'ailleurs beaucoup d'escarbilles.

Ces houilles sont assez avantageuses pour le chauffage des chaudières à vapeur. Elles se rencontrent à *Blanzy* et au *Creuzot*.

N° 66₅ Anthracite. — L'*anthracite* est compacte et grisâtre ; il ne salit pas les doigts parce qu'il renferme très-peu de matières bitumineuses.

L'anthracite brûle difficilement et presque sans fumée. Sa flamme, quand elle est bien activée, est rouge et brillante, sinon elle est faible. Il donne peu d'escarbilles. — C'est un très-bon charbon pour le chauffage des chaudières ; mais il doit être brûlé par petites couches et avec un tirage actif. — On le trouve abondamment en France, mais surtout en Amérique.

Lignite. — Le *lignite* a une couleur noirâtre, souvent brune, une apparence ligneuse et une cassure inégale. — Les lignites brûlent avec une flamme claire et dégagent souvent une fumée abondante accompagnée d'une odeur âcre. C'est un charbon médiocre pour les chaudières, parce pu'il a un pouvoir calorifique très-faible.

On trouve de bons lignites dans les départements du *Var*, de *Vaucluse*, de la *Somme*, et notamment dans les *Bouches-du-Rhône*, à *Rocher-Bleu*.

Agglomérés ou briquettes. — Les *briquettes* sont des charbons de toute provenance qui ont été broyés, lavés, puis agglomérés à l'aide de goudron. La pâte est soumise, dans des moules appropriés, à une pression considérable, qui rend les briquettes compactes et résistantes. — En principe, on a confectionné des briquettes pour utiliser les menus. Actuellement, les briquettes forment la presque totalité des approvisionnements de nos ports. Elles ont sur le charbon naturel l'avantage d'avoir été débarrassées des matières terreuses que ces derniers contiennent ; elles forment, par suite, un meilleur combustible.

N° 66₄ Tableau des éléments des principaux combustibles. — Les valeurs moyennes de ces éléments sont résumés dans le tableau suivant :

DÉSIGNATION.	PARTIES COMBUSTIBLES		POUVOIR calorifique.	CAPACITÉ. d'air.	DENSITÉ.	POIDS à l'encombrement.
	Hydrogène.	Carbone.				
			calories	mèt. cubes		kil. à l'hect.
Bois.	0,04	0,40	3.000	3,3	1,35 à 0,38	52 à 22
Houilles { grasses	»	»	8.200	»	»	»
dures.	»	»	8.500	»	»	»
maigres. . . .	»	»	7.200	»	»	»
Moyenne des houilles.	0,05	0,84	7.500	8,8	1,33	80
Anthracite	0,03	0.90	8.600	9,0	1,40	88
Lignite.	0,05	0,69	5.800	7,5	1,30	85
Agglomérés	0,05	0,85	8.000	8,9	1.33	82

Le pouvoir vaporisateur pratique des briquettes d'*Anzin*, qui constituent un des meilleurs combustibles, a été trouvé à la chaudière d'essai de 8ᵏᵍ,5. On estime que le pouvoir vaporisateur pratique de la houille moyenne, dans les chaudières des bâtiments, est de 8 kilogrammes.

Chap. VI, § 2. — Précautions a prendre aux chaudières avant la mise en marche.

N° 67. — 1. Dispositions préalables. — 2. Faire le plein. — 3. Première charge des fourneaux. — 4. Allumage.

N° 67_1 Dispositions préalables. — Comme dispositions préalables, les chaudières sont fermées et le plein fait. Il faut enlever le capot de la cheminée et celui du tuyau d'échappement; hisser la cheminée, s'il y a lieu, mettre en place les haubans en leur laissant du mou et disposer les palans de roulis. Enfin, on décolle les soupapes d'arrêt, on ouvre les soupapes de sûreté et on s'assure que toutes les prises d'eau ainsi que les extractions continues sont bien fermées.

N° 67_2 Faire le plein. — Les portes des trous de sel et des trous d'hommes étant en place, il faut s'assurer de la fermeture des robinets de vidange et de ceux des extractions. Les soupapes de sûreté sont ouvertes et les tubes de niveau éclairés. On ouvre les robinets-jauges. — On fait ensuite le plein à chaque chaudière en ouvrant la prise d'eau du petit cheval, et le régulateur d'alimentation correspondant. — On ferme les robinets-jauges à mesure que l'eau paraît, et on laisse monter le niveau un peu au-dessus de la moitié de la hauteur du tube en cristal. A ce moment, le régulateur d'alimentation est fermé. — La prise d'eau est fermée à son tour quand le plein est fait à toutes les chaudières. — Sur les petits bâtiments où le niveau des chaudières est plus élevé que celui de la mer, on complète le plein avec une pompe ou même avec le petit cheval manœuvré à bras.

N° 67_3 Première charge des fourneaux. — Le charbon étant concassé en morceaux de la grosseur du poing, on en étend, à la pelle, une couche uniforme sur toute l'étendue de la grille, en commençant par le fond. — Pour une première charge, la couche doit être un peu plus faible que celle qui sera maintenue en marche, parce qu'on l'augmente pendant l'allumage. Cette dernière varie de 10 à 15^{cm}; elle est plus forte pour les charbons gras que pour les charbons maigres, parce que l'air traverse d'autant moins vite la houille que celle-ci est plus grasse, ce qui facilite la combustion des gaz. Après la charge du fourneau, on dispose près de la sole, à la naissance des grilles, que l'on a laissée dégagée à cet effet, un petit échafaudage de bois coupé menu, sous lequel on met des copeaux ou des étoupes grasses, et que l'on recouvre de charbon. Toutes les fois que cela est possible, il faut effectuer la première charge des fourneaux avec du charbon gras parce qu'il s'allume plus facilement.

Nᵒ 67. Allumage. — Les cendriers sont fermés et les fourneaux ouverts. On met le feu aux copeaux ou aux étoupes grasses, qui sont sur l'avant des grilles, et les portes des foyers sont laissées entr'ouvertes. — A mesure que le bois brûle, on place par-dessus, soit à la main, soit à la pelle, quelques morceaux choisis de charbon. Le charbon gras doit être préféré, parce qu'il s'allume plus facilement. — Dès qu'on a sur le devant de la grille une masse suffisante de charbon incandescent, on repousse peu à peu ce charbon sur l'arrière, et on le remplace par du charbon frais. Les fourneaux sont fermés et les cendriers ouverts dès que le feu atteint la moitié de la longueur de la grille.

Quand la vaporisation est établie, ce que l'on reconnaît au nuage blanc qui sort par le tuyau d'échappement, il faut laisser retomber les soupapes de sûreté. A ce moment, si la machine est prête, on peut ouvrir les soupapes d'arrêt; dans le cas contraire, ces soupapes ne sont ouvertes que plus tard, au moment de purger et de balancer. Dès que la vapeur atteint la pression voulue, on modère les feux en fermant les cendriers et en ouvrant les fourneaux ainsi que les boîtes à tubes. On soulève aussi un peu les soupapes de sûreté pour que la pression ne monte plus.

Le temps nécessaire pour obtenir la pression varie de 1 heure à 1 heure et demie suivant les bâtiments et le tirage. On obtient plus vite la pression sur les grands bâtiments que sur les petits. — On peut activer l'allumage en mettant dans les fourneaux des morceaux de bois frottés avec du suif; mais en principe, il vaut mieux allumer lentement, pour ne pas fatiguer les chaudières.

CHAP. VI, § 5. — SOINS A DONNER AUX CHAUDIÈRES PENDANT LA MARCHE.

Nᵒ 68. — **1. Entretien du chauffage pendant la marche. — 2. Activer les feux; modérer les feux. — 3. Décrasser les grilles. — 4. Rester sur les feux; pousser les feux; jeter bas les feux.**

Nᵒ 68. Entretien du chauffage pendant la marche. — Les grilles doivent être rechargées quand l'épaisseur de la couche de charbon est descendue au trois quarts de sa valeur normale — Il faut commencer par préparer du charbon et le concasser en morceaux de grosseur convenable. La porte du cendrier est fermée et celle du fourneau ouverte. Si la couche de charbon est irrégulière, on l'égalise avec le rouable, puis on effectue la charge. Après avoir mis quelques pelletées de charbon sur l'avant pour amortir le feu, on charge dans le fond, et uniformément en revenant sur l'avant. La charge terminée, il faut dégager la naissance de la grille, fermer le foyer, ouvrir le cendrier, et nettoyer ce dernier avec le rouable.

Le chargement d'un fourneau doit être fait le plus rapidement possible pour restreindre les rentrées d'air froid. Cette opération ne doit jamais être effectuée simultanément dans deux foyers de la même chaudière. — Il faut éviter de mouiller le charbon, car l'eau qui passe dans le foyer se vaporise et emporte de la chaleur. Toutefois, si le charbon est en poussière, on peut être obligé de le mouiller pour qu'il tienne sur la grille.

N° 68₂ Activer les feux. — Il faut ouvrir d'une plus grande quantité les portes des cendriers, passer le crochet entre les barreaux de grille, et, au besoin, donner un coup de lance pour décoller le mâchefer. Il faut nettoyer les cendriers et recharger modérément les fourneaux de manière à augmenter l'épaisseur de la couche; enfin dégager les passages qui amènent l'air frais dans la chaufferie. — Avec un tirage forcé, on peut donner rapidement aux feux une grande activité, en lançant un jet de vapeur dans la cheminée.

Modérer les feux. — Il suffit de diminuer la quantité d'air introduite dans le cendrier en réduisant l'ouverture démasquée par les portes. — S'il faut marcher longtemps avec des feux modérés, il convient de laisser diminuer l'épaisseur de la couche de charbon pour la mettre en rapport avec la quantité d'air introduite. — Pour le cas où la machine est stoppée, les cendriers sont fermés et les foyers ouverts. D'autre part, la soupape de sûreté est légèrement soulevée, et on alimente avec le petit cheval pour faire tomber la pression.

N° 68₃ Décrasser les grilles. Les grilles sont d'autant plus vite encrassées que le charbon employé contient plus de matières incombustibles. Ces matières entrent en fusion dans la couche de charbon, et coulent jusque sur la grille. Là, elles sont refroidies par l'air, passent à l'état pâteux, ne conservent plus assez de fluidité pour tomber dans le cendrier, s'étendent sur la grille et obstruent les passages de l'air. — Il faut décrasser dès que le cendrier est obscur et que l'on éprouve de la difficulté à passer le crochet. — En pratique, chaque fourneau est décrassé toutes les 8 heures ; l'opération s'effectue de la manière suivante : — On laisse tomber les feux à moitié ; puis, les outils de chauffe étant préparés, le cendrier est fermé et le fourneau ouvert. On ramène, à l'aide de la lance, tout le charbon incandescent sur un des côtés du fourneau, puis on dégage le mâchefer du côté mis à nu, en insérant la pointe de la lance entre le mâchefer et la grille. Le mâchefer est ensuite retiré avec le rouable et jeté sur le parquet où on le mouille. Cette première partie de l'opération terminée, le charbon incandescent est repoussé sur la partie nettoyée de la grille, et on met par-dessus un peu de charbon frais. On décrasse ensuite la deuxième moitié de la grille, puis on étend le charbon allumé et le fourneau est légèrement rechargé. Le cendrier est ensuite ouvert et nettoyé. — L'opération du décrassage doit être faite aussi rapidement que possible pour restreindre les rentrées d'air froid. Les feux des autres foyers doivent être activés pour maintenir la pression. — Le bon fonctionnement d'un fourneau se manifeste par une clarté vive et uniforme qui règne dans toute l'étendue du cendrier.

N° 68₄ Rester sur les feux. — On peut rester sur les feux avec pression ou bien sans pression. Dans le premier cas, le temps d'arrêt doit être de peu de durée et on entretient les feux sur toute la grille avec les cendriers fermés, les boîtes à tubes et les fourneaux ouverts. Les soupapes de sûreté sont légèrement soulevées et l'on alimente avec le petit cheval. Si l'alimentation est suffisante, on fait fonctionner les extractions.

Dans le second cas, le temps d'arrêt doit avoir une certaine durée. Il faut laisser tomber les feux à moitié, et profiter de la vapeur produite pour alimenter avec le petit cheval et déconcentrer l'eau des chaudières. Les fourneaux sont ensuite décrassés, et tout le feu est attiré sur l'avant des grilles, où on l'entretient, les cendriers étant complètement fermés. On ferme les soupapes d'arrêt, et on laisse tomber la pression en maintenant les soupapes de sûreté ouvertes. — S'il faut alimenter, au bout d'un certain temps, on laisse monter la pression dans une chaudière en fermant sa soupape de sûreté, et on fait fonctionner le petit cheval. Sur les grands bâtiments, on peut remonter le niveau directement par la prise d'eau à la mer, si la pression dans la chaudière n'est pas supérieure à la pression atmosphérique.

Pousser les feux. — C'est-à-dire remettre les chaudières en activité après un certain temps d'arrêt, les feux étant sur l'avant des grilles. — Il faut commencer par repousser le charbon incandescent jusque vers le milieu de la grille, puis charger les fourneaux ; les feux se remettent en activité comme lors d'un premier allumage, mais on obtient plus rapidement la vapeur puisque l'eau est déjà chaude. — Quand la vaporisation est établie, on ferme les soupapes de sûreté et on ouvre les soupapes d'arrêt quand la pression est assez élevée.

Jeter bas les feux. — Lorsqu'il y a lieu d'éteindre les feux après le stop définitif, on laisse tomber d'abord les feux à moitié, en profitant de la vapeur fournie pour alimenter et extraire fortement, afin de déconcentrer l'eau des chaudières. Le charbon en excédant sur le parquet est rentré dans les soutes. On prépare les outils de chauffe et les manches d'extinction des feux ; les soupapes d'arrêt sont fermées, puis on met les feux bas. — A cet effet, le chauffeur attire au moyen du rouable, tout ce qui reste de charbon dans le fourneau, puis il le jette bas sur le parquet, où un autre chauffeur l'arrose pour l'éteindre. Le mâchefer est décollé, et le fourneau nettoyé aussi complètement et aussi rapidement que possible. La porte est ensuite fermée. Il reste alors à dégager le cendrier et à le fermer. L'opération terminée dans tous les fourneaux, les escarbilles sont mis en tas au milieu de la chaufferie, et on les arrose fortement pour prévenir leur réallumage.

N° 69. — 1. Maintenir un niveau constant. — 2. Ébulitions, — 3. Projections d'eau. — 4. Abaissementnotable du niveau de l'eau des chantiers ; mesures à prendre. — 5. Vider les chaudières.

N° 69₁ Maintenir un niveau constant. — Un niveau constant est la condition indispensable pour qu'avec un chauffage régulier la production de vapeur soit uniforme. — La hauteur normale du niveau est à moitié tube. L'ouverture du régulateur d'alimention par la machine, doit être déterminée par tâtonnement pour obtenir ce résultat. — Avec du roulis, le niveau doit être maintenu plus bas que par calme. — Avec de la bande, il faut un fort niveau, dans le tube, pour les chaudières au vent, et un faible niveau pour les chaudières sous le vent. — Pendant les arrêts ou quand l'alimentation par la machine est insuffisante, on a recours au petit cheval.

N° 69₂ Ébullitions. — Lorsque l'ébullition dans les chaudières cesse d'être normale, la masse liquide est violemment soulevée par la vapeur naissante et portée à une grande hauteur dans le coffre. Le niveau dans le tube indicateur est instable, et il arrive même qu'il s'établit un courant descendant. On dit alors qu'il y a ébullition. —

Toutes les fois qu'il y a ébullition, la pression de la vapeur naissante surpasse d'une quantité trop grande la pression de la vapeur qui est dans le coffre.

L'ébullition peut avoir pour cause : l'ouverture brusque de la soupape d'arrêt ou de la soupape de sûreté ; une mise en marche précipitée ; une trop grande activité donnée aux feux ; enfin l'emploi d'eau bourbeuse ou saumâtre.

Les ébullitions occasionnent des trépidations qui fatiguent beaucoup les chaudières. — Avec une ébullition qui dure depuis quelques temps, on ne sait où est le niveau ; on est par suite exposé à manquer d'eau ou bien à en avoir une trop grande quantité. — Enfin les ébullitions peuvent occasionner des entraînements d'eau dans les cylindres.

Pour faire cesser une ébullition, il faut augmenter la pression dans le coffre à vapeur, et refroidir l'eau. — Le plus souvent, un seul de ces moyens suffit. — On commence par fermer les cendriers et ouvrir les portes des foyers ; au besoin, on alimente avec le petit cheval. Si l'ébullition ne cesse pas, il faut diminuer l'allure de la machine, ou bien l'ouverture de la soupape d'arrêt de la chaudière.

On prévient les ébullitions en ouvrant lentement les soupapes d'arrêt ou la soupape de sûreté, et en n'augmentant que graduellement la vitesse de l'appareil moteur. Le chauffage doit être régulier. En passant de l'eau salée dans l'eau douce, ou inversement, il faut avoir une pression élevée, et forcer l'alimentation ainsi que l'extraction, pour changer rapidement l'eau des chaudières.

N° 69₅ Projections d'eau. — Une projection est un entraînement considérable d'eau de la chaudière par la vapeur. Cet entraînement peut être occasionné ou favorisé par une ébullition, un niveau trop haut, un coup de roulis si la prise de vapeur est un peu basse, l'ouverture brusque de la soupape de sûreté ou de la soupape d'arrêt, ou enfin une mise en marche précipitée.

L'eau entraînée par la vapeur vient dans les cylindres, où elle se trouve emprisonnée au moment de la fermeture de l'évacuation. Le piston étant en marche comprime fortement cette eau, et il se produit des chocs violents et quelquefois la rupture du cylindre ou de ses fonds, si les soupapes de sûreté de cylindre ne fonctionnent pas bien ou sont insuffisantes. — Si les projections d'eau sont considérables, les chaudières peuvent se vider en partie, et on est exposé à brûler les tubes. L'ouverture brusque d'une soupape de sûreté peut déterminer une véritable trombe d'eau, et la chaudière se vide rapidement.

En marche, les projections d'eau se reconnaissent dans la machine, aux claquements et aux chocs qui se produisent dans les cylindres à la fin de course des pistons. — Il faut alors fermer en partie le registre et purger les cylindres ainsi que le tuyau de vapeur; au besoin, on stoppe. — Si, à la suite de l'ouverture brusque de la soupape de sûreté, il se produit un entraînement tel que le niveau dans le tube ait disparu, il faut laisser cette soupape ouverte, isoler la chaudière en fermant sa soupape d'arrêt, et mettre immédiatement les feux bas.

On prévient les projections d'eau en prévenant les ébullitions, ou en les faisant cesser dès qu'elles se déclarent; en manœuvrant lentement les soupapes d'arrêt et les soupapes de sûreté; enfin en ne mettant jamais en marche précipitamment.

N° 69. Abaissement notable du niveau de l'eau des chaudières; mesures à prendre. — En principe, le mécanicien de quart devant les feux, ne doit jamais perdre de vue le niveau. Il doit purger souvent les tubes de niveau et les robinets-jauges, pour s'assurer de leur bon fonctionnement. — Si le niveau baisse à vue d'œil, il vient de se déclarer une fuite importante, ce que l'on reconnaît immédiatement; ou bien une chambre de vapeur, qui maintenait un niveau factice, est en train de se dissiper. Dans les deux cas, il faut forcer immédiatement l'alimentation, et, au besoin, fermer l'extraction pour remonter le niveau. S'il s'est produit une fuite importante, il faut isoler la chaudière et mettre les feux bas.

Si le niveau disparaît tout d'un coup, ou si on l'a perdu de vue et qu'on ne sache pas depuis combien de temps il a disparu, il faut consulter immédiatement le robinet-jauge inférieur; s'il donne de l'eau, il faut forcer l'alimentation; s'il donne de la vapeur, il faut au contraire fermer l'alimentation et s'assurer de l'état des tubes. Les cendriers doivent être fermés et les fourneaux ouverts; on ouvre ensuite une boîte à tube, et on examine les tubes du haut. Si les tubes ne sont pas rouges, on attend un instant, puis on rétablit lentement l'alimentation en fermant d'ailleurs l'extraction. Si les tubes sont rouges, on était sous le coup d'une explosion foudroyante; mais le danger n'existe plus. Il faut laisser fonctionner l'extraction, et mettre bas les feux. La chaudière n'a pas besoin d'être isolée, et on se gardera bien de toucher à la soupape de sûreté, de peur que son ouverture détermine un entraînement d'eau sur les tubes qui sont rouges. — Pour plus de sûreté, on pourra ouvrir d'une petite quantité le robinet de vidange, en mettant d'ailleurs de l'eau froide dans la cale.

pour prévenir le dégagement de vapeur. — La chaudière sera isolée, quand les feux seront bas, et on ne devra la remettre en fonction qu'après s'être assuré de l'état dans lequel se trouvent les tubes qui ont reçu le coup de feu.

N 69₅ Vider les chaudières. — On ne vide les chaudières qu'après l'extinction des feux; cette dernière opération n'est effectuée, en principe, qu'après qu'on a déconcentré le plus possible l'eau du générateur. — Lorsque les feux sont bas, on ferme les soupapes de sûreté, et on laisse fonctionner l'extraction jusqu'à ce que le niveau disparaisse du tube indicateur. L'extraction est ensuite fermée et la soupape de sûreté ouverte. — Il reste encore assez d'eau dans la chaudière pour que les rangées supérieures des tubes soient couvertes, et cette eau n'est enlevée qu'après refroidissement. — Bien que les portes des foyers et des cendriers soient fermées, il passe encore une quantité notable d'air froid dans les fourneaux; sans la présence de l'eau qui fournit aux surfaces de chauffe la chaleur que leur enlève cet air, les tôles se refroidiraient rapidement; les coutures se disjoindraient et il se formerait des crevasses. La précaution de garder l'eau dans les chaudières est indispensable si l'on ne peut mettre en place le capot de la cheminée; ce cas se présente notamment lorsqu'on éteint les feux d'une ou de plusieurs chaudières, les autres restant en fonction. — Après 24 ou 36 heures, suivant la saison et le climat, l'eau est mise à la cale par le robinet de vidange, puis enlevée avec les pompes ordinaires de la cale.

Nᵒ 70. — 1. Sels en dissolution dans l'eau de mer; concentration; saturation. — 2. Mesure de la concentration; pèse-sels. — 3. Comment se comportent dans les chaudières, les sels que contient l'eau de mer. Dépôts. — 4. Extractions.

Nᵒ 70₁ Sels en dissolution dans l'eau de mer. — Dans les machines pourvues de condenseurs par mélange, l'alimentation se fait avec de l'eau presque aussi salée que celle de la mer, cette dernière contient en moyenne, par kilogramme :

Eau pure.	$0^{kg},9650$
Chlorure de sodium ou sel marin.	$0\ ,0265$
Sulfate de chaux	$0\ ,0015$
Sulfate et chlorure de magnésie et matières terreuses	$0\ ,0070$
Total.	$1^{kg},0000$

Concentration. — On appelle concentration d'un liquide par rapport à un sel, le rapport du poids du sel au poids total de la dissolution. Lorsqu'un liquide contient plusieurs sels, la concentration est partielle pour chacun d'eux en particulier, et totale pour tous. — Ainsi, la concentration totale de l'eau de mer vaut :

$$\frac{26,5 + 1,5 + 7}{1000} = 0,035$$

La concentration partielle vaut 0,0265 pour le chlorure de sodium, 0,0015 pour le sulfate de chaux et 0,007 pour les matières terreuses.

Saturation. — Quand le poids de sel augmente par rapport à celui de l'eau, soit parce qu'on ajoute du sel, soit parce qu'on vaporise une partie de l'eau, la concentration devient plus grande, et il arrive un moment où l'eau ne peut plus dissoudre une nouvelle quantité de sel. On dit alors qu'elle est *saturée* par rapport au sel que l'on considère.

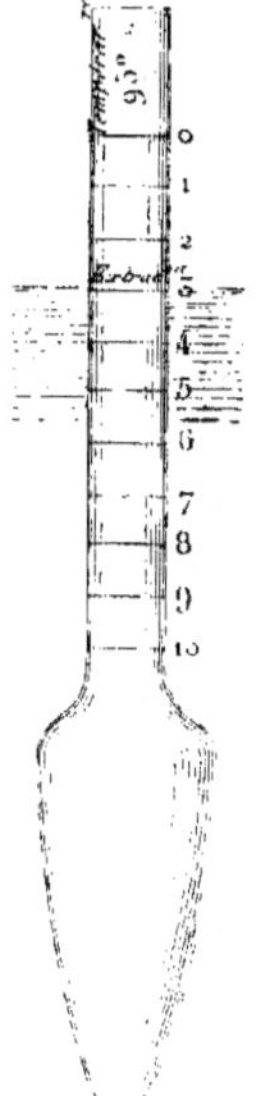

Fig. 162. Pèse-sels réglementaire (échelle = 1/2).

N° 70₂ Mesure de la concentration : pèse-sels. Le degré de concentration de l'eau des chaudières se mesure au moyen d'un *pèse-sels*. Cet instrument, *fig.* 162, est un flotteur à poids constant. Il est construit en maillechort ; sa graduation a été faite à la température de 95°. Le point zéro correspond à l'affleurement de l'instrument dans l'eau distillée. Le point 10 correspond à une concentration totale du liquide de 0,35. Chaque division équivaut à une concentration de 0,035. — L'expérience a montré que la concentration de l'eau des chaudières doit être maintenue entre 2°,5 et 5° du pèse-sels soit entre $0,035 \times 2,5 = 0,0875$ et $0,035 \times 3 = 0,105$ de concentration totale. C'est d'après les indications du pèse-sels que se règle l'ouverture du robinet d'extraction. — Une éprouvette renferme l'eau des chaudières, dans laquelle on plonge le pèse-sels. Cette éprouvette est fixée à la chaudière par un support. Elle comporte un cylindre, à la base duquel l'eau arrive par un tuyau muni d'un robinet obturateur, et débouchant par un tuyau recourbé horizontalement en colimaçon. Cette disposition a pour effet de prévenir les soubresauts qu'éprouverait l'eau contenue dans le cylindre, sous l'influence du refoulement produit par la pression de la chaudière. Le *pèse-sels* est en permanence dans l'éprouvette, et on peut lire à chaque instant, le degré de concentration de l'eau des chaudières.

N° 70₃ Comment se comportent dans les chaudières, les sels que contient l'eau de mer. — L'eau se vaporisant seule, les sels apportés par l'alimentation restent dans la chaudière et le liquide s'épaissit de plus en plus ; sa concentration augmente. — Après quelques instants d'ébullition, les sels de magnésie et les matières terreuses se séparent de l'eau, ils n'ont aucune tendance à adhérer sur les tôles ; ils forment des dépôts vaseux que l'on trouve dans le fond des chaudières et sur les parties horizontales des surfaces de chauffe.

Le chlorure de sodium ou sel marin peut rester en dissolution tant que la concentration totale de la chaudière n'atteint pas le chiffre de 0,55, soit de 0,265 de concentration partielle par rapport à ce sel. Avec cette concentration, l'eau serait saturée ; le sel abandonné par l'eau vaporisée ne pourrait pas être redissous par celle qui reste, et il se formerait des dépôts adhérents sur les surfaces de chauffe. — Dans les limites de la pratique, la variation de température n'a pas une influence sensible sur le pouvoir dissolvant de l'eau par rapport au sel marin. Dans tous les cas, on ne laisse jamais monter la concentration de l'eau des chaudières au chiffre qui amènerait la formation des dépôts de chlorure de sodium.

Le sulfate de chaux est moins soluble à chaud qu'à froid ; la solubilité diminue même à mesure que la concentration totale augmente. Dans nos chaudières, l'eau de mer concentrée à 0,055 commence à abandonner du sulfate de chaux dès que la température est de 123° ; et à 140° elle n'en tient plus du tout en dissolution. Lorsque la concentration est de 0,105, le sel de chaux commence à se séparer à la température de 107°, et à 155°, l'eau n'en contient plus. Avec la température de 150°, qui est celle du fonctionnement des chaudières à moyenne pression, une partie du sulfate de chaux apporté par l'eau d'alimentation, se sépare de cette eau dès qu'elle est suffisamment échauffée. Ce sel mis en liberté, est maintenu mécaniquement en suspension dans la masse liquide, par le courant ascensionnel des bulles de vapeur. L'eau qui se vaporise au contact des surfaces de chauffe abandonne ses sels ; comme toute la masse liquide est saturée par rapport au sulfate de chaux, ce sel ne peut être redissous, et forme un dépôt adhérent sur les tôles.

Influence des dépôts. — Les dépôts vaseux n'ont que l'inconvénient d'encombrer le fond de la chaudière, et d'occasionner des ébullitions, s'ils sont en quantité notable. — Les dépôts incrustants qui se forment sur les surfaces de chauffe, gênent la transmission du calorique ; les tôles prennent une température plus élevée, et deviennent même rouges si les dépôts ont une grande épaisseur. Dans cet état de choses, les produits de la combustion s'échappent à une trop haute température, et le charbon est mal utilisé ; d'autre part, on est exposé à avoir des coups de feu, si la tôle devient rouge ; il peut même se produire une explosion si le sel venant à craquer sous l'influence de la dilatation de la tôle, l'eau est mise en contact avec le métal pendant qu'il est à une haute température.

On prévient la formation des dépôts en alimentant avec l'eau douce. ce qui a lieu lorsque la machine fonctionne avec la condensation par surface. — Quand on alimente avec l'eau de mer, on ne peut pas empêcher d'une manière absolue la formation des dépôts ; mais on les restreint au moyen des extractions. Dans tous les cas, les seuls dépôts incrustants qui se forment sont dus au sulfate de chaux.

N° 70₄ Extractions. — Les extractions consistent à rejeter à la mer, une certaine quantité de l'eau des chaudières et à la remplacer. par une quantité égale d'eau d'alimentation qui est moins salée. On maintient ainsi le degré de concentration au chiffre voulu. — Actuellement, l'extraction se pratique d'une manière continue. L'orifice du robinet d'extraction est prolongé, dans la chaudière, par un tuyau qui s'élève jusque vers le sommet des faisceaux tubulaires. Ce tuyau est terminé par un pavillon qui a pour but de ramasser la plus grande quantité possible du sel en suspension.

Régler l'extraction. — L'extraction se règle sur les indications du pèse-sels, en ouvrant plus ou moins le robinet, de manière à maintenir la concentration entre 2°,5 et 5. Toute manœuvre du robinet d'extraction doit avoir pour conséquence une manœuvre dans le même sens du régulateur d'alimentation, afin de maintenir le niveau constant. — L'extraction doit être augmentée, quand on donne aux feux une plus grande activité. Elle doit être diminuée dans le cas contraire. Toutefois, la réduction de l'extraction ne doit pas suivre immédiatement le ralentissement des feux ; il convient, au contraire. de laisser d'abord diminuer la concentration, parce que la vaporisation étant moins active, la quantité de sel que l'eau peut maintenir en suspension est plus faible. — En principe, la concentration doit être maintenue à un chiffre plus bas si la vaporisation est lente.

CHAP. VI, § 4. — SOINS A DONNER AUX CHAUDIÈRES PENDANT LE REPOS.

N° 71. — 1. Soins à donner aux chaudières lors d'un repos momentané. — 2. Soins à donner aux chaudières lors d'un repos indéfini. — 3. Épreuves à froid des chaudières.

N° 71₁ Soins à donner aux chaudières lors d'un repos momentané. — Lorsqu'on est au mouillage, pour quelques jours, les chaudières sont vidées dès que leur température est suffisamment abaissée, puis on ouvre les trous d'homme et les trous de sel. On nettoie alors, aussi complétement que possible, l'intérieur des chaudières. Les dépôts de sel qui se trouvent sur les ciels de foyers sont détachés, au moyen de grattes et de pinces; sur les tubes, on emploie des lanières de cuir garnies de dents en acier, que l'on passe en cravate autour des tubes. On a d'ailleurs la précaution, pour faciliter le travail, d'enlever les tubes qui sont démontables. — Le sel détaché des surfaces de chauffe se retire par les trous de sel, au moyen de rateaux. — Dans cette opération de nettoyage, il faut bien dégager les lames d'eau sous les cendriers, et derrière les boîtes à feux.

Les grilles des fourneaux sont démontées, nettoyées et remises en place. — Les tubes, les courants de flammes et la cheminée sont ramonés. — Les petites réparations aux parois des chaudières ou aux fourneaux sont effectuées. On visite les soupapes de sûreté, les soupapes d'arrêts, les régulateurs d'alimentation et ceux d'extraction; les tubes de niveau et les robinets-jauges. Les chaudières sont ensuite bien asséchées et fermées.

La cheminée et la devanture des chaudières reçoivent une couche de peinture toutes les fois que besoin est.

La cale est lavée, grattée et peinte à la chaux.

N° 71₂ Soins à donner aux chaudières lors d'un repos indéfini. — Lors d'un repos indéfini, il faut commencer par nettoyer les chaudières à l'intérieur et à l'extérieur, comme il est dit ci-dessus; effectuer les réparations à faire, fermer les chaudières dès qu'elles sont bien asséchées, après y avoir introduit des petits bassins contenant de la chaux vive pour absorber l'humidité. — Pour éviter les infiltrations d'eau, on casse d'habitude un joint sur le parcours de tous les tuyaux qui aboutissent aux générateurs.

N° 71₃ Epreuves à froid des chaudières. — L'épreuve à

froid a pour but de constater que le générateur a une résistance suffisante et ne présente pas de défauts. Elle se fait lors de la recette et
en service courant. — Les épreuves de recette se font à une pression
double de celle qui correspond à la charge des soupapes de sûreté. En
service courant, l'épreuve doit être faite au moins une fois par an et
à une pression égale à une fois et demie celle qui correspond à la
charge des soupapes. — La pression d'épreuve doit être maintenue
pendant cinq minutes au plus.

La chaudière à essayer est isolée, puis on fait le plein. A bord, le
plein se fait aussi haut que le permet le niveau de la mer, puis il est
complété, s'il y a lieu, avec le petit cheval. La soupape de sûreté est
ensuite calée. A terre, on refoule dans la chaudière pleine avec une
pompe de compression munie d'un manomètre. A bord, on emploie le
petit cheval manœuvré à bras, et la pression est indiquée par le manomètre de la chaudière. — Si le générateur est vide d'air, la pression
monte rapidement ; et dès que le manomètre marque la pression
d'épreuve, on ne fait plus pomper que pour maintenir cette pression,
qui tend à tomber par le fait du gonflement de la chaudière. Pendant
les cinq minutes d'essai, toutes les parties du générateur sont exami-
nées par les hommes répartis dans les fourneaux et à l'extérieur. Les
fuites, s'il y en a, et les gonflements qui se produisent dans les intervalles des tirants et des entretoises sont notés ; puis on laisse tomber
lentement la pression en cessant de pomper et en ouvrant légèrement
le robinet de vidange, ou bien tout simplement un robinet de jauge.
— S'il ne s'est produit aucune fuite, et si, après l'essai les tôles n'ont
pas conservé de gonflement, cet essai est satisfaisant, et la chaudière
peut fonctionner sous vapeur à la pression qui correspond à la charge
des soupapes. Dans le cas contraire, il y a lieu de réparer pour faire
disparaître les fuites, et de renforcer les parties gondolées.

Quand la chaudière a montré un affaiblissement général, il faut
diminuer la pression de régime.

CHAPITRE VII

Chap. VII, § 1. — Précautions a prendre dans la machine
avant la mise en marche.

**N° 72. — 1. Préparatifs de départ. — 2. Échauffer la machine; balancer. —
3. Purge du condenseur.**

N° 72₁ Préparatifs de départ. — Pendant qu'on allume les
feux. il faut amener l'hélice si elle n'est pas à son poste, enlever le
verrou et déclancher le vireur. L'embrayeur doit être à son poste pour
que la machine entraîne l'hélice. — Dans le cas d'un propulseur à
roues, il faut enlever les bosses. — Toutes les parties de la machine,
jusqu'au presse-étoupe de l'hélice, doivent être visitées avec soin,
pour s'assurer que tout est en ordre et qu'aucun corps étranger ne
pourra gêner les pièces mobiles. — Les lumières des articulations
sont ensuite dégagées ; les mèches sont mises en place et on garnit les
godets graisseurs. On fait fondre du suif dans les bouilloires.

Les soupapes d'arrêt étant décollées, ainsi que les valves de vapeur.
on fait fonctionner les tiroirs et les organes de détente variable ; ces
derniers demeurent déclanchés.

Dès que la vapeur a atteint le degré de pression voulu aux chaudières. il faut ouvrir les prises d'eau d'injection ou celles des pompes
de circulation. ainsi que les robinets obturateurs des tuyaux de
décharge et les prises d'eau des petits chevaux. La communication de
la machine avec les chaudières est ensuite établie par l'ouverture des
soupapes d'arrêt ; puis on échauffe la machine. — Très souvent, quand

la machine est prête à fonctionner, les soupapes d'arrêt sont ouvertes
dès l'allumage des feux.

N° 72₂ Echauffer la machine. — La machine est *échauffée*
en introduisant la vapeur dans les cylindres, soit directement au moyen
d'un tuyautage *ad hoc*, soit par l'intermédiaire des tiroirs. Dans ce
dernier cas, il faut placer alternativement la mise en train dans chacune des positions de marche ; ouvrir les registres d'une petite quantité, et laisser les robinets de purge des cylindres ouverts. Avec les
machines Woolf, il faut ouvrir les tiroirs ou les valves qui amènent
directement la vapeur dans les cylindres détendeurs.

Pendant que la machine s'échauffe, il faut resserrer modérément
les garnitures des boîtes à étoupes dont les tresses sont neuves, et
vérifier si les joints des divers récipients sont bien étanches.

Balancer. — La machine est *balancée* en faisant alternativement
quelques tours en avant et quelques tours en arrière. Les purges des
cylindres demeurent ouvertes. Pendant cette opération, l'échauffement
de l'appareil moteur s'achève, et on s'assure que le mouvement est
libre pour les deux sens de la rotation. — Avec un condenseur par
mélange, il faut injecter largement pendant le balancement de la
machine, à cause du manque de vide au condenseur. — Avec un condenseur à surface, il n'y a généralement aucune disposition particulière à prendre si la machine conduit elle-même la pompe de circulation. Si cette pompe est conduite par un moteur spécial, il faut la
mettre en marche dès qu'on veut balancer, et la laisser ensuite fonctionner, *en modérant* toutefois son allure pendant le temps d'arrêt.

N° 72₃ Purge du condenseur. — Le condenseur n'a besoin
d'être purgé et le vide n'a besoin d'être établi dans cet organe, que
lorsque la machine fonctionne à basse pression. Cette opération
s'exécute de la manière suivante. Les purges des cylindres étant tenues
fermées, on introduit la vapeur au condenseur, soit directement, au
moyen d'une soupape à ce destinée (n° 45₄), soit en manœuvrant la mise
en train que l'on place alternativement dans chacune de ses deux positions extrêmes. Quand la vapeur sort avec abondance par le reniflard,
on ferme la soupape *de purge* qui donne la vapeur au condenseur, ou
bien on met la mise en train à sa mi-suspension ; puis on ouvre l'injection, et le vide s'établit ; on ferme l'injection dès que le vide atteint
40 ou 45ᶜᵐ. Le vide étant établi au condenseur, la machine part plus
facilement.

CHAP. VII, § 2. — SOINS A DONNER A LA MACHINE PENDANT LA MARCHE.

N° 73. — 1. Mettre en marche; stopper; renverser la marche. — 2. Régler la vitesse; accélérer la marche; ralentir la marche.

N° 73₁ Mettre en marche. — La mise en train étant placée dans la position qui convient pour la marche ordonnée, il suffit d'ouvrir graduellement le registre de vapeur et largement l'injection, pour que la machine se mette en mouvement. Les purges des cylindres étant ouvertes, le mouvement de départ est lent. Les purges sont fermées dès qu'elles ne donnent plus d'eau; à partir de ce moment, le vide s'établit, et le mouvement s'accélère; il faut alors réduire vivement l'ouverture du registre et celle de l'injection, quitte à régler plus tard la vitesse et le régime du condenseur. — Avec une machine Woolf, les valves d'introduction directe dans les cylindres détendeurs sont ouvertes au moment de la mise en marche, puis fermées en même temps que les purges.

Avec les pressions actuelles, on n'établit jamais, avant la mise en marche, le vide au condenseur. On pourrait toutefois le faire, surtout avec les machines Woolf, si la manœuvre de départ était difficile; il va de soi que, dans ce cas, les purges des cylindres sont fermées. — En principe, la mise en train *Mazeline* ne doit jamais être manœuvrée avec le vide établi, car les valves n'étant pas parfaitement étanches, la machine peut partir avant l'arrivée à bloc de la mise en train, et l'on peut faire des avaries.

Stopper. — Pour stopper, il suffit de fermer les registres et l'injection, puis ouvrir les purges des cylindres. La mise en train est ensuite placée à mi-suspension.

Renverser la marche. — En principe, pour renverser la marche, il faut commencer par stopper, à cause de l'inertie des pièces qui sont en mouvement. La mise en train est ensuite placée dans la nouvelle position qui lui convient et l'on met la machine en marche en ouvrant le registre et l'injection. — Si l'on stoppe à un moment où le bâtiment possède une grande vitesse, il faut, pour renverser la marche, ouvrir largement le registre, mais se tenir prêt à réduire son ouverture, à mesure que le mouvement s'accélère. Il convient d'ailleurs de fermer de bonne heure les purges des cylindres. — Avec un secteur comme mise en train, la machine peut être stoppée sans ouvrir les purges, et le départ en arrière est facilité par le vide établi. — On peut opérer de la même façon avec la mise en train *Mazeline* si cette manœuvre est *urgente ;* mais on court le risque de faire des avaries.

Remarque. — Dans toutes les manœuvres de la machine, les organes de détente variable sont déclanchés, ou bien leur action est suspendue.

Nᵒ 73₂ Régler la vitesse. — Avec les machines ordinaires ou même avec les machines Woolf pourvues d'un organe de détente, l'introduction est d'abord réglée d'après le nombre de tours à donner, et c'est ensuite par le registre que l'on règle la vitesse en dernier ressort. On compte le nombre de tours avec un sablier ou avec une montre à secondes.

Accélérer la marche. — Il suffit d'augmenter, s'il y a lieu, la durée de l'introduction, et d'ouvrir d'une plus grande quantité le registre et l'injection.

Ralentir la marche. — Il faut diminuer le degré d'introduction, puis réduire l'ouverture du registre et celle de l'injection.

Remarques. — Quelle que soit l'allure adoptée, il faut toujours, en marche normale, que la vapeur ait sa pression maxima. — On doit préférer l'emploi de la détente à l'emploi du registre pour ralentir la marche, parce que la détente est plus économique. — Le registre est employé seul dans les manœuvres. — Par grosse mer, lorsque l'hélice éprouve des variations fréquentes d'immersion, les irrégularités de la rotation sont considérablement réduites en marchant à une allure moyenne, la détente variable déclanchée, la vitesse étant réglée uniquement par le registre.

Nᵒ 74. — 1. Soins à donner en marche aux cylindres, tiroirs et autres organes de distribution de vapeur. — 2. Soins à donner à la condensation : aux mouvements ; aux pompes.

Nᵒ 74₁ Soins à donner aux cylindres, tiroirs et autres organes de distribution de vapeur. — Les *valves* doivent être bien fixées pour que le courant de vapeur ne les ferme pas. — Le *frein* de la mise en train doit être à bloc et bien serré, pour prévenir les battements, ou même le renversement de marche. — Les *tiroirs* et les *cylindres* doivent être graissés souvent, mais peu à la fois. —

Il faut *tâter* fréquemment les garnitures des compensateurs pour prévenir les fuites de vapeur et les battements des tiroirs. Enfin, il faut veiller aux chocs qui peuvent se produire dans les cylindres et ouvrir leurs robinets de purge quand on entend des claquements.

N° 74₂ Soins à donner à la condensation. — Avec un condenseur par mélange, il faut régler l'injection de manière à obtenir le meilleur vide possible, la température étant de 40° à 45°. Veiller à ce que le condenseur ne s'engorge pas; à ce qu'il ne s'échauffe pas. et qu'il n'ait pas des rentrées d'air.

Les condenseurs à surface n'exigent aucune surveillance particulière quand la machine conduit elle-même la pompe de circulation. Si cette pompe est mue par un moteur spécial, son allure doit être réglée pour obtenir une température de 45° environ, dans la bâche à eau douce. — Il faut de plus, avec un condenseur à surface, introduire régulièrement une dissolution de chaux qui se mélange avec l'eau d'alimentation et neutralise l'action des acides gras. Sans cette précaution, ces acides détérioreraient les chaudières. — Avec les deux genres de condenseurs, il faut étudier les oscillations de l'aiguille de l'indicateur du vide, pour apprendre à reconnaître les rentrées anormales d'air ou de vapeur, ou bien encore les irrégularités du fonctionnement de la pompe à air.

Soins à donner aux mouvements. — Aucun objet non solidement accoré ne doit être gardé dans la machine, parce qu'il pourrait tomber accidentellement dans les mouvements et les engager. — Le graissage doit être surveillé avec soin, et réglé d'après l'allure adoptée. Si l'huile qui sort des mouvements est limpide, le graissage est trop abondant ; si cette huile est noire, le graissage est insuffisant. Le graissage est bien lorsque l'huile prend la couleur du métal dont est garni le coussinet. — Il faut prévenir les échauffements, et faire fonctionner les arroseurs sur les joues des articulations, dès que la température d'un mouvement s'élève. — Le palier de butée surtout, exige une surveillance particulière, à cause de l'effort considérable de poussée qu'il transmet au bâtiment. Ce palier est généralement lubrifié à l'eau. — Enfin, le presse-étoupe de l'hélice est un peu desserré, jusqu'à laisser couler un léger filet d'eau destiné à prévenir un échauffement.

Soins à donner aux pompes alimentaires et aux pompes de cale. — Le bon fonctionnement de ces pompes se reconnaît généralement aux battements de leurs clapets. — Les pompes alimentaires doivent être surveillées avec le plus grand soin, et dans le cas d'un condenseur à surface, le niveau de la bâche à eau douce doit toujours être maintenu à une hauteur convenable. Quand ce niveau est bas, et qu'il en est de même de celui des chaudières, il faut faire fonctionner le réparateur. — Il convient de purger, au moins toutes les heures, la bâche à eau douce, pour extraire les matières grasses qui surnagent dans cette bâche. — Lorsqu'il ne vient pas naturellement dans la cale, une quantité d'eau suffisante pour que les pompes fonctionnent d'une manière continue, il faut suspendre l'action de ces pompes dès que la cale est asséchée. Les crépines de prise d'eau des pompes de cale doivent être visitées au moins une fois tous les quarts.

N° 75. — 1. Échauffement des articulations. — 2. Chocs dans la machine. — 3. Échauffement du condenseur; engorgement du condenseur. — 4. Rentrées d'air au condenseur; fuites notables par les joints des tubes d'un condenseur à surface.

N° 75₁ Échauffement des articulations. — Un échauffement se produit dans une articulation, à la suite d'un serrage trop fort, ou du manque de graissage, ou bien à la suite de l'introduction d'un corps étranger dans le mouvement. L'échauffement peut avoir aussi pour causes l'ovalisation des tourillons, ou le défaut de parallélismes des axes, ou bien encore le mauvais état du poli des surfaces en contact. — Dès qu'un échauffement se manifeste, il faut augmenter le graissage et faire fonctionner les arroseurs. On emploie fréquemment avec succès, le graissage direct (les mèches enlevées) avec de la fleur de soufre délayée dans l'huile. — Si l'échauffement persiste, il faut marcher plus doucement, et au besoin, stopper pour desserrer l'articulation. — S'il s'est manifesté un échauffement considérable sur une articulation garnie d'antifriction, il faut marcher doucement, en continuant de graisser et d'arroser, jusqu'à ce que l'échauffement ait diminué d'une manière très-sensible. Sans cette précaution, le métal antifriction des coussinets pourrait se souder sur le tourillon au moment de l'arrêt de la machine. — La machine stoppée et l'articulation desserrée, il faut injecter de l'eau bouillante dans les lumières de graissage pour délayer le cambouis.

Il se produit assez souvent, à la suite d'un échauffement, des rayures profondes dans les articulations. Ces rayures portent le nom de *grippures*. — Quand on visite l'articulation, on arrondit les angles des grippures, ou bien on remplit ces grippures avec de l'anti-friction.

N° 75₂ Chocs dans la machine. — Les chocs dangereux qui se produisent dans les machines, peuvent se faire sentir dans les cylindres ou bien dans les articulations.

Dans les cylindres, les chocs peuvent provenir du desserrage des garnitures métalliques, ou de la couronne du piston, ou bien encore du desserrage des tiges de cet organe. — Ces chocs se font sentir au moment de l'avance à l'introduction; leur intensité augmente progressivement; ils occasionnent des vibrations dans toute la transmission du mouvement. Quand ces chocs se produisent, il faut stopper et visiter le piston.

Les chocs dans les cylindres peuvent aussi être occasionnés par la présence d'une certaine quantité d'eau, ou par l'interposition d'un corps dur, tel que boulon, vis, bouchon de trou de sable, etc., entre le piston et le fond du cylindre. — Dans le premier cas, les soupapes de sûreté fonctionnent et l'on fait disparaître les chocs en purgeant les cylindres. Avec de fortes projections d'eau, il faut diminuer la vitesse et au besoin stopper. — Dans le second cas, les chocs se produisent inopinément, et sont d'autant plus violents que la machine tourne plus vite. — Il faut stopper sans retard et visiter les cylindres.

Dans les articulations, les chocs proviennent d'un jeu exagéré, ou d'une mauvaise régulation. Ces chocs se font sentir vers la fin de course du piston, et produisent des vibrations semblables à celles des chocs dans les cylindres. C'est en graissant abondamment, ou mieux en arrosant à tour de rôle chacune des articulations, qu'on reconnaît celle où le choc se produit : l'introduction de l'eau dans le mouvement amortit en effet le choc.

N° 75₃ Echauffement du condenseur. — Un condenseur par mélange s'échauffe quand l'injection est insuffisante; la température s'élève et le vide devient mauvais. Il suffit de régler convenablement l'injection pour ramener le condenseur à son régime normal. Si la prise d'eau d'injection était obstruée, on aurait recours à l'injection avec l'eau de la cale. — Pendant le temps d'arrêt, le condenseur s'échauffe s'il existe des fuites notables par les valves et les tiroirs; on injecte alors de temps à autre. Si le stoppage doit avoir une certaine durée, on ferme les soupapes d'arrêt des chaudières. — Un condenseur à surface s'échauffe par suite du mauvais fonctionnement de la pompe de circulation. On peut y remédier au moyen de l'injection directe par le réparateur.

Engorgement du condenseur. — Un condenseur par mélange s'engorge lorsqu'il y a excès d'eau d'injection. — En marche la température du condenseur est basse et le vide mauvais. Dans ce cas, on réduit l'injection; ou mieux, on la ferme complétement pendant quelques instants, puis on la rétablit avec une ouverture moindre. — Pendant les arrêts, le condenseur peut se remplir si le régulateur d'injection n'est pas étanche. On prévient cet inconvénient soit par la fermeture de la prise d'eau, soit par des purges fréquentes du condenseur.

N° 75, Rentrées d'air au condenseur. — Les rentrées d'air au condenseur font tomber le vide, bien que la température soit convenable. Ces rentrées peuvent provenir, soit des joints du condenseur. soit des joints des cylindres ou des boîtes à tiroir. — On reconnaît les premières en promenant la flamme d'une bougie sur les joints. Les secondes sont accusées par les fuites intermittentes de vapeur aux joints des cylindres, des boîtes à tiroirs ou aux presse-étoupe des tiges; toutefois les joints des bouts de boîtes à tiroirs lorsque ceux-ci sont du genre en D, peuvent avoir des rentrées d'air *permanentes* qu'il faut découvrir avec la flamme de la bougie.

Fuites notables par les joints des tubes d'un condenseur à surface. — Lorsque les joints des tubes ne sont pas étanches, il se produit autour de chacun d'eux, une injection directe. et une partie de l'eau de circulation pénètre dans le condenseur. Le niveau élevé de l'eau dans la bâche à eau douce. et l'accroissement du degré de concentration de l'eau des chaudières accusent les fuites dont il s'agit. — Pour les machines qui fonctionnent à moyenne pression, on peut continuer la marche en forçant les extractions. Mais si la pression est élevée, il faut refaire les joints des tubes aussitôt que les circonstances de la navigation le permettent.

CHAP. VII, § 5. — SOINS A DONNER A LA MACHINE AU REPOS.

N° 76. — Soins à donner à la machine pendant un repos momentané. —
2. Soins à donner à la machine lors d'un repos indéfini.

N° 76, Soins à donner à la machine pendant un repos momentané. — En arrivant au mouillage. toutes les prises d'eau et tous les obturateurs de décharge sont fermés. On vide alors, par leurs robinets de purge, par des robinets *ad-hoc*, ou bien en ouvrant leurs portes. les cylindres, les boîtes-tiroirs, les tuyaux de vapeur. les condenseurs, les bâches ; enfin tous les compartiments des pompes.

La machine est bien essuyée pendant que les pièces sont encore chaudes ; on resserre les presse-étoupe qui en ont besoin et on les recharge s'il y a lieu. — La cale est lavée, grattée et peinte à la chaux.

On fait ensuite les réparations nécessaires, et on visite à tour de rôle tous les organes de la machine ; principalement les tiroirs, les cylindres, les tubes des condenseurs à surface, les clapets des diverses pompes et les grandes articulations. — On visite également le propulseur s'il est à roues, ou si c'est une hélice amovible.

Tous les organes visités sont bien huilés, et on entretien la machine en bon état en l'essuyant tous les jours, en faisant jouer les petits mouvements à la main, et en virant à froid, d'un quart de tour au moins. — Si l'on passe au bassin, il faut visiter les prises d'eau et le presse-étoupe de l'hélice.

Enfin, on renouvelle la peinture de la chambre des machines et des bâtis quand besoin est.

N° 76₂ Soins à donner à la machine lors d'un repos indéfini. — Lors d'un repos indéfini, la machine est nettoyée et visitée comme il est dit ci-dessus. Il faut de plus, casser un joint de tous les tuyaux de prise d'eau et des tuyaux de décharge afin d'éviter les infiltrations d'eau. Dégarnir les presse-étoupe et remplacer leurs tresses imbibées de suif par quelques tresses imbibées d'huile ; on enlève les clapets en caoutchouc que l'on conserve dans une caisse couverte contenant un peu d'eau. — Les pales des roues sont démontées, et l'hélice, si elle est amovible, est hissée dans son puits. et amenée tous les mois.

Il ne reste plus alors qu'à entretenir la machine en bon état, comme lors d'un repos momentané ; toutefois, on peut se contenter de la virer tous les huit jours, d'un peu plus d'un tour.

CHAPITRE VIII.

CHAP. VIII, § 1. — AVARIES ET RÉPARATIONS DES ORGANES DE LA MACHINE.

N° 77. — **1. Des avaries en général. — 2. Avaries dans les cylindres à vapeur. — 3. Avaries dans les fonds et couvercles de cylindre. — 4. Transformer une machine avariée en machine atmosphérique. Marcher avec une seule machine. — 5. Avaries dans les pistons à vapeur et dans leurs tiges.**

N° 77₁ Des avaries en général. — On appelle *avarie* tout accident qui exige une réparation immédiate de la pièce affectée, pour qu'on puisse continuer à fonctionner. Nous donnons dans ce chapitre, des exemples d'avaries survenues aux divers organes des machines et des chaudières, et nous indiquons les moyens qui ont été employés pour les réparer avec les ressources du bord.

N° 77₂ Avaries dans les cylindres à vapeur. — 1° *Cylindre vertical fendu en x, fig. 1, pl. V, suivant la longueur du cylindre.* — On arrête la fente par un trou rond pratiqué à chacune de ses extrémités, et qu'on bouche par une vis dont on rive la tête. On met ensuite sur la fente, une série de vis mordant l'une sur l'autre, et dont les têtes sont rivées. On consolide la réparation au moyen d'une frette F en plusieurs morceaux, mise à chaud, et serrée par les boulons *b. b.*

2° *Cylindre vertical fendu en abc, fig. 2, pl. V, perpendiculairement à l'axe, la collerette étant également fendue.* — Une pièce en fer *e, f,* est entaillée et ajustée dans le cylindre; elle est tenue par les vis 1, 1,. .... à tête noyée, puis elle est affleurée et polie. — Les tirants *j, j'. j''*, relient la collerette du fond à celle du couvercle. — A l'extérieur, le placard *ih*, garni de mastic, prévient toute fuite.

3° *Cylindre horizontal fendu suivant l'axe, fig. 3, pl.* V. — La fente est arrêtée et bouchée comme il est dit en 1° ci-dessus. Le cylindre est ensuite consolidé par la frette A A'. en deux morceaux et mise à chaud.

N° 77₅ Avaries dans les fonds et couvercles de cylindre.

1° *Couvercle fêlé suivant xyyy et y'y', fig. 4, pl.* V. — Ce couvercle est consolidé au moyen de tôles fixées par des vis sur la partie plate, et relevées en cornière pour être fixées sur les nervures. Les cornières B,D,E,G,F consolident des nervures qui étaient fendues. Les boulons 1,1 fixent à la fois ces cornières et les bords relevés des tôles. — Une couronne en tôle, placée sur la collerette et tenue par des vis, remédie aux fentes *z,z,z*.

2° *Couvercle fendu de part en part suivant xx, fig. 5, pl.* V. — Les deux boulons A,A sont taraudés aux deux bouts ; ils traversent les nervures BCED, et portent quatre écrous *b,b*, qui se serrent contre les nervures. sur des rondelles 1,1, taillées en sifflet. Le serrage des écrous extérieurs rapproche les deux morceaux du couvercle , et les écrous intérieurs préviennent tout desserrage. — Les plaques de tôle *mnop*, dont les bords sont relevés en cornière pour se fixer sur les nervures B,C,D,E, complètent la réparation.

3° *Fond de cylindre fêlé suivant xy,xz et xy', fig. 6, pl.* V. — La frette F a été mise à chaud autour de la collerette du fond, ce qui a rapproché les deux parties. La tôle *abcge*, placée dans l'intérieur, la tôle A placée à l'extérieur et relevée en cornière contre les nervures, complètent la réparation. Ces tôles sont fixées sur le couvercle au moyen de boulons, et les bords de la tôle A sont fixés sur les nervures au moyen de vis.

4° *Couvercle fendu tout autour, à l'angle de la collerette en x, fig. 7, pl.* V. — Les équerres en fer A,A,... fixées sur le fond et sur le côté par les vis *v,v*, et percées pour recevoir les boulons *b,b* qui relient le couvercle au cylindre, constituent toute la réparation.

N° 77₄ Transformer une machine avariée en machine atmosphérique. — Dans le cas d'un couvercle ou d'un fond de cylindre irréparable, en enlève les débris ; on bouche, avec des coins en bois tenus par des équerres. l'orifice correspondant du cylindre. On a ainsi une machine atmosphérique (n° 27₂) qui donne encore la moitié de la puissance.

Marcher avec une seule machine.—Dans le cas d'une avarie irréparable au cylindre ou dans la transmission de mouvement, on condamne le cylindre avarié en dételant le tiroir que l'on met à mi-course, et en fermant sa valve de vapeur. On dételle également le piston, que l'on a la précaution de caler dans son cylindre, puis on marche avec une seule machine. — On s'aide de la voile pour faciliter la mise en marche en donnant un peu de vitesse au bâtiment.

Nᵒ 77₃ Avaries dans les pistons à vapeur et dans leurs tiges. — 1ᵒ *Piston fêlé circulairement suivant xxx. fig. 8. pl. V.* — La réparation consiste en un cercle de tôle A,A, placé à chaud et tenu par des vis. *(Fig. 8. Pl. V.)*

2ᵒ *Nervures de piston brisées. suivant x,x,... fig. 9, pl. V.* — La réparation consiste en un cercle A,A, entaillé dans les nervures et mis à chaud pour former frette. — Elle peut être effectuée au moyen de bandes de fer telles que B,B, appliquées à chaud contre les nervures. et serrées par des boulons. *(Fig. 9. Pl. V.)*

3ᵒ *Une tige de piston cassée* n'est pas réparable. à cause des grands efforts qu'elle transmet.

4ᵒ *Une tige de piston faussée* se redresse comme l'indique la *fig. 10, pl. V.* — *abc* est la partie courbée ; B,B sont des billots sur lesquels on a fait reposer la tige après l'avoir chauffée. On agit sur le milieu *b* pour redresser la tige. au moyen d'un cric. La rectitude de l'axe se vérifie avec une bonne règle. *(Fig. 10. Pl. V.)*

Nᵒ 78. — I. Avaries dans les tiroirs. — 2. Avaries dans les excentriques et les renvois de mouvement des tiroirs. — 3. Avaries dans les tuyaux de vapeur. les robinets. soupapes, etc.

Nᵒ 78₁ Avaries dans les tiroirs. — 1ᵒ *Lorsqu'une partie de l'antifriction des barrettes est enlevée.* on en rapporte, soit avec le fer à souder. soit par voie de coulée. Au besoin. on peut changer complétement l'antifriction. puis ajuster les barrettes sur la bande du cylindre.

2ᵒ *Douille d'emmanchement A de la tige. fendue suivant xx. fig. 11. pl. V.* — On enlève un morceau de la douille, que l'on remplace par une douille en fer B. munie de pattes qui servent à la fixer au tiroir à l'aide de vis. *(Fig. 11. Pl. V.)*

Nᵒ 78₂ Avaries dans les excentriques et dans les renvois de mouvement des tiroirs. — *Un collier d'excentrique très-usé. fig. 12. pl. V.* — On répare au moyen de cales a,a,a. en fonte ou en *(Fig. 12. Pl. V.)*

bronze, ajustées à queue d'aronde, et en bouchant les intervalles entre les cales avec de l'antifriction. — Au lieu des cales *a,a,a*, on peut se contenter de plusieurs goujons placés de distance en distance, et qui retiendront suffisamment l'antifriction.

2° *Un chariot d'excentrique fendu* se répare au moyen de plaques de fer mises sur les côtés, et fixées par des boulons ou de longs rivets.

3° *Un chariot d'excentrique entièrement brisé* peut être remplacé par un chariot de fortune, confectionné avec des feuilles de tôle assemblées par des boulons ou des rivets *b,b*, ainsi que l'indique la *fig. 13, pl.* V. Le chariot est d'ailleurs en deux parties A et B, pour pouvoir être capelé sur l'arbre, et ces deux parties sont ensuite assemblées au moyen des plaques C,C,C,*f*, boulonnées sur place.

4° *Un arbre de tiroir cassé en b, fig. 14, pl.* V. — La réparation est effectuée au moyen d'un gros boulon *a*, remplaçant le petit bout de l'arbre. Ce boulon est ajusté dans un trou pratiqué suivant l'axe de la partie A, et s'y fixe au moyen d'une clavette. Si la cassure était au milieu de l'arbre, la réparation s'effectuerait comme il est indiqué pour la tige de pompe à air, *fig. 20.*

N° 78₅ Avaries dans les tuyaux de vapeur, les robinets, soupapes, etc. — 1° *Les avaries des tuyaux de vapeur* se réparent provisoirement au moyen de roustures faites avec une bande de toile enduite de mastic. Si le tuyau est fortement cassé, on met une feuille de plomb par dessus la toile. — Au mouillage, on remplace le morceau avarié.

2° *Les avaries dans les robinets et les soupapes*, consistent généralement en *grippures* que l'on répare à la lime, ou en *fuites* que l'on fait disparaître en rodant les robinets ou les soupapes.

3° *Si la bride d'un robinet communiquant avec une chaudière ou avec la mer vient à sauter*, il faut se hâter de boucher l'orifice avec un morceau de bois taillé en cône et maintenu au moyen de haubans. En attendant la confection du morceau de bois, on aveugle la fuite ou la voie d'eau au moyen de toiles ou de matelas. — La chaudière est ensuite isolée et ses feux sont mis bas; puis elle est vidée pour qu'on puisse remettre en place la noix du robinet. — En cas de communication du robinet avec la mer, il faut boucher la prise d'eau à l'extérieur au moyen d'un scaphandre.

N° 79₁ Avaries dans les condenseurs et les organes d'injection. — 1° *Condenseur percé en a, fig. 15, pl. V, dans une* Fig. 15, *partie où un homme ne peut pénétrer.* — Le trou est d'abord bouché Pl. V. au moyen d'un tampon en bois, mis en place avec de longues tenailles, et que l'on enfonce à l'aide des coins C,C'. Les coins étant ensuite enlevés, on met par dessus le tampon, une plaque *b* recouverte de mastic, et qui est tenue par les coins C,C' remis en place.

2° *Un condenseur C₀, fig. 16, pl. V, fendu dans une partie acces-* Fig. 16. *sible.* — On répare au moyen de plaques de fer A,A, tenues par des Pl. V. vis ou des boulons. Les équerres B,B, consolident les parois.

3° *Régulateur d'injection R, fig. 17, pl. V,* dont le carré qui ter- Fig. 17. mine la tringle de manœuvre a *usé les faces de contact.* — On répare Pl. V. en régularisant le trou, puis en soudant un morceau de fer sur la tringle pour refaire un carré plus grand.

4° *Robinet d'injection dont le carré d'emmanchement de la clef est cassé.* — On répare en perçant un trou carré dans la tête du robinet, et en y ajustant un goujon de même forme sur lequel on monte la clef.

5° *Si l'injection est obstruée,* et qu'on ne puisse la dégager, il faut fonctionner avec l'injection à la cale, ou bien marcher sans condensation. — Au lieu de mettre de l'eau dans la cale, on pourrait défaire un joint du tuyau de prise d'eau du petit cheval, un autre du tuyau d'injection, et raccorder les deux au moyen d'une manche d'aspiration de pompe à incendie.

N° 79₂ Transformation d'une machine avariée en machine sans condensation. — Lorsqu'un organe essentiel du condenseur est irréparable, on enlève tous les clapets de la pompe, et on fonctionne sans condensation. Si le tuyau de décharge débouche au-dessus de la flottaison, on se contente de le prolonger par un conduit demi-cylindrique, cloué contre le bord, pour empêcher l'eau de la mer de rentrer au roulis. — Si le tuyau de décharge est noyé, il faut fermer son obturateur, ouvrir le condenseur, ou même la pompe à air si elle est verticale, et installer sur cet orifice un conduit qui amène la vapeur dans la batterie, d'où on la fait déboucher par un sabord à l'aide d'une manche en tôle clouée en abord.

N° 79₃ Avaries dans les pompes à air et leurs couvercles.
— 1° *Cylindre de pompe à air fendu en ZZ', fig.* 18, *pl.* V. *dans
une partie que n'atteint pas le piston.* — La réparation est faite au
moyen de deux plaques de tôle tenues par des boulons; l'une *a*CD,
est mise à l'intérieur; l'autre *b*C'*b'*, est mise à l'extérieur. — La tôle
E, dont le bord est relevé en cornière, se fixe sur la collerette et
sur le corps du cylindre pour compléter la réparation. — La bande
de fer F, fixée par des vis, sert à consolider le condenseur qui est
fendu en Z'. — Si la fente de la pompe se trouvait sur le parcours du
piston, on se contenterait de la plaque extérieure, et on ajouterait une
frette si c'était possible.

2° *Couvercle de pompe à air fendu suivant xx, fig.* 19, *pl.* V. —
La réparation est effectuée au moyen du collier C, mis sur la boîte à
étoupe, et de la couronne AA, fixée sur le couvercle à l'aide de vis.

**N° 79₄ Avaries dans les pistons de pompe à air, leurs
tiges et leurs clapets.** — 1° *Les avaries des pistons de pompe à
air* se réparent comme celles des pistons à vapeur, au moyen de plaques
de fer tenues par des vis, ou au moyen d'une frette mise dans la gorge
du piston.

2° *Tige de pompe à air cassée en xx, fig.* 20, *pl.* V. — La réparation est effectuée au moyen d'un gros boulon en fer A, engagé dans
des trous percés suivant l'axe, dans les deux parties B, B' de la tige,
et fixé ensuite par les deux clavettes en acier C, C'.

3° *Les clapets en caoutchouc* qui sont *fendus* ou *emportés*, se rem-
placent par des clapets de rechange. — *Les clapets métalliques fendus
ou brisés* se réparent au moyen de plaques mises sur leur dos et tenues à l'aide de vis. Il en est de même de leurs butoirs.

**N° 79₅ Avaries dans les bâches, tuyaux et obturateurs
de décharge.** — 1° *Les avaries des bâches* se réparent comme celles
des condenseurs, au moyen de plaques ou d'équerres, tenues par des
vis ou des boulons.

2° *Sur un tuyau de décharge crevé,* on fait une rousture. — Si dans
un fort coup de roulis *le tuyau de décharge est sorti de son joint glissant,* et qu'on ne réussisse pas à le mettre en place au moyen de tré-
vires, il faut couper un bout de ce tuyau, et relier ce qui reste à la
tubulure de l'obturateur au moyen d'une manche en toile, tenue par
des roustures cerclées.

N° 80₁ Avaries dans les tés ou traverses. — 1° *Traverse de piston fendue en xx, fig. 21, pl. V, sur la douille d'emmanchement de la tige.* — La réparation est effectuée au moyen des flasques A, A, en forte tôle, mises à chaud et tenues par les longs rivets *a. a* et par les vis *b. b.*

2° *Traverse de pompe à air de machine à balancier, cassée au tourillon qui conduit la pompe alimentaire, fig. 22, pl. V.* — La réparation est effectuée au moyen d'une chape A, portant un tourillon en remplacement de celui qui a été cassé, et munie de deux flasques fixées sur la traverse par les longs rivets *a, a.*

N° 80₂ Avaries dans les bielles. — 1° *Une bielle cassée* ne peut pas être réparée, à cause de l'effort considérable que transmet cette pièce.

2° *Une bielle gercée dans le sens de sa longueur,* se consolide au moyen d'une frette en deux parties mise à chaud sur la gerçure.

3° *Une bielle tordue,* se redresse, après avoir été chauffée, comme il est indiqué sur la *fig. 23, pl. V.* — Le coude *a* portant sur un coin placé lui-même sur l'enclume A, la tête de bielle est tenue à une carlingue par la chaîne B,B, tandis que l'autre extrémité est tirée par le palan C. Le palan C' ne fait que contretenir. La rectitude de l'axe se vérifie au moyen de la grand équerre E, glissant sur une règle D clouée à la carlingue.

4° *Bielle courte de machine à balanciers, gercée normalement à son axe, en x, fig. 24, pl. V.* — La réparation est effectuée au moyen de la frette A mise à chaud, et percée pour le passage des clavettes. La cale B est un coin en fer qui a été chassé à force pour augmenter le serrage.

N° 80₃ Avaries dans les balanciers. — 1° *Balancier en fonte, cassé en x, fig. 25, pl. V.* — La réparation est effectuée au moyen de la pièce en fer B, dont les extrémités sont refoulées pour entrer dans des entailles A, pratiquées sur le dos du balancier. Cette pièce a été mise à chaud ; elle est maintenue par les brides CC, mises également à chaud et serrées par les clavettes *c, c.* La réparation est complétée par les frettes D. D. mises à chaud sur les parties saillantes du moyeu.

Fig. 26,
Pl. V.

2° *La fig. 26 montre un autre genre de réparation de la même cassure.* Au lieu de la pièce B. *fig.* 25, on a employé deux forts tirants B, B, serrés par des clavettes, et prenant leur points d'appui sur les boulons *b, b*, engagés dans les machoires du balancier. Les massifs de métal A, A, ont pour but de faire travailler les tirants dans de meilleures conditions que s'ils portaient sur le balancier.

Fig. 27,
Pl. V.

3° *Balancier en fonte, fendu en x x, fig. 27. pl. V. à l'extrémité d'une flasque.* — La réparation est effectuée au moyen d'une forte bride A, mise à chaud et tenue par des vis. Elle est complétée par la latte B.

Fig. 28.
Pl. V.

4° *Balancier BB' en tôle, fendu en x x. fig. 28, pl. V.* — La réparation est effectuée au moyen de plaques de tôles A. A, rapportées et rivetées sur les flasques.

N° 81. — 1. Avaries dans les arbres de couche et de propulseur. — 2. Avaries dans les manivelles et les vilebrequins. — 3. Avaries dans les paliers, leurs chapeaux et leurs coussinets. — 4. Avaries dans les plaques de fondation et les bâtis.

N° 81₁ Avaries dans les arbres de couche et de propulseur. — 1° *Un arbre de couche cassé* n'est pas réparable, à cause des efforts considérables que cette pièce supporte.

Fig. 29,
Pl. V.

2° *Arbre de couche fendu suivant x x, fig.* 29. *pl. V. dans une partie libre.* — Cet arbre est consolidé au moyen de clavettes en acier B, B. encastrées dans l'arbre et serrées par les colliers A. A. mis à chaud.

Fig. 30.
Pl. V.

3° *Arbre de couche fendu suivant x x, fig.* 30, *pl. V, dans une portée, le palier ne pouvant pas être déplacé.* — On consolide l'arbre en incrustant des queues d'aronde en acier B, B, tenues par des vis à tête noyée. Ces queues d'aronde sont limées au contour de la portée et ensuite bien polies.

Fig. 31,
Pl. V.

4° *Arbre fendu en x, fig.* 31, *pl. V, dans une portée, le palier pouvant être déplacé.* — On effectue alors la réparation indiquée pour la *fig.* 29. Le palier est monté sur de nouveaux chantiers.

N° 81₂ Avaries dans les manivelles et les vilebrequins. — 1° *Manivelle fendue en x. fig.* 32. *pl. V.* — Cette pièce se consolide au moyen d'une frette A. mise à chaud. On peut aussi incruster une forte queue d'aronde sur le côté de la manivelle.

Fig. 34.
Pl. V.

2° *Soie de manivelle ayant pris du jeu, fig.* 34. *pl. V.* — Cette pièce est consolidée au moyen de trois cales en acier A, A, A. incrustées dans la soie et ajustées à froid pour que la soie pénètre jusqu'aux deux tiers de son encastrement. En chauffant l'œil de la manivelle, la soie a pu être enfoncée à bloc, et le retrait, lors du refroidissement, a consolidé l'emmanchement.

3° *Un vilebrequin fendu à une de ses manivelles*, se consolide comme il est dit en 1° ci-dessus.

4° *Tourillon de vilebrequin cassé en x x, fig. 33, pl. V.* — La réparation est effectuée au moyen d'un gros boulon B, bien ajusté dans un trou percé suivant l'axe du tourillon, et serré par une clavette.

Fig. 33, pl. V.

N° 81₃ Avaries dans les paliers, leurs chapeaux et leurs coussinets. — 1° *Les coussinets grippés* se réparent à la lime, en adoucissant les angles des grippures. Si ces dernières sont profondes, on y coule de l'antifriction. — Lorsque le coussinet est garni d'antifriction et qu'il a perdu une grande partie de ce métal, on le recharge, puis on l'ajuste sur le tourillon.

2° *Un coussinet fendu* se répare au moyen de queues d'aronde. — *Un coussinet entièrement brisé* peut être remplacé par un coussinet en bois dur garni d'antifriction.

3° *Chapeau de palier fendu en x x, fig. 35, pl. V.* — La réparation s'effectue au moyen d'une queue d'aronde B, ou au moyen d'une frette A, mise à chaud. — Le plus souvent, les corps des paliers peuvent être réparés de la même manière.

Fig. 35, pl. V.

N° 81₄ Avaries dans les plaques de fondation et les bâtis. — 1° *Les plaques de fondation fendues* se réparent comme il est dit ci-après en 3° et 4° pour les bâtis.

2° *Les bâtis qui fatiguent à la mer*, peuvent être consolidés au moyen d'épontilles A, *fig. 36, pl. V,* dont le pied B est fixé sur les bâtis, et dont la tête B' est fixée au faux-pont.

Fig. 36, pl. V.

3° *Bâti triangulaire cassé en x x, fig. 37, pl. V.* — La réparation est effectuée au moyen de plaques de fortes tôles A,B,B', fixées par des boulons.

Fig. 37, pl. V.

4° *Bâti de machine horizontale, cassé suivant x x, fig. 38, pl. V.* — La réparation est effectuée au moyen d'une plaque de forte tôle B et de deux plaques coudées en étrier A,A ; le tout est tenu par des boulons et des vis.

Fig. 38, pl. V.

**N° 82. — 1. Avaries dans les hélices et dans le presse-étoupe de leur arbre. —
2. Avaries dans les roues et dans les paliers de support de leur arbre**

N° 82₁ Avaries dans les hélices et dans le presse-étoupe de leur arbre. — 1° *Ailes d'hélices brisées. fig.* 39. *pl.* V. — La réparation de cette avarie est très-difficile, et le plus souvent il faut changer l'hélice. Néanmoins si l'hélice est de petites dimensions, on peut essayer de compléter les ailes avec des feuilles de tôle, ou mieux de cuivre, rivetées entre elles, et rivetées sur ce qui reste des ailes. On peut consolider la réparation à l'aide de tirants placés d'une aile à l'autre.

2° *La seule avarie à craindre dans le presse-étoupe de l'arbre de l'hélice,* est une voie d'eau provenant de ce que les tresses sont usées ou pourries. Actuellement, grâce à l'installation des vis 2,2,2, *fig.*, 121 du texte, on peut facilement recharger le presse-étoupe, et l'on n'attend pas, pour effectuer cette opération, que les tresses soient complétement usées.

3° *Si l'installation des vis* 2,2,2, *fig.* 121, *n'existe pas, on peut recharger le presse-étoupe* à l'aide de l'installation *fig.* 40. *pl.* V. Il faudrait encore employer un semblable moyen si les tresses étaient pourries.

Les plaques *d,d* munies de trous ovalisés, furent capelées sur la partie *c* du chapeau que l'on retira en douceur, puis serrées contre la boîte *b.* Le chapeau retiré, les plaques *d,d* furent poussées contre l'arbre et empêchèrent une grande irruption d'eau. — Les tresses de rechange furent préparées sur l'arbre, dans un manchon *e*, en deux morceaux, capelé sur la partie *c* du chapeau : le tout fut poussé, au moyen de crics, contre les plaques *d,d.* Celles-ci étant retirées, le chapeau enfonça les tresses dans la boîte *b.*

N° 82₂ Avaries dans les roues et dans les paliers de support de leur arbre. — 1° *Les rayons cassés* se réparent à la forge après démontage, ou bien sur place à l'aide de plaques mises de chaque côté, et tenues par des boulons ou des rivets.

2° *Tourteau fendu suivant x x', y y'. fig.* 41. *pl.* V. — Le moyeu est consolidé au moyen des frettes F,G, mises à chaud, d'un seul morceau ou en deux parties, et des plaques *a,b*, tenues par des vis.

3° *Les chaises des roues en porte-à-faux et leurs paliers* se réparent comme les bâtis et les paliers ordinaires (n° 81₃ ₑₜ ₄).

4° Quand il y a un palier sur l'élongis des tambours, et que l'arbre *ne déborde pas*, il peut se former un *épaulement* B, *vue* 1ᵉ, *fig.* 42, *pl.* V. qui occasionne un échauffement quand le bâtiment est à la bande. On taille alors cet épaulement comme en G, *vue* 2ᵘ de la même figure.

Fig. 42, Pl. V

Chap. VIII, § 2. — Avaries dans les chaudières
et dans leurs organes

N° 85. — 1. Avaries dans les foyers. — 2. Avaries dans les tubes et dans leurs plaques de tête. — 3. Avaries dans les cheminées. — 4. Avaries dans les pompes alimentaires.

N° 83₁ Avaries dans les foyers. — 1° *Une petite fissure* dans la tôle s'arrête au moyen de deux rivets *b, c*, placés à chaud à ses extrémités; puis on matte la fente. — On peut aussi *boucher la fuite* à l'aide d'une plaque A, *fig.* 45, *pl.* V. tenue par quelques rivets.

Fig. 43. Pl. V.

2° *Gerçure très-prononcée, ou tôle brûlée.* — On enlève le morceau, et on met une pièce A. *fig.* 44, ou G. *fig.* 45. *pl.* V. Cette pièce est tenue au moyen de rivets. — Si elle va jusqu'à la couture, *fig.* 45, il faut amincir ses angles en lame de couteau, pour qu'il ne reste pas de jour entre les deux tôles qui embrassent la pièce sur cette couture.

Fig. 44 et 45, Pl. V.

5° *Cornière cassée en x x, fig.* 47, *pl.* V. — On peut la réparer au moyen des équerres B,B, fixées par les boulons *b,b*. remplaçant les rivets qui existaient précédemment. Dans certains cas. on peut consolider la réparation à l'aide d'un massif de bois C, tenu par des coins *c,d*.

Fig. 47, Pl. V.

N° 83₂ Avaries dans les tubes et dans leurs plaques de tête. — 1° *Plaque de tête fendue en x x, fig.* 46. *pl.* V. — Cette plaque de tête est consolidée au moyen d'une pièce *abcd*. percée pour le passage des tubes, et tenue par des vis.

Fig. 46, Pl. V.

2° *Tube crevé.* — 1° Les tubes crevés *se tamponnent* provisoirement; *on les change* après avoir éteint les feux et vidé la chaudière. — La *fig.* 49. *pl.* V. montre un tube bouché du côté de la boîte à feu A. Le tampon B dont la tête *a* est fendue pour recevoir un coin *b*, passe librement dans le tube et va buter contre la tôle du fond de la boîte à feu. En chassant le coin. la tête *a*, qui se gonfle d'ailleurs au contact de l'eau, remplit bien le tube. — Sur l'avant, le tube est

Fig. 49, Pl. V.

Fig. 48, bouché avec un tampon conique B, *fig.* 48, *pl.* V, que l'on enfonce
Pl. v. avec une masse. — Si la fuite était considérable, il faudrait laisser
tomber la pression pour boucher le tube avec plus de facilité, sans
craindre d'être brûlé.

Nᵒ 83₃ Avaries dans les cheminées. — *Une cheminée*
Fig. 50, *usée*, A, *fig.* 50, *pl.* V, peut être consolidée au moyen de quatre dou-
Pl. v. bles cornières placées à 90°, dans le sens de la longueur, et rivetées.
Si la tôle est trop faible pour supporter les rivets, il faut faire la couture sur des bandes de fer mises à l'extérieur, puis placer quelques
cercles de distance en distance. Dans tous les cas, les cornières sont
reliées entre elles par les tirants B,C. — On pourrait établir de la
même manière, la carcasse d'une cheminée de fortune pour remplacer
une cheminée emportée.

Nᵒ 83₄ Avaries dans les pompes alimentaires. —
1° *Les clapets* qui ne portent pas bien sur leur siége sont rodés. — Les
clapets cassés se réparent au moyen de calottes intérieures et extérieures tenues par des vis. — Les *tiges de clapet brisées* peuvent se
remplacer par d'autres, traversant le clapet et tenues par deux écrous,
en même temps qu'elles sont taraudées dans le clapet. — Les *boîtes
à clapets fendues* se réparent au moyen de plaques extérieures tenues
par des vis.

Fig. 51, 2° *Cylindre de pompe alimentaire défoncé en x x, fig.* 51, *pl.* V, le
Pl. v. fond *étant noyé dans le condenseur.* — Cette avarie est réparée au
moyen d'une pièce emboutie A, tenue en place par les coins *b,b,* si la
disposition le permet; ou bien, fixée sur le corps de pompe au moyen
de vis.

Chap. VIII, § 5. — Des explosions et des combustions spontanées.

**Nᵒ 84. — 1. Différentes sortes d'explosions. — 2. Causes des explosions par déchi-
rement. — 3. Manœuvres lors ou dans la crainte de ces explosions. — 4. Précautions pour les prévenir.**

Nᵒ 84₁ Différentes sortes d'explosions. — On appelle
explosion tout arrachement considérable et violent d'une chaudière. —
On distingue trois sortes d'explosions :

1° Les *explosions par déchirement* qui consistent dans la production presque subite de larges fentes ou crevasses aux parois du générateur;

2° Les *explosions foudroyantes* ou *fulminantes*, qui ont lieu lorsque la chaudière éclate tout d'un coup ;

3° Les *explosions par détonation*, qui résultent de l'inflammation d'un mélange gazeux détonant formé dans les courants de flammes.

N° 84₂ Causes des explosions par déchirement. — Les explosions par déchirement proviennent d'une des causes suivantes, ou de plusieurs d'entre elles agissant simultanément :

1° *Élévation successive de la pression* aux chaudières jusqu'au delà de la limite pour laquelle sont réglées les soupapes de sûreté, lorsque le fonctionnement de celles-ci est paralysé.

2° *Faiblesse de résistance des parois*, due à la qualité inférieure du métal, à la présence de moines, à la mauvaise confection de la chaudière, à des tirants, des rivets ou des entretoises en trop petit nombre ou mal ajustés, à l'usure en général.

3 *Disjonction et fendillement des tôles*, provenant soit de coups frappés sur la chaudière ou de vibrations causées par l'ébranlement des autres chaudières en contact avec elle, soit encore par les variations brusques de température ou de pression.

4° *Diminution momentanée de la résistance d'une tôle* pendant le temps même qu'elle est soumise à un coup de feu.

5° *Brûlure profonde de tôles des foyers* à la suite d'un coup de feu, ou *détérioration de ces tôles* par le fait d'un usage prolongé de charbon pyriteux ou sulfureux.

6° *Projection d'eau très-violente*, surtout quand elle est occasionnée par l'ouverture brusque des soupapes de sûreté, ou par une mise en marche précipitée.

N° 84₃ Manœuvres lors ou dans la crainte d'une explosion par déchirement. — Chaque fois qu'un déchirement se produit avec un caractère inquiétant dans une chaudière en fonction, ou que certains indices révèlent une fatigue énorme des tôles, il faut se hâter de suivre à la chaudière compromise la ligne de conduite que voici :

1° Faire tomber rapidement la pression. En même temps isoler la chaudière et l'éteindre. — Bien se garder de toucher aux soupapes de sûreté, afin de ne pas produire d'ébranlement.

2° Ne ralentir ni ne stopper la machine, de peur de faire monter indûment la pression.

3° Si l'événement se déclare pendant qu'on est stoppé, avoir recours à tous les moyens dont on peut disposer pour consommer la vapeur.

Nᵒ 84₄ Précautions pour prévenir les explosions par déchirement. — D'après ce qui a été dit au nᵒ 84₂, ces précautions se résument en ceci :

1ᵒ Éviter avec le plus grand soin les coups de feu; et à cet effet, tenir toujours un bon niveau et prévenir le plus possible les dépôts salins et graisseux.

2ᵒ Ne jamais ouvrir brusquement les soupapes de sûreté, ni mettre en marche précipitamment, et prendre les autres précautions propres à prévenir les projections d'eau violentes (nᵒ 69₅).

3ᵒ S'assurer fréquemment que les soupapes de sûreté ne sont pas engagées. D'autre part, vérifier de temps à autre les manomètres.

4ᵒ Visiter aux moments opportuns toutes les parties intérieures et extérieures des chaudières et surtout leur fond, afin de s'assurer si tout est en bon état. Bien opérer les nettoyages recommandés au nᵒ 71₄ pour l'entretien des générateurs.

5ᵒ Ne pas laisser, surtout si la pression de régime est élevée, sans réparation radicale des fuites qui, d'abord minimes, vont en augmentant.

6ᵒ Éviter d'ébranler les corps de chaudière en fonction en percutant les corps voisins.

7ᵒ Employer le moins possible des charbons susceptibles par leur nature de détériorer les tôles.

8ᵒ Ne pas négliger de faire subir en temps utile aux chaudières les épreuves réglementaires (nᵒ 71₅).

9ᵒ Réduire la charge des soupapes de sûreté, dès qu'il y a lieu de craindre que les générateurs aient notablement perdu de leur solidité primitive.

Nᵒ 85. — 1. Explosions fulminantes. — 2. Manœuvres lorsque ces explosions sont imminentes. — 3. Précautions pour les prévenir.

Nᵒ 85₁ Explosions fulminantes. — Les causes des explosions fulminantes ou foudroyantes ne sont pas connues d'une manière aussi certaine que celles des explosions par déchirement. Mais, quelle que soit l'origine de ces explosions, il est évident que l'événement provient d'une pression ou d'un choc considérable subi presque instantanément par les parois de la chaudière. — Le plus souvent, cette augmentation subite de pression provient de ce qu'une partie des surfaces de chauffe, précédemment découvertes par l'eau, sont devenues rouges et que ces surfaces étant ensuite couvertes quand l'alimentation se rétablit, produisent instantanément une grande quantité de vapeur.

N° 85₂ Manœuvres lorsqu'une explosion fulminante est imminente. — Les explosions fulminantes sont rarement prévues et se produisent presque toujours à l'improviste. Il est en outre prouvé que la plupart de celles qui ont eu lieu ont été occasionnées par l'imprudence d'un agent de la machine. — L'imminence de l'accident qui nous occupe se révèle, quand elle le doit, par les circonstances suivantes se manifestant isolément ou simultanément :

I. Disparition du niveau dans les tubes indicateurs et échappement de vapeur par le robinet-jauge le plus bas, si on le consulte ; et portion de surface de chauffe rougie, ce qu'on aperçoit en examinant l'intérieur des foyers ou des boîtes à fumée.

II. Trombe d'eau violente à travers les soupapes de sûreté.

— Dans le cas le plus habituel où l'explosion fulminante peut se produire, c'est la première des circonstances précédentes qui se présente. On doit aussitôt se livrer à l'investigation expliquée au n° 69₄. Si les surfaces de chauffe sont rouges ou en train de le devenir, il faut se hâter de manœuvrer comme voici à la chaudière compromise :

1° Ne toucher en aucune façon aux soupapes de sûreté. Car on s'exposerait à occasionner des projections d'eau sur les parties rougies.

2° Fermer l'alimentation et laisser courir l'extraction, toujours pour ne pas amener de l'eau sur les surfaces rougies.

3° Mettre bas les feux le plus tôt possible au corps compromis ; et aussitôt après l'isoler d'avec les autres corps. Puis, suivant le cas, ne rétablir le niveau par l'alimentation qu'avec une extrême prudence ; ou laisser refroidir la chaudière, la vider et bien la visiter avant de la remettre en service.

En cas de trombe d'eau violente à travers les soupapes de sûreté, il faut isoler la chaudière et mettre bas les feux, en ayant soin d'empêcher ces soupapes de se refermer.

N° 85₃ Précautions pour prévenir les explosions fulminantes. — D'après ce qui a été dit au n° 85₁, ces précautions comprennent d'abord les trois premières énoncées au n° 84₄ à propos des explosions par déchirement. — Ajoutons qu'il faut alimenter toujours un peu pendant les stoppages, et au départ renouveler une portion de l'eau des chaudières, lorsqu'elles ont été conservées pleines à l'extinction précédente des feux.

N° 86. — **1. Causes des explosions par détonation. — 2. Combustions spontanées dans les soutes. — 3. Moyens de les combattre et de les prévenir.**

N° 86₁ Causes des explosions par détonation. — Le phénomène dont il s'agit n'est susceptible de se produire que lors de la *formation à l'intérieur des courants de flammes d'un gaz explosif*, qui n'est autre que le gaz du charbon. Cette circonstance ne peut se présenter que lors de la fermeture complète du registre de la cheminée quand il y en a un, ou bien lors de l'obstruction de la cheminée par la chute d'une voile.

Les précautions à prendre consistent à ne jamais fermer complétement le registre. D'autre part, si la cheminée est obstruée par la chute d'une voile, il faut ouvrir les boîtes à tube pour laisser les gaz se dégager.

Quand une explosion par détonation vient à se produire, on doit manœuvrer absolument de la même manière que lors d'une explosion par déchirement (n° 84₅).

N° 86₂ Combustions spontanées dans les soutes. — Les combustions *spontanées*, c'est-à-dire qui se produisent d'elles-mêmes, ont lieu dans les soutes sous l'influence d'une des trois causes suivantes :

1° *Présence de pyrites dans le charbon*, car ces corps fermentent et se décomposent sous l'influence de l'air chaud et humide.

2° *Humidité du charbon, surtout lorsqu'il est poussiéreux*. Il peut y avoir alors fermentation, échauffement et finalement combustion.

3° *Présence de grisou dans le charbon*, quand le charbon a été embarqué près des mines. Ce gaz est susceptible de s'enflammer quand on pénètre dans les soutes avec une lampe.

N° 86₅ Moyens de combattre les combustions spontanées. — Dans les différents cas que nous venons d'énumérer, l'accident se révèle par l'échauffement des cloisons des soutes, et un peu de fumée qui suinte à travers les joints de ces cloisons et les pourtours des trous d'homme. De plus, dans le premier cas, il se dégage une odeur d'œufs pourris. — Le phénomène peut d'ailleurs être activé par le voisinage des chaudières, dont la haute température se communique au combustible.

Dès qu'on a des soupçons fondés qu'une combustion spontanée commence dans une soute, il faut vider celle-ci par le haut ou par le bas, suivant l'endroit qu'on suppose atteint, et mettre le charbon sur le pont. Mais, une fois l'accident bien déclaré, on doit, avec les tuyaux *ad hoc* (n° 59₁), remplir les soutes de vapeur, et de plus éviter tout courant d'air. Il sera bon, d'ailleurs, d'entourer les cloisons de fauberts continuellement mouillés à l'aide de pompes à incendie. Au besoin, on établira un bâtardeau sur la partie du pont située au-dessus de la soute, afin de recouvrir cette partie d'eau pour la préserver. — Au bout de quelques heures, on ouvrira les soutes et on les videra.

Moyens de prévenir les combustions spontanées. — Ces moyens se résument ainsi :

1° Laisser le moins possible de poussier de charbon au fond des soutes.

2° Ne s'approvisionner qu'en cas de nécessité absolue avec des houilles pyriteuses.

3° Bien veiller, surtout dans l'hypothèse précédente, à ce que le charbon embarqué ne soit ni humide ni poussiéreux.

4° Visiter et aérer fréquemment les soutes, en évitant toutefois d'établir à leur intérieur des courants d'air trop actifs.

5° Si l'on a le moindre doute sur l'état des soutes, n'y entrer, soit pour y travailler, soit pour les visiter, qu'avec des lampes de sûreté, c'est-à-dire dont la flamme est entourée d'une enveloppe métallique.

6° S'assurer souvent s'il ne se révèle aucun des indices décrits ci-dessus, qui dénotent un commencement de combustion spontanée.

FIN

TABLE I.

Densité de diverses substances solides ou liquides, écrites par ordre alphabétique.

Solides et liquides.

(La densité de l'eau étant prise pour unité.)

Acide sulfurique	1,841	Eau de mer ordinaire	1,026
Acier non trempé	7,829	Eau de pluie ou distillée	1.000
Acier écroui trempé	7.813	Eau forte (acide nitrique)	1,271
Alcool absolu	0,792	Eau-de-vie à 19°	0.942
Ammoniaque	0,897	Esprit de bois (alcool méthylique)	0.798
Anthracite	1,800	Esprit-de-vin à 36°	0.848
Antimoine fondu	6,712	Essence de térébenthine	0,870
Ardoise	2,853	Etain fondu	7,291
Argent pur fondu	10.474	Ether sulfurique	0,715
Argent pur forgé	10.511	Fer fondu	7,707
Argile et boue	1.700	Fer forgé en barre	7.788
Asphalte	1.336	Glace fondante	0,930
Beurre	0,942	Grès pour pavés	2.416
Bière	1.024	Houille à l'encombrement	0,800
Bismuth	9,822	Houille compacte	1.329
Blanc de baleine	0.943	Huile de lin	0.940
Bois de buis	0,900	Huile d'olive	0,915
Bois de charme	0.757	Iode	4.948
Bois de charme (à l'encombrement)	0.400	Ivoire	1.917
Bois de chêne vert	1.000	Lait	1.030
Bois de chêne vert (à l'encombrem')	0,520	Laiton	8.395
Bois de chêne sec	0,785	Lignite	2,259
Bois de cormier	0.900	Mâchefer	0.800
Bois de gaïac	1.330	Marbre de Paros	2,837
Bois de hêtre	0.842	Mercure	13,598
Bois de liége	0,240	Miel	1,450
Bois de noyer	0.671	Mortier	1.720
Bois d'oranger	0.700	Naphte (bitume liquide)	0,847
Bois d'orme	0,800	Nickel	8,279
Bois d'orme (à l'encombrement)	0.320	Or pur fondu	19,258
Bois de peuplier	0.383	Or pur forgé	19,362
Bois de poirier	0.661	Phosphore	1.770
Bois de pommier	0.793	Platine écroui	23,000
Bois de sapin jaune	0.657	Platine forgé	20,336
Bois de sapin (à l'encombrement)	0.400	Plomb	11,352
Brique	1.200	Potassium	0.865
Cailloux ou sable	1.400	Poudre de guerre	0.858
Caoutchouc	0.933	Résine	1,070
Charbon de bois en tas	0.250	Schiste	2.672
Chaux sulfatée (cristallisée)	2.311	Sodium	0,973
Chloroforme d'esprit-de-vin	1,480	Soufre natif	2,033
Cire	0,960	Sucre	1,606
Coke au four	0.400	Suif	0,942
Cristal de Saint-Gobain	2.488	Verre	2,488
Cuivre fondu	8,788	Vinaigre	1,019
Diamants les plus légers	3.501	Vin de Bordeaux	0.994
Diamants les plus lourds	3.531	Vin de Bourgogne	0,921
Eau de la mer Morte	1,240	Zinc fondu	6,86

TABLE II.

Densité de quelques gaz et vapeurs.

	A 0° ET A 1ᵃᵗ			A 0° ET A 1ᵃᵗ	
	(la densité de l'eau étant prise pour unité.)	(la densité de l'air étant prise pour unité.)		(la densité de l'eau étant prise pour unité.)	(la densité de l'air étant prise pour unité.)
Acide carbonique	0,001981	1,524	Vapeur d'eau . .	0,000811	0,623
Air.	0,001299	1,000	Vapeur de chloroforme . . .	0,004200	3,233
Azote.	0,001268	0,976	Vapeur de mercure	0,009062	6,976
Hydrogène . . .	0,000688	0,069	Vapeur d'éther sulfurique . .	0,003395	2,586
Hydrogène bicarboné	0,001275	0,982	Vapeur d'esprit de bois ou alcool méthylique	0,001352	1,041
Hydrogène protocarboné . . .	0,000722	0,559			
Oxyde de carbone	0,001243	0,967			
Oxygène	0,001433	1,103			
Vapeur d'alcool absolu	0,002096	1,614			

NOTA. Il est bon d'observer que les densités des vapeurs données ci-dessus sont des quantités fictives, car à 0° la tension maximum de ces vapeurs est inférieure à 1ᵃᵗ. On se servira néanmoins de ces densités fictives comme si les vapeurs étaient des gaz permanents. Seulement, chaque fois que, pour une température et une pression déterminées, on obtiendra une densité plus grande que celle de saturation correspondante à ces éléments, cela indiquera que la vapeur est saturée ; et l'on devra alors prendre, pour l'élément inconnu, la densité de saturation que la vapeur considérée possède à la température donnée (table V).

TABLE III.

Comparaison des trois échelles thermométriques.

CENTIGRADE.	RÉAUMUR.	FAHRENHEIT.
+ 260	+ 208	+ 500
255	204	491
250	200	482
245	196	473
240	192	464
235	188	455
230	184	446
225	180	437
220	176	428
215	172	419
210	168	410
205	164	401
200	160	392
195	156	383
190	152	374
185	148	365
180	144	356
175	140	347
170	136	338
165	132	329
160	128	320
155	124	311

CENTIGRADE.	RÉAUMUR.	FAHRENHEIT.
+ 150	+ 120	+ 302
145	116	293
140	112	284
135	108	275
130	104	266
125	100	257
120	96	248
115	92	239
110	88	230
105	84	221
Eau bouillant sous 76ᶜᵐ de pression.		
100	80	212
95	76	203
90	72	194
85	68	185
80	64	176
75	60	167
70	56	158
65	52	149
60	48	140
55	44	131

CENTIGRADE.	RÉAUMUR.	FAHRENHEIT.
+ 50	+ 40	+ 122
45	36	113
40	32	104
35	28	95
30	24	86
25	20	77
20	16	68
15	12	59
10	8	50
5	4	41
Glace fondante.		
0	0	+ 32
— 5	— 4	+ 23
— 10	— 8	+ 14
— 15	— 12	+ 5
— 20	— 16	— 4
— 25	— 20	— 13
— 30	— 24	— 22
— 35	— 28	— 31
— 40	— 32	— 40
— 45	— 36	— 49
— 50	— 40	— 58

TABLE IV.

Tensions, températures, densités et volumes relatifs de la vapeur d'eau.

TENSIONS DE LA VAPEUR			TEMPÉRATURES en degrés centigrades correspondantes aux différentes tensions.	DENSITÉS, ou poids en kilogramme d'un litre de vapeur.	VOLUMES RELATIFS, ou volumes en litres d'un kilogramme de vapeur.
en atmosphères.	en centimètres de mercure.	en kilogr. par centimètre carré.			
atm.	centim.	kilog.	degrés.		
0,00171	0,13	0,0018	— 20°,000	0,0000015	666667,00
0,00250	0,19	0,0026	— 15 ,000	0,0000022	454336,00
0,00340	0,26	0,0036	— 10 ,000	0,0000029	344828,00
0,00470	0,36	0,0050	— 5 ,000	0,0000040	250000,00
0,00660	0,50	0,0069	0 ,000	0,0000054	185185,00
0,00910	0,69	0,0094	+ 5 ,000	0,0000072	138889,00
0,01250	0,95	0,0129	10 ,000	0,0000097	103093,00
0,01680	1,28	0,0170	15 ,000	0,0000130	79365,10
0,02280	1,73	0,0235	20 ,000	0,00 0171	58479,50
0,03040	2,31	0,0314	25 ,000	0,0000225	44444,50
0,04020	3,06	0,0418	30 ,000	0,0000295	33898,20
0,05310	4,04	0,0549	35 ,000	0,0000381	26246,70
0,06980	5,30	0,0720	40 ,000	0,0000491	20366,60
0,09050	6,87	0,0934	45 ,000	0,0000627	15948,90
0,11650	8,87	0,1205	50 ,000	0,0000797	12547,10
0,14950	11,37	0,1544	55 ,000	0,0001005	9951,40
0,19050	14,47	0,1965	60 ,000	0,0001260	7936,50
0,24040	18,27	0,2482	65 ,000	0,0001568	6377,60
0,30130	22,90	0,3112	70 ,000	0,0001932	5176,00
0,37250	28,31	0,3983	75 ,000	0,0002433	4110,20
0,46330	35,21	0,4783	80 ,000	0,0002892	3457,80
0,56800	43,17	0,5865	85 ,000	0,0003497	2859,50
0,69120	52,53	0,7136	90 ,000	0,0004196	2383,20
0,83470	63,43	0,8617	95 ,000	0,0004998	2000,80
1,00000	76,00	1,0340	100 ,100	0,0005920	1689,19
1,25000	95,00	1,2930	106 ,356	0,0007280	1373,21
1,50000	114,00	1,5510	111 ,739	0,0008610	1161,44
1,75000	133,00	1,8090	116 ,420	0,0009930	1007,00
2,00000	152,00	2,0670	120 ,598	0,0011220	891,26
2,25000	171,00	2,3260	124 ,362	0,0012510	799,36
2,50000	190,00	2,5840	127 ,799	0,0013770	726,21
2,75000	209,00	2,8420	130 ,968	0,0015030	665,33
3,00000	228,00	3,1000	133 ,910	0,0016280	614,20
3,25000	247,00	3,3600	136 ,659	0,0017530	570,45
3,50000	266,00	3,6180	139 ,243	0,0018750	533,33
3,75000	285,00	3,8760	141 ,682	0,0019980	505,55
4,00000	304,00	4,1340	144 ,000	0,0021190	471,92
4,25000	323,00	4,3940	146 ,194	0,0022400	446,42
4,50000	342,00	4,6520	148 ,290	0,0023590	423,95
4,75000	361,00	4,9100	150 ,296	0,0024770	403,71
5,00000	380,00	5,1680	152 ,219	0,0025980	384,90
5,25000	399,00	5,4270	154 ,068	0,0027160	368,18
5,50000	418,00	5,6850	155 ,846	0,0028340	352,86
5,75000	437,00	5,9430	157 ,560	0,0029490	339,09
6,00000	456,00	6,2010	159 ,218	0,0030660	326,15
6,25000	475,00	6,4610	160 ,821	0,0031860	313,87
6,50000	494,00	6,7190	162 ,374	0,0032990	303,12
6,75000	513,00	6,9770	163 ,882	0,0034130	293,00
7,00000	532,00	7,2350	165 ,344	0,0035290	283,37
7,25000	551,00	7,4910	166 ,766	0,0036550	273,59
7,50000	570,00	7,7520	168 ,151	0,0037560	263,58
7,75000	589,00	8,0100	169 ,498	0,0038690	258,46
8,00000	608,00	8,2680	170 ,813	0,0039810	251,19
9,00000	684,00	9,3020	175 ,767	0,0044310	225,68
10,00000	760,00	10,3360	180 ,306	0,0048730	205,21
20,00000	1520,00	20,6600	214 ,700	0,0090336	110,70
30,00000	2280,00	30,9900	235 ,400	0,0129770	77,20
40,00000	3040,00	42,3200	252 ,550	0,0167620	59,70
50,00000	3800,00	51,6500	265 ,890	0,0204330	48,90

TABLE V.

Rapport, pour divers degrés de détente. entre la pression moyenne de la vapeur relative à *tout un coup de piston* ou *à la période d'expansion* et la pression initiale (d'après la loi de Mariotte).

INTRODUC-TION en centièmes de la course du piston.	RAPPORT à la pression initiale		INTRODUC-TION en centièmes de la course du piston.	RAPPORT à la pression initiale		INTRODUC-TION en centièmes de la course du piston.	RAPPORT à la pression initiale	
	de la tension moyenne relative à tout un coup de piston.	de la tension moyenne relative à la période de détente.		de la tension moyenne relative à tout un coup de piston.	de la tension moyenne relative à la période de détente.		de la tension moyenne relative à tout un coup de piston.	de la tension moyenne relative à la période de détente.
0,01	0,056	0,047	0,35	0,717	0,565	0,68	0,942	0,822
0,02	0,098	0,080	0,36	0,729	0,575	0,69	0,946	0,826
0,03	0,135	0,108	0,37	0,738	0,584	0,70	0,949	0,831
0,04	0,179	0,134	0,38	0,748	0,593	0,71	0,953	0,838
0,05	0,200	0,158	0,39	0,757	0,602	0,72	0,956	0,844
0,06	0,229	0,180	0,40	0,767	0,611	0,73	0,960	0,850
0,07	0,257	0,201	0,41	0,776	0,620	0,74	0,963	0,857
0,08	0,282	0,220	0,42	0,784	0,628	0,75	0,966	0,863
0,09	0,307	0,238	0,43	0,793	0,637	0,76	0,969	0,870
0,10	0,330	0,256	0,44	0,801	0,645	0,77	0,971	0,875
0,11	0,353	0,273	0,45	0,810	0,653	0,78	0,973	0,881
0,12	0,374	0,289	0,46	0,817	0,661	0,79	0,976	0,887
0,13	0,395	0,305	0,47	0,825	0,670	0,80	0,979	0,892
0,14	0,415	0,320	0,48	0,832	0,678	0,81	0,981	0,898
0,15	0,435	0,335	0,49	0,840	0,685	0,82	0,983	0,904
0,16	0,453	0,349	0,50	0,846	0,693	0,83	0,985	0,910
0,17	0,471	0,363	0,51	0,854	0,701	0,84	0,986	0,916
0,18	0,489	0,376	0,52	0,860	0,708	0,85	0,988	0,921
0,19	0,506	0,390	0,53	0,866	0,716	0,86	0,990	0,926
0,20	0,522	0,402	0,54	0,873	0,723	0,87	0,991	0,932
0,21	0,538	0,415	0,55	0,879	0,731	0,88	0,993	0,937
0,22	0,555	0,427	0,56	0,885	0,738	0,89	0,994	0,942
0,23	0,569	0,439	0,57	0,890	0,745	0,90	0,995	0,949
0,24	0,583	0,451	0,58	0,896	0,752	0,91	0,996	0,953
0,25	0,597	0,462	0,59	0,901	0,759	0,92	0,997	0,958
0,26	0,610	0,473	0,60	0,906	0,766	93	0,997	0,963
0,27	0,624	0,484	0,61	0,912	0,773	0,94	0,998	0,968
0,28	0,636	0,495	0,62	7.916	0,780	0,95	0,999	0,974
0,29	0,649	0,506	0,63	0,921	0,787	0,96	0,999	0,979
0,30	0,661	0,516	0,64	0,925	0,793	0,97	1,000	0,984
0,31	0,673	0,526	0,65	0,930	0,800	0,98	1,000	0,990
0,32	0,685	0,536	0,66	0,934	0,807	0,99	1,000	1,000
0,33	0,696	0,546	0,67	0,939	0,815	1,00	1,000	1,000
0,34	0,707	0,556						

POIDS DU MÈTRE COURANT EN BARRES.   POIDS DU MÈTRE CARRÉ EN FEUILLES.

Diamètres ou côtés.	FERS		CUIVRE ROUGE		Diamètres ou côtés.	FERS		CUIVRE ROUGE.		Épaisseur des feuilles.	Tôle de fer ou d'acier	Cuivre rouge.	Plomb laminé.	Zinc.
	carrés.	ronds.	carré.	rond.		carrés.	ronds.	carré.	rond.					
millim.	kilog.	kilog.	kilog.	kilog.	millim.	kilog.	kilog.	kilog.	kilog.	millim.	kilog.	kilog.	kilog.	kilog.
1	0,0078	0,0061	0,0089	0,0070	31	7,495	5,862	8,553	6,717	1/4	1,947	2,219	2,838	1,715
2	0,031	0,024	0,036	0,028	32	7,936	6,248	9,113	7,158	1/2	3,894	4,438	5,676	3,430
3	0,070	0,055	0,080	0,063	33	8,487	6,645	9,692	7,612	3/4	5,841	6,657	8,514	5,145
4	0,124	0,097	0,142	0,112	34	9,016	7,001	10.288	8,081	1	7,788	8,876	11,352	6,860
5	0,195	0,152	0,222	0,175	35	9,555	7,472	10,902	8,563	2	15,576	17,752	22,704	13,720
6	0,280	0,220	0,320	0,252	36	10,096	7,906	11,536	9,060	3	23,364	26,628	34,056	20,580
7	0,382	0,299	0,436	0,343	37	10,078	8,350	12,184	9,570	4	31,152	35,504	45,408	27,440
8	0,496	0,390	0,570	0,448	38	11,264	8,808	12,852	10,094	5	38,940	44,380	56,760	34,300
9	0,631	0,494	0,720	0,567	39	11,863	9,280	13,537	10,632	6	46,728	53,256	68,112	41,160
10	0,780	0,612	0,890	0,699	40	12,480	9,760	14,240	11,184	7	54,516	62,132	79,464	48,020
11	0,943	0,738	1,077	0,846	41	13,111	10,260	14,960	11,750	8	62,304	71,008	90,816	54,880
12	1,120	0,878	1,281	1,007	42	13,756	10,760	15,700	12,330	9	70,092	79,884	102,168	61,740
13	1,318	1,030	1,504	1,182	43	14,422	11,280	16,456	12,925	10	77,880	88,760	113,520	68,600
14	1,528	1,196	1,744	1,370	44	15,100	11,810	17,232	13,533	11	85,668	97,636	124,872	75,460
15	1,755	1,372	2,002	1,573	45	15,795	12,360	18,022	14,155	12	93,456	106,512	136,224	82,320
16	1,984	1,560	2,278	1,790	46	16,504	12,910	18,832	14,801	13	101,244	115,388	147,576	89,180
17	2,254	1,763	2,572	2,020	47	17,230	13,480	19,660	15,441	14	109,032	124,264	158,928	96,040
18	2,524	1,976	2,884	2,265	48	17,928	14,060	20,504	16,105	15	116,820	133,140	170,280	102,900
19	2,816	2,202	3,213	2,524	49	18,727	14,650	21,369	16,783	16	124,608	142,016	181,632	109,760
20	3,120	2,440	3,560	2,796	50	19,500	15,250	22,248	17,475	17	132,396	150,892	192,984	116,620
21	3,439	2,690	3,925	3,083	55	23,595	18,520	26,922	21,145	18	140,184	159,768	204,336	123,480
22	3,775	2,952	4,308	3,383	60	28,080	22,025	32,040	25,164	19	147,972	168,644	215,688	130,340
23	4,126	3,227	4,708	3,698	65	32,955	25,850	37,602	29,533	20	155,760	177,520	227,040	137,200
24	4,482	3,512	5,126	4,026	70	38,220	29,990	43,608	34,251	21	163,548	186,396	238,392	144,060
25	4,875	3,816	5,562	4,369	75	43,875	34,410	50,062	39,319	22	171,336	195,272	249,744	150,920
26	5,272	4,124	6,016	4,725	80	49,920	39,160	56,960	44,736	23	179,124	204,148	261,096	157,780
27	5,680	4,448	6,488	5,096	85	56,355	44,200	64,302	50,503	24	186,912	213,024	272,448	164,640
28	6,112	4,782	6,978	5,480	90	63,180	49,560	72,088	56,619	25	194,700	221,900	283,800	171,500
29	6,559	5,130	7,485	5,879	95	70,395	55,220	80,322	63,085	26	202,488	230,776	295,152	178,360
30	7,020	5,504	8,010	6,291	100	78,000	61,160	89,000	69,900	27	210,276	239,652	306,504	185,220

TABLE VII.

Circonférences, surfaces, carrés et cubes des nombres de 1 à 120.

Nombres.	Circonférence.	Surface.	Carré.	Cube.	Racine carrée.	Racine cubique.
1	3.14	0.78	1	1	1.000	1.000
2	6.28	3.14	4	8	1.414	1.259
3	9.42	7.07	9	27	1.732	1.442
4	12.57	12.57	16	64	2.000	1.587
5	15.71	19.63	25	125	2.236	1.709
6	18.85	28.27	36	216	2.449	1.817
7	21.99	38.48	49	343	2.645	1.912
8	25.13	50.26	64	512	2.828	2.000
9	28.27	63.61	81	729	3.000	2.080
10	31.41	78.54	100	1000	3.162	2.154
11	34.55	95.03	121	1331	3.316	2.223
12	37.69	113.09	144	1728	3.464	2.289
13	40.84	132.73	169	2197	3.605	2.351
14	43.98	153.93	196	2744	3.741	2.410
15	47.12	176.71	225	3375	3.872	2.466
16	50.26	201.06	256	4096	4.000	2.519
17	53.40	226.98	289	4913	4.123	2.571
18	56.54	254.46	324	5832	4.242	2.620
19	59.69	283.52	361	6859	4.358	2.668
20	62.83	314.15	400	8000	4.472	2.714
21	65.97	346.36	441	9261	4.582	2.758
22	69.11	380.13	484	10648	4.690	2.802
23	72.25	415.47	529	12167	4.795	2.843
24	75.39	452.38	576	13824	4.898	2.884
25	78.54	490.87	625	15625	5.000	2.924
26	81.68	530.93	676	17576	5.099	2.962
27	84.82	572.55	729	19683	5.196	3.000
28	87.96	615.75	784	21952	5.291	3.036
29	91.10	660.52	841	24389	5.385	3.072
30	94.24	706.85	900	27000	5.477	3.107
31	97.38	754.76	961	29791	5.567	3.141
32	100.53	804.24	1024	32768	5.656	3.174
33	103.67	855.29	1089	35937	5.744	3.207
34	106.81	907.92	1156	39304	5.830	3.239
35	109.95	962.11	1225	42875	5.916	3.271
36	113.09	1017.87	1296	46656	6.000	3.301
37	116.23	1075.21	1369	50653	6.082	3.332
38	119.38	1134.11	1444	54872	6.164	3.361
39	122.52	1194.59	1521	59319	6.244	3.391
40	125.66	1256.63	1600	64000	6.324	3.419
41	128.80	1320.25	1681	68921	6.403	3.448
42	131.94	1385.44	1764	74088	6.480	3.476
43	135.08	1452.20	1849	79507	6.557	3.505
44	138.23	1520.52	1936	85184	6.633	3.530
45	141.37	1590.43	2025	91125	6.708	3.556
46	144.51	1661.90	2116	97336	6.782	3.583
47	147.65	1734.94	2209	103823	6.855	3.608
48	150.79	1809.55	2304	110592	6.928	3.634
49	153.93	1885.74	2401	117649	7.000	3.659
50	157.08	1963.49	2500	125000	7.071	3.684
51	160.22	2042.82	2601	132651	7.141	3.708
52	163.36	2123.71	2704	140608	7.211	3.732
53	166.50	2206.18	2809	148877	7.280	3.756
54	169.64	2290.21	2916	157464	7.348	3.779
55	172.78	2375.82	3025	166375	7.416	3.802
56	175.92	2463.01	3136	175616	7.483	3.825
57	179.07	2551.75	3249	185193	7.549	3.848
58	182.21	2642.08	3364	195112	7.615	3.870
59	185.35	2753.97	3481	205379	7.681	3.892
60	188.49	2827.43	3600	216000	7.745	3.914
61	191.63	2922.47	3721	226981	7.810	3.936
62	194.77	3019.07	3844	238328	7.874	3.957
63	197.92	3117.24	3969	250047	7.937	3.979
64	201.06	3216.99	4096	262144	8.000	4.000
65	204.20	3318.30	4225	274625	8.062	4.020
66	207.34	3421.18	4356	287496	8.124	4.041
67	210.48	3525.65	4489	300763	8.185	4.061
68	213.62	3631.68	4624	314432	8.246	4.081
69	216.77	3739.28	4761	328509	8.306	4.101
70	219.91	3848.45	4900	343000	8.366	4.121
71	223.05	3959.19	5041	357911	8.426	4.140
72	226.19	4071.50	5184	373248	8.485	4.160
73	229.33	4185.38	5329	389017	8.544	4.179
74	232.47	4300.84	5476	405224	8.602	4.198
75	235.61	4417.86	5625	421875	8.660	4.217
76	238.76	4536.45	5776	438976	8.717	4.235
77	241.90	4656.62	5929	456533	8.774	4.254
78	245.04	4778.36	6084	474552	8.831	4.272
79	248.18	4901.66	6241	493039	8.888	4.290
80	251.32	5026.54	6400	512000	8.944	4.308
81	254.46	5153.00	6561	531441	9.000	4.326
82	257.61	5281.01	6724	551368	9.055	4.344
83	260.75	5410.59	6889	571787	9.110	4.362
84	263.89	5541.77	7056	592704	9.165	4.379
85	267.03	5674.50	7225	614125	9.219	4.396
86	270.17	5808.80	7396	636056	9.273	4.414
87	273.51	5944.67	7569	658503	9.327	4.431
88	276.46	6082.11	7744	681472	9.380	4.447
89	279.60	6221.13	7921	704969	9.433	4.464
90	282.74	6361.72	8100	729000	9.486	4.481
91	285.88	6503.87	8281	753571	9.539	4.497
92	289.02	6647.61	8464	778688	9.591	4.514
93	292.16	6792.90	8649	804357	9.645	4.530
94	295.31	6939.78	8836	830584	9.695	4.546
95	298.45	7088.21	9025	857375	9.746	4.562
96	301.59	7258.23	9216	884736	9.797	4.578
97	304.73	7389.81	9409	912673	9.848	4.594
98	307.87	7542.96	9604	941192	9.899	4.610
99	311.01	7697.68	9801	970299	9.949	4.626
100	314.15	7853.97	10000	1000000	10.000	4.641
101	317.30	8011.86	10201	1030301	10.049	4.657
102	320.44	8171.30	10404	1061208	10.099	4.672
103	323.58	8332.30	10609	1092727	10.148	4.687
104	326.72	8494.88	10816	1124864	10.198	4.702
105	329.86	8659.03	11025	1157625	10.246	4.717
106	333.00	8824.75	11236	1191016	10.295	4.732
107	336.15	8992.04	11449	1225013	10.344	4.747
108	339.29	9160.90	11664	1259712	10.392	4.762
109	342.43	9331.33	11881	1295029	10.440	4.776
110	345.57	9503.34	12100	1331000	10.488	4.791
111	348.71	9676.91	12321	1367631	10.535	4.805
112	351.85	9852.05	12544	1401928	10.583	4.820
113	355.01	10028.77	12769	1442897	10.630	4.834
114	358.14	10207.05	12996	1481544	10.677	4.848
115	361.28	10386.91	13225	1520875	10.723	4.862
116	364.42	10568.34	13456	1560896	10.770	4.876
117	367.56	10751.34	13689	1601613	10.816	4.890
118	370.70	10935.90	13924	1643032	10.862	4.904
119	373.85	11122.04	14161	1685159	10.908	4.918
120	376.99	11309.76	14400	1728000	10.954	4.932

TABLE ANALYTIQUE DES MATIÈRES.

CHAPITRE PREMIER.

NOTIONS DE MÉCANIQUE ET DE PHYSIQUE.

Chap. Ier, § 1er. — Notions succinctes de mécanique.

Chap. 1er, § 2. — Notions succinctes de physique.

CHAPITRE II.

DES APPAREILS A VAPEUR DE NAVIGATION.

Chap. II, § 1ᵉʳ — Emploi de la vapeur comme force motrice.

CHAPITRE III.

DÉTAILS DE CONSTRUCTION DES DIVERSES PIÈCES DES MACHINES A VAPEUR DE NAVIGATION.

Chap. III, § 1er. — Des matériaux en usage dans les machines.

Chap. III, § 2. — Cylindres et pistons a vapeur. — Distributeurs et mise en marche. — Valves de prise de vapeur et organes de détente variable.

Chap. III, § 3. — Condenseurs, pompes a air et bâches.

Chap. III, § 4. — Organes de transmission de mouvement.
Pièces d'assises et graisseurs

CHAPITRE IV.

DES PROPULSEURS.

Chap. IV, § 1er. — De l'hélice.

Chap. IV, § 2. — Des roues a aubes.

CHAPITRE V.

DES APPAREILS ÉVAPORATOIRES ET DE LEURS ACCESSOIRES.

CHAP. V, § 1ᵉʳ. — DESCRIPTION DES CHAUDIÈRES MARINES.

CHAP. V, § 2. — DES APPAREILS ALIMENTAIRES ET D'ÉPUISEMENT DE CALE.

CHAPITRE VI.

CONDUITE DES APPAREILS A VAPEUR DE NAVIGATION.

CHAP. VI, § 1er. — DES COMBUSTIBLES.

CHAP. VI, § 2. — PRÉCAUTIONS A PRENDRE AUX CHAUDIÈRES AVANT LA MISE EN MARCHE.

CHAP. VI, § 3. — SOINS A DONNER AUX CHAUDIÈRES PENDANT LA MARCHE.

CHAPITRE VII.

CONDUITE DES MACHINES.

CHAPITRE VIII.

EXEMPLES D'AVARIES; RÉPARATIONS EFFECTUÉES AVEC LES MOYENS DU BORD.

CHAP. VIII, § 2. — AVARIES DANS LES CHAUDIÈRES ET DANS LEURS ORGANES.

CHAP. VIII, § 3. — DES EXPLOSIONS ET DES COMBUSTIONS SPONTANÉES.

INDEX DES TABLES

FIN DE LA TABLE ANALYTIQUE DES MATIÈRES.

VOIE
MATÉRIEL ROULANT
ET
EXPLOITATION TECHNIQUE
DES
CHEMINS DE FER

OUVRAGE SUIVI D'UN APPENDICE SUR LES **TRAVAUX D'ART**

PAR

M. CH. COUCHE,

Inspecteur général des mines, Professeur du cours de construction et de chemins de fer à l'École des mines.

Les tables des matières de ces volumes, reproduites ci-après, donneront une idée de l'importance des sujets traités et de la nouveauté de quelques-uns d'entre eux.

LIVRE Ier. — VOIE.

LIVRE III. — TRACTION.

NOTES ET ADDITIONS.

Paris. — Imprimerie Arnous de Rivière, rue Racine, 26.

BULLETIN DE SOUSCRIPTION

Pour chacun des trois volumes, qui peut être acheté séparément.

Le tome Ier, **Voie**, 35 fr.
Le tome II, **Matériel de transport et traction**, 85 fr.
Le tome III, **Mécanisme de la locomotive**, 50 fr.

Je, soussigné, déclare souscrire (¹) _______________________

qui me sera adressé (²) _______________________

moyennant la somme de 35, 85 ou 50 francs (³), *pour lesquels j'envoie*

5 francs en mandat-poste. — Le reste sera payé, en mandat-poste, par

acompte mensuels de 5 francs.

A _______________ *le* _______________ *187*

Signature (⁴) :

(¹) Indiquer le tome qu'on désire.
(²) Mettre son adresse.
(³) Ne conserver que le prix du tome qu'on désire.
(⁴) Signer très-lisiblement.

Paris. — Imprimerie Arnous de Rivière, rue Racine, **26**.

GUIDE

DU

CAPITAINE

ET DU

MÉCANICIEN DE LA MARINE A VAPEUR DU COMMERCE

A L'USAGE

DES CANDIDATS AUX GRADES DE CAPITAINE AU LONG COURS, DE MAITRE AU CABOTAGE
AINSI QUE DES MÉCANICIENS DU COMMERCE

Par A. LEDIEU, O. ✳, O. ⊕, ✳,

ANCIEN OFFICIER DE VAISSEAU, EXAMINATEUR DE LA MARINE,
PRIX EXTRAORDINAIRE DE L'ACADÉMIE DES SCIENCES POUR L'APPLICATION DE LA VAPEUR A LA FLOTTE,
CORRESPONDANT DE L'INSTITUT.

DEUXIÈME ÉDITION REVUE

AVEC L'EXTRAIT DES APPAREILS A VAPEUR DE NAVIGATION

Par H. HUBAC, ✳, ⊕,

MÉCANICIEN PRINCIPAL DE PREMIÈRE CLASSE,
PROFESSEUR DE MACHINES A VAPEUR SUR LE VAISSEAU-ÉCOLE.

AVEC LE CONCOURS DE

M. GILBERT, ✳,

MÉCANICIEN PRINCIPAL DE DEUXIÈME CLASSE,
ADJOINT A L'ENSEIGNEMENT DES MACHINES A VAPEUR SUR LE VAISSEAU-ÉCOLE.

Conformément aux derniers programmes officiels.

ATLAS

PARIS

DUNOD, ÉDITEUR

LIBRAIRE DES CORPS DES PONTS ET CHAUSSÉES, DES MINES ET DES TÉLÉGRAPHES
49, QUAI DES AUGUSTINS, 49

1880

(Droits de traduction et de reproduction réservés)

————◇◇◇————

• Les planches où se trouvent dessinés plusieurs appareils à vapeur complets sont divisés en *sections*. Chaque section comprend toutes les vues relatives à un même appareil.

2° Dans tous les appareils à vapeur, on a adopté les mêmes *notations* pour désigner les mêmes organes. Ces *notations* ont été, autant que possible, formées de la première ou des deux premières lettres du nom des pièces qu'elles représentent. Quand leur nombre n'a pas été suffisant, on a eu recours aux chiffres ordinaires. Mais alors on n'a attribué à chacun de ces derniers aucune signification spéciale ; on les a seulement réservés pour les organes tout à fait secondaires. — En outre, chaque fois qu'une pièce d'une espèce donnée s'est trouvée multiple sur un même appareil ou mécanisme, on s'est néanmoins borné à l'y désigner par une seule notation, mais on a écrit son nom au pluriel dans la légende.

3° Afin d'éviter les doubles emplois, on a disposé les légendes de façon que leur ensemble convienne à la fois aux appareils de même genre qui se trouvent groupés sur la même planche. De la sorte, il arrive fréquemment que des *notations* de ces légendes ne se voient que sur *quelques-uns* des appareils en question, soit parce que les pièces correspondantes n'existent pas sur *les autres*, soit parce que, tout en y existant, elles ne sont pas visibles ou ont été omises à l'effet de simplifier les dessins.

4° Pour faciliter l'intelligence à première vue du mouvement général des mécanismes, et en particulier des appareils à vapeur que renferment nos planches, nous avons adopté les trois flèches conventionnelles suivantes :

——► Cette première flèche, qui est *simple*, concerne le mouvement des fluides, vapeur ou eau, en train de s'introduire dans un vase.

⯈—► Cette seconde flèche qui est munie de *barbes*, convient au mouvement des fluides qui évacuent un récipient.

•—► Cette troisième flèche, qui se distingue par un *point sur la queue*, a été réservée pour les mouvements des organes de transmission.

5° Tous les appareils à vapeur de navigation de cet Atlas sont représentés fonctionnant pour la marche en avant. Leurs divers organes et pièces mobiles ont été placés avec le plus grand soin dans leurs positions respectives qui conviennent à ce fonctionnement. Ajoutons, à titre de renseignement, que ceux de ces appareils qui sont à hélice commandent, pour la plupart, des propulseurs de pas à droite, c'est-à-dire dont les ailes tournent de bâbord à tribord dans leur demi-rotation supérieure.

INDEX DES PLANCHES

PLANCHE I.

Section 1. Machine ordinaire, oscillante verticale droite à deux cylindres (à roues ou à hélice avec engrenage), avec condensation par mélange : type d'*Indret*; ingénieur, M. *Moll*.

Section 2. Machine ordinaire, oscillante verticale droite à deux cylindres (à roues), avec condensation par mélange : autre type d'*Indret* : ingénieur, M. *Sabattier*.

PLANCHE II.

Section 1. Machine ordinaire, horizontale à bielle en retour à deux cylindres (à hélice), avec condensation par mélange : type *Dupuy de Lôme*.

Section 2. Machine ordinaire, horizontale à bielle en retour à deux cylindres (à hélice), avec condensation par mélange : type *Mazeline* ; ingénieur, M. *Cody*.

PLANCHE III.

Section 1. Machine ordinaire, à pilon à deux cylindres (à hélice), avec condensation par surface : type *Caird* de Greenock (Écosse).

Section 2. Machine ordinaire, horizontale à bielle en retour à trois cylindres points morts à 120° (à hélice), avec condensation par mélange : type des *Chantiers et ateliers de l'Océan* : ingénieur, M. *Cody*.

Section 3. Machine Woolf, horizontale à bielle en retour à trois cylindres côte à côte points morts à 90° et 135° (à hélice), avec condensation par mélange : type des *Chantiers et ateliers de l'Océan* ; ingénieur, M. *Cody*.

PLANCHE IV.

Section 1. Machine Woolf, horizontale à bielle en retour à trois cylindres côte à côte points morts à 90° et 135° (à hélice), avec condensation par mélange : type d'*Indret* : ingénieur, M. *Sabattier*.

Section 2. Machine Woolf, horizontale à bielle en retour à trois cylindres côte à côte points morts à 90° et 135° (à hélice), avec condensation par mélange : type du *Creusot* ; ingénieur, M. *Mathieu*.

Section 3. Machine Woolf, horizontale à bielle en retour à trois cylindres côte à côte points morts à 90° et 135° (à hélice), avec condensation par mélange : type des *Forges et chantiers de la Méditerranée* ; ingénieur, M. *Lecointre*.

PLANCHE V.

Avaries et réparations.

23 500 — Typographie A. Lahure, rue de Fleurus, 9, à Paris.

PLANCHE I.

SECTION 1.	**SECTION 2.**

Machine ordinaire, oscillante verticale droite à deux cylindres à roues (ou à hélice avec engrenage), avec condensation par mélange : — Ingénieur, M. Moll, à Indret.

Machine ordinaire, oscillante verticale droite à deux cylindres à roues, avec condensation par mélange : — Ingénieur, M. Sabattier, à Indret.

La *fig.* 4 bis, représente une excellente disposition des pompes à air à fourreau de la machine oscillante construite par l'usine Mazeline pour le croiseur le *Rapide*.

Le type de cette section se rencontre à bord de beaucoup d'avisos à roues ou à hélice avec engrenage.

Sur la *fig.* 1, on a brisé la tige de piston du cylindre de tribord, afin de maintenir ce récipient vertical sur le dessin, et d'éviter de le projeter en raccourci.

Le type de cette section se rencontre à bord d'un grand nombre d'avisos à roues.

LÉGENDE, par ordre alphabétique et numérique, commune aux deux sections de la Planche I (Il est indispensable, pour la complète intelligence de cette légende, d'avoir présent à la mémoire le nota général du commencement de l'Atlas).

A Arbre de couche.

A^{ar} Arrière.

A^{v} Avant.

A' (Sect. 1) Arbre de l'hélice.

a Leviers, de forme arrondie et brisée, faisant partie des renvois de mouvement de tiroir.

B_b Bâches.

B^d Bâbord.

b Bielles de pompe à air.

C Cylindres à vapeur.

C_c Condenseurs.

c Cames ou excentriques de détente.

D Tiroirs de distribution en coquille : ils sont au nombre de deux par cylindre sur l'appareil sect. 2.

D_d Tuyaux de décharge. — Sur la sect. 1, lorsque l'appareil conduit une hélice et se trouve par conséquent établi dans le sens de la longueur du bâtiment, ces tuyaux, au lieu de déboucher, comme il est indiqué sur la *fig.* 2, des faces de côté des bâches, partent de leurs faces extérieures à la machine. — Sur l'appareil sect. 2, ils font un grand coude, de façon à venir se loger au-dessous du parquet de la machine jusqu'en abord, où ils se relèvent, pour aller traverser la muraille du navire au-dessus de la flottaison.

d Détentes à soupapes équilibrées, ou à plaques frottantes.

E Conduits d'évacuation venus de fonte avec chaque cylindre, et l'entourant pour venir déboucher dans un de ses tourillons.

E' Tuyaux d'évacuation formant les prolongements des conduits précédents.

e Excentriques de tiroir.

F Fourreau de pompe à air.

f Plaque de fondation.

G (Sect. 1) Glissières de traverse de pompe à air.

g (Sect. 1) Coulisseaux de traverse de pompe à air.

H Grands paliers.

H' (Sect. 1) Palier de butée et palier d'arbre d'hélice.

h Paliers de levier de tiroir.

I Régulateurs d'injection.

i (Sect. 2) Injection de cale.

J Tiges de détente.

j Tiges de chariot ou d'excentrique de détente.

K Paliers de tourillon de cylindre.

k Tourillons de cylindre.

l Bras clavetés sur les tourillons, et servant à conduire les petites pompes.

M Grandes manivelles.

M' Vilebrequin destiné à mouvoir les pompes à air.

m Roues ou volants et leviers de mise en train.

N Entablement de la machine.

n Colonnettes supportant l'entablement et formant bâtis, et de plus (Sect. 2) tirants reliant la partie supérieure de la machine à la plaque de fondation ainsi qu'à la muraille du bâtiment.

O Boîtes à tiroir.

O' Boîtes à détente.

o (Sect. 1) Orifices de cylindre.

P Grands pistons.

P_a Pompes à air.

P_c Pompes de cale.

P_{al} Pompes alimentaires.

p Pistons de pompe à air.

Q Tiges de tiroir.

q Bielles d'excentrique de tiroir.

R (Sect. 1) Grande roue dentée montée sur l'arbre de couche, et entraînant le pignon R'.

R' (Sect. 1) Pignon de l'arbre de l'hélice.

r Renflards.

S Arcs de mouvement de tiroir. Chacun de ces arcs est maintenu en ligne droite par deux colonnettes n, le long desquelles il glisse, et en ordre par une tige 28 faisant corps avec lui, et dirigée par une douille 29.

s Soupape de purge, et (Sect. 1) tuyau de prise de vapeur de cette soupape allant aboutir au tuyau V correspondant.

T Tiges de grand piston.

T' Tribord.

t (Sect. 1) Tiges de piston de pompe à air.

u (Sect. 1) Tés ou traverses de pompe à air.

V Tuyaux d'arrivée de vapeur.

V' Conduits d'arrivée de vapeur venus de fonte avec chaque cylindre, qu'ils contournent, en partant d'un de ses tourillons, pour venir déboucher dans la boîte à tiroir correspondante.

v Valves de prise de vapeur, ou boîtes contenant ces valves.

XX, YY (Sect. 2), ZZ (Sect. 1) : Lignes de coupe.

1 Axes et renvois de mouvement de valve de prise de vapeur.

2 (Sect. 1) Poignée servant à manœuvrer à la main la détente variable correspondante, et à en suspendre l'action.

3 (Sect. 1) Petite came flexible munie d'un adent, sur lequel se croche la poignée précédente pour tenir la détente déclenchée.

4 Presse-étoupe de tige de piston à vapeur.

4' Presse-étoupe de tourillon.

5 Soupapes de sûreté de cylindre maintenues à l'aide de ressorts à boudin. Celles du bas sont munies chacune d'un levier, qu'on manœuvre du parquet de la machine avec une tringle, pour purger les cylindres au départ.

5' Robinets graisseurs de cylindre.

6 (Sect. 1) Contre-poids fixés à chaque cylindre pour en équilibrer le tiroir autour de l'axe des tourillons.

7 Plongeurs d'injection.

8 Trous d'homme de condenseur ou de bâche.

9 (Sect. 1) Cloison de séparation des deux condenseurs. Cette cloison s'étend dans le sens de l'axe des tourillons; et sa partie supérieure forme une surface gauche ayant le contour d'or. S, afin de permettre à chacun des deux tourillons d'évacuation de déboucher dans un condenseur distinct.

10 Clapets de pied de pompe à air

11 Clapets de tête de pompe à air } avec leurs boîtiers.

12 Clapets de piston de pompe à air

13 Fort boulon fixant le fourreau F avec le piston de la pompe à air, et ayant son extrémité supérieure articulée avec le pied de la bielle de cette pompe.

14 (Sect. 1) Petits tuyaux par lesquels s'échappe l'air des bâches quand il est trop comprimé.

15 Pistons plongeurs et à fourreau de pompe alimentaire et de cale.

16 (Sect. 1) Tuyaux de communication des pompes alimentaires avec les boîtes 17.

17 (Sect. 1) Boîtes alimentaires.

18 (Sect. 1) Conduits et trous d'aspiration de pompe alimentaire.

19 (Sect. 1) Conduits et trous de trop-plein de boîte alimentaire.

20 (Sect. 1) Contre-poids de clapet de trop-plein de boîte alimentaire.

21 (Sect. 1) Tuyaux de refoulement de pompe alimentaire.

22 (Sect. 1) Balot fixé sur l'arbre de couche.

23 (Sect. 1) Toc faisant corps avec chaque excentrique de tiroir, et entraîné par le balot précédent.

24 Contre-poids d'excentrique de tiroir.

25 (Sect. 1) Tés de tiroir; ou (Sect. 2) carrés évidés venus de forge avec les tiges de tiroir.

26 Tiges ou douilles directrices des pièces précédentes.

27 (Sect. 1) Petites bielles reliant les tés de tiroir aux leviers a.

28 Tiges faisant corps avec les arcs S, qu'elles servent à guider à l'aide des douilles 29.

29 Douilles fixées à l'entablement, et dans lesquelles glissent les tiges précédentes.

30 Bouton d'entraînement incrusté dans chaque tige 28, et par l'intermédiaire duquel la bielle d'excentrique correspondante entraîne son arc à ce mouvement de tiroir.

31 Mécanisme pour déclancher chaque bielle d'excentrique de tiroir.

32 Garde de bielle d'excentrique de tiroir, empêchant cette bielle de trop s'écarter du bouton d'entraînement, quand elle en est déclanchée.

33 Ressort à boudin qui tend toujours, pendant la marche, à maintenir l'encoche de la bielle d'excentrique correspondante en prise avec son bouton d'entraînement.

34 (Sect. 1) Pignon engrené avec une crémaillère entaillée dans chaque tige 28.

35 (Sect. 1) Arbre qui porte le pignon 34 ainsi que le volant correspondant m, et par l'intermédiaire duquel on manœuvre à bras chaque tiroir.

36 (Sect. 1) Manchon claveté sur l'arbre précédent et portant des adents.

37 (Sect. 1) Prisonnier incrusté dans l'arbre 35, et ayant son bout libre fileté.

38 (Sect. 1) Petite roue formant écrou, et se vissant sur le prisonnier précédent.

39 (Sect. 1) Plaque rapportée à demeure sur le volant m, et servant de calet à la roue-écrou 38. Cette dernière pièce peut de la sorte entraîner le volant en question le long de l'arbre 35, et par conséquent en faire mordre à volonté les adents du moyeu avec ceux du manchon 36. En un mot elle permet de rendre ce volant indépendant de son arbre, afin qu'en marche on puisse le tenir immobile.

40 Roulettes de chariot de détente, contre lesquelles viennent buter les cames c (sect. 1); — ou (sect. 2) roues dentées fixées sur l'arbre de couche : ces roues engrènent chacune avec une vis sans fin qui est montée sur le chariot correspondant d'excentrique de détente, et qui sert à changer le calage de ce chariot pour modifier le degré d'expansion.

41 (sect. 1) Fourchettes faisant correspondre les roulettes précédentes à telles et telles cames suivant le degré d'introduction qu'on veut avoir, ou (sect. 2) mécanisme pour faire manœuvrer par la machine elle-même chaque vis sans fin dont il est parlé en 40.

42 (Sect. 1) Petites poulies à gorge destinées à manœuvrer du parquet de la machine, à l'aide d'une corde sans fin, les fourchettes 41.

43 (Sect. 1) Contre-poids de rappel obligeant les soupapes de détente à se refermer chaque fois que les cames cessent de les soulever, ou (sect. 2) forçant les plaques frottantes de détente à découvrir leurs orifices, quand, pour suspendre l'action de ces plaques, on les déclanche d'avec leurs excentriques.

44 (Sect. 1) Grain de butée en acier fixé avec un prisonnier sur le bout de l'arbre de l'hélice.

45 (Sect. 1) Plaque de butée en fer.

46 (Sect. 1) Boulon destiné à faire toujours bien porter la plaque précédente contre le grain de butée.

47 (Sect. 2) Soupape servant à marcher au besoin sans condensation. Car son ouverture établit une communication directe entre le condenseur et la bâche, et permet à la vapeur de s'échapper immédiatement par le tuyau de décharge.

48 (Sect. 2) Compensateurs de tiroir.

[illegible] qu[illegible]
habitat.

[illegible] la ma[illegible]

[illegible]lies avec [illegible]

Se ! (il est in[illegible]

[illegible] 1) Grand[illegible]
[illegible] le p[illegible]oo[illegible]
[illegible] 1) E.goo[illegible]
[illegible]
[illegible] de trouve[illegible]
[illegible]droite pa[illegible]
[illegible]ette pa[illegible]
[illegible] ?.
[illegible]e por[illegible]
[illegible] dan[illegible] al[illegible]
[illegible]grand[illegible]
[illegible]
[illegible] Tiges [illegible]
[illegible] 1) les o[illegible]
[illegible] d'arri[illegible]
[illegible]ls d'arri[illegible]
[illegible] e tour[illegible]
[illegible]er une l[illegible]
[illegible] de prise [illegible]
[illegible] ?. Z[illegible]
[illegible] le bois [illegible]
[illegible] ligne[illegible]
[illegible] roulant [illegible]
[illegible] Petite [illegible]
[illegible]tre pra[illegible]
[illegible]une de[illegible]
[illegible]oupe de[illegible]
[illegible]s de sir[illegible]
[illegible]n. Ledes[illegible]
[illegible]vie du[illegible]
[illegible] les cyl[illegible]
[illegible]asse[illegible]
[illegible] Centre-[illegible]
[illegible] autou[illegible]
[illegible]s d'uré[illegible]
[illegible]une de[illegible]
[illegible] liaison[illegible]
[illegible] dans l[illegible]
[illegible] ferme u[illegible]
[illegible]tre a cl[illegible]
[illegible]e ur[illegible]
[illegible]pied [illegible]
[illegible] tête d[illegible]
[illegible] de piston[illegible]
[illegible] a fixa[illegible]
[illegible]it son[illegible]
[illegible] cette [illegible]
[illegible] Petits [illegible]
[illegible] il est tr[illegible]
[illegible]eur[illegible]
[illegible] Tuvaux [illegible]
[illegible] E[illegible]
[illegible]tes a[illegible]
[illegible]duit[illegible]
[illegible]aduit[illegible]
[illegible] Centre-[illegible]
[illegible] Tuvaux[illegible]
[illegible] Rabot [illegible]
[illegible]e fais[illegible]
[illegible] par le b[illegible]
[illegible]ds d'es[illegible]

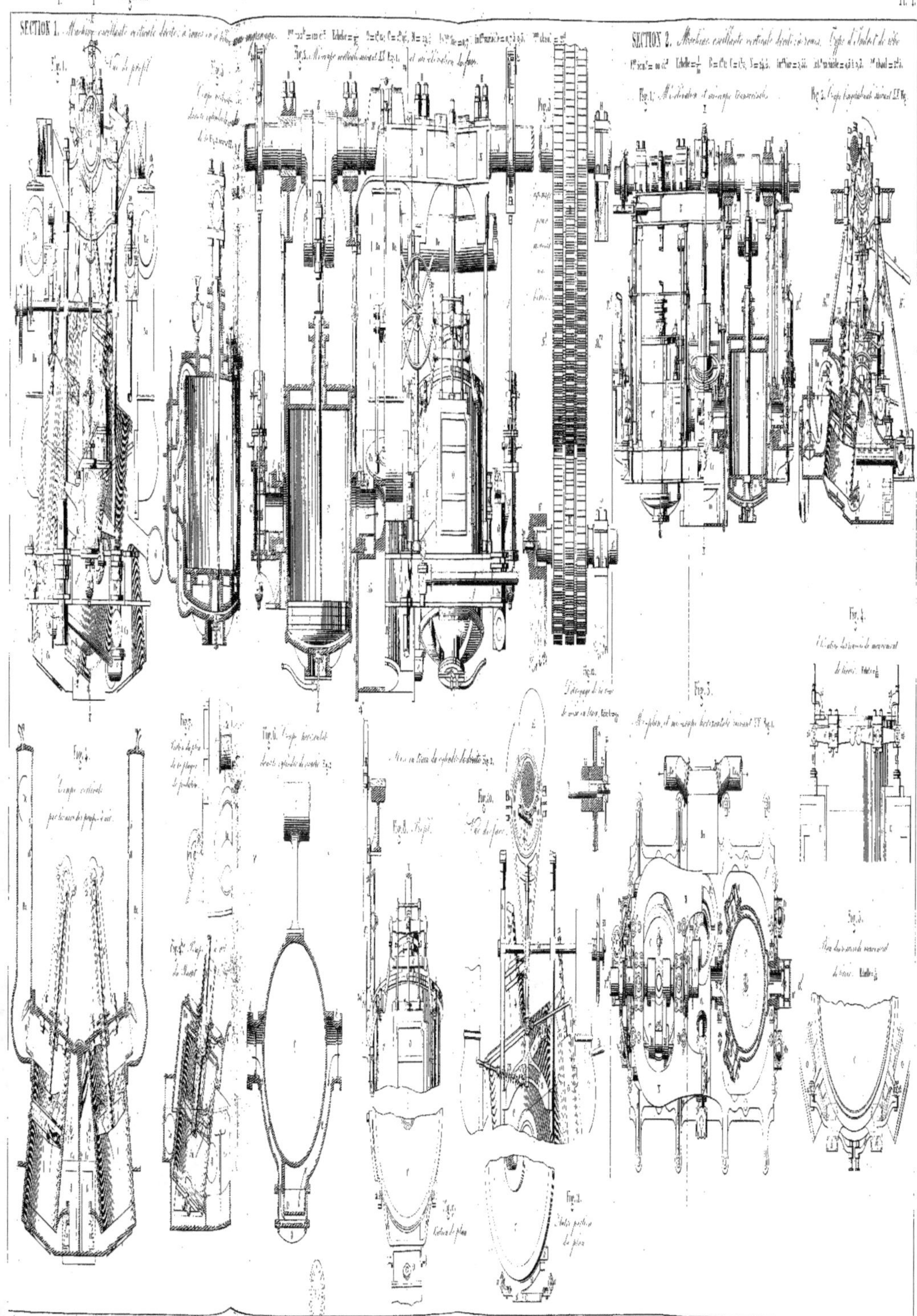

SECTION 1. Machine oscillante verticale directe, à roues, avec engrenage.
SECTION 2. Machine oscillante verticale directe, à roues. Type d'Indret de 450.
Fig. 1.
Fig. 2.
Fig. 3.
Fig. 4.
Fig. 5.
Vue de profil

SECTION 1.

Machine ordinaire, horizontale à bielle en retour à deux cylindres (à hélice), avec condensation par mélange : — type Dupuy de Lôme.

Le type de cette section a été exécuté dans l'arsenal de Toulon et aux forges et chantiers de la Méditerranée à Marseille, pour quelques bâtiments blindés, pour plusieurs vaisseaux, frégates et avisos rapides, et enfin pour quelques transports mixtes. — On a également construit à l'usine de la Ciotat, sous la direction de M. l'ingénieur Delacour, pour des paquebots des messageries maritimes.

SECTION 2.

Machine ordinaire, horizontale à bielle en retour à deux cylindres (à hélice), avec condensation par mélange : — Type Mazeline de 1857. Ingénieur, M. Coly, au Havre.

Le type de cette section se rencontre sur un grand nombre de vaisseaux, frégates et transports mixtes, ainsi que sur beaucoup d'avisos rapides. Il se voit encore sur deux frégates rapides de 500 chevaux, mais avec quatre cylindres, au lieu de deux seulement. D'ailleurs les appareils de ces derniers bâtiments, ainsi que ceux d'un certain nombre des transports précités, ont des détentes du système Meyer.

LÉGENDE, par ordre alphabétique et numérique, commune aux deux sections de la Planche II (Il est indispensable, pour la complète intelligence de cette légende, d'avoir présent à la mémoire le nota général du commencement de l'Atlas).

A — Arbre de couche.

A^{rr} — Arrière.

A^{av} — Avant.

a — Arbre des tiroirs.

B — Grandes boîtes.

B_1 — Bielles.

B' — Bâbord.

b — Bras conducteur de tige de pompe à air.

C — Cylindres.

C_1 — Condenseurs.

e — Excentriques de détente.

D — Tiroirs de distribution en D long ou en coquille.

D_1 — Tuyaux de décharge.

d — Détentes à cylindres creux ou à papillon.

E — Conduits d'évacuation venus de fonte avec les boîtes à tiroirs, ou avec les cylindres et les condenseurs.

E' — (Sect. 1) Tuyaux d'évacuation formant les prolongements des conduits précédents.

e — Excentriques ou manivelles de tiroir.

f — Plaque de fondation.

G — Glissières de grande traverse.

g — Coulisseau de grande traverse.

H — Grands paliers.

h — Paliers de l'arbre des tiroirs.

I — Régulateurs d'injection.

J — Tiges ou axes de détente.

j — Bielles d'excentrique de détente.

l — Renvois de mouvement de pompe alimentaire.

l' — Renvois de mouvement de pompe de cale.

M — Grandes manivelles.

m — Volants ou roues de mise en train.

n — Bâtis.

O — Boîtes à tiroir.

O' — Boîtes à détente.

o — Orifices de cylindre.

P — Grands pistons.

P_1 — Pompes à air.

P_2 — Pompes de cale.

P_3 — Pompes alimentaires.

p — Pistons de pompe à air.

Q — Tiges ou contre-tiges de tiroir.

q — Tiges d'excentrique, ou bielles de manivelle de tiroir.

R — Roue dentée clavetée sur l'arbre de couche.

R' — Autre roue dentée entraînée par la précédente, et montée folle sur l'arbre des tiroirs, de façon que celui-ci puisse se décaler par rapport à elle.

r — Reniflards.

s — (Sect. 1) Robinets et tuyaux de purge de condenseur : ces robinets ont leur prise de vapeur sur les boîtes à détente, et leur débouché dans les tuyaux d'évacuation.

T — Tiges de grand piston.

T' — Tribord.

t — Tiges de piston de pompe à air.

U — Traverses de grand piston.

u — Tés ou traverses de tiroir.

V — Tuyaux d'arrivée de vapeur.

v — Valves de prise de vapeur.

XX, xx' (Sect. 1), $xx'x'$ (Sect. 1), YY... ZZ (Sect. 2) : Lignes de coupe.

1 (Sect. 1) Passages à travers lesquels passent d'énormes boulons joignant les bâtis aux cylindres : et boulons reliant verticalement le haut de ces récipients avec les plaques de fondation.

2 (Sect. 1) Colonnes creuses destinées à supporter les condenseurs, et à travers lesquelles les reniflards communiquent avec ces récipients, et les pompes alimentaires avec les bâches.

3 Poignées et tiges pour manœuvrer les valves de prise de vapeur.

4 (Sect. 2) Petits robinets purgeurs avec tuyaux, permettant à la vapeur condensée des boîtes à tiroir de se rendre aux condenseurs par les conduits d'évacuation E.

5 Presse-étoupe de tige de grand piston.

6 Soupapes de sûreté de cylindre.

7 (Sect. 2) Bouchons de visite des cylindres, servant à pénétrer dans ces récipients sans enlever leur fond ou leur couvercle.

8 Purgeurs continus avec leurs tuyaux de communication aux cylindres et aux condenseurs.

9 Renvois de mouvement des purgeurs continus. Ces renvois sont commandés par les tiges ou contre-tiges de tiroir.

10 (Sect. 1) Enveloppes en tôle fixées sur les cylindres avec des vis, et contenant du charbon pilé, afin de prévenir les refroidissements de ces récipients.

11 Tuyaux d'injection à la mer.

12 Tuyaux d'injection de cale.

13 Robinets à deux fins, à l'aide desquels on fait communiquer à volonté les injections à la mer ou de cale avec les régulateurs d'injection.

14 Trous d'homme de condenseur, et portes de visite des clapets de pompe à air.

15 Petits renvois de mouvement servant à manœuvrer les régulateurs d'injection.

16 (Sect. 1) Cloison partageant chaque condenseur en deux parties, et portant dans le bas un trou de communication entre ces deux parties.

17 Clapets de pied de pompe à air }
18 Clapets de tête de pompe à air } avec leurs butoirs.

19 (Sect. 1) Réservoir d'air de lâche.

20 Pistons plongeurs de pompe alimentaire.

21 Boîtes alimentaires.

22 Clapets de trop-plein d'alimentation, et ressorts maintenant ces clapets.

23 Tuyaux de communication des pompes alimentaires avec les boîtes alimentaires.

24 Tuyaux d'aspiration des pompes alimentaires.

25 Tuyaux de refoulement des pompes alimentaires.

26 Boîtes à clapets de pompe de cale. Sur l'appareil sect. 2, elles sont munies d'un robinet à air, qu'on ouvre quand il n'y a pas d'eau dans la cale. On évite ainsi que la boue du fond du navire ne soit aspirée et n'aille engorger les clapets en question.

27 (Sect. 2) Contre-poids de manivelle destinés à équilibrer les pièces mobiles.

28 (Sect. 1) Presse-étoupe à lanterne pour les garnitures de tiroir.

29 et 29' Arc denté et rainure pratiqués dans le disque 30 (Sect. 1) ou dans la roue R' (Sect. 2), et permettant le décalage de l'arbre des tiroirs par rapport à cette roue R'. Cette rainure et cet arc font fonction de toc dans l'appareil sect. 1, et de butoir dans l'appareil sect. 2.

30 Disque ou bras claveté sur l'arbre des tiroirs, qu'il sert à entraîner sous l'impulsion de la roue R'. À cet effet, il est poussé par les pièces 31 et 31' (Sect. 1), ou par l'arc 29 et la rainure 29' (Sec. 2).

31 Pignon engrenant avec l'arc denté 29, et formant butoir (Sect. 1) ou toc (Sect. 2)

31' Butoir (Sect. 1), ou (Sect. 2) toc supplémentaire appuyant dans le fond de la rainure 29'. Les deux pièces 31' et 29' se déplacent, l'une par rapport à l'autre, quand on change le calage du disque ou bras 32.

32 Petite roue dentée montée sur le même axe que le pignon 31.

33 Pignon monté fou sur l'arbre des tiroirs, faisant corps avec le moyeu du volant m, et commandant la roue précédente 32. Quand on manœuvre la mise en train m, ce pignon fait tourner la roue 32 et par suite le pignon 31. Ce dernier oblige alors la pièce 30 et conséquemment l'arbre des tiroirs à changer de calage.

34 (Sect. 1) Mécanisme permettant de débrayer d'avec la roue dentée 32 le pignon 33 et par suite le volant m, afin que ce dernier ne soit pas entraîné par la machine pendant son fonctionnement.

35 (Sect. 1) Bague portant un ergot qui s'engage dans une encoche pratiquée sur la roue 32, quand cette roue est dans la position qui correspond à la marche en avant. Cette bague empêche ainsi les arcs-tocs 29 et 29' de se décoller à certains moments d'avec les butoirs 31 et 31' par le fait de la vitesse acquise des tiroirs (voir au n° 45, le nouveau système de tiroir).

36 (Sect. 1) Ressorts fixés sur la roue R' et appuyant sans cesse sur la partie arrière de la bague 35. Celle-ci a alors son ergot qui ne se dégage de la roue 32 que lorsqu'elle est repoussée par le pignon 33, au moment où il s'embraie avec cette roue 32, à l'aide du mécanisme 34.

37 Petits mécanismes permettant de suspendre l'action des détentes variables.

38 (Sect. 2) Poignée destinée à manœuvrer à la main la détente variable correspondante.

39 Renvois de mouvement reliant les bielles d'excentrique des détentes avec les tiges ou axes de ces organes.

40 (Sect. 1) Contre-poids des excentriques de détente faisant corps avec ces excentriques, et servant à les équilibrer autour de l'arbre des tiroirs.

41 (Sect. 1) Pièces clavetées sur l'arbre des tiroirs. Elles portent chacune trois trous, où on peut engager une vis destinée à fixer, dans trois positions différentes par rapport à cet arbre, les contre-poids des excentriques de détente, et conséquemment les excentriques eux-mêmes afin d'obtenir divers degrés d'expansion variable.

42 (Sect. 1) Petit fourreau traversant le couvercle et le fond de chaque boîte à détente dans des presse-étoupe. Il sert à bien guider en ligne droite l'organe d'expansion variable, et à recevoir intérieurement l'articulation de la tige J, qui est mise ainsi à même de céder aux obliquités provenant de son mode de renvoi de mouvement.

43 (Sect. 1) Petit cylindre-enveloppe dans lequel joue l'extrémité arrière du fourreau précédent, et ayant pour but d'éviter que les mécanismes ne soient abordés par cette extrémité.

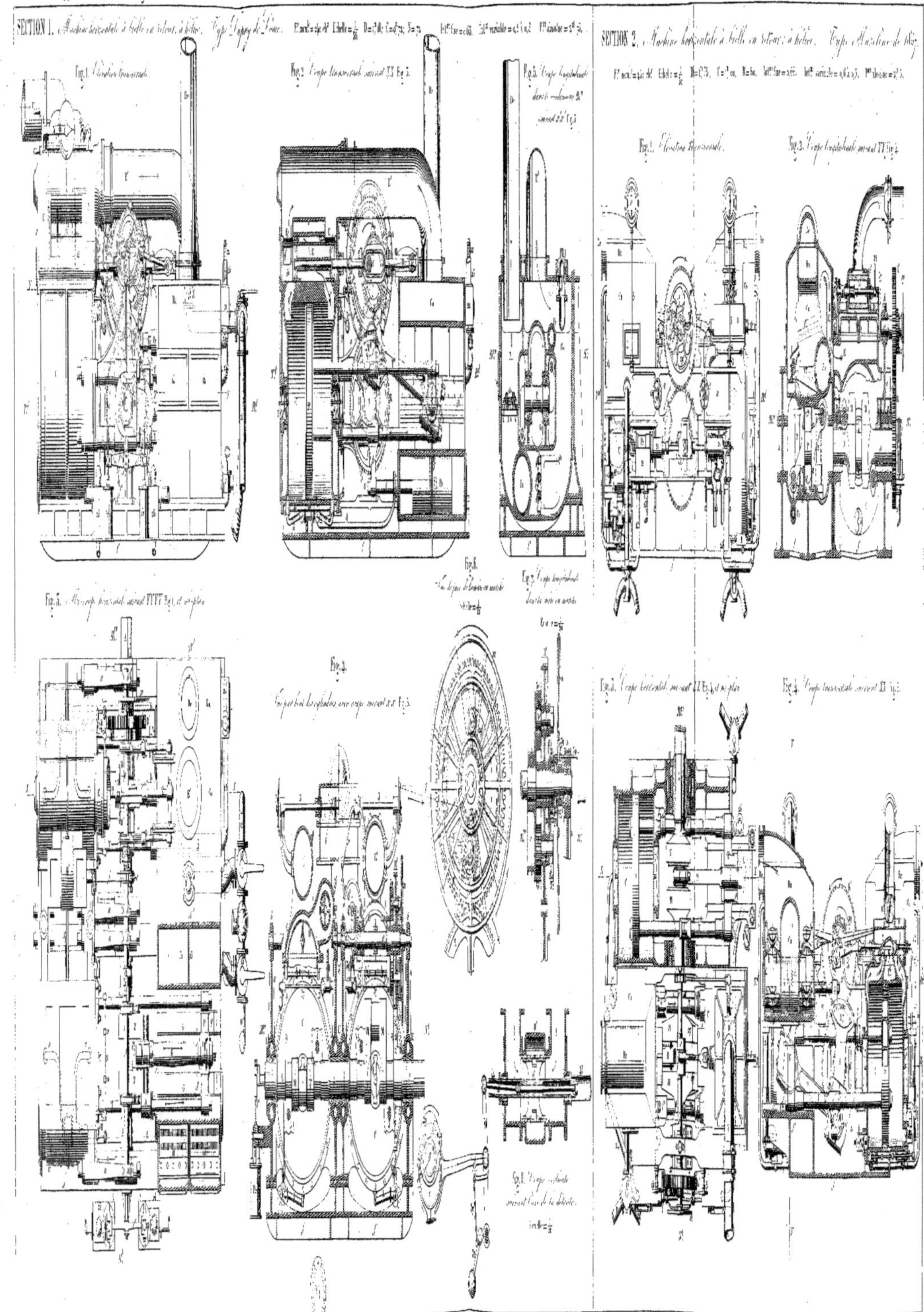

SECTION 1. Machine horizontale à bielle en retour, à hélice. Type Vapeur de l'Our.
Fig. 1. Élévation transversale.
Fig. 2. Coupe transversale suivant XX fig. 3.
Fig. 3. Coupe longitudinale.
Fig. 5. Demi-coupe horizontale suivant YYYY fig. 3, et demi-plan.
Fig. 4. Coupe par bout des cylindres avec coupe suivant ZZ fig. 3.
SECTION 2. Machine horizontale à bielle en retour, à hélice. Type Machine de ...
Fig. 1. Élévation transversale.
Fig. 3. Coupe longitudinale suivant YY fig. 2.
Fig. 2. Coupe horizontale suivant ZZ fig. 3, et demi-plan.
Fig. 4. Coupe transversale suivant XX fig. 2.

Section 1.

Machine ordinaire, à pilon (à hélice), avec condensation par surface : type Caird, de Greenock (Écosse).

Force nominale = 150 chev. de 750 km ; échelle = 1/50e. — Diamètre des cylindres = 1m,00 ; Course des pistons = 0m,85 ; Nombre de tours = 50. — Introduction fixe = 0,70 ; Introduction variable = 0,5 à 0,3. — Pression absolue aux chaudières = 3 atm.

Ce type de machine a été appliqué sur un grand nombre de bâtiments de commerce anglais et autres.

Section 2.

Machine ordinaire, horizontale à bielle en retour à trois cylindres côte à côte points morts à 120° (à hélice), avec condensation par mélange : type des chantiers et ateliers de l'Océan (ancienne raison Mazeline) ; ingénieur, M. Cody.

Force nominale = 450 chev. de 500 km ; échelle = 1/50e. — Diamètre des cylindres = 1m,60 ; Course des pistons = 0m,85 ; Nombre de tours = 72. — Introduction fixe aux trois cylindres = 0,65 ; introduction variable = 0,40 à 0,25. (Avec ce type, on ne fonctionne jamais sans les détentes variables ;

¹ l'introduction de 0,4 correspond à la marche à toute puissance.) — Pression absolue aux chaudières = 3 atm,35.

Ce type de machine se trouve à bord de plusieurs cuirassés français.

Section 3.

Machine Woolf, horizontale à bielle en retour à trois cylindres côte à côte points morts à 90° et 135° (à hélice), avec condensation par mélange : type des chantiers et ateliers de l'Océan, au Havre ; ingénieur, M. Cody.

Les figures 4 et 5 de la sect. 2 conviennent, à quelque chose près, à la machine actuelle, dont on s'est borné, pour cette raison, à ne donner que trois vues.

Force nominale = 450 chev. de 500 km ; échelle = 1/50e. — Diamètre des cylindres = 1m,60 ; Course des pistons = 0m,85 ; Nombre de tours = 72. — Introduction fixe = 0,65 admetteur, et 0,70 aux cylindres détendeurs, introduction effective = 0,44 ; pas de détentes variables. — Pression absolue aux chaudières = 3 atm.

Ce type de machine se rencontre sur plusieurs cuirassés et croiseurs français.

LÉGENDE, par ordre alphabétique et numérique, commune aux trois sections de la Planche III (il est indispensable, pour la complète intelligence de cette légende, d'avoir présent à la mémoire le nota général du commencement de l'Atlas).

A — Arbre de couche.

R" — Arrière.

A" — Avant.

a — (Sect. 2 et 3) Arbre des tiroirs.

= — (Sect. 1) Tubes du condenseur à surface partagés en deux groupes.

B — Grandes bielles.

B" — Bielle.

B — Bêches.

b — Bras conducteurs en bielle de pompes à air.

b' — (Sect. 1) Bielles du balancier de pompe à air.

C — (Sect. 1) Cylindres à vapeur. — (Sect. 2) Cylindres extrêmes. — (Sect. 3) Cylindres détendeurs.

C₁ — (Sect. 2) Cylindre central. — (Sect. 3) Cylindre admetteur.

C₂ — Condenseurs. — Sur la sect. 1, le condenseur est unique et à tubes. La vapeur affluе tout autour des tubes ; et l'eau refroidissante circule à leur intérieur. À cet effet, elle arrive dans la partie basse du condenseur du côté d'en avant, et traverse le groupe inférieur de tubes, remonte dans les tubes du groupe supérieur, qu'elle parcourt en traversant sa direction primitive, et vient enfin aboutir aux tuyaux de décharge D₁.

c — (Sect. 1 et 2) Excentriques de détente.

D — Tiroirs de distribution en coquille. — Ces tiroirs sont à double orifice et, sect. 1, et à des parois système Mazeline, en sect. 2 et 3.

D" — Couvre avec presse-étoupe, servant à rendre étanche le pourtour des tiges parois des tiroirs.

D — Tuyaux de décharge des bêches. — Sur la sect. 1, ces tuyaux débouchent dans les tuyaux D₁. D'ailleurs, ils sont fermés par des soupapes 36, que des ressorts maintiennent sur leurs sièges. Ces soupapes ne jouent que pour laisser échapper de temps à autre, l'air que la pompe à air aspire de la chambre à vapeur du condenseur, et le trop-plein d'eau qui pourrait se produire dans les bêches par suite de fuites aux tubes du condenseur.

D₁ — (Sect. 1) Tuyaux de décharge de la pompe de circulation et à eau froide P₁.

D'₁ — (Sect. 1) Réunion des deux tuyaux D₁ en un seul.

d — (Sect. 1 et 2) Organe de détente variable.

K — Conduits d'évacuation.

L" — Tuyaux d'évacuation formant le prolongement des conduits E.

L₁ — (Sect. 2) Conduits d'évacuation du cylindre central C₁ dans les tuyaux E". — (Sect. 3) Conduit d'évacuation du cylindre admetteur dans les tuyaux V¹.

E" — (Sect. 2) Tuyaux de section elliptique formant les prolongements des conduits d'évacuation E₁ du cylindre central, et faisant communiquer ce conduit avec les conduits d'évacuation des cylindres extrêmes.

e — Excentriques et manivelles de tiroir.

F — (Sect. 1) Fourreau de piston de pompe à air.

f — Plaque de fondation. — Sur les sect. 2 et 3, elle est formée de trois morceaux fortement jointoyés entre eux.

f' — (Sect. 2 et 3) Passages pour les boulons de fixation de la plaque de fondation.

G — Glissières de grande traverse.

g — Coulisseaux de grande traverse.

H — Grands paliers.

h — (Sect. 2 et 3) Paliers d'arbre de tiroir.

h' — (Sect. 2) Tirant destiné à soulager le palier arrière de l'arbre des tiroirs, dont le corps ne fait pas partie des bâtis de la machine.

I — (Sect. 2 et 3) Régulateurs d'injection.

i — (Sect. 2 et 3) Renvois de mouvement des régulateurs d'injection.

J — (Sect. 1 et 2) Tiges ou axes de détente.

J' — (Sect. 2) Organes de transmission de mouvement des tiges d'excentriques des détentes aux axes de ces organes.

j — (Sect. 1 et 2) Tiges d'excentrique de détente.

j' — (Sect. 1 et 2) Organes de modification du degré de détente variable.

j" — (Sect. 1) Triangle de fer verticale servant à supporter un arc de cercle fendu, dans lequel glisse et se fixe à volonté un boulon attaquant à chaque levier de commande j', des secteurs Stephenson qui servent à modifier le degré d'introduction des détentes variables.

K — (Sect. 1) Balanciers de pompe à air.

k — (Sect. 1) Petit tuyau muni d'un robinet, et servant à établir à volonté une communication entre la chambre à eau et la chambre à vapeur du condenseur à surface, pour réduire les pertes de l'eau douce d'alimentation.

l — Renvois de mouvement de pompe alimentaire et de pompe de cale.

l' — (Sect. 1) Cadre claveté sur la tige l' de la pompe de circulation, et par l'in-

---

l'intermédiaire duquel cette tige reçoit le mouvement de la manivelle M'.

l" — (Sect. 1) Contre-tige venue de forge avec le cadre l', et passant à travers une gaine fixée à la plaque de fondation, de façon à guider la tige l".

M — Grandes manivelles.

M' — (Sect. 1) Manivelle rapportée à l'extrémité avant de l'arbre de couche, et commandant le piston de la pompe de circulation.

m — Organes divers de mise en train. — En sect. 1, ils servent à manœuvrer les secteurs Stephenson S. — En sect. 2 et 3, ils constituent, par leur ensemble, le système de mise en marche Mazeline.

m' — (Sect. 1) Petit volant faisant mouvoir un emmenage à empreintes qui permet de relier à volonté, avec l'arbre des tiroirs, un engrenage de 3 qui se mise en train, de façon à prévenir le fonctionnement pendant la marche.

m" — (Sect. 2) Machine à vapeur commandant la pompe de cale américaine P'.

N — Bâtis.

O — Boîtes à tiroir.

O' — (Sect. 1 et 2) Boîtes à détente.

o — Orifices de cylindre.

P — Grands pistons.

P₁ — Pompes à air.

P₂ — Pompes de cale.

P₃ — (Sect. 2) Grande pompe de cale dite américaine, composée de deux corps, et commandée par la petite machine à vapeur spéciale N. — Dans ce machine, sect. 3, il existe une pompe semblable et placée de la même manière.

P₄ — Pompes alimentaires.

P₅ — (Sect. 1) Pompe à eau froide ou de circulation à double effet, refoulant l'eau de la mer à travers les tubes du condenseur.

p — Pistons de pompe à air. — En sect. 2 et 3, ces pistons sont à plongeur.

Q — Tiges de tiroir.

q — Tiges d'excentrique de tiroir, ou bielles de tiroir.

R — (Sect. 2 et 3) Came conique, clavetée sur l'arbre de couche et commandant la came R'.

R' — (Sect. 2 et 3) Tige dentée, montée folle sur l'arbre des tiroirs. Elle entraîne cet arbre par l'intermédiaire du bras qui la fixe à la partie de la tige en train Mazeline, et qui se décale par rapport à R' pour renverser la marche.

r — (Sect. 2 et 3) Distillards.

S — (Sect. 1) Secteurs Stephenson.

s — (Sect. 2 et 3) Chemises venues de fonte avec les cylindres extrêmes ou détendeurs. La vapeur circule dans ces chemises et refroidit les cylindres.

s' — (Sect. 2 et 3) Doubles fonds existant aux fonds couvercles de chacun des trois cylindres. Ils sont mis en communication par de petits tuyaux avec les chemises de cylindre, dont ils reçoivent de la vapeur de réchauffement.

T — Tiges de piston à vapeur.

T' — Traverse.

t — (Sect. 2 et 3) Tiges de piston de pompe à air.

t' — (Sect. 1) Tige de piston de la pompe de circulation.

U — Tourillons et traverses de grande bielle. — En sect. 1, chaque tourillon est libre à demeure dans la fourche de la bielle, et la tige de piston correspondante porte un palier à son extrémité.

V — (Sect. 2) Masque placé au débouché de chaque tuyau d'évacuation dans le condenseur correspondant. Il prévient toute projection de l'eau d'injection dans ledit tuyau et par suite dans le cylindre à vapeur.

V₁ — Tuyaux d'arrivée de vapeur.

V₂ — (Sect. 2 et 3) Conduits et tuyaux faisant communiquer les chemises à vapeur de cylindre avec la ou les boîtes à tiroirs.

V³ — (Sect. 3) Tuyaux formant les prolongements du conduit E₁ et amenant la vapeur d'évacuation du cylindre admetteur C₁ dans les boîtes à tiroir des cylindres détendeurs C.

v — (Sect. 2 et 3) Vannes permettant de régler en marche, et d'intercepter brusquement pendant les arrêts, l'arrivée de la vapeur des chaudières aux cylindres. — Outre ces vannes, il existe sur le tuyau général de vapeur, et plus près des chaudières, un papillon qui est la véritable valve de prise de vapeur, qu'on fait fonctionner dans les manœuvres de la machine.

v — (Sect. 3) Tuyaux avec soupape permettant d'envoyer directement de la vapeur des chaudières dans le conduit d'évacuation E₁ du cylindre admetteur, et de là à travers les tuyaux V³, dans les cylindres détendeurs, pour assurer la manœuvre du lancement et de la mise en marche de la machine.

XX, YY, yY (Sect. 2), Y'Y' (Sect. 2 et 3), Y"Y" (Sect. 2), ZZ (Sect. 2 et 3) : Lignes de coupe.

---

1 — (Sect. 2 et 3) Renvois de mouvements divers et volants pour manœuvrer les valves de prise de vapeur.

1' — (Sect. 3) Roulinets purgeurs des boîtes de vanne de prise de vapeur.

2 — (Sect. 3) Tige et petit volant pour manœuvrer le soupape v'.

3 — (Sect. 2 et 3) Vis de pression servant à appuyer avec une force suffisante les cadres D" sur le dos de chaque tiroir.

4 — (Sect. 3) Graisseurs-presseurs atmosphériques, produisant automatiquement une pression constante sur les cadres D".

5 — (Sect. 2 et 3) Godets pour graisser la vapeur dans les boîtes à tiroirs.

6 — (Sect. 3) Graisseurs pour lubrifier directement l'intérieur des cylindres.

7 — (Sect. 2 et 3) Petits robinets avec tuyaux pour purger les boîtes à tiroir.

8 — (Sect. 2 et 3) Soupapes de sûreté de cylindre.

9 — (Sect. 2 et 3) Graisseurs des tiges de grand piston.

10 — (Sect. 2 et 3) Petits tuyaux amenant de la vapeur des boîtes à tiroir à l'intérieur des graisseurs 5 pour y faire fondre le suif.

11 — (Sect. 2 et 3) Mécanismes pour resserrer en marche les presse-étoupe des tiges inférieures de grand piston.

12 — (Sect. 2 et 3) Soupapes purgeurs des cylindres.

13 — (Sect. 2 et 3) Tôles environnant une coude d'air entre elles et l'extérieur des fonds de cylindre, pour éviter les refroidissements.

14 — (Sect. 2 et 3) Bascules et mains courantes avec leurs chandeliers.

15 — (Sect. 2 et 3) Tôles recouvrant les roues dentées R et R', afin d'éviter que les chauffeurs ne soient atteints par ces pièces dans leur mouvement.

16 — (Sect. 2 et 3) Organes divers de graissage des pistons des têtes de bielle.

17 — (Sect. 2 et 3) Tuyaux d'injection, et passages venus de fonte avec les condenseurs et servant le prolongement de ces tuyaux.

18 — (Sect. 2 et 3) Tuyaux amenant au fond de la cale, l'eau chassée des condenseurs à travers les reniflards au moment de la purge.

19 — (Sect. 2 et 3) Tuyaux d'aspiration des pompes alimentaires, et bonnages venus de fonte avec les condenseurs : ces bonnages débouchent par l'une de leurs extrémités dans les bêches pour y puiser l'eau d'alimentation, et par leur seconde extrémité dans lesdits tuyaux.

20 — (Sect. 2 et 3) Boîtes à clapets des pompes alimentaires, avec soupape de trop-plein installée par un ressort.

20' — (Sect. 1) Boîtes de soupape de trop-plein des pompes alimentaires accolées à l'une des bêches, et fermant ici les organes de circe.

21 — Tuyaux de refoulement des pompes alimentaires. — En sect. 2 et 3, il existe un réservoir d'air au pied de chacun de ces tuyaux.

22 — Tuyaux d'aspiration des pompes de cale.

23 — Tuyaux de refoulement des pompes de cale.

24 — (Sect. 2 et 3) Tuyaux de prise de vapeur de la petite machine qui commande la pompe de cale américaine P'.

25 — (Sect. 2) Tuyau d'aspiration de la pompe de cale américaine.

26 — (Sect. 2) Tuyau de refoulement de la pompe de cale américaine.

27 — (Sect. 2) Clapets d'aspiration de pompe à air.

28 — (Sect. 3) Clapets de refoulement de pompe à air.

29 — (Sect. 2 et 3) Tuyaux de décharge supplémentaires servant à prévenir toute rentrée de l'eau de la mer dans les bêches, lorsque la machine est stoppée.

30 — (Sect. 2 et 3) Soupapes de sûreté de bêche.

31 — (Sect. 2 et 3) Pompes divers de machine.

32 — (Sect. 2 et 3) Frettes rives à chaud sur des semelles cylindriques venues de fonte avec les morceaux de la plaque de fondation, ou avec les pattes de jonctionnement des cylindres à vapeur.

33 — (Sect. 2) Portes de visite de condenseur ou de chasse de pompe à air.

34 — (Sect. 2 et 3) Trous pour visiter, après la coulée de la plaque de fondation, les noyaux de sable qui ont servi au montage.

35 — (Sect. 2 et 3) Trous pour le passage des boulons de jonction des morceaux de la plaque de fondation.

36 — (Sect. 1) Soupapes de décharge maintenues sur leur siège par des ressorts, et dont le rôle a été expliqué en D₁.

37 — (Sect. 1) Tuyau d'aspiration de la pompe de circulation.

38 — (Sect. 1) Tuyau de refoulement de la pompe de circulation.

39 — (Sect. 1) Compartiments ou coquilles de la chambre à eau du condenseur, dans lesquelles l'eau froide circule, en passant d'abord dans le faisceau inférieur puis dans le faisceau supérieur des tubes.

40 — (Sect. 1) Caisse à double fond formant les portes du condenseur et servant de réservoir d'air à la pompe de circulation.

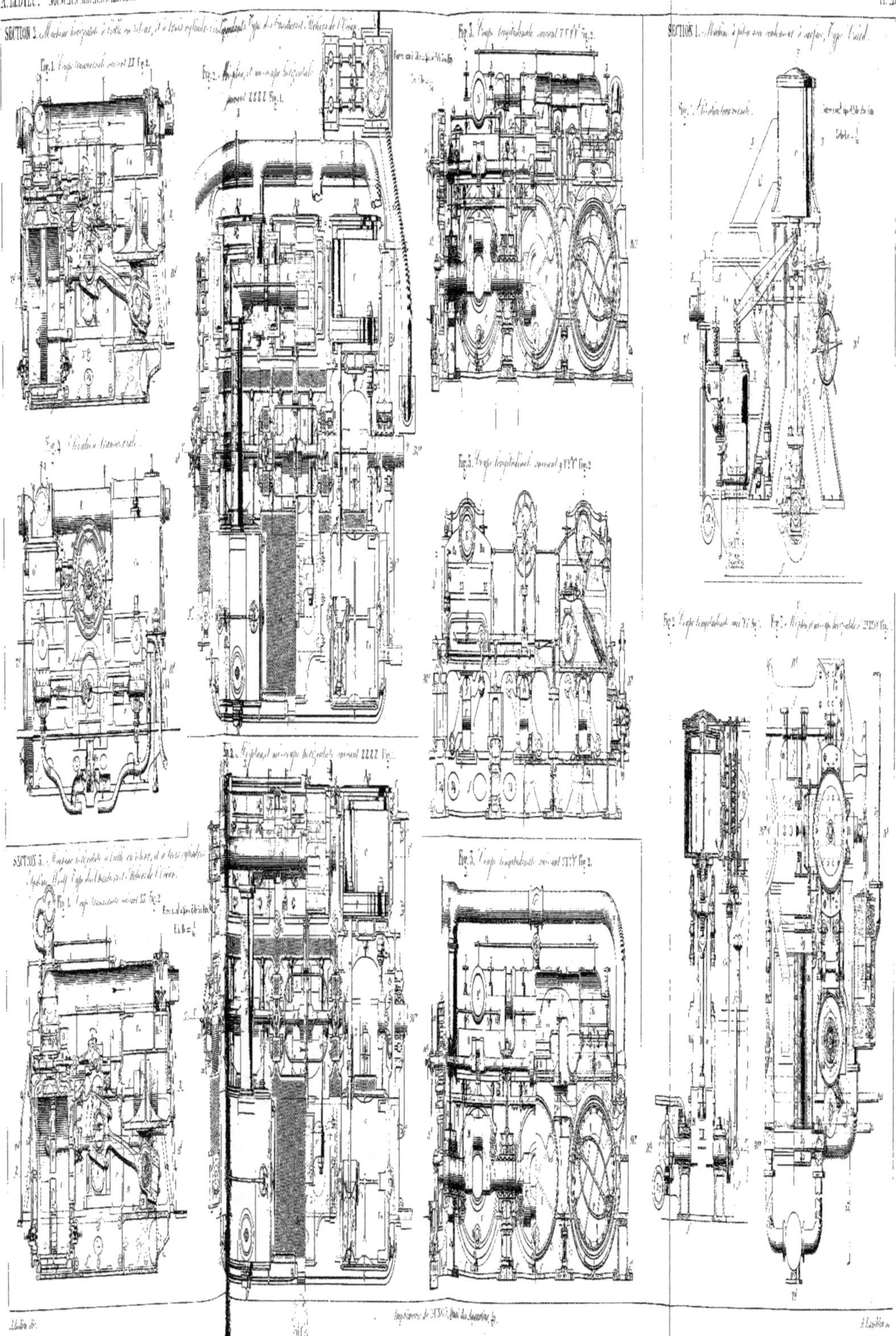

A. LEDIEU. Nouvelles machines marines.
Pl. II

PLANCHE IV

SECTION 1.

Machine Woolf, horizontale à bielle en retour à trois cylindres côte à côte points morts à 90° et 135° (à hélice), avec condensation par mélange : type Sabattier; ingénieur, M. Sabattier.

Force nominale = 450 chev. de 300 kil.; échelle = 1/300. — Diamètre des cylindres = 1m,60. Course des pistons = 0m,85. Nombre de tours = 72. — Introduction fixe = 0,93 au cylindre admetteur, et 0,78 aux cylindres détendeurs; introduction effective = 0,44. Pression absolue aux chaudières = 3 atm.

Les machines de ce type se rencontrent sur les bâtiments suivants : *Friedland, Valeureuse, Jeanne d'Arc, Reine-Blanche, Bonte-Bogue, Tigre, Berrès, Desirée, Magellan, Flotte, Guichen, Isère, Cher et Isère.*

SECTION 2.

Machine Woolf, horizontale à bielle en retour à trois cylindres côte à côte points morts à 90° et 135° (à hélice), avec condensation par mélange : type du Creusot; ingénieur, M. Maison.

SECTION 3.

Machine Woolf, horizontale à bielle en retour à trois cylin-

Force nominale = 250 chev. de 300 kil.; échelle = 1/75. — Diamètre des cylindres = 1m,10; Course des pistons = 1m,30; Nombre de tours = 56. — Introduction fixe = 0,93 au cylindre admetteur, et 0,78 aux cylindres détendeurs; introduction effective = 0,44. Pression absolue aux chaudières = 3 atm.

Les machines de ce type se rencontrent sur les bâtiments suivants : *Océan, Bourrayne, Bayol et Sequel.*

dres côte à côte points morts à 90° et 135° (à hélice), avec condensation par mélange : type les forges et chantiers de la Méditerranée; ingénieur, M. Lecointe.

Force nominale = 150 chev. de 300 kil.; échelle = 1/75. — Diamètre des cylindres = 1m,60; Course des pistons = 0,85; Nombre de tours = 72. — Introduction fixe = 0,93 au cylindre admetteur, et 0,78 aux cylindres détendeurs; introduction effective = 0,44. Pression absolue aux chaudières = 3 atm.

Les machines de ce type se rencontrent sur les bâtiments suivants : *Marengo, Montcalm, Thétis et Savoie.*

LÉGENDE, par ordre alphabétique et numérique, commune aux trois sections de la Planche IV (Il est indispensable, pour la complète intelligence de cette légende, d'avoir présent à la mémoire le nota général du commencement de l'Atlas).

A   Arbre de couche.

A_{ar} Arrière.

A_{av} Avant.

a   Arbre des tiroirs.

B   Grandes boîtes.

B_d Bâbord.

B_i Bielles.

b   Tiges ou becs conducteurs de tige de pompe à air.

C   Cylindres détendeurs.

C_a Cylindre admetteur.

C_o Condenseurs.

D   Tiroirs de distribution, en D longs.

D_e Tuyaux de décharge.

E   Conduit d'évacuation des cylindres détendeurs.

E'   Tuyaux d'évacuation formant les prolongements des conduits E.

E_i Conduit d'évacuation du cylindre admetteur dans les tuyaux V'.

e   Manivelles ou excentriques de tiroir.

f   Plaque de fondation, ou brides de fixation de la machine avec les carlingues du bâtiment.

G   Glissières de grande traverse.

g   Coulisses de grande traverse.

H   Grands paliers.

h   Paliers d'arbre de tiroir.

I   Régulateurs d'injection.

i   (Sect. 1 et 3) Injections de cale.

j   (Sect. 1) Pistons plongeurs de pompe alimentaire.

P   (Sect. 1) Pistons plongeurs de pompe de cale.

M   Grandes manivelles.

m   Organes divers de la mise en marche, qui est du système Maxime.

m^f Petit volant faisant manœuvrer un embrayage à empreintes qui permet de relier à volonté, avec l'arbre des tiroirs, les engrenages de la mise en train, pour empêcher le ferraillement pendant la marche.

n   Bâtis.

O   Boîtes à tiroir.

o   Orifices de cylindre.

P   Grands pistons.

P_a Pompes à air.

P_e (Sect. 1 et 3) Pompes de cale ordinaires. — En sect. 1, les tiges de ces pompes peuvent être rendues indépendantes de la machine, de façon à ne fonctionner que quand bon en est. On aperçoit fig. 5, sur le couvercle de la pompe, une sorte de doigt destiné à maintenir la tige immobile quand elle est déliée d'avec son cras conducteur, lequel fait corps avec une des tiges de grand piston. — En sect. 1, le vidage habituel de la cale s'effectue par une pompe unique placée à l'arrière, en dehors de la machine, et recevant son mouvement d'un excentrique monté sur la ligne d'arbres: cette pompe ne s'aperçoit pas au cotre dessin.

P_a' (Sect. 1 et 2) Pompe de cale supplémentaire destinée à fonctionner dans les cas exceptionnels, et particulièrement à faire baisser les voies d'eau pouvant se déclarer pendant le combat.

P_i Pompes alimentaires.

p   Pistons de pompe à air. — Sur la sect. 2, ces pistons sont à plongeur.

Q   Tiges de tiroir. — En sect. 1, elles sont formées chacune de deux parties assemblées par un cadre à travers lequel passe l'arbre des tiroirs. Elles sont, de plus, terminées par une traverse que commandent deux excentriques par cylindre.

q   Bielles de tiroir ou tiges d'excentrique de tiroir.

R   (Sect. 1) Roue dentée calée sur l'arbre de couche et commandant la roue R'. — Sur les sect. 2 et 3, R désigne en élévation la projection pointillée de la roue qui nous compe, et qui se trouve enlevée comme située en avant du plan du tableau.

R'   (Sect. 1) Roue dentée montée folle sur l'arbre des tiroirs; elle entraîne cet arbre par l'intermédiaire du bras qui fait partie de la mise en train Maxime, et qui se décale par rapport à ladite roue pour renverser la marche. — Sur les sect. 2 et 3, R' désigne, en élévation, la projection pointillée de la roue qui nous compe, et qui se trouve enlevée comme située en avant du plan du tableau.

r   (Sect. 1 et 2) Rectifiards.

s   Chemises venues de fonte avec les cylindres détendeurs. La vapeur circule dans ces chemises et réchauffe les cylindres.

s'   Doubles fonds existant aux deux couvercles de chacun des trois cylindres. Ces doubles fonds sont mis en communication par de petits tuyaux avec les chemises des cylindres détendeurs, dont ils reçoivent de la vapeur de réchauffement.

T   Tiges de grand piston.

T^d Tribord.

t   Tiges de piston de pompe à air.

x   Traverses de grand piston.

V   Tuyaux d'arrivée de vapeur.

V_1 Conduits et tuyaux faisant communiquer les chemises à vapeur des cylindres détendeurs avec la boîte à tiroir du cylindre admetteur, laquelle reçoit ainsi la vapeur partie des chaudières.

V'   Tuyaux s'embranchant sur le conduit E, et amenant la vapeur d'évacuation du cylindre admetteur dans les boîtes à tiroirs des cylindres détendeurs.

u   Papillons ou vannes permettant de régler en marche, et d'intercepter périodiquement pendant les arrêts, l'arrivée de la vapeur dans la boîte à tiroir du cylindre admetteur.

u_1 (Sect. 2) Soupapes de prise de vapeur proprement dites, qu'on fait fonctionner pour manœuvrer la machine. — En sect. 1 et 3, il y a, pour remplir cet office, un papillon à vapeur situé plus près des chaudières sur le gros tuyau général de vapeur, et qui ne se trouve pas figuré sur ces sections.

u'   Tuyau avec soupape permettant d'introduire directement de la vapeur des chaudières dans les cylindres détendeurs à travers le conduit E et les tuyaux V', pour faciliter et assurer la manœuvre du balancement et de la mise en marche de la machine.

u''   (Sect. 2) Soupapes de purge des condenseurs montées sur les boîtes à tiroirs des cylindres détendeurs. Ces soupapes permettent, au départ, d'envoyer la vapeur des chaudières directement dans les condenseurs, par les conduits et tuyaux d'évacuation E et E'.

XX YY ZZ   Lignes de coupe.

1   Servois de mouvement pour manœuvrer les vannes ou soupapes de prise ou de réglage de vapeur.

2   (Sect. 2 et 3) Godets graisseurs pour lubrifier la vapeur à sec arrivée dans les boîtes à tiroir ou dans les cylindres; il en existe un par cylindre.

2'   (Sect. 1) Seringues pour lubrifier à vapeur comme ci-dessus, mais à la main. Elles forment en quelque sorte des graisseurs supplémentaires.

3   Soupapes de sûreté de cylindre.

4   (Sect. 1 et 2) Graisseurs des tiges de grand piston.

5   (Sect. 1) Robinets purgeurs des cylindres; il en existe un à chaque extrémité de cylindre.

6   (Sect. 1) Système de tringles et de manivelles pour manœuvrer à la main, au bas des parquets de la machine, les robinets précédents; les quatre robinets des cylindres détendeurs et les deux du cylindre admetteur sont respectivement commandés par une seule poignée.

7   (Sect. 1) Tuyaux établissant une communication, pour l'arrivée de la vapeur de réchauffement, entre les chemises des cylindres détendeurs et le haut des doubles fonds de couvercle des trois cylindres.

8   (Sect. 1) Tuyaux établissant, aux couvercles de cylindre en dehors de la machine, une communication entre la partie inférieure de leurs doubles fonds et les chemises des cylindres détendeurs, pour l'écoulement de l'eau provenant de la condensation de la vapeur réchauffante.

9   (Sect. 1) Tuyaux de purge desdites chemises situés du côté d'en abord, et aboutissant à un collecteur commun 11.

10   (Sect. 1) Tuyaux de purge des doubles fonds des couvercles extérieurs de cylindre. Ces tuyaux aboutissent pareillement au collecteur 11.

11   (Sect. 1 et 2) Collecteur des purges pour chemises des cylindres à vapeur et doubles fonds de leurs couvercles. Ce collecteur est situé du côté d'en abord, et porte un robinet qu'on manœuvre à la main pour laisser écouler l'eau de purge soit à la cale, soit dans les condenseurs.

12   (Sect. 1) Tôles emprisonnant une couche d'air entre elles et l'extérieur des couvercles de cylindre, afin de prévenir le refroidissement externe de ces couvercles.

13   (Sect. 1 et 2) Graisseurs à lécheur de tête et de pied de grande bielle.

14   (Sect. 1) Petits tuyaux amenant de l'eau de la mer pour rafraîchir en temps et lieu les portages importants.

15   Clapets d'aspiration et de refoulement des pompes à air ou sièges de ces clapets. — En sect. 1 et 2, les clapets d'aspiration forment deux séries placées l'une horizontalement, l'autre verticalement. La première série sert à aspirer l'eau de condensation, l'autre les gaz du condenseur; ce qui permet d'obtenir de bien meilleurs vides.

15   (Sect. 1) Conduits venus de fonte avec les condenseurs et formant le prolongement des tuyaux d'injection, dont ils amènent l'eau dans les régulateurs d'injection.

16   (Sect. 1 et 3) Renvois de mouvement divers pour manœuvrer les organes d'injection.

17   (Sect. 1 et 3) Soupapes supplémentaires de décharge, ou boîtes de ces soupapes. Ces organes servent à fermer hermétiquement les bâches pendant les arrêts.

18   (Sect. 3) Tubes-jauges pour montrer le niveau de l'eau dans les bâches.

19   (Sect. 1 et 3) Tuyaux d'aspiration des pompes alimentaires. — En sect. 1, le tuyau de chaque pompe est muni d'un robinet pour intercepter ou régler sa communication avec la bâche, de façon à ne pas faire travailler continuellement la soupape de trop-plein de la bâche alimentaire.

19'   (Sect. 1 et 3) Tuyaux de communication des pompes alimentaires avec leurs boîtes à clapets.

20   (Sect. 1 et 3) Boîtes alimentaires. On aperçoit, par côté ou au-dessus, les ressorts qui commandent la soupape de trop-plein.

21   (Sect. 1 et 2) Réservoirs d'air des boîtes précédentes. — En sect. 1, ces réservoirs sont munis d'un tube de niveau, qui permet d'apprécier s'ils ne sont pas envahis par l'eau, auquel cas on les vide à l'aide des robinets purgeurs dudit tube.

22   (Sect. 1 et 3) Tuyaux de refoulement des pompes alimentaires. Les tuyaux des deux pompes se réunissent en un seul pour distribuer l'eau aux chaudières. Chacun d'eux porte un robinet destiné à régler ou à intercepter sa communication avec la pompe correspondante.

23   (Sect. 1 et 3) Tuyaux ramenant aux bâches l'eau qui s'échappe par les soupapes de trop-plein des boîtes alimentaires. — Sur la sect. 1, ces tuyaux sont munis d'un robinet, qui est le complément indispensable du robinet du tuyau 19, pour condamner temporairement le jeu du trop-plein.

24   Boîtes à clapets ou clapets de pompe de cale. — En sect. 2, l'eau de refoulement, à sa sortie des clapets 24, tombe dans une première chambre avant que de se répandre dans le compartiment en communication avec le trou d'échappement 25. Grâce à cette combinaison, les clapets sont toujours noyés dans l'eau, ce qui les empêche de battre bruyamment sur leurs sièges. Par ailleurs, il existe entre les deux chambres en question, un large clapet en tôle 24' s'ouvrant de haut en bas, et maintenu fermé par un ressort, agissant sur sa charnière. Quand le débit de la pompe devient trop abondant, le clapet s'ouvre et livre à l'eau de refoulement un plus prompt accès au trou 25.

24'   (Sect. 2) Clapet dont le rôle est expliqué en 24.

25   (Sect. 1) Trous et bossages divers ménagés dans la plaque de fondation pour le passage des tuyaux de pompe de cale. — (Sect. 2). Trou servant d'origine au tuyau de refoulement de la pompe P_c.

26   Couvercles, bouchons et trous d'homme divers.

27   Frettes mises à chaud sur des tourillons formés par la réunion de deux moitiés de tôles cylindriques venues de force chacun avec un des morceaux de la plaque de fondation ou des brides de fixation de la machine, ou avec une des pattes de réunion des cylindres à vapeur.

28   Boulons, tirants ou entretoises de bâtis ou de chapeau de grand palier, et bossages destinés au passage de ces pièces.

29   Parquets de machine, mains courantes, etc…

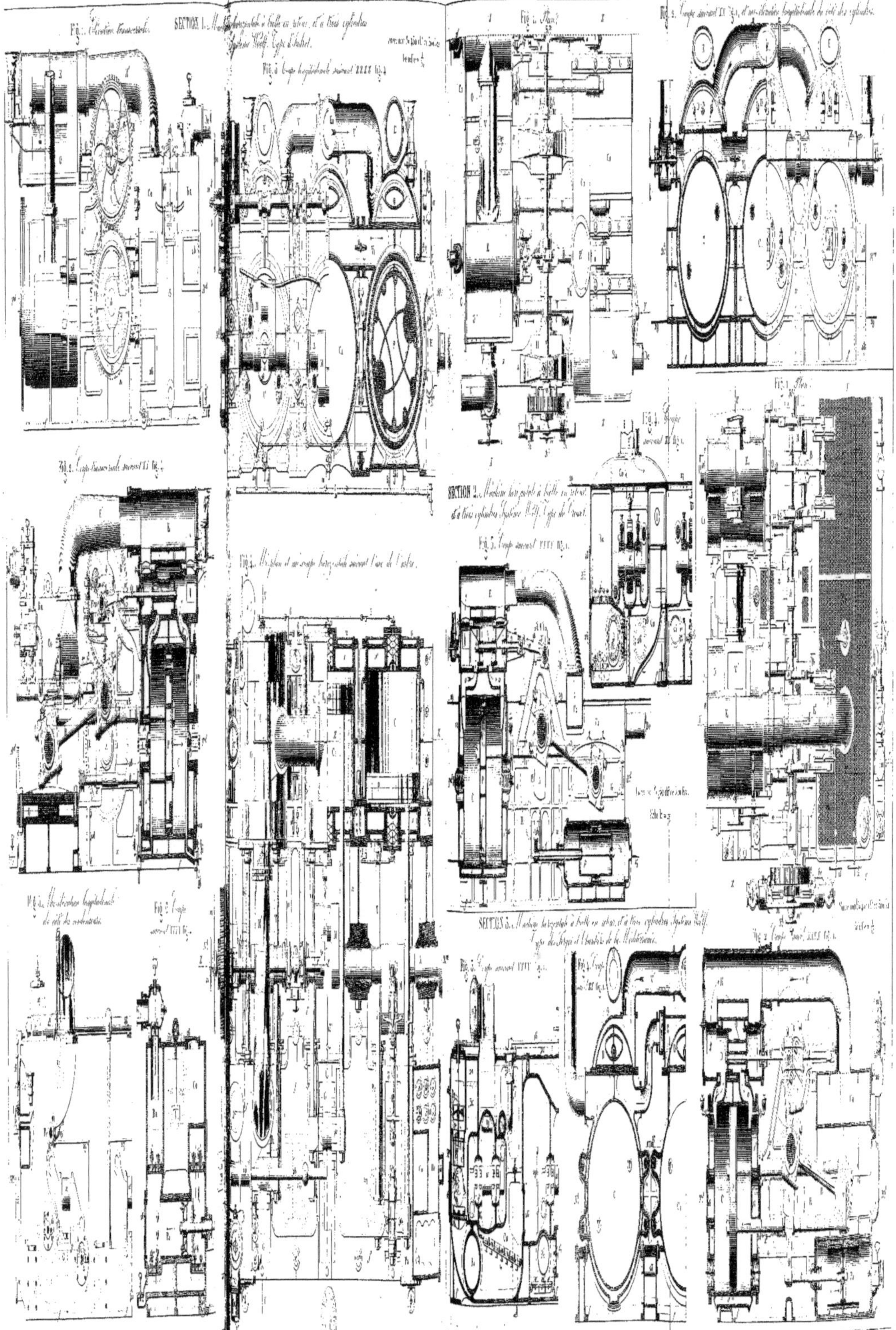

SECTION 1. — *Machine horizontale à bielle en retour, et à trois cylindres, système Woolf. Type d'Indret.*

Fig. 1. — *Élévation transversale.*

Fig. 3. — *Coupe longitudinale suivant XXXX fig. 4.*

Fig. 2. — *Coupe transversale suivant YY fig. 4.*

Fig. 4. — *Un plan et une coupe horizontale suivant l'axe de l'arbre.*

Fig. 6. — *Un élévation longitudinale du côté des condenseurs.*

Fig. 5. — *Coupe suivant ZZZZ fig. 4.*

Fig. 5. — *Coupe suivant IX fig. 4, et un élévation longitudinale du côté des cylindres.*

SECTION 2. — *Machine horizontale à bielle en retour et à trois cylindres, système H. Wolff. Type du Creusot.*

Fig. 1. — *Plan.*

Fig. 4. — *Coupe suivant XX fig. 1.*

Fig. 5. — *Coupe suivant YYYY fig. 1.*

SECTION 3. — *Machine horizontale à bielle en retour, et à trois cylindres, système Wolff. Type des Forges et Chantiers de la Méditerranée.*

Fig. 3. — *Coupe suivant YYYY fig. 1.*

Fig. 2. — *Coupe suivant XXXX fig. 1.*

Planche V.

Avaries et Réparations

Fig. 1 Réparation d'un cylindre fêlé parallèlement à son axe (n° 77_2).

Fig. 2 Réparation d'un cylindre fêlé perpendiculairement à son axe (n° 77_2).
Vue 1e. Élévation du cylindre.
Vue 2e. Coupe verticale menée par l'axe du cylindre, après qu'on lui a fait faire un demi-tour sur lui-même, de manière qu'il présente encore sa fêlure de face.
Vue 3e. Coupe horizontale menée suivant xx de la vue 2e.

Fig. 3 Autre réparation d'un cylindre fendu parallèlement à son axe et ayant son fond fêlé (n° 77_2).
Vue 1e. Coupe perpendiculaire à l'axe du cylindre.
Vue 2e. Projection par bout du cylindre

Fig. 4 Réparation du fond fêlé du cylindre précédent (n° 77_2).

Fig. 5 Réparation d'un couvercle de cylindre fendu de part en part (n° 77_3).
Vue 1e. Plan.
Vue 2e. Coupe suivant zz de la vue 1e.

Fig. 6 Autre réparation d'un fond de cylindre fêlé (n° 77_4).

Fig. 7 Réparation d'un couvercle de cylindre fendu à la naissance du collet (n° 77_5).
Vue 1e. Plan.
Vue 2e. Coupe suivant zz de la vue 1e.

Fig. 8 Réparation d'un piston fêlé à sa surface supérieure (n° 77_5).
Vue 1e. Coupe menée par le centre du piston perpendiculairement à ses faces.
Vue 2e. Plan.

Fig. 9 Réparation des nervures brisées d'un piston dont la couronne forme toute la face supérieure (n° 77_5).

Fig. 10 Redressement d'une tige de piston tordue (n° 77_5).

Fig. 11 Réparation de la douille d'emmanchement de la tige d'un tiroir en D (n° 78_1).
Vues 1e et 2e. Coupes dans le tiroir menées perpendiculairement à la tige et considérées avant ou après la réparation.

Fig. 12 Réparation d'un collier d'excentrique usé (n° 78_2).

Fig. 13 Confection d'un chariot d'excentrique de fortune (n° 78_2).
Vue 1e. Élévation de face du chariot.
Vue 2e. Coupe passant par la ligne xx de la vue 1e.

Fig. 14 Réparation d'un arbre de tiroir de machine à balanciers (n° 78_2).
Vue 1e. Arbre représenté avec ses manivelles enlevées et avant la réparation.
Vue 2e. Arbre réparé.

Fig. 15 Réparation d'un condenseur troué (n° 79_1).
Vue 1e. Coupe suivant yy de la vue 2e.
Vue 2e. Coupe suivant xx de la vue 1e.

Fig. 16 Réparation d'un condenseur fendu par les éclats d'un obus (n° 79_1).
Vue 1e. Coupe suivant ss de la vue 2e.
Vue 2e. Coupe suivant xx de la vue 1e.

Fig. 17 Avarie dans un régulateur d'injection (n° 79_2).

Fig. 18 Réparation d'une pompe à air brisée (n° 79_3).
Vue 1e. Coupe perpendiculaire à l'axe de la pompe à air, menée suivant $zzss$ de la vue 2e.
Vue 2e. Coupe suivant $xxxx$ de la vue 1e.
Vue 3e. Coupe suivant yy de la vue 1e.

Fig. 19 Réparation d'un couvercle brisé de pompe à air (n° 79_4).
Vue 1e. Élévation.
Vue 2e. Plan.

Fig. 20 Réparation d'une tige de pompe à air (n° 79_5).

Fig. 21 Réparation d'un té de piston fêlé (n° 80_1).
Vue 1e. Élévation de face.
Vue 2e. Plan.
Vues 3e et 4e. Coupes menées suivant yy de la vue 1e, considérées avant ou après la réparation.

Fig. 22 Réparation d'un té de piston complètement rompu (n° 80_1).

Fig. 23 Redressement d'une grande bielle tordue (n° 80_2).

Fig. 24 Réparation d'une bielle courte fêlée (n° 80_2).
Vue 1e. Élévation de face.
Vue 2e. Élévation de profil.

Fig. 25 Réparation d'un balancier en fonte fendu au moyeu (n° 80_3).
Vue 1e. Élévation de face.
Vue 2e. Coupe suivant yy de la vue 1e.
Vue 3e. Bride de réparation.

Fig. 26 Autre mode de réparation d'un balancier en fonte fendu au moyeu (n° 80_3).

Fig. 27 Réparation d'un balancier en fonte brisé à une de ses extrémités (n° 80_3).

Fig. 28 Réparation d'un balancier en tôle brisé vers son milieu (n° 80_3).
Vue 1e. Élévation de face.
Vue 2e. Plan.

Fig. 29 Réparation d'un arbre gercé perpendiculairement à sa longueur (n° 81_1).
Vue 1e. Plan.
Vue 2e. Coupe suivant yy de la vue 1e.

Fig. 30 Réparation d'un arbre gercé à une de ses portées (n° 81_1).

Fig. 31 Déplacement du palier d'un arbre gercé à une de ses portées (n° 81_1).

Fig. 32 Réparation d'une manivelle gercée (n° 81_2).

Fig. 33 Réparation d'un bouton de grand vilebrequin fendu (n° 82_2).

Fig. 34 Réparation de l'emmanchement d'un bouton de manivelle (n° 82_2).
Vue 1e. Élévation de face du bouton.
Vue 2e. Coupe suivant zz de la vue 1e.

Fig. 35 Réparation d'un chapeau de palier (n° 81_3).
Vue 1e. Élévation de face du chapeau.
Vue 2e. Plan.

Fig. 36 Épontille de consolidation des bâtis d'une machine par gros temps (n° 81_4).

Fig. 37 Réparation d'une fente de châssis triangulaire de machine à balanciers (n° 81_4).
Vue 1e. Élévation de face du châssis.
Vue 2e. Coupe suivant yy de la vue 1e.

Fig. 38 Réparation d'un bâti brisé de machine horizontale (n° 81_4).
Vue 1e. Élévation de face du bâti.
Vue 2e. Coupe suivant yy de la vue 1e.

Fig. 39 Hélice brisée (n° 82_1).

Fig. 40 Méthode anglaise pour recharger à la mer le presse-étoupe arrière (n° 82_2).
Vue 1e. Élévation de face de l'arbre de l'hélice et du chapeau de presse-étoupe, et coupe dans le presse-étoupe lui-même et dans le manchon auxiliaire de rechargement.
Vue 2e. Plaque de sûreté de rechargement représentée de face.
Vue 3e. Représentation de face et regardées de l'arrière, de toutes les plaques de sûreté de rechargement.
Vue 4e. Représentation de face du manchon auxiliaire de rechargement.
Vue 5e. Représentation par bout et regardées de l'arrière, du chapeau de presse-étoupe, du manchon auxiliaire de rechargement et de la nouvelle garniture.

Fig. 41 Réparation d'un tourteau de roue brisé (n° 82_3).
Vue 1e. Élévation de face du tourteau regardé à *l'opposé* de la partie saillante du moyeu.
Vue 2e. Élévation de face du tourteau regardé *du côté* de la partie saillante du moyeu.
Vue 3e. Coupe suivant ss de la vue 2e.

Fig. 42 Relative aux échauffements qui se manifestent quelquefois aux paliers d'élongis d'arbres des roues, à la suite de la formation de bourrelets aux coussinets de ces paliers (n° 82_4).
Vue 1e. Représentation du coussinet lorsque le bourrelet est formé.
Vue 2e. Représentation après que le bourrelet a été chanfreiné.

Fig. 43 Réparation d'une fente dans une tôle de chaudière (n° 83_1).

Fig. 44 Pièce mise au centre d'une tôle de chaudière (n° 83_1).

Fig. 45 Pièce mise au bord d'une tôle de chaudière (n° 83_1).
Vue 1e. Élévation de face de la tôle.
Vue 2e. Coupe suivant xx de la vue 1e.

Fig. 46 Réparation d'une plaque de tubes gercée (n° 83_1).

Fig. 47 Réparation d'une chaudière défoncée le long d'une de ses arêtes inférieures (n° 83_2).
Vue 1e. Coupe suivant yy de la vue 2e.
Vue 2e. Coupe suivant ss de la vue 1e.

Fig. 48 Tamponnage d'un tube du côté de la boîte à fumée (n° 83_4).

Fig. 49 Tamponnage d'un tube du côté de la boîte à feu (n° 83_4).
Vue 1e. Coupe longitudinale dans le tube et élévation de face du tampon B.
Vue 2e. Coupe suivant xx de la vue 1e.

Fig. 50 Consolidation d'une cheminée (n° 83_5).
Vue 1e. Coupe verticale menée par l'axe de la cheminée.
Vue 2e. Coupe suivant ss de la vue 1e.

Fig. 51 Réparation d'une pompe alimentaire défoncée (n° 83_7).

A. LEDIEU. Appareils à vapeur de navigation.

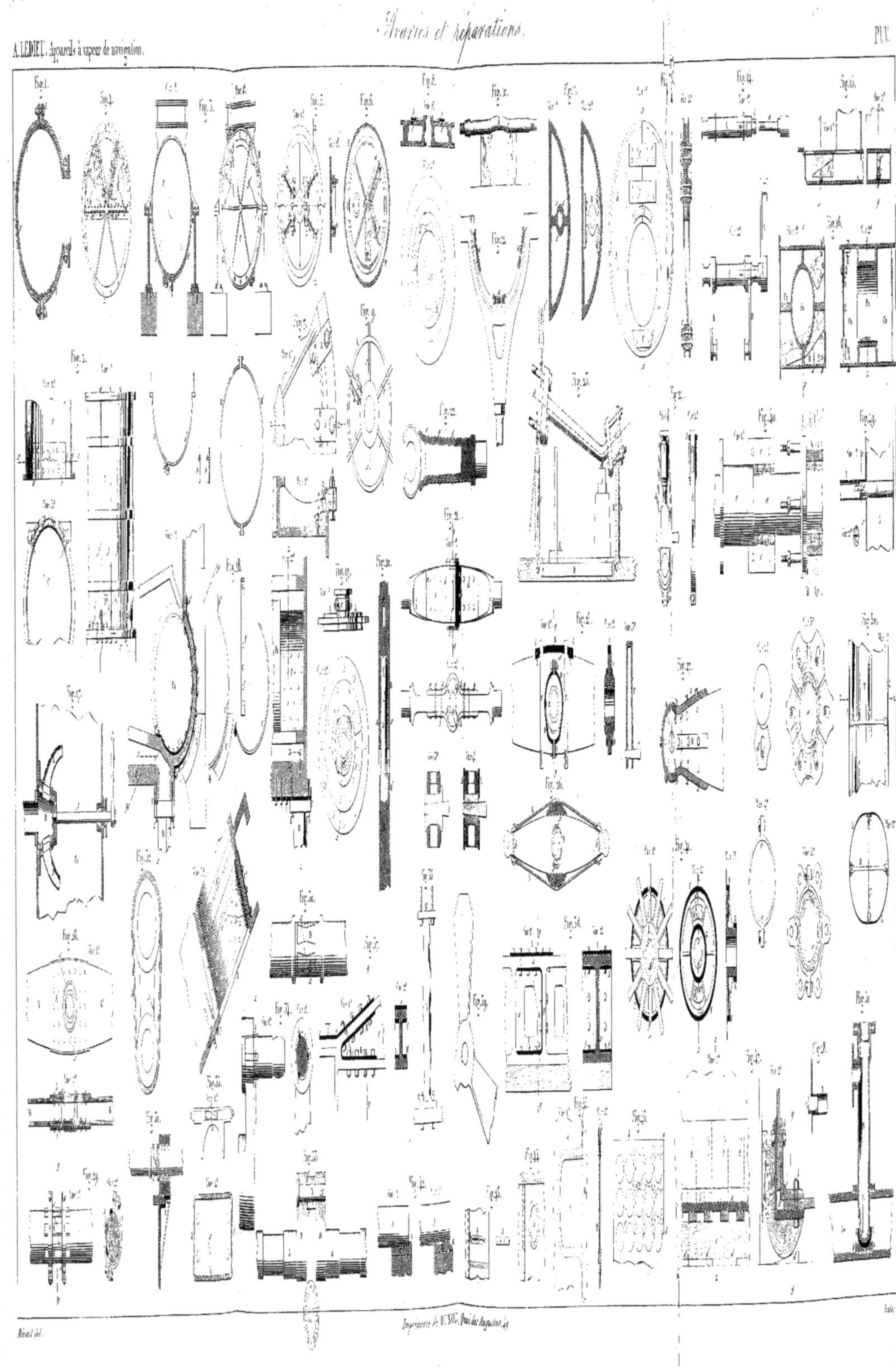